普通高等教育电子信息类实践教材

嵌入式Linux编程与实践教程

（第二版）

王粉花　李擎　栗辉　主编

科学出版社

北　京

内 容 简 介

本书分为四个部分，共 11 章。第一部分包括第 1 章，介绍嵌入式系统的相关概念、ARM 微处理器和嵌入式操作系统；第二部分包括第 2、3 章，介绍嵌入式 Linux 系统的运行环境、编译调试软件和管理工具；第三部分包括第 4～8 章，介绍嵌入式 Linux 基于 C 语言的编程理论与核心技术；第四部分包括第 9～11 章，介绍嵌入式系统开发方法和 Qt 图形界面程序开发基础，并通过一个典型实例讲述基于 Qt 的嵌入式 Linux 系统的详细开发流程。

本书可作为高等院校控制类和信息类相关专业的“嵌入式系统”课程的教材，也可供嵌入式系统技术爱好者和从事嵌入式系统设计的开发人员参考使用。

图书在版编目（CIP）数据

嵌入式 Linux 编程与实践教程 / 王粉花，李擎，栗辉主编. —2 版. — 北京：科学出版社，2021.11

（普通高等教育电子信息类实践教材）

ISBN 978-7-03-070309-5

Ⅰ. ①嵌… Ⅱ. ①王… ②李… ③栗… Ⅲ. ①Linux 操作系统-程序设计-高等学校-教材 Ⅳ. ①TP316.89

中国版本图书馆 CIP 数据核字（2021）第 217711 号

责任编辑：潘斯斯 / 责任校对：王 瑞

责任印制：赵 博 / 封面设计：迷底书装

科学出版社 出版

北京东黄城根北街 16 号

邮政编码：100717

http://www.sciencep.com

北京富资园科技发展有限公司印刷

科学出版社发行 各地新华书店经销

*

2016 年 3 月第 一 版 开本：787×1092 1/16

2021 年 11 月第 二 版 印张：20 3/4

2025 年 1 月第十一次印刷 字数：531 000

定价：88.00 元

（如有印装质量问题，我社负责调换）

前　言

随着我国城市信息化和行业信息化的持续深入，嵌入式技术已成为信息产业中发展较快、应用较广的计算机技术之一，并广泛应用于网络通信、消费电子、医疗电子、工业控制和智能交通等领域，可以说嵌入式技术无处不在。与此同时，嵌入式行业以其应用领域广、人才需求大、行业前景好等诸多优势，成为当前较热门的行业之一。相比之下，由于嵌入式领域入门门槛较高、技术较新，国内专业的嵌入式人才比较紧缺。因此，近年来，各高校纷纷开设嵌入式系统的相关课程。

嵌入式操作系统是指用于嵌入式系统的操作系统，负责嵌入式系统的全部软硬件资源的分配、任务调度、控制、协调并发活动，能够通过裁装某些模块来实现系统所要求的功能。由于 Linux 具有开放源代码、内核小、效率高、适用于多种 CPU 和多种硬件平台等优势，因此 Linux 特别适合作为嵌入式操作系统。

本书结合大量应用实例，详细介绍嵌入式 Linux 系统内核、编程基础、基于 C 语言的应用编程技术、嵌入式系统的开发方法、Qt 图形界面程序的开发方法及嵌入式 Linux 应用软件的开发方法，可供人工智能、智能科学与技术、自动化、测控技术与仪器、计算机科学与技术、通信工程、物联网工程等相关专业高年级本科生和研究生学习使用。本书的案例、习题与实践也可供教师课堂教学或学生课后自学使用。

本书总体编写思路如下。

第一部分即第 1 章，讲述嵌入式系统的定义与特点，分析其应用领域、发展历程与发展趋势，剖析嵌入式系统的组成结构，介绍 ARM 微处理器体系结构，阐述各种主流嵌入式操作系统的发展历程、应用现状及特点。

第二部分共两章(第 2、3 章)，详细介绍了嵌入式 Linux 操作系统内核结构、系统管理及编程基础。其中，第 2 章分析嵌入式 Linux 操作系统内核结构和文件目录结构，结合操作实例详细介绍嵌入式 Linux 操作系统基本操作命令的使用方法；第 3 章讲述嵌入式 Linux 编程基础，重点介绍 GCC 编译器、GDB 程序调试及 makefile 工程管理，为嵌入式 Linux 程序设计打下基础。

第三部分共五章(第 4～8 章)，详细讲述了嵌入式 Linux 基于 C 语言的编程技术。其中，第 4 章为嵌入式 Linux 文件编程和时间编程，包括基于 Linux 操作系统的基本文件 I/O 操作和基于流的标准 I/O 操作，以及 Linux 时间编程技术；第 5 章为嵌入式 Linux 进程控制，首先介绍进程控制理论基础，然后详细介绍进程控制编程技术；第 6 章为嵌入式 Linux 进程间通信，详细介绍管道通信、信号通信、共享内存通信、消息队列通信及信号量通信的编程技术；第 7 章为嵌入式 Linux 多线程编程，详细介绍多线程程序设计、线程属性及线程数据处理的编程方法；第 8 章为嵌入式 Linux 网络编程，详细介绍基于套接字的编程方法，重点介绍基于 TCP 协议和 UDP 协议的网络程序设计技术。

第四部分共三章(第 9～11 章)，详细介绍嵌入式系统开发方法、Qt 图形界面程序开发基础及设计开发一个嵌入式应用系统的全过程。其中，第 9 章讲述嵌入式系统开发方法，包括嵌入式系统开发流程、ARM Cortex-A9 嵌入式开发平台硬件电路设计原理及嵌入式 Linux 软件开发过程；第 10 章讲述 Qt 图形界面程序开发基础，包括 Qt5 开发环境搭建、信号和槽机制及 Qt 程序设计；第 11 章以一个嵌入式 Linux 系统下的聊天软件为例，详细讲述嵌入式 Linux 应用系统的开发过程，指导学生从搭建开发环境开始，逐步设计开发出一个嵌入式应用系统。

全书知识点分布既有连续性，又有一定的阶梯性，既可以作为“嵌入式系统”课程的教材，也可以作为相关课程设计的指导书。

本书在仔细梳理嵌入式 Linux 系统所涵盖的主要编程技术的基础上，理出一条学习编程的循序渐进的路线，并详细阐述了其中的关键技术。作为教材，本书具有以下特色。

(1) 知识点由浅入深，内容融会贯通。本书首先介绍嵌入式系统相关概念和主流嵌入式操作系统，剖析嵌入式 Linux 内核结构，讲述嵌入式 Linux 系统管理方法及编程基础，引导学生学会 Linux 系统基本操作命令、GCC 编译器和 GDB 调试器应用及 makefile 工程管理等技术；在此基础上，讲述嵌入式 Linux 基于 C 语言的编程技术，涉及文件编程、进程控制、进程间通信、多线程编程及网络编程等技术，使学生掌握 Linux 平台上 C 语言编程的核心知识和技术；最后部分使学生学会在 ARM Cortex-A9 嵌入式开发板上搭建嵌入式 Linux 系统的方法，进一步开发出一个嵌入式应用系统。

(2) 案例丰富，面向实际应用。针对每一个知识点，本书都设计了相应的编程案例，便于学生学以致用。

(3) 实践指导贯穿全书。本书既可以作为理论教学教材，也可以作为实践教学教材。

(4) 例题、习题齐全，方便教学。在总结作者多年教学经验的基础上，本书编排了丰富的例题和习题，非常适合教学和学习。

本书的第 1～8 章由王粉花编写；第 9、10 章由李擎编写；第 11 章由栗辉编写。在编写过程中，作者参阅了大量嵌入式系统和 Linux 系统编程方面的书籍和资料，在此向有关作者表示衷心的感谢。

本书第一版自 2016 年出版以来，已被多所高校选作相关专业本科生教材，并于 2020 年被评为“北京高等学校优质本科教材课件”。

本书得到北京科技大学教材建设经费的资助和北京科技大学教务处的全程支持。

由于作者水平所限，书中难免存在疏漏之处，敬请读者提出宝贵意见。作者的电子信箱是：wangfenhua@ustb.edu.cn。

作　者

2021 年 4 月于北京科技大学

目　录

第1章 绪 论

嵌入式系统的应用已涉及生产、工作、生活的各个方面。从家用电子电器产品中的冰箱、洗衣机、电视、微波炉到MP3、DVD，从轿车控制到火车、飞机的安全防范，从手机到PDA，从医院的B超、CT到核磁共振器，从机械加工中心的各种器械到生产线上的机器人、机械手，从航天飞机、载人飞船到水下核潜艇，到处都有嵌入式系统和嵌入式技术的应用。嵌入式技术无处不在，嵌入式技术和设备在我国国民经济和国防建设的各个方面都有广泛的应用和巨大的市场。可以说它是信息技术的一个新的发展，是信息产业的一个新的亮点，也是当前较热门的技术之一。

1.1 嵌入式系统概述

1.1.1 嵌入式系统的定义与特点

1. 嵌入式系统的定义

按照历史性、本质性、普遍性要求，嵌入式系统应定义为嵌入到对象系统中的专用计算机系统。“嵌入性”、“专用性”与“计算机系统”是嵌入式系统的三个基本要素。对象系统则是指嵌入式系统所嵌入的宿主系统。

根据电气电子工程师学会(Institute of Electrical and Electronics Engineers，IEEE)的定义，嵌入式系统是控制、监视或者辅助机器和设备运行的装置(Devices used to control, monitor, or assist the operation of equipment, machinery or plants)。从中可以看出嵌入式系统是软硬件的综合体，还可以涵盖机械等附属装置。

目前国内一个普遍被认同的嵌入式系统定义是：以应用为中心，以计算机技术为基础，软硬件可裁剪，对功能、可靠性、成本、体积、功耗等具有严格要求的专用计算机系统。它一般由嵌入式微处理器、外围硬件设备、嵌入式操作系统(Embedded Operating System，EOS)以及用户的应用程序等四个部分组成，用于实现对其他设备的控制、监视或管理等功能。

2. 嵌入式系统的特点

从上面的定义可以看出，嵌入式系统具有以下几个重要的特征。

(1)系统内核小。由于嵌入式系统一般应用于小型电子装置，系统资源相对有限，因此其内核比传统的操作系统的内核要小得多。例如，ENEA公司的OSE分布式系统，内核大小只有5KB，而Windows的内核大小是GB级别的，真是天壤之别。

(2)专用性强。嵌入式系统的个性化很强，其中的软件系统和硬件系统的结合非常紧密，一般进行的针对硬件系统的移植即使在同一系列的产品中也需要根据硬件系统的变化不断进行修改，这种修改和通用软件的升级是完全不同的两个概念。

(3) 系统精简。嵌入式系统一般没有系统软件和应用软件的明显区分，不要求其在功能设计及实现上过于复杂，这样既有利于控制系统成本，也有利于实现系统安全。

(4) 高实时性的系统软件(OS)。嵌入式软件一般具有较高的实时性，并对软件代码的质量和可靠性有较高的要求。

(5) 嵌入式系统的开发要想走向标准化，就必须使用多任务的操作系统。为了合理地调度多任务，利用系统资源、系统函数以及专家库函数接口，用户必须自行选配 RTOS(Real Time Operating System)，这样才能保证程序执行的实时性、可靠性，并缩短开发周期，保证软件质量。

(6) 嵌入式系统的开发需要采用交叉编译的方式。由于宿主机和目标机的体系结构不同，在宿主机(如 x86 平台)上可以运行的程序在目标机(如 ARM 平台)上无法运行，因此嵌入式系统开发采用交叉编译方式，在一个平台上生成可以在另一个平台上执行的代码。编译的最主要的工作就是将程序代码转化成运行该程序的 CPU 所能识别的机器代码。进行交叉编译的主机称为宿主机，也就是普通的通用计算机。宿主机系统资源丰富，方便使用各种集成开发环境(IDE)和调试工具等。程序实际运行的环境称为目标机(或目标板)，也就是嵌入式系统环境。

1.1.2　嵌入式系统应用领域

嵌入式系统无疑是当前比较热门且有发展前途的 IT 应用之一。嵌入式系统用在一些特定的专用设备上，通常这些设备的硬件资源(如处理器、存储器等)非常有限，并且对成本很敏感，有时对实时响应要求很高。特别是随着消费家电的智能化，嵌入式系统显得更重要。像我们平常见到的手机、PDA、电子字典、可视电话、VCD/DVD/MP3 Player、数字相机(DC)、数字摄像机(DV)、机顶盒(Set Top Box)、高清电视(HDTV)、游戏机、智能玩具、交换机、路由器、数控设备或仪表、汽车电子、智能家居控制系统、医疗设备、航空航海设备等都是典型的嵌入式系统。

随着工业 4.0、医疗电子、智能家居、物流管理和电力控制等行业的快速发展，嵌入式系统利用自身的技术特点，逐渐成为众多行业的标配产品。嵌入式系统以其可控制、可编程、成本低等优点，在未来的工业和生活中有广阔的应用前景。

1. 工业控制

嵌入式系统的发展提高了工业控制(简称工控)的自动化程度。随着精密仪器、高精尖技术、生产工艺技术等方面的发展，系统中的工业控制任务可能越来越多且越来越复杂，信息处理往往要经过复杂的算法，因此对嵌入式系统的性能要求越来越高，要求嵌入式系统具有更高的处理能力和可靠性，以及更强的实时性。

2. 消费电子

嵌入式系统正在越来越广泛地应用于消费电子领域，并为之带来了更高的附加值，如人们日常使用的智能手机、数字电视、便携多媒体播放器、数码相机、数码相框、可视电话等，嵌入式技术在人们的生活中占据着越来越重要的地位。在近几年的消费电子产业保持良好的增长势头中，创新成为该产业持续高速发展的原动力，是带动和促进消费电子产业升级和融合的增长引擎。3D打印、5G手机、可穿戴设备、曲面超高清电视等更是掀起了消费电子产品创新的热潮，而嵌入式技术成为了创新的主要手段。

3. 网络通信设备

网络通信设备中，嵌入式系统发挥了重要的作用。路由器内部可以划分为控制平面和数据通道。数据通道的主要任务就是转发数据。对于软件转发式路由器来说，系统中的CPU中一定要有一个操作系统来完成一定的工作才能实现软件转发功能。由于路由器的功能相对单一，主要工作就是转发数据，因此嵌入式系统最能适应其工作。在市场份额方面，路由器和交换机占了绝对的比例。2019年，全球电信级路由器和交换机市场创下了销售新纪录，总额达到443亿美元。

4. 汽车电子

嵌入式系统在汽车电子中的应用可以分为三代：第一代为底层的汽车SCM（Single Chip Microcomputer）系统，主要用于任务相对简单、数据处理量小和实时性要求不高的控制场合，如雨刷、车灯系统、仪表盘及电动门窗等；第二代为汽车嵌入式系统，能够完成简单的实时任务，目前在汽车电控系统中得到了较广泛的应用，如ABS系统、智能安全气囊、主动悬架及发动机管理系统等；第三代为汽车嵌入式SoC系统，是嵌入式技术在汽车电子上的高端应用，满足了现代汽车电控系统功能不断扩展、逻辑渐趋复杂、子系统间通信频率不断提高的要求，代表汽车电子技术的发展趋势，汽车嵌入式SoC系统主要应用在混合动力总成、底盘综合控制、汽车定位导航、车辆状态记录与监控等领域。

5. 军工电子

20世纪60年代，嵌入式系统开始应用在武器装备中，后来用于军事指挥控制和通信系统，所以军事国防历来就是嵌入式系统的一个重要应用领域。现在各种武器控制（如火炮控制、导弹控制、智能炸弹制导引爆装置）、坦克、舰艇、轰炸机等，陆海空的各种军用电子装备、雷达、电子对抗军事通信装备，野战指挥作战的各种专用设备等都可以看到嵌入式系统的影子。

6. 智能家居

从技术方式上说，智能家居将数字技术和网络技术集成在电冰箱、洗衣机等传统家用电器上。世界各大厂商也正提出许多有关智能家居的解决方案，但业界还没有形成统一的标准，各国正在研究适合本国国情的智能家居系统。而现代嵌入式系统的发展，正好能以低成本、快速的方式满足这些需求。

7. 医疗设备

近年来，越来越多的高科技手段开始运用到医疗设备的设计中。心电图、脑电图等生理参数检测设备，各类型的监护仪器、超声波、X 射线成影设备、核磁共振仪器以及各式各样的物理治疗仪器都开始在各地医院广泛使用。从庞大的要占用一整间房的核磁共振成像扫描仪到便携式和手持仪器，再到心脏起搏器等植入式设备都是嵌入式系统的应用。

另外，医疗设备由于其行业的特殊性，还要求设备能够达到更高级别的环保要求。如何进一步地智能化、专业化、小型化，同时做到低功耗、零污染，将会是一个无止境的追求过程，这为嵌入式系统在医疗设备中的应用提供了更广阔的天地，并提出了更高的要求。

8. 航空航海

在航空航海领域，嵌入式系统可以作为火箭发射的主控系统，卫星信号测控系统，飞机上的飞控系统，瞄准系统以及水下航行器的控制系统。例如，小型水下航行器嵌入式系统可用于探测海底地貌和资源、采集信息和处理数据等，而且还能对航行器的姿态、航速、航深及航行路线进行自动控制。

1.1.3　嵌入式系统发展历程与发展趋势

嵌入式系统的出现最初是基于单片机的。从 20 世纪 70 年代单片机的出现到如今各式各样的嵌入式微控制器(Embedded Microcontroller Unit，EMCU)、嵌入式微处理器(Embedded Microprocessor Unit，EMPU)的大规模应用，嵌入式系统有近 50 年的历史。纵观嵌入式系统的发展历程，大致经历了以下四个阶段。

1. 无操作系统阶段

嵌入式系统最初的应用是基于单片机的，大多以可编程控制器的形式出现，具有监测、伺服、设备指示等功能，通常应用于各类工业控制、智能家居、汽车电子和军工电子中，一般没有操作系统的支持，只能通过汇编语言对系统直接进行控制。一些装置已经初步具备了嵌入式的应用特点，但是这时的应用只使用 8 位的芯片，执行一些单线程的程序，还谈不上“系统”的概念。

这个阶段的嵌入式系统的主要特点：系统结构和功能相对单一、处理效率较低、存储容量较小、几乎没有用户接口。由于这种嵌入式系统功能简单、价格低廉，因此在工业控制领域中得到了十分广泛的应用。

2. 简单操作系统阶段

20 世纪 80 年代，随着微电子工艺水平的不断提高，集成电路制造商开始把嵌入式应用中所需要的微处理器、输入/输出(I/O)接口、串行接口(简称串口)以及 RAM、ROM 等部件全部集成到一片超大规模集成电路中，制造出面向 I/O 设计的微控制器，并一举成为嵌入式系统领域中异军突起的新秀。与此同时，嵌入式系统的程序员开始用商业级的操作系统编写嵌入式应用软件，这使得我们可以获得更短的开发周期、更低的开发资金和更高的开发效率，出现了真正意义上的嵌入式系统。确切地说，这时的操作系统是一个实时核，这个实时核包含了许多传统操作系统的特征，包括任务管理、任务间通信、同步与互斥、中断支持、内存管理等功能。其中代表性的有 Ready System 公司的 VRTX、Integrated System

Incorporation(ISI)的PSOS和IMG的VxWorks、QNX公司的QNX等。这些嵌入式操作系统具有嵌入式的典型特点：均采用占先式调度，响应时间很短，任务执行时间可以确定，实时性较强；系统内核很小，可裁剪、扩充和移植，并且能够移植到各种不同体系架构的微处理器上；可靠性高，适合于嵌入式应用。这些嵌入式实时多任务操作系统的出现，扩大了应用开发人员的开发范围，同时也促使嵌入式系统有了更为广阔的应用空间。

这个阶段的嵌入式系统的主要特点：出现了大量可靠性高、功耗低的嵌入式CPU(如Power PC等)，各种简单的嵌入式操作系统开始出现并得到迅速发展。其相应的嵌入式操作系统虽然比较简单，但已经初步具备了一定的兼容性和扩展性，其内核精巧且效率高，主要用来控制系统负载和监控应用程序的运行。

3. 实时操作系统阶段

20世纪90年代，在分布式控制、柔性制造、数字化通信和智能家居等巨大需求的引领下，嵌入式系统进一步飞速发展，而面向实时信号处理算法的DSP产品则向着高速、高精度、低功耗的方向发展。随着硬件实时性要求的提高，嵌入式系统的软件规模也不断扩大，逐渐形成了实时多任务操作系统，并开始成为嵌入式系统的主流。

这时，更多的公司看到了嵌入式系统的广阔发展前景，开始大力发展自己的嵌入式操作系统，出现了Palm OS、WinCE(Windows Embedded CE，又称Windows CE)、嵌入式Linux、Lynx、Nucleus，以及国内的HOPEN、DeltaOS等嵌入式操作系统。

这个阶段的嵌入式系统的主要特点：操作系统的实时性得到了很大改善，已经能够运行在各种不同类型的微处理器上，具有高度的模块化和扩展性。此时的嵌入式操作系统已经具备了文件和目录管理、设备管理、多任务、网络、图形用户界面等功能，并提供了大量的应用程序接口，从而使得应用软件的开发变得更加简单。

4. 面向Internet阶段

近年来，随着通信技术、网络技术和半导体技术的飞速发展，Internet(因特网)技术正在逐渐向工业控制和嵌入式系统设计领域渗透，嵌入式系统的设计步入了崭新的时代。实现Internet互联是当前嵌入式系统发展的重要方向，通过为现有的嵌入式系统增加因特网接入能力来扩展其功能，使得智能家居、工业控制装置或仪器、安全监控系统、汽车电子等各种智能设备的Internet互联成为可能。

嵌入式技术与Internet技术的结合正在推动嵌入式技术的飞速发展，嵌入式系统的研究和应用产生了显著的变化，这个阶段嵌入式系统的主要特点如下。

(1)新的微处理器层出不穷，嵌入式操作系统自身结构的设计使其更加便于移植，能够在短时间内支持更多的微处理器。

(2)嵌入式系统的开发成了一项系统工程，开发厂商不仅要提供嵌入式软硬件系统本身，同时还要提供强大的硬件开发工具和软件支持包。

(3)通用计算机上使用的新技术、新观念开始逐步移植到嵌入式系统中，如嵌入式数据库、移动代理、实时CORBA等，嵌入式软件平台得到进一步完善。

(4)各类嵌入式Linux操作系统迅速发展，由于其具有源代码开放、系统内核小、执行效率高、网络结构完整等特点，很适合智能家居等嵌入式系统应用的需要，目前已经形成了能与 Windows CE、Palm OS 等嵌入式操作系统进行有力竞争的局面。

(5) 网络化、信息化的要求随着 Internet 技术的成熟和带宽的提高而日益突出，以往功能单一的设备如电话、手机、冰箱、微波炉等的功能不再单一，结构变得更加复杂，网络互联成为必然趋势。

未来嵌入式系统的主要发展趋势有以下几个方面。

(1) 小型化、智能化、网络化、可视化。随着电子技术、网络技术的发展和人们生活需求的不断提高，嵌入式设备(尤其是消费电子产品)正朝着小型化、便携式和智能化的方向发展，如目前的上网本、MID(移动互联网设备)、便携投影仪等。对于嵌入式而言，可以说已经进入了嵌入式互联网时代(有线网、无线网、广域网、局域网的组合)，嵌入式设备和互联网的紧密结合更为人们的日常生活带来了极大的方便。嵌入式设备的功能越来越强大。未来，冰箱、洗衣机等家用电器都将实现网上控制；异地通信、协同工作、无人操控场所、安全监控场所等的可视化也已经成为现实，而且随着网络运载能力的提升，可视化将得到进一步完善。人工智能、模式识别技术也将在嵌入式系统中得到应用，使得嵌入式系统更具人性化、智能化。

(2) 多核技术的应用。人们需要处理的信息越来越多，这就要求嵌入式设备具有更强的运算能力，因此需要设计出更强大的嵌入式微处理器，多核处理器在嵌入式中的应用将更为普遍。

(3) 低功耗、绿色环保。在嵌入式系统的硬件和软件设计中都在追求更低的功耗，以求嵌入式系统能获得更长的可靠工作时间，如手机的通话和待机时间、MP3 听音乐的时间等。同时，绿色环保型嵌入式产品将更受人们的青睐，在嵌入式系统的设计中也会更多地考虑辐射和静电等问题。

(4) 云计算(Cloud Computing)、可重构、虚拟化等技术进一步应用到嵌入式系统中。简单地说，云计算技术将计算任务分布在大量的分布式计算机上，这样我们只需要一个终端，就可以通过网络服务来实现我们需要的计算任务，甚至是超级计算任务。云计算技术是分布式处理(Distributed Computing)技术、并行处理(Parallel Computing)技术和网格计算(Grid Computing)技术的发展，在未来几年里，云计算技术将得到进一步的发展与应用。

可重构技术是指在一个系统中，其硬件模块或(和)软件模块均能根据变化的数据流或控制流对系统结构和算法进行重新配置(或重新设置)。可重构系统最突出的优点就是能够根据不同的应用需求，改变自身的体系结构，以便与具体的应用需求相匹配。

虚拟化技术是指计算机软件在一个虚拟的平台上而不是在真实的硬件上运行。虚拟化技术可以简化软件的重新配置过程，易于实现软件的标准化。其中，CPU 的虚拟化技术可以单 CPU 模拟多 CPU 并行运行，允许一个平台同时运行多个操作系统，并且都可以在相互独立的空间内运行而互不影响，从而提高工作效率和安全性。虚拟化技术是降低多核处理器系统开发成本的关键。虚拟化技术是未来几年非常值得期待和关注的关键技术之一。

(5) 嵌入式软件的开发平台化、标准化，系统可升级，代码可复用，将更受重视。嵌入式操作系统将进一步走向开放、开源、标准化、组件化。嵌入式软件开发的平台化也将是今后的一个趋势，越来越多的嵌入式软硬件行业标准将出现，最终的目标是使嵌入式软件的开发简单化，这也是一个必然规律。同时随着系统复杂度的提高，系统可升级和代码复用技术在嵌入式系统中得到更多的应用。另外，因为嵌入式系统采用的微处理器种类多，不够标准，所以在嵌入式软件的开发中将更多地使用跨平台的软件开发语言与工具。目前，Java 语言正在越来越多地应用到嵌入式软件的开发中。

(6)嵌入式系统软件将逐渐 PC 化。随着移动互联网的发展，进一步促进了嵌入式系统软件 PC 化。如前所述，结合跨平台的软件开发语言的广泛应用，未来嵌入式软件开发的概念将被逐渐淡化，也就是说，嵌入式软件开发和非嵌入式软件开发的区别将逐渐减小。

(7)融合趋势。嵌入式系统软硬件融合、产品功能融合、嵌入式技术和互联网技术的融合趋势加剧。嵌入式系统设计中软硬件融合将更加紧密，软件将是其核心。消费电子产品将在运算能力和便携方面进一步融合。传感器网络的迅速发展将极大地促进嵌入式技术和互联网技术的融合。

(8)安全性。随着嵌入式技术和互联网技术的融合发展，嵌入式系统的信息安全问题日益凸显，保证信息安全也成为嵌入式系统开发的重点和难点。

1.1.4　嵌入式系统组成

嵌入式系统在结构上分为五层，即硬件层、驱动层、操作系统层、中间件层和应用软件层，如图 1-1 所示。

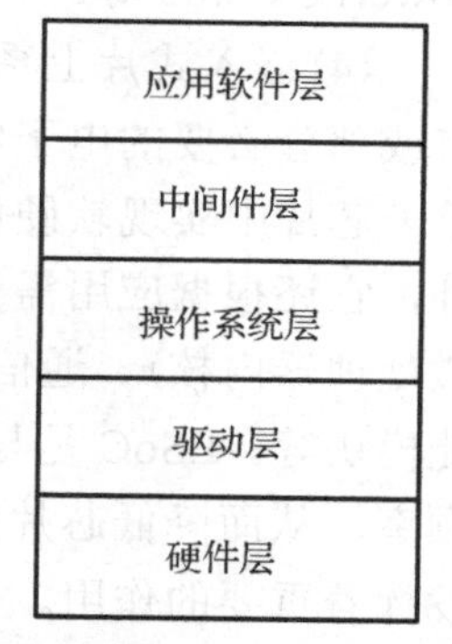

图 1-1　嵌入式系统结构

1. *硬件层*

硬件层是嵌入式系统的基础。嵌入式系统硬件层一般包括嵌入式微处理器、存储器(SDRAM、ROM、Flash 等)、I/O 接口(A/D 转换接口、D/A 转换接口、串口、并口、USB(通用串行总线)接口等)和 I/O 设备(键盘、LCD 等)、系统总线。

1)嵌入式微处理器

嵌入式微处理器是嵌入式系统硬件层的核心部件，分为嵌入式微控制器、嵌入式 DSP(Embedded Digital Signal Processor，EDSP)、嵌入式微处理器和嵌入式片上系统(Embedded System on Chip，ESoC)等几类。

(1)嵌入式微控制器。嵌入式微控制器将整个计算机系统集成到一个芯片中，芯片内部集成 ROM/EPROM、RAM、总线、总线逻辑、定时/计数器、看门狗、I/O、串行接口、脉宽调制输出、A/D 转换器、D/A 转换器、Flash RAM、E^2PROM 等各种必要的功能和外设(外部设备)，由于其片上外设资源比较丰富，适合于控制，因此称为嵌入式微控制器，其典型代表是单片机。

嵌入式微控制器的最大特点是单片化、体积小、功耗和成本低、可靠性高，比较有代表性的包括 51 系列、AVR 系列、PIC16 系列等。EMCU 目前仍然广泛应用，并占嵌入式系统约 70%的市场份额。

(2)嵌入式 DSP。嵌入式 DSP 是用于信号处理方面的专用处理器，由于其在系统结构和指令算法方面进行了特殊设计，因此具有很高的编译效率和指令执行速度，并在数字滤波、FFT、谱分析等各种仪器上得到广泛的应用。

最为广泛应用的是 TI 的 TMS320C2000/C5000/C6000 系列，另外，如 Intel 的 MCS-296 和 Siemens 的 TriCore 也有各自的应用范围。EDSP 的应用趋势是其和微处理器的融合，如 TI 的 OMAP3630(用于 MOTO ME525+手机)，就是把一个 ARM 的 Cortex-A8 内核和一个 DSP 的 C64x 内核集成在一个芯片上，同时也意味着控制信号和数字信号的结合。

(3) 嵌入式微处理器。嵌入式微处理器是由通用计算机中的 CPU 演变而来的。在嵌入式应用设计中，将嵌入式微处理器装配在专门设计的电路板上，只保留和嵌入式应用有关的母版功能，这样可以大幅度减少系统体积和功耗。为了满足嵌入式应用的特殊要求，嵌入式微处理器虽然在功能上和标准微处理器基本是一样的，但在工作温度、抗电磁干扰、可靠性等方面一般都做了各种增强设计。

嵌入式微处理器的体系主要取决于它所采用的存储结构和指令系统。有很多种不同的嵌入式微处理器体系，即使在同一体系中，嵌入式微处理器也可能具有不同的时钟速度和总线数据宽度，集成不同的外部接口和设备。据不完全统计，目前全世界的嵌入式微处理器的品种数量已经超过千种，有几十种嵌入式微处理器体系，主流的体系包括 ARM、无内部互锁流水级的微处理器(Microprocessor without Interlocked Pipelined Stages，MIPS)、PowerPC、x86 等。

(4) 嵌入式片上系统。嵌入式片上系统指的是在单个芯片上集成一个完整的系统，对所有或部分必要的电子电路进行包分组的技术。ESoC 追求系统尽可能地集成，其特点是在单一芯片中实现软硬件的无缝融合，直接在芯片内实现 CPU 内核并嵌入操作系统模块。此外，它还根据应用需要集成了许多功能模块，包括 CPU 内核(ARM、MIPS、DSP 或其他微处理器内核)、通信接口(USB、TCP/IP、GPRS、GSM、IEEE1394、蓝牙)，以及其他功能模块等。ESoC 是与其他技术并行发展的，如绝缘体上硅(SOI)，它可以提供增强的时钟频率，从而降低芯片的功耗。ESoC 在声音、图像、影视、网络及系统逻辑等应用领域中发挥着重要的作用。

ESoC 利用 VHDL 等硬件描述语言的实现，而不需要再像传统的系统设计一样绘制庞大而复杂的电路板，也不再需要一点点地焊接导线和芯片，只需要使用准确的语言并综合时序设计，直接在器件库中调用各种事先准备好的模块电路(标准)，然后通过仿真就可以直接交付芯片厂商进行规模化的生产。

ESoC 具有低功耗、体积小、系统功能灵活、运算速度高、成本低等优势，创造了巨大的产品价值与市场需求，是嵌入式系统将来的发展趋势。

2) 存储器

存储器用来存放代码和数据。嵌入式系统的存储器包含高速缓冲存储器(Cache，又称高速缓存)、主存(主存储器)和辅助存储器。

(1) 高速缓冲存储器。Cache 是介于微处理器和主存储器之间的高速小容量存储器，由静态随机存储器(SRAM)芯片组成，容量比较小但速度比主存高得多，接近于微处理器的速度。它和主存储器一起构成一级存储器，Cache 和主存储器之间信息的调度和传送是由硬件自动进行的。在需要进行数据读取操作时，微处理器尽可能地从 Cache 中读取数据，而不是从主存中读取，这样就显著改善了系统的性能，提高了微处理器和主存之间的数据传输速率。

Cache 的主要目标：解决存储器(如主存和辅助存储器)给微处理器内核造成的存储器访问“瓶颈”的问题，使处理速度更快、实时性更强。

在嵌入式系统中，Cache 全部集成在嵌入式微处理器内，可分为数据 Cache、指令 Cache 和混合 Cache，Cache 的大小依不同的嵌入式微处理器而定。一般中高档的嵌入式微处理器才会把 Cache 集成进去。

(2) 主存。主存即内存，是嵌入式微处理器能直接访问的寄存器，用来存放系统和用户的程序及数据。它可以位于微处理器的内部或外部，其容量为 256KB～1GB，根据具体的应用而定，一般片内存储器容量小、速度快，片外存储器容量大。

常用作主存的存储器有以下几种类型：

①ROM 类：NOR Flash、EPROM 和 PROM 等；

②RAM 类：SRAM、DRAM 和 SDRAM 等。

其中，NOR Flash 凭借其可擦写次数多、存储速度快、存储容量大、价格便宜等优点，在嵌入式领域内得到了广泛应用。

(3) 辅助存储器。辅助存储器即外存(又称外存储器)，用来存放大数据量的程序代码或信息，其特点是存储容量大，但读取速度与主存相比就慢很多，用来长期保存用户的信息。

嵌入式系统中常用的外存有硬盘、NAND Flash、CF 卡、MMC 和 SD 卡等。

3) I/O 接口与 I/O 设备

嵌入式微处理器需要和外界交互信息，I/O 接口正是嵌入式微处理器和 I/O 设备之间沟通的媒介和桥梁，I/O 接口通过和片外其他设备或传感器的连接来实现微处理器与 I/O 设备的信息交互功能。I/O 设备的种类很多，可从一个简单的串行通信设备到非常复杂的 802.11 无线设备。

目前嵌入式系统中常用的外设接口有通用输入/输出接口、定时器、中断控制器、PWM 输出接口、A/D 转换接口、D/A 转换接口、RS-232 接口(串口)、Ethernet(以太网)接口、USB 接口、音频接口、LCD 控制接口、I^2C 接口(现场总线接口)、SPI(串行外设接口)和 IrDA 接口(红外线接口)等。

4) 系统总线

(1) 总线概念。总线是 CPU 与存储器和设备通信的机制，是计算机各部件之间传送数据、地址和控制信息的公共通道。

总线按照其相对于 CPU 的位置分为片内总线和片外总线。片内总线即内部总线，用来连接 CPU 内部的各主要功能部件，是 CPU 内部的寄存器、算术逻辑部件、控制部件以及总线接口部件之间的公共信息通道；片外总线泛指 CPU 与外部设备之间的公共信息通道，是 CPU 与存储器(RAM 和 ROM)和 I/O 接口之间进行信息交换的通道，我们通常所说的总线大多是指片外总线。几乎所有的总线都要传输三类信息：数据、地址和控制信息，相应地每一种总线都可认为由数据总线、地址总线和控制总线构成。

(2) 总线的性能指标。总线的性能指标有总线位宽、总线频率及总线带宽。总线位宽指的是总线能同时传送的二进制数据的位数或数据总线的位数，即我们常说的 16 位、32 位、64 位等总线位宽的概念，如 32 位总线就能够同时传送 32 位二进制数据。总线频率即总线的时钟频率，以 MHz 为单位，是指用于协调总线上的各种操作的时钟信号的频率，也是衡量总线工作速度的一个重要参数，总线频率越高，则总线工作速度越快。总线带宽又称为总线的数据传送率，是指在单位时间内总线上传送的数据量，可用每秒传送的最大数据量来衡量，单位是字节/秒(B/s)或兆字节/秒(MB/s)。总线带宽越宽，传输速率越高。与总线密切相关的两个因素是总线位宽和总线频率，它们之间的关系：总线带宽＝(总线位宽/8)×总线频率。例如，总线位宽为 32 位，总线频率为 66MHz，则总线带宽=(32/8)×66MHz = 264MB/s。

总线位宽、总线频率、总线带宽三者之间的关系就像高速公路上的车道数、车速和车流量的关系。车流量取决于车道数和车速，车道数越多，车速越快，则车流量越大。同样，总线带宽取决于总线位宽和总线频率，总线宽度越宽，总线频率越高，则总线带宽越大。当然，单方面提高总线位宽或总线频率都只能部分提高总线带宽，并容易达到各自的极限。只有两者配合才能使总线带宽得到更大的提升。

(3) 总线结构。嵌入式系统的体系结构常采用比较复杂的多总线结构，如图 1-2 所示。

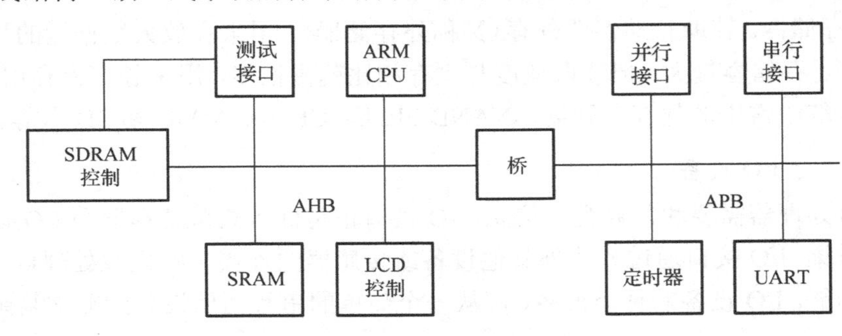

图 1-2　多总线结构

ARM 研发的 AMBA(Advanced Microcontroller Bus Architecture)提供了一种特殊的机制，可将 RISC(精简指令集计算机)处理器集成在其他 IP 核和外设中，2.0 版 AMBA 标准定义了三组总线：AHB(Advanced High-performance Bus)、ASB(Advanced System Bus)、和 APB(Advanced Peripheral Bus)。

AHB 用于高性能系统模块的连接，支持突发模式数据传输和事务分割；可以有效连接处理器、片内和片外存储器，支持流水线操作。ASB 是第一代 AMBA 系统总线，同 AHB 相比，它数据宽度要小一些，它支持的典型数据宽度为 8 位、16 位、32 位，可由 AHB 替代。APB 用于较低性能外设的简单连接，一般是接在 AHB 或 ASB 系统总线上的第二级总线，通过桥和 AHB/ASB 相连，它主要是为了满足不需要高性能流水线接口或不需要高带宽接口设备的互连而定义的，APB 的总线信号经改进后全部和时钟上升沿相关。

桥将来自 AHB/ASB 的信号转换为合适的形式以满足挂在 APB 上的设备的要求。桥要负责锁存地址、数据以及控制信号，同时要进行二次译码以选择相应的 APB 设备。

2. 驱动层

驱动层是嵌入式系统中介于硬件层与操作系统层之间不可或缺的重要部分，它为操作系统提供了设备的操作接口。使用任何外部设备都需要相应的驱动程序支持，目的是使上层软件不必理会硬件设备的具体内部操作，只需调用驱动层程序提供的接口即可。驱动层一般包括硬件抽象层(Hardware Abstraction Layer，HAL)、板级支持包(Board Support Package，BSP)和设备驱动程序。

1)硬件抽象层

硬件抽象层是位于操作系统内核与硬件电路之间的接口层，本质上就是一组对硬件进行操作的API，其作用是将硬件抽象化。也就是说，可通过程序来控制所有硬件电路(如CPU、I/O、Memory 等)的操作。这样就使得系统的设备驱动程序与硬件设备无关，即隐藏了特定平台的硬件接口细节，为操作系统提供了虚拟硬件平台，从而显著提高了系统的可移植性。从软硬件测试的角度来看，软硬件的测试工作都可分别基于硬件抽象层来完成，使得软硬件测试工作的并行进行成为可能。在定义硬件抽象层时，需要规定统一的软硬件接口标准，设计工作需要基于系统需求来做。硬件抽象层一般应包含相关硬件的初始化、数据的输入/输出操作、硬件设备的配置操作等功能。

2)板级支持包

HAL 只是对硬件的一个抽象，对一组 API 进行定义，却不提供具体功能的实现。通常HAL 各种功能的实现是以板级支持包的形式来完成对具体硬件的操作的。BSP 主要实现对操作系统的支持，为驱动程序提供访问硬件设备寄存器所需的函数包，使其能够更好地运行于硬件主板。BSP 的特点有以下两点。

(1)硬件相关性，BSP 直接对硬件进行操作。

(2)操作系统相关性，不同操作系统的软件层次结构不同，硬件抽象层的接口定义也不同，因此具体功能的实现也不一样。

BSP 的具体功能体现在以下两个方面。

(1)系统启动时，BSP 完成对硬件的初始化。例如，对系统内存、寄存器以及设备的中断进行设置。这是比较系统化的工作，要根据嵌入式系统开发所选用的 CPU 类型、硬件以及嵌入式操作系统的初始化等多方面决定 BSP 应实现什么功能。

(2)为驱动程序提供访问硬件的手段。驱动程序经常要访问设备的寄存器，对设备的寄存器进行操作，BSP 为驱动程序提供访问硬件设备寄存器所需的函数包。

3)设备驱动程序

系统安装设备后，只有在安装相应的设备驱动程序之后才能使用安装的设备，驱动程序为上层软件提供设备的操作接口。上层软件只需调用设备驱动程序提供的接口，而不用理会设备的具体内部操作。设备驱动程序的好坏直接影响系统的性能。设备驱动程序不仅要实现设备的基本功能函数，如初始化、中断响应、发送、接收等，使设备的基本功能能够实现；而且因为设备在使用过程中还会出现各种各样的差错，所以好的设备驱动程序还应该有完备的错误处理函数。

3. 操作系统层

嵌入式系统中的操作系统层具有一般操作系统的核心功能，负责嵌入式系统中全部软硬件资源的分配、调度工作，控制、协调并发活动。它仍具有嵌入式的特点，属于嵌入式操作系统。随着 Internet 技术的发展、智能家居的普遍应用及 EOS 的微型化和专业化，EOS 开始从单一的弱功能向高专业化的强功能方向发展。嵌入式操作系统在系统实时高效性、硬件的相关依赖性、软件固化以及应用的专用性等方面具有较为突出的特点。EOS 除了具备一般操作系统最基本的功能，如任务调度、同步机制、中断处理、文件处理等功能外，还有以下特点。

(1) 可裁剪性。EOS 支持开放性、可伸缩性的体系结构。

(2) 强实时性。EOS 实时性一般较强，可用于各种设备控制当中。

(3) 统一的接口。EOS 提供各种设备的驱动接口。

(4) EOS 操作方便、简单，提供友好的图形界面，追求易学易用。

(5) EOS 提供强大的网络功能，支持 TCP/IP 及其他协议，提供 TCP/UDP/IP/PPP 支持及统一的介质访问控制(Medium Access Control，MAC)访问层接口，为各种移动计算设备预留接口。

(6) 强稳定性，弱交互性。嵌入式系统一旦开始运行就不需要用户过多地干预，这就需要负责系统管理的 EOS 具有强稳定性。嵌入式操作系统的用户接口一般不提供操作命令，它通过系统的调用命令向用户程序提供服务。

(7) 固化代码。在嵌入式系统中，嵌入式操作系统和应用软件被固化在嵌入式系统计算机的 ROM 中。

(8) EOS 具有更好的硬件适应性，也就是良好的移植性。

主流的嵌入式操作系统有 Windows CE、Palm OS、Linux、VxWorks、pSOS、QNX、LynxOS 以及应用在智能手机和平板电脑上的 Android(安卓)、iOS 等。有了嵌入式操作系统，编写应用程序就更加快速、高效、稳定。

4. 中间件层

中间件是一类软件，运行在嵌入式操作系统和应用软件之间，用于协调两者之间的服务。嵌入式中间件层为嵌入式应用提供开发和运行平台，通过提供 API 函数，第三方能够直接利用中间件平台开发应用程序，且应用软件可直接在中间件环境下运行。简单而言，嵌入式中间件层是使嵌入式应用独立于具体软硬件平台的核心软件环境。

嵌入式中间件通常包括数据库、网络协议、图形支持及相应开发工具等。例如，嵌入式 CORBA、嵌入式 Java、嵌入式 DCOM、MySQL、TCP/IP、GUI(图形用户界面)等都属于这一类软件。

5. 应用软件层

嵌入式应用软件是针对特定应用领域，基于某一固定的硬件平台，用来达到用户预期目标的计算机软件。由于用户任务可能有时间和精度上的要求，因此有些嵌入式应用软件需要特定的嵌入式操作系统的支持。嵌入式应用软件和普通应用软件有一定的区别，它不仅要求其准确性、安全性和稳定性等方面能够满足实际应用的需要，而且还要尽可能地进行优化，以减少对系统资源的消耗，降低硬件成本。目前我国市场上已经出现了各式各样的嵌入式应用软件，包括浏览器、E-mail软件、文字处理软件、通信软件、多媒体软件、个人信息处理软件、智能人机交互软件、各种行业应用软件等。嵌入式系统中的应用软件是非常活跃的力量，每种应用软件均有特定的应用背景，尽管规模较小，但专业性较强，嵌入式应用软件不像操作系统和中间件一样受制于国外产品的垄断，是我国嵌入式软件的优势领域。

1.2 ARM微处理器

1.2.1 ARM微处理器系列简介

ARM即Advanced RISC Machines的缩写，既可以认为是一个公司的名字，也可以认为是对一类微处理器的通称，还可以认为是一种技术的名字。

从1985年第一个ARM原型在英国剑桥的Acorn计算机有限公司诞生至今，ARM的设计者经历了漫长的探索之路。1990年，ARM公司成立于英国剑桥，主要出售芯片设计技术的授权。目前，采用ARM技术知识产权IP核的微处理器，即我们通常所说的ARM微处理器，已遍及工业控制、消费电子、通信系统、网络系统、无线系统等各类产品市场，基于ARM技术的微处理器应用约占据了32位RISC微处理器75%以上的市场份额，ARM技术正在逐步渗入我们生活的各个方面。

ARM公司是专门从事基于RISC芯片设计开发的公司，作为知识产权供应商，本身不直接从事芯片生产，靠转让设计许可权由合作公司生产各具特色的芯片，世界各大半导体生产商从ARM公司购买其设计的ARM微处理器内核，根据各自不同的应用领域，加入适当的外围电路，从而形成自己的ARM微处理器芯片并进入市场。

ARM微处理器是一种16/32位的高性能、低成本、低功耗的嵌入式RISC微处理器。它由英国ARM公司设计，然后授权给各半导体厂商生产，世界上几乎所有的主要半导体厂商都生产基于ARM体系结构的通用芯片，或在其专用芯片中嵌入ARM的相关技术。目前ARM芯片广泛应用于无线产品、PDA、GPS、网络、消费电子产品、STB及智能卡。

ARM公司自问世以来开发了很多系列的ARM微处理器内核，应用比较多的是ARM7系列、ARM9系列、ARM10系列、ARM11系列及Cortex系列的内核。经过近30年的发展，ARM指令集架构版本(Version)也由v1演进至v8，每个ARM架构版本可以衍生出多种微处理器内核，针对不同应用场景推出不同产品。目前，ARM主流产品是基于ARMv7和ARMv8架构的Cortex系列产品，主要包括Cortex-A、Cortex-R、Cortex-M等，分别对应不同应用领域。同时，ARM公司通过三种层级授权，实现与全球多个半导体厂商合作。截至2020年2月，基于ARM授权的芯片出货量已达1600亿颗，2016～2019年平均每年出货量为220亿颗，在智能手机领域，ARM架构几乎垄断了移动端芯片市场，市场占比超过90%。

1. ARM7 系列

ARM7 系列微处理器是低功耗的 32 位 RISC 微处理器。其内核结构是冯·诺依曼体系结构，数据和指令使用同一条总线。其内核有一条 3 级流水线，执行 ARMv4 指令集。它主要用于对功耗和成本要求比较苛刻的消费电子产品。其最高主频可以达到 130MIPS(Millions of Instructions Per Second，百万条指令/秒)。ARM7 系列微处理器支持 16 位的 Thumb 指令集，使用 Thumb 指令集可以 16 位的系统的开销得到 32 位的系统的性能。

ARM7 系列微处理器具有以下主要特点。

(1) 成熟的大批量的 32 位 RISC 芯片。

(2) 最高主频达到 130MIPS。

(3) 功耗很低。

(4) 代码密度很高，兼容 16 位的微处理器。

(5) 得到广泛的操作系统和实时操作系统(Real Time Operating System，RTOS)的支持，包括 μC/OS、Windows CE、Palm OS、Android OS、Linux 以及业界领先的实时操作系统。

(6) 众多的开发工具。

(7) EDA 仿真模型。

(8) 优秀的调试机制。

(9) 业界众多的 IC 制造商生产这类芯片。

(10) 提供 0.25μm、0.18μm 及 0.13μm 的生产工艺。

(11) 代码与 ARM9 系列、ARM9E 系列、ARM10E 系列兼容。

ARM7 系列包括 ARM7TDMI、ARM7TDMIS-S、ARM7EJ-S 和 ARM720T 4 种类型，主要用于适应不同的市场需求。

ARM7TDMI 是 ARM 公司于 1995 年推出的新系列中的第一个微处理器内核，已用在某些简单的 32 位设备上。ARM7TDMI 是 ARM 公司相对较早为业界普遍认可且得到了广泛应用的内核，特别是在手机和 PDA 应用中。随着 ARM 技术的发展，它已是目前比较低端的 ARM 内核。

ARM7 系列中的一个显著的变化就是 ARM7TDMI-S。ARM7TDMI-S 与标准的 ARM7TDMI 有相同的操作特性，但可综合性成为它的一大亮点。其内核为系统设计人员提供了在建立需要小体积、低功耗和高性能的嵌入式设备时必不可少的灵活性。

ARM720T 是 32 位 RISC 微处理器，带有 8KB 高速缓存且包含了一个存储管理部件(Memory Management Unit，MMU)。MMU 的存在意味着 ARM720T 能够处理 Linux 和 Microsoft 嵌入式操作系统(如 WinCE、Android OS 等)。它是一种硬宏单元，经优化以提供性能、功耗和面积特性的最佳组合。

ARM7EJ-S 微处理器与其他 ARM7 系列微处理器有很大的不同，因为它有一条 5 级流水线，并且执行 ARMv5TEJ 指令集，是 ARM7 中唯一提供 Java 加速和增强指令的型号，而且是没有任何存储器保护的处理器，同时也是可综合的。

ARM7系列微处理器的主要应用领域为工业控制、Internet设备、网络和调制解调器设备、移动电话等多种多媒体和嵌入式应用。

2. ARM9系列

ARM9系列于1997年问世，使用ARM9TDMI微处理器内核，ARM9系列微处理器在高性能和低功耗特性方面与ARM7系列相比有较大的改进。

ARM9系列微处理器具有以下主要特点。

(1)采用了5级流水线，指令执行效率更高。

(2)提供1.1MIPS/MHz的哈佛结构。

(3)支持32位ARM指令集和16位Thumb指令集。

(4)支持32位的高速AMBA总线接口。

(5)全性能的MMU，支持Windows CE、Linux、Palm OS等多种主流嵌入式操作系统。

(6)MPU支持实时操作系统。

(7)支持数据Cache和指令Cache，具有更高的指令和数据处理能力。

ARM9E系列内核是ARM9系列内核带有E扩展的一个可综合版本。ARM9E系列微处理器包含ARM926EJ-S、ARM946E-S和ARM966E-S三种类型的内核。ARM926EJ-S是可综合的微处理器内核，发布于2000年。它是针对小型便携式Java设备应用而设计的。ARM926EJ-S是第一个包含Jazelle技术(可加速Java字节码的执行)的ARM微处理器内核。它还有一个MMU、可配置的TCM以及具有零或非零等待存储器的D+I Cache。ARM946E-S和ARM966E-S都执行ARMv5TE架构指令。它们也支持可选的嵌入式跟踪宏单元(ETM)，允许开发者实时跟踪处理器上指令和数据的执行。ARM946E-S包括TCM(Tightly Coupled Memories)、Cache和一个MPU。TCM和Cache的大小可配置。该处理器是针对要求有确定的实时响应的嵌入式控制应用而设计的。ARM966E-S有可配置的TCM，但是没有MPU和Cache扩展。

3. ARM10系列

ARM10是于1999年发布的，主要是针对高性能设计的。它将ARM9的流水线扩展到6级，也支持可选的向量浮点单元(VFP)，对ARM10的流水线加入了第7级。ARM10E系列微处理器具有高性能、低功耗的特点，由于采用了新的体系结构，与同等的ARM9系列微处理器相比较，在同样的时钟频率下，性能提高了近50%，同时，ARM10E系列微处理器采用了两种先进的节能方式，使其功耗极低。ARM10E系列微处理器主要应用于无线设备、数字消费品、成像设备、工业控制、通信和信息系统等领域。

ARM10E系列微处理器包含ARM1020E、ARM1022E和ARM1026EJ-S三种类型的内核。ARM1020E包括了增强的E指令。它有独立的32KB的D+I Cache、可选向量浮点单元以及MMU。ARM1022E有独立的16KB的D+I Cache、可选向量浮点单元以及MMU。ARM1026EJ-S非常类似于ARM926EJ-S，同时具有MPU和MMU，且同时支持Thumb、DSP及Jazelle指令集。

4. ARM11 系列

ARM11 系列微处理器是 ARM 新指令架构——ARMv6 的第一代设计实现。它在性能上得到了巨大的提升，首先推出 350～500MHz 时钟频率的内核。ARM11 系列微处理器在提供高性能的同时，也允许在性能和功耗间做权衡以满足某些特殊应用，通过动态调整时钟频率和供应电压，开发者完全可以控制这两者的平衡。ARM11 系列主要有 ARM1136J、ARM1156T2 和 ARM1176JZ(iPhone 手机使用)三个内核型号，分别针对不同应用领域。

ARM11 系列微处理器是为了有效地提供高性能处理能力而设计的。在这里需要强调的是，ARM 并不是不能设计出运行在更高频率的微处理器，而是，在微处理器能提供超高性能的同时，还要保证功耗、面积的有效性。ARM11 优秀的流水线设计是这些功能的重要保证。

5. Cortex 系列

ARM 公司在 ARM11 系列以后的产品改用 Cortex 命名。Cortex 系列属于 v7 架构，由于应用领域不同，基于 v7 架构的 Cortex 系列所采用的技术也不相同，基于 v7A 的称为 Cortex-A 系列；基于 v7R 的称为 Cortex-R 系列；基于 v7M 的称为 Cortex-M 系列。Cortex 架构的 3 个系列，按照其性能及复杂度由低到高排序分别是 Cortex-M、Cortex-R、Cortex-A。

Cortex-M 系列主要面向微控制器市场，相当于传统的单片机，分为 Cortex-M0、Cortex-M0+、Cortex-M1、Cortex-M3、Cortex-M4 几个档次。

Cortex-R 系列主要面向高端的实时系统，如基带芯片、汽车电子、大容量存储、工业和医疗市场领域等，分为 Cortex-R4、Cortex-R5、Cortex-R7 几个档次。

Cortex-A 系列主要面向通用处理应用市场，如智能手机、移动计算平台、数字电视和机顶盒、企业网络、打印机和服务器等，该系列的处理器有 Cortex-A5、Cortex-A7、Cortex-A8、Cortex-A9、Cortex-A12、Cortex-A15、Cortex-A17、Cortex-A53、Cortex-A57 等。

ARM 系列处理器可分为经典型处理器、嵌入式微处理器以及应用程序处理器，如图 1-3 所示。

上面介绍的 ARM7、ARM9 及 ARM11 等系列微处理器都属于经典型微处理器。

嵌入式微处理器则包括 Cortex-M 以及 Cortex-R 系列微处理器，其中 Cortex-M 系列处理器主要是针对微控制器领域开发的，在该领域中，既需进行快速且具有高确定性的中断管理，又需将门数和功耗控制在最低，因此它适用于微控制器、混合信号设备及智能传感器等；而 Cortex-R 系列处理器的开发面向深层嵌入式实时应用，对低功耗、良好的中断行为、卓越性能以及与现有平台的高兼容性这些需求进行了平衡考虑，适用于汽车电子、动力传输解决方案、大容量存储控制器等。

应用程序处理器为 Cortex-A 系列的，该系列处理器可实现高达 2GHz+ 标准频率的卓越性能，从而可支持下一代移动 Internet 设备。这些处理器具有单核和多核种类，最多提供四个具有可选 NEON™多媒体处理模块和高级浮点执行单元的处理单元，适合应用于智能手机、上网本、电子书阅读器、数字电视、家用网关等。

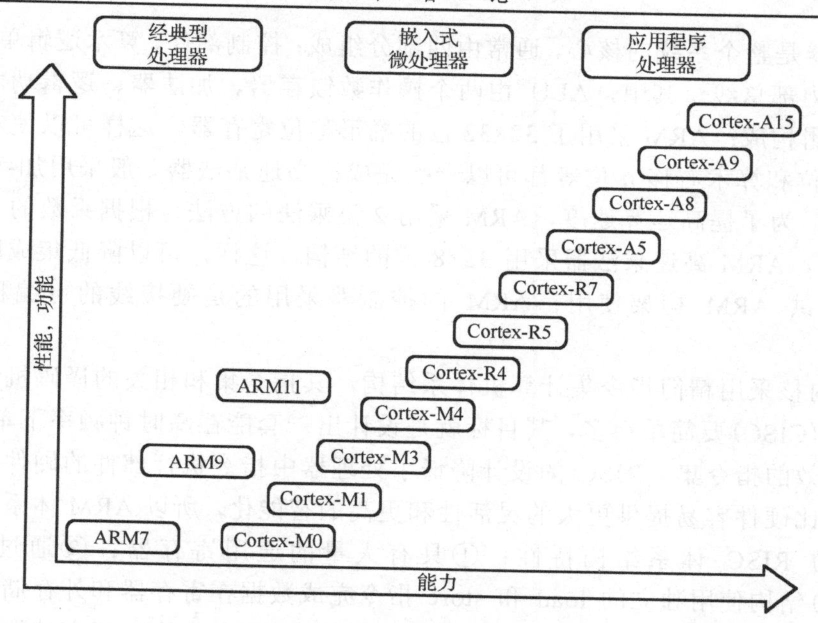

图 1-3　ARM 微处理器分类

1.2.2　ARM 微处理器体系结构

ARM 内核的数据流模型如图 1-4 所示。可把 ARM 内核看作由数据总线连接的各功能单元组成的集合，图 1-4 内的箭头代表数据流方向；直线代表总线；方框代表操作单元或存储区域。该图不仅说明了数据流向，而且说明了组成 ARM 内核的各个逻辑要素。

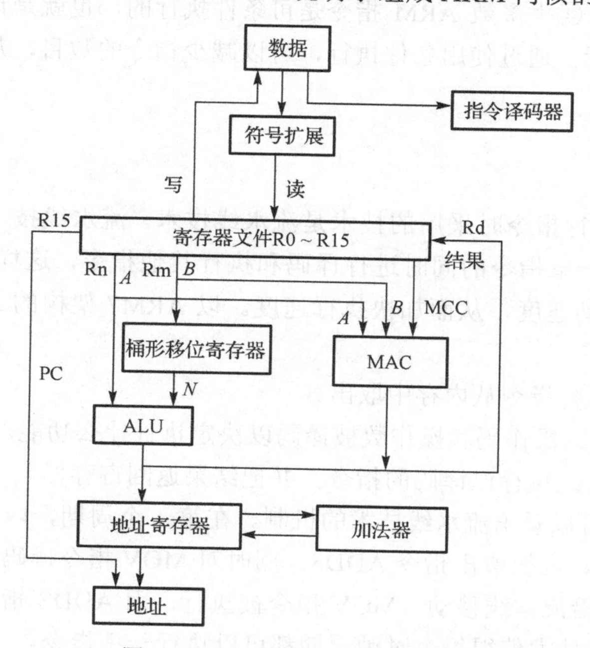

图 1-4　ARM 内核的数据流模型

注：A、B、N 分别代表不同的数据

微处理器是整个系统的核心，通常由四部分组成：控制部件、算术逻辑单元(ALU)、寄存器组和内部总线。其中，ALU 由两个操作数锁存器、加法器、逻辑功能、结果以及零检测逻辑构成；ARM 采用了 32×32 位的桶形移位寄存器，这样可以使左移/右移 *n* 位、环移 *n* 位和算术右移 *n* 位等都可以一次完成；高速乘法器一般采用加-移位的方法来实现乘法，为了提高运算速度，ARM 采用 2 位乘法的方法，根据乘数的 2 位来实现加-移位运算，ARM 高速乘法器采用 32×8 位的结构，这样，可以降低集成度；浮点部件作为选件供 ARM 构架使用；ARM 的控制器采用的是硬接线的可编程逻辑阵列(PLA)。

ARM 内核采用精简指令集计算机体系结构，其指令集和相关的译码机制比复杂指令集计算机(CISC)要简单得多，其目标就是设计出一套能在高时钟频率下单周期执行，且简单而有效的指令集。RISC 的设计降低了处理器中指令执行部件的硬件复杂度，这是因为软件比硬件容易提供更大的灵活性和更高的智能化，所以 ARM 体系结构具备了非常典型的 RISC 体系结构特性：①具有大量的通用寄存器；②通过装载/保存(Load/Store)结构使用独立的 load 和 store 指令完成数据在寄存器和外存储器之间的传送，ARM 微处理器只处理寄存器中的数据，从而可以避免多次访问存储器；③寻址方式非常简单，所有装载/保存的地址都只由寄存器内容和指令域决定；④使用统一和固定长度的指令格式。

此外，ARM 体系结构还具有以下优点：①每一条数据处理指令都可以同时包含算术逻辑单元的运算和移位处理，以实现对 ALU 和移位器的最大利用；②使用地址自动增加和自动减少的寻址方式优化程序中的循环处理；③load/store 指令可以批量传输数据，从而实现了最大数据吞吐量；④大多数 ARM 指令是可条件执行的，也就是说只有当某个特定条件满足时指令才会执行。通过使用条件执行，可以减少指令的数目，从而改善程序的执行效率并提高代码密度。

1. 流水线技术

RISC 微处理器执行指令时采用的技术是流水线技术。流水线技术是指几个指令可以并行执行，可在取下一条指令的同时进行译码和执行其他指令，这样则提高了 CPU 的运行效率及内部信息流动速度，从而加快执行速度。以 ARM7 架构的 3 级流水线为例，如图 1-5 所示。

(1) 取指(Fetch)：将指令从内存中取出。

(2) 译码(Decode)：操作码和操作数被译码以决定执行什么功能。

(3) 执行(Execute)：执行已译码的指令，并把结果返回寄存器。

通过图 1-6 我们可以看出流水线技术的机制。在第 1 个周期，内核从存储器取出指令 MOV；在第 2 个周期，内核取出指令 ADDS，同时对 MOV 指令译码；在第 3 个周期，指令 ADDS 和 MOV 都沿流水线移动，MOV 指令被执行，而 ADDS 指令被译码，同时又取出 CMP 指令。流水线技术使得每个时钟周期都可以执行一条指令。

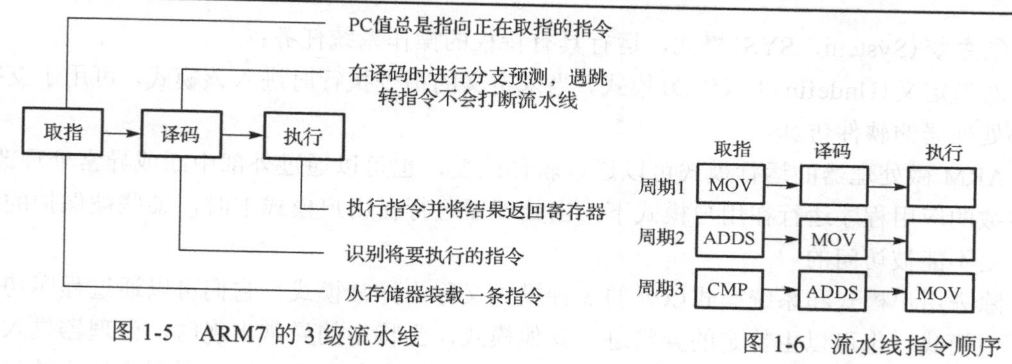

图 1-5 ARM7 的 3 级流水线

图 1-6 流水线指令顺序

在 ARM7 的 3 级流水线结构中，当出现多周期指令、跳转分支指令和中断发生时，流水线都会发生阻塞，而且相邻指令之间也可能因为寄存器冲突导致流水线阻塞，降低流水线效率。所以为了让微处理器工作在更高的频率下，流水线的级数不断增加。ARM9 采用哈佛结构，5 级流水线技术，而 ARM11 则更是使用了 7 级流水线。通过增加流水线级数，简化了流水线的各级逻辑，进一步提高了微处理器的性能。

2. ARM 微处理器工作状态

ARM 微处理器工作状态有两种：第一种为 ARM 状态，是指处理器执行 32 位的字对齐的 ARM 指令；第二种为 Thumb 状态，是指处理器执行 16 位的半字对齐的 Thumb 指令。

在程序的执行过程中，ARM 微处理器可以随时在两种工作状态之间切换，并且，处理器工作状态的转变并不影响处理器的工作模式和相应寄存器中的内容。当执行 BX 指令，且操作数寄存器的状态位(位 0)置 1 时将进入 Thumb 状态。此外，如果从 Thumb 状态进入异常处理，则处理完成后自动返回 Thumb 状态。执行 BX 指令，且操作数寄存器的位 0 置 0 时将进入 ARM 状态。此外，所有的异常/中断处理代码都在 ARM 状态执行。ARM 微处理器在开始执行代码时，应该处于 ARM 状态。

3. ARM 微处理器工作模式

处理器模式决定了哪些寄存器是工作的，以及对 CPSR 寄存器的访问。处理器模式可分为两类：特权模式与非特权模式。其中，特权模式允许对 CPSR 的完全读/写访问；相反，非特权模式只允许对 CPSR 的控制域进行读访问，但是允许对 CPSR 的标志域进行读/写访问。

ARM 微处理器共有 7 种工作模式，下面分别进行介绍。

(1) 1 种非特权模式：即用户(User)模式，用于 ARM 微处理器正常的程序执行状态。

(2) 6 种特权模式，分别如下：

①快速中断请求(Fast Interrupt Request，FIQ)模式，用于高速数据传输或通道处理；

②中断请求(Interrupt Request，IRQ)模式，用于通用的中断处理；

③管理(Supervisor，SVC)模式，用于操作系统使用的保护模式；

④中止(Abort，ABT)模式，当数据或指令预取中止时进入该模式，可用于虚拟存储及存储保护；

⑤系统(System，SYS)模式，运行具有特权的操作系统任务；

⑥未定义(Undefined，UND)模式，当未定义的指令执行时进入该模式，可用于支持硬件协处理器的软件仿真。

ARM 微处理器的运行模式可以通过软件改变，也可以通过外部中断或异常处理改变。大多数的应用程序运行在用户模式下，当处理器运行在用户模式下时，某些被保护的系统资源是不能被访问的。

除去用户模式和系统模式以外的 5 种模式又称为异常模式，它们可以通过程序切换进入其他模式，也可以由特定的异常进入其他模式，当特定的异常出现时，处理器进入相应的异常模式。每种异常模式都有一些独立的寄存器，以避免异常退出时用户模式的状态不可靠。

4. ARM 寄存器组

ARM 微处理器一般共有 37 个寄存器，其中包括 31 个通用寄存器(包括程序计数器 PC)和 6 个程序状态寄存器，但是这些寄存器不能被同时访问，具体哪些寄存器是可编程访问的，取决于微处理器的工作状态及具体的运行模式。ARM 微处理器共有 7 种不同的处理器模式，在每一种处理器模式中有一组相应的寄存器。在任意时刻(也就是任意的处理器模式下)，R0～R14 这 15 个通用寄存器、1 个或者 2 个程序状态寄存器以及程序计数器(PC)是可见的。在所有的寄存器中，有些是各模式共用的同一个物理寄存器；有些是各模式自己拥有的独立的物理寄存器。图 1-7 表示了各处理器模式下的可见寄存器。

ARM状态下的通用寄存器与程序计数器

System & User	FIQ	Supervisor	Abort	IRQ	Undefined
R0	R0	R0	R0	R0	R0
R1	R1	R1	R1	R1	R1
R2	R2	R2	R2	R2	R2
R3	R3	R3	R3	R3	R3
R4	R4	R4	R4	R4	R4
R5	R5	R5	R5	R5	R5
R6	R6	R6	R6	R6	R6
R7	R7	R7	R7	R7	R7
R8	R8_fiq	R8	R8	R8	R8
R9	R9_fiq	R9	R9	R9	R9
R10	R10_fiq	R10	R10	R10	R10
R11	R11_fiq	R11	R11	R11	R11
R12	R12_fiq	R12	R12	R12	R12
R13	R13_fiq	R13_svc	R13_abt	R13_irq	R13_und
R14	R14_fiq	R14_svc	R14_abt	R14_irq	R14_und
R15(PC)	R15(PC)	R15(PC)	R15(PC)	R15(PC)	R15(PC)
CPSR	CPSR	CPSR	CPSR	CPSR	CPSR
	SPSR_fiq	SPSR_svc	SPSR_abt	SPSR_irq	SPSR_und

图 1-7　ARM 的 37 个寄存器

注：◣—分组寄存器

1)通用寄存器

通用寄存器可保存数据和地址。它们用字母R为前缀加该寄存器的序号来标识。例如，寄存器8可以表示成R8。通用寄存器包括R0～R15，可以分为三类。

(1)未分组寄存器R0～R7，从图1-7中可以看出寄存器R0～R7在所有的处理器模式下指的都是同一个物理寄存器。因此在不同模式下对它们的操作都是对同一个物理寄存器进行的操作。

(2)分组寄存器R8～R14，它们每一次所访问的物理寄存器与处理器当前的运行模式有关。从图1-7中可以看出对于R8～R12来说，每个寄存器对应2个不同的物理寄存器，当使用FIQ模式时，访问寄存器R8_fiq～R12_fiq；当使用除FIQ模式以外的其他模式时，访问寄存器R8～R12。对于R13和R14来说，每个寄存器对应6个不同的物理寄存器，其中一个是用户模式与系统模式共用，另外五个物理寄存器对应于其他5种不同的物理寄存器。寄存器R13通常用作堆栈指针(SP)，保存当前处理器模式下的堆栈的栈顶；寄存器R14又称为链接寄存器(Link Register，LR)，用来保存调用的子程序的返回地址。

(3)程序计数器即R15，在各个模式下R15指的是同一个物理寄存器。PC存储的内容为处理器将要执行的下一条指令的地址。

2)程序状态寄存器

寄存器R16用作当前程序状态寄存器(Current Program Status Register，CPSR)，CPSR可在任何运行模式下被访问，指的是同一个物理寄存器，它包括条件标志位、中断禁止位、模式位，以及其他一些相关的控制位和状态位。ARM内部使用CPSR来监视和控制内部的操作。CPSR是寄存器文件中一个32位专用的寄存器。图1-8说明了当前程序状态寄存器的基本格式。

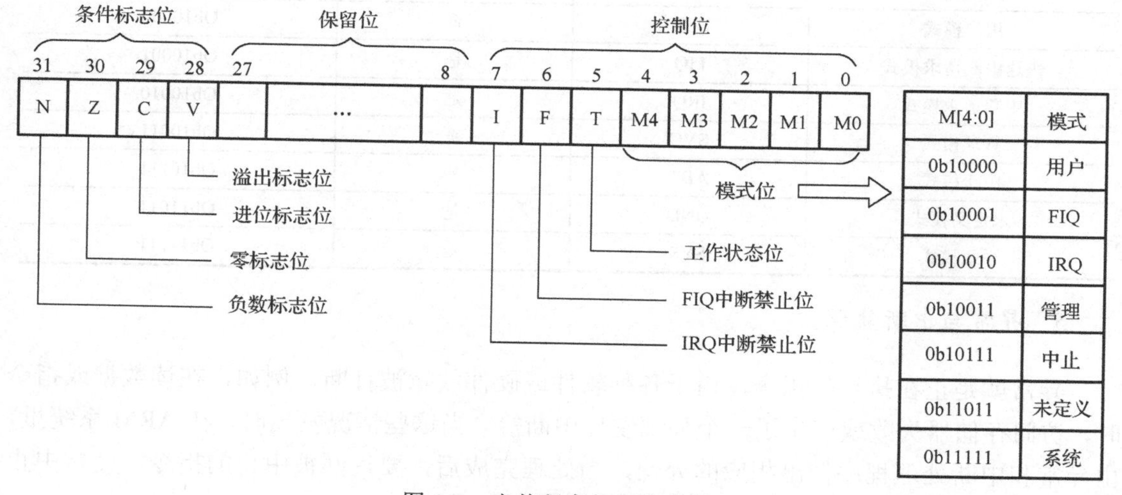

图1-8　当前程序状态寄存器

每一种运行模式下又都有一个专用的物理状态寄存器，称为备份的程序状态寄存器(Saved Program Status Register，SPSR)，当异常发生时，SPSR用于保存CPSR的当前值，系统从异常退出时则可由 SPSR 来恢复 CPSR。由于用户模式和系统模式不属于异常模式，它们没有 SPSR，当在这两种模式下访问 SPSR 时，结果是不可预知的。SPSR 格式与 CPSR 格式相同。

（1）条件标志位。N（Negative）、Z（Zero）、C（Carry）、V（Over Flow）统称为条件标志位。大部分的 ARM 指令可以根据 CPSR 中的这些条件标志位来选择性地执行，在 Thumb 状态下，仅有分支指令是有条件执行的。各条件标志位的具体含义如下。

N：当用两个补码表示的有符号数进行运算时，N＝1 表示运算的结果为负；N＝0 表示运算结果为正或零。

Z：Z＝1 表示运算的结果为零；Z＝0 表示运算的结果不为零。

C：当运行加法运算时，C=1 表示运算结果产生了进位，C=0 表示运算结果未产生进位；当运行减法运算时，C=0 表示运算结果产生了借位，否则 C=1。

V：对于加/减法运算指令，当操作数和运算结果为二进制的补码表示的带符号数时，V＝0 表示无溢出，V＝1 表示符号位溢出；对于其他运算指令，V 的值通常不发生改变。

（2）控制位。CPSR 的低 8 位（包括 I、F、T、M[4:0]）称为控制位，当发生异常中断时这些位将发生改变。处理器运行在特权模式下，软件可以修改这些控制位。

I：中断请求禁止位；I＝0 时开放 IRQ 中断；I＝1 时禁止 IRQ 中断请求。

F：快速中断请求禁止位；F＝0 时开放 FIQ 中断；F＝1 时禁止 FIQ 中断请求。

T：对于 ARMv4 以及更高的版本的 T 系列的 ARM 微处理器，T＝0 表示执行 ARM 指令，T＝1 表示执行 Thumb 指令；对于 ARMv5 以及更高版本的非 T 系列的 ARM 微处理器，T＝0 表示执行 ARM 指令，T=1 表示强制下一条执行的指令产生未定义指令中断。

M[4:0]：控制处理器模式，共定义了 7 种工作模式，如表 1-1 所示。

表 1-1　处理器模式

处理器模式	缩写	特权	模式位 M[4:0]
用户模式	USR	否	Ob10000
快速中断请求模式	FIQ	是	Ob10001
中断请求模式	IRQ	是	Ob10010
管理模式	SVC	是	Ob10011
中止模式	ABT	是	Ob10111
未定义模式	UND	是	Ob11011
系统模式	SYS	是	Ob11111

5. 异常与中断处理

异常就是正在执行的指令，由于各种软件或硬件故障被打断，例如，在读数据或指令时，访问存储器失败或产生了一个外部硬件中断等。当这些情况发生时，在 ARM 系统里，由异常和中断处理程序做出相应的处理，当处理完成后，要返回被中止的指令，使被中止的指令能够继续正常执行。

对于 ARM 内核，可以且只能支持 7 种类型的异常，每种异常都对应一种特权模式，当发生异常时，ARM 微处理器就切换到相应的异常模式，执行流程强制跳转到一个固定的内存地址，并调用异常处理程序进行处理。

处理器允许多个异常同时发生，它们将会按固定的优先级进行处理。当一个异常出现以后，ARM微处理器处理异常的过程如下。

(1)保存异常返回地址到R14，即复制下一条指令地址到某个链接寄存器。

(2)保存当前CPSR到SPSR。

(3)改变CPSR的模式位以切换到相应的异常模式和处理器状态。

(4)禁止进入IRQ，如果进入FIQ则禁止FIQ。

(5)跳转到相应异常向量表入口，开始进行异常处理。

当异常处理完毕之后，ARM微处理器会执行以下几个步骤从异常返回。

(1)将链接寄存器的值减去相应的偏移量后保存到PC中，具体减去的值与异常类型有关。

(2)将SPSR复制回CPSR中。

(3)如果在进入异常模式时设定了中断禁止位，则要在此清除它。

当一个异常或中断发生时，处理器会把PC设置为一个特定的存储器地址。这一地址放在一个称为向量表(Vector Table)的特定的地址范围内。向量表如表1-2所示。向量表的入口地址处是一些跳转指令，跳转到专门处理某个异常或者中断的子程序。

表1-2 向量表

异常/中断向量	缩写	地址	高位地址
复位向量	RESET	0x00000000	0xffff0000
未定义指令向量	UNDEF	0x00000004	0xffff0004
软件中断向量	SWI	0x00000008	0xffff0008
预取指中止向量	PABT	0x0000000C	0xffff000C
数据中止向量	DABT	0x00000010	0xffff0010
保留向量	—	0x00000014	0xffff0014
中断请求向量	IRQ	0x00000018	0xffff0018
快速中断请求向量	FIQ	0x0000001C	0xffff001C

(1)复位向量是处理器上电后执行的第一条指令的地址。这条指令使得处理器跳转到初始化代码处。

(2)未定义指令向量在处理器不能对一条指令译码时使用。

(3)软件中断向量在执行SWI指令时被调用。SWI指令经常被用作调用一个操作系统例程的机制。

(4)预取指中止向量发生在处理器试图从一个未获得正确访问权限的地址取指时，实际上预取指中止向量发生在译码阶段。

(5)数据中止向量与预取指中止向量类似，发生在一条指令试图访问未获得正确访问权限的数据存储器时。

(6)中断请求向量用于外部硬件中断处理器的正常执行，只有当CPSR中的IRQ位未被禁止时才能发生。

(7)快速中断请求向量类似于中断请求向量，是为要求更短的中断响应时间的硬件保留的，只有当CPSR中的FIQ位未被禁止时才能发生。

1.3　嵌入式操作系统

目前在嵌入式领域广泛使用的操作系统有嵌入式 Linux、Windows Embedded、VxWorks 等，以及应用在智能手机和平板电脑中的 Android、iOS 等。下面分别进行介绍。

1.3.1　嵌入式 Linux

1. 嵌入式 Linux 的发展历程

Linux 是 UNIX 的一种克隆系统，从 1991 年问世到现在，经过 30 年的时间 Linux 已经发展成为功能强大、设计完善的操作系统之一，不仅可以与各种传统的商业操作系统分庭抗礼，在新兴的嵌入式操作系统领域内也获得了飞速发展。

Linux 的出现，最早开始于 Torvalds，当时他是芬兰赫尔辛基大学的学生。他的目的是设计一个代替 Minix(是由 Tanenbaum 于 1987 年编写的一个操作系统，主要用于学生学习操作系统原理)的操作系统。这个操作系统可用于 386、486 或奔腾处理器的个人计算机上，并且具有 UNIX 操作系统的全部功能，因而开始了 Linux 雏形的设计。有人认为，Linux 的发展有很大一部分原因是因为 Tanenbaum 为了保持 Minix 的小型化，能让学生在一个学期内就能学完，而没有接纳全世界许多人对 Minix 的扩展要求，因此这激发了 Torvalds 编写 Linux 的兴趣，Torvalds 正好抓住了这个好时机。

1991 年 10 月，Linux v0.01 版本发布，大约有 1 万行代码。

1994 年 3 月，Linux 1.0 版本发布，大约有 17 万行代码。该版本当时是按照完全自由免费的协议发布的，随后正式采用 GPL 协议。由于其具有丰富的操作系统平台，支持不同的硬件系统，Linux 的跨平台移植性能显著提高。

1996 年 6 月，Linux 2.0 版本发布，大约有 40 万行代码，可以支持多个处理器。此时的 Linux 已经进入了实用阶段，全球大约有 350 万人使用。

1997 年夏，影片《泰坦尼克号》在制作特效时使用的 160 台 Alpha 图形工作站中，有 105 台采用了 Linux 操作系统。

1998 年 1 月，RedHat(红帽)5.0 版本发布，并获得了 InfoWorld 的操作系统奖项。

1998 年 4 月，Mozilla 代码发布，成为 Linux 图形界面上的王牌浏览器。RedHat 宣布商业支持计划，汇聚了多名优秀技术人员，并开始商业运作。王牌搜索引擎 Google 出现，它采用的也是 Linux 服务器。同年 10 月，Intel 和 Netscape 宣布小额投资红帽软件，这被业界视为 Linux 获得商业认同的信号。12 月，IBM 发布了适用于 Linux 的文件系统 AFS 3.5、Jikes Java 编辑器、Secure Mailer 及 DB2 测试版，IBM 的此番行为，可以看作与 Linux 的第一次亲密接触。

1999 年 3 月，第一届 LinuxWorld 大会召开，象征着 Linux 时代的来临。IBM、Compaq、Novell 和 Oracle 公司宣布投资 RedHat 公司。

2000 年 2 月，RedHat 发布了嵌入式 Linux 的开发环境，Linux 在嵌入式行业的潜力逐渐被发掘出来。伴随着国际上的 Linux 热潮，国内的联想和联邦推出了“幸福 Linux 家用版”，同年7月，中国科学院与新华科技合作发展红旗Linux，此举让更多国内的个人用户认识到了Linux这个操作系统。

2001年12月，RedHat为IBM s/390大型计算机提供了Linux解决方案。

2002年3月，内核开发者宣布新的Linux系统支持64位的计算机。

2003年1月，NEC宣布将在其手机中使用Linux操作系统，代表着Linux成功进军手机领域。

2004年1月，SuSE合并到了Novell，Asianux、MandrakeSoft也在五年中首次宣布季度赢利。同年3月，SGI宣布成功实现了Linux操作系统支持256个Itanium 2微处理器。2004年6月的统计报告显示在世界500强超级计算机系统中，使用Linux操作系统的已经占到了280家，抢占了原本属于各种UNIX的份额。

2. Linux操作系统十大发行版

Linux操作系统十大发行版包括Ubuntu、openSUSE、Fedora、Debian、Mandriva、Linux Mint、PCLinuxOS、Slackware Linux、Gentoo Linux及FreeBSD，其图标如图1-9所示。

图1-9 Linux十大发行版图标

1) Ubuntu

以Debian为开发蓝本的Ubuntu，首个版本于2004年10月发布，并以每六个月发布一次新版本为目标，使个人计算机变得简单易用，同时也提供服务器版本。

Ubuntu十分注重系统的安全性，所有与系统相关的任务均需使用sudo指令，并采用输入密码的方式，比起传统以登录系统管理员账号进行管理的工作有更高的安全性。Ubuntu在标准安装完成后即可让使用者投入使用。例如，在完成Ubuntu安装后，使用者不用另外安装网页浏览器、办公室软件、多媒体软件与绘图软件等一些日常应用的软件，因为这些软件已随Ubuntu一起被安装，并可随时使用。

2) openSuSE

openSuSE的起源可以追溯到1992年，当时4个德国的Linux爱好者——Dyroff、Fehr、Mantel和Steinbild以SuSE Linux的名字发起了这个项目。1996年5月，SuSE Linux成为独立发行版，在随后的几年里，开发人员采用了RPM软件包管理格式，并推出了易于使用的图形系统管理工具YaST。

SuSE Linux在2003年末被Novell公司收购，随后很快就在开发、许可证和使用方面产生重大变化，YaST 在 GPL 许可证下发行，ISO 镜像可以在公共下载服务器上自由下载，从 openSuSE 项目的设立和 2005 年 10 月 10.0 版本的发布以来，这个版本在两个感官世界变得完全自由。openSuSE 的代码构成了 Novell 的商业产品的底层系统，一开始称为 Novell Linux，后来改名为 SuSE Linux 企业桌面版和 SuSE Linux 企业服务器版。

如今，openSuSE 有着庞大的用户群，其主要优势是友好而绚丽的桌面环境(KDE 和 GNOME)、出色的系统管理效率(YaST)，以及对于购买盒装版本的用户来说，对任何版本都可用的打印文档。

3) Fedora

Fedora 诞生于 RedHat Linux 衍变版本，于 2004 年 9 月正式发布，是一款秉承开放、创新、前瞻性等观念的基于 Linux 的开源操作系统。Fedora 项目由 Fedora 基金会管理和控制，受到 RedHat 公司的支持。Fedora 社区版，每半年推出一个新版本，每个版本支持 13 个月。

Fedora 是当前可用的较为有新意的发行版之一。它对 Linux 内核、glibc 和 GCC(GNU Gompiler Collection)的贡献广为人知，而且它对 SELinux 功能、Xen 虚拟技术和其他企业级功能的综合在企业用户中非常受欢迎。

4) Debian

Debian 于 1993 年首次发布，在不到十年的时间里成为 Linux 的一个发行版。

它的软件包有超过 20000 种软件，对 11 种微处理器构架做了编译，并且为超过 120 种的基于 Debian 的发行版和 live CD 提供支持。Debian 实际的发展根据递增的稳定性有 3 个分支，即不稳定版、测试版和稳定版，这种复杂的发展风格也有其不利的一面：稳定版的发布不是特别及时并且会迅速落伍，尤其是自从新稳定版每 1～3 年才发布一次之后，喜欢新软件和技术的用户不得不使用有很多潜在错误的测试版或者不稳定版。

5) Mandriva

Mandriva 在 1998 年 7 月首次发布。Mandriva 是个桌面发行版，它广受用户喜爱的特点是尖端的软件、高质量的系统管理套件(Drakconf)、64 位版本中杰出的执行能力以及广阔的国际化支持。近几年来，Mandriva 也开发了一系列可安装的 live CD 并且推出了 Mandriva Flash，这是存在于可引导的 USB 设备中的一个完整的 Mandriva 系统。同时它也是第一个为上网本(如 ASUS Eee PC)提供开箱即用支持的主流发行版。

6) Linux Mint

Linux Mint 是一个基于 Ubuntu 的发行版，于 2006 年首次发布。自从它诞生以来，开发者一直在添加各种图形化的 Mint 工具来增强其实用性。这包括一个设置桌面环境的套件——Mint 桌面、为了方便导航而做的优美的 Mint 菜单、一个易用的软件安装工具——Mint 安装，还有一个软件更新工具——Mint 更新。然而，Linux Mint 的优点之一是开发者听从于用户，并且总是很快采纳好的建议。

Linux Mint 没有固定的发布周期或者一张计划好的功能单，但是在每个 Ubuntu 的稳定发行版发布出来的几个星期之后，就可以期待着新的 Linux Mint 发布。除了提供 GNOME

桌面的主版本之外，项目组也出品了使用其他桌面环境(如 KDE、XFCE 和 Fluxbox)的半正规的社区版。

7) PCLinuxOS

PCLinuxOS 于 2003 年首次发布。多年的发展之后，在软件方面，PCLinuxOS 是一个面向 KDE 的发行版，有一个可定制的而且总是及时更新的流行桌面环境。它不断增长的软件库也包含其他桌面，甚至也为其他许多通用任务提供大量的桌面软件，PCLinuxOS 用 APT 和 Synaptic(一个图形化的软件包管理工具前端)替换了它的软件包管理系统。

8) Slackware Linux

Slackware Linux 于 1992 年首次发布，是现今存在的比较古老的 Linux 发行版。Slackware Linux 是个在面向技术的系统管理员和桌面用户中备受赞赏的操作系统。Slackware Linux 只有极少数量的自定义工具，它使用一个简单的文本模式的系统安装软件和一个相对原始的软件包管理系统，在安装 Slackware Linux 之后，还需手工安装大量工具后才能工作。

9) Gentoo Linux

Gentoo Linux1.0 于 2002 年 3 月发布，其软件包管理工具被认为是一些二进制包管理系统的高级替代品，尤其是后来广泛使用的 RPM。

2006 年项目组通过一个可安装的 live CD 和鼠标安装工具简化了安装步骤。Gentoo Linux 发行版为单命令模式安装提供一个及时更新的软件包，具有杰出的安全性、广泛的配置选项、对许多构架的支持和不用重新安装就可保持系统及时更新等优点。Gentoo Linux 的文档也被认为是所有发行版中相对较好的在线文档。

10) FreeBSD

FreeBSD1.0 于 1993 年 12 月发布，以加州大学的 4.3BSD-Lite 为基础。FreeBSD2.0-Release 于 1995 年 1 月发布，以加州大学的 4.4BSD-Lite Release 为基础，建立了一套简单且强大的机制维护第三方软件。FreeBSD 12.0-RELEASE 版本于 2018 年 12 月发布，支持 AMD64、i386、PowerPC、PowerPC64、SPARC64、ARMv6、ARMv7 和 AArch64 架构。

嵌入式 Linux 是按照嵌入式操作系统的要求而设计的一种小型操作系统，它由一个内核及一些根据需要进行定制的系统模块组成。嵌入式 Linux 内核大小一般只有几百 KB，它具有多任务、多进程的系统特征，有些还具有实时性。一个小型的嵌入式 Linux 系统只需要引导程序、微内核、初始化进程 3 个基本元素。运行嵌入式 Linux 的 CPU 可以是 x86、Alpha、Sparc、MIPS、PPC 等。嵌入式 Linux 所需的存储器主要使用 Rom、Compact Flash、M-Systems 的 Disk On Chip、Sony 的 Memory Stick、IBM 的 MicroDrive 等体积很小(与主板上的 BIOS 大小相近)，且存储容量不太大的存储器。它的内存可以使用普通内存，也可以使用专用的 RAM。

嵌入式 Linux 既继承了 Internet 上无限的开放源代码资源，又具有嵌入式操作系统的特性，广泛应用在移动电话、个人数字助理(PDA)、媒体播放器、消费电子产品、医疗电子、交通运输计算机外设、工业控制以及航空航天等领域，具有十分广阔的未来。

3. 嵌入式 Linux 的优良特性

嵌入式 Linux 的开发和研究是操作系统领域中的一个热点，目前已经开发成功的嵌入式系统中，大约有一半使用的是 Linux。Linux 之所以能在嵌入式系统市场上取得如此辉煌的成果，与其自身的优良特性是分不开的。

1) 广泛的硬件支持

Linux 能够支持 x86、ARM、MIPS、ALPHA、PowerPC 等多种体系结构，是一个跨平台的系统。目前已经成功移植到数十种硬件平台，几乎能够运行在所有流行的 CPU 上。Linux 有着异常丰富的驱动程序资源，支持各种主流硬件设备和较新的硬件技术，甚至可以在没有存储管理部件的微处理器上运行，这些都进一步促进了 Linux 在嵌入式系统中的应用。

2) 内核高效稳定

Linux 内核的高效和稳定已经在各个领域内得到了大量事实的验证，Linux 的内核设计得非常精巧，分成进程调度、内存管理、进程间通信、虚拟文件系统和网络接口五大部分，其独特的模块机制可以根据用户的需要，实时地将某些模块插入内核或从内核中移走。这些特性使得 Linux 系统内核可以裁剪得非常小巧，很适合于嵌入式系统的需要。

3) 开放源代码，软件丰富

Linux 是开放源代码的自由操作系统，它为用户提供了最大限度的自由度。由于嵌入式系统千差万别，往往需要针对具体的应用进行修改和优化，因而获得源代码就变得至关重要。Linux 的软件资源十分丰富，每一种通用程序在 Linux 上几乎都可以找到，并且资源数量还在不断增加。在 Linux 上开发嵌入式应用软件一般不用从头做起，而是可以选择一个类似的自由软件作为原型，在其上进行二次开发。

4) 优秀的开发工具

开发嵌入式系统的关键是需要有一套完善的开发和调试工具。传统的嵌入式系统开发和调试工具是在线仿真器(In-Circuit Emulator，ICE)，它通过取代目标板的微处理器，给目标程序提供一个完整的仿真环境，从而使开发者能够非常清楚地了解到程序在目标板上的工作状态，便于监视和调试程序。在线仿真器的价格非常昂贵，而且只适合做非常底层的调试，如果使用的是嵌入式 Linux，一旦软硬件能够支持正常的串口功能，即使不用在线仿真器也可以很好地进行开发和调试工作，从而节省了一笔不小的开发费用。嵌入式 Linux 为开发者提供了一套完整的工具链(Tool Chain)，它利用 GNU 的 GCC 做编译器，用 GDB、KGDB、XGDB 做调试工具，能够很方便地实现从操作系统到应用软件各个级别的调试。

5) 完善的网络通信和文件管理机制

Linux 从诞生之日起就与 Internet 密不可分，支持所有标准的 Internet 网络协议，并且很容易移植到嵌入式系统当中。此外，Linux还支持EXT2、FAT16、FAT32、ROMFS等文件系统，这些都为开发嵌入式系统应用打下了很好的基础。

4. 嵌入式Linux面临的挑战

目前，嵌入式Linux系统的研发热潮正在蓬勃兴起，并且占据了很大的市场份额，除了一些传统的Linux公司(如RedHat、MontaVista等)正在从事嵌入式Linux的开发和应用，IBM、Intel、Motorola等著名企业也开始进行嵌入式Linux的研究。虽然其前景一片灿烂，但就目前而言，嵌入式Linux的研究成果与市场的真正要求仍有一段差距，要开发出真正成熟的嵌入式Linux系统，还需要从以下几个方面做出努力。

1)提高系统实时性

Linux虽然已经被成功地应用于PDA、移动电话、车载电视、机顶盒、网络微波炉等各种嵌入式设备上，但在医疗、航空、交通、工业控制等对实时性要求非常严格的场合中还无法直接应用。因为现有的Linux是一个通用的操作系统，虽然它也采用了许多技术来加快系统的运行和响应速度，并且符合POSIX 1003.1b标准，但从本质上来说它并不是一个嵌入式实时操作系统。Linux的内核调度策略基本上是沿用UNIX系统的，将它直接应用于嵌入式实时环境会有许多缺陷，如在运行内核线程时中断被关闭、分时调度策略存在时间上的不确定性，以及缺乏高精度的计时器等。正因如此，利用Linux作为底层操作系统，在其上进行实时化改造，从而构建出一个具有实时处理能力的嵌入式系统，是现在日益流行的解决方案。

2)改善内核结构

Linux内核采用一体化内核系统，整个内核是一个单独的、非常大的程序，这样虽然能够使系统的各个部分直接沟通，有效地缩短任务之间的切换时间，提高系统的响应速度，但与嵌入式系统存储容量小、资源有限的特点不相符合。嵌入式系统经常采用的是另一种称为微内核(Microkernel)的体系结构，即内核本身只提供一些基本的操作系统功能，如任务调度、内存管理、中断处理等，而类似于文件系统和网络协议等附加功能则运行在用户空间中，并且可以根据实际需要进行取舍。Microkernel的执行效率虽然比不上Monolithic Kernel，但却显著减小了内核的体积，便于维护和移植，更能满足嵌入式系统的要求。可以考虑将Linux内核部分改造成Microkernel，使Linux在具有很高性能的同时，又能满足嵌入式系统体积小的要求。

3)完善集成开发平台

引入嵌入式Linux系统集成开发平台，是嵌入式Linux进一步发展和应用的内在要求。传统上的嵌入式系统都是面向具体应用场合的，软件和硬件之间必须紧密配合，但随着嵌入式系统规模的不断扩大和应用领域的不断扩展，嵌入式操作系统的出现就成了一种必然，因为只有这样才能促成嵌入式系统朝层次化和模块化的方向发展。很显然，嵌入式集成开发平台也是符合上述发展趋势的，一个优秀的嵌入式集成开发环境能够提供比较完备的仿真功能，可以实现嵌入式应用软件和嵌入式硬件的同步开发，从而摆脱了嵌入式应用软件的开发依赖于嵌入式硬件的开发，并且以嵌入式硬件的开发为前提的不利局面。一个完整的嵌入式集成开发平台通常包括编译器、连接器、调试器、跟踪器、优化器和集成用户界面，目前 Linux 在基于图形界面的特定系统定制平台的研究上，与 Windows CE 等商业嵌入式操作系统相比还有很大的差距，整体集成开发平台有待提高和完善。

1.3.2 Windows CE

Windows CE 是微软公司嵌入式、移动计算平台的基础，它是一个开放的、可升级的 32 位嵌入式操作系统，是基于掌上型电脑类的电子设备操作系统。

Windows CE 具有模块化、结构化、基于 Win32 应用程序接口和与处理器无关等特点。Windows CE 不仅继承了传统的 Windows 图形界面，并且在 Windows CE 平台上可以使用 Windows 95/98 上的编程工具(如 Visual Basic、Visual C++等)、函数和界面风格，因此绝大多数的应用软件只需进行简单的修改和移植就可以在 Windows CE 平台上继续使用。微软使用 Windows CE 系统的产品有三种，即 Pocket PC、Handheld PC 及 Auto PC。

从 1996 年的 1.0 版本问世以来，Windows CE 的版本历程如下。

1. 1.0 版本

作为第一代的 Windows CE 1.0 于 1996 年 11 月发布，这是一种基于 Windows 95 的操作系统。20 世纪 90 年代中期，卡西欧推出第一款采用 Windows CE 1.0 操作系统的蛤壳式 PDA。

2. 2.0 版本

1997 年 9 月，微软公司推出 Windows CE 2.0，从此 Windows CE 成为微软的第一个模块化的嵌入式操作系统。Windows CE 2.0 的硬件需求更为宽松，这让 Windows CE 的应用范围更加广泛，包括基于 Windows CE 的 ATM、汽车、游戏机、手持设备及厨房家电。

3. 3.0 版本

Windows CE 3.0 是微软的 Windows Compact Edition，是一个通用版本，可在掌上电脑、标准 PC、家电和工控设备上安装运行。Windows CE 3.0 支持 x86、PowerPC、ARM、MIPS、SH3/4 等 5 个系列的 CPU。

4. 4.0～4.2 版本

Windows CE. NET(Windows CE 4.0)是微软于 2002 年 1 月份推出的首个以.NET 为名的操作系统。Windows CE .NET 是 Windows CE 3.0 的升级，支持蓝牙和.NET 应用程序开发。

Windows CE. NET 4.2 是 Windows CE.NET 4.0/4.1 的升级版，对 Windows CE 先前版本的功能进行了进一步的扩充和丰富。微软在 Windows CE 4.2 版本时曾提供开放源代码，不过只针对研究单位，且程序代码较少，约 200 万行。

5. 5.0版本

Windows CE 5.0在2004年5月份推出，微软宣布Windows CE 5.0扩大开放程序源代码。在这个开放源代码计划授权下，微软开放250万行源代码作为评估套件(Evaluationkit)。凡是个人、厂商都可以下载这些源代码并加以修改使用，未来厂商定点生产时，则再依执行时期(Run-time)授权，并支付一定的授权费用，这也是微软第一个提供商业用途衍生授权的操作系统。

6. 6.0版本

2006年11月，微软公司的嵌入式平台Windows CE 6.0正式上市，并为多种设备构建实时操作系统，例如，互联网协议(IP)机顶盒、全球定位系统(GPS)、无线投影仪，以及各种工业自动化、消费电子以及医疗设备等。

在Windows CE诞生10周年之际，微软首次在共享源计划(Microsoft Shared Source Programme)中毫无保留地开放Windows CE 6.0内核(GUI不开放)，比Windows CE先前版本的开放比例整体高出56%。通过获得Windows CE 6.0源代码的某些部分，如文件系统、设备驱动程序和其他核心组件，嵌入式开发者可以选择他们所需的源代码，然后编译并构建自己的代码和独特的操作系统，迅速将他们的设备推向市场。

7. 7.0版本

2010年6月，微软正式发布了Windows Embedded Compact 7，它的前身便是众所周知的Windows Embedded CE系统，随着版本号的升级，其正式改名为Windows Embedded Compact 7。这是一款为小型、实时设备定制的嵌入式操作系统，它不仅支持x86和MIPS系列微处理器，同时支持ARMv7架构和多核处理器。微软后来推出的Windows Phone 7所采用的内核正是类似的WinCE 7内核。不仅如此，Windows Phone平台也是基于WinCE平台而定制出来的产品。

8. 8.0版本

2013年3月，微软正式发布了Windows Embedded 8系列操作系统，从而将Windows 8技术带到一系列边缘设备上，Windows Embedded 8将帮助企业利用物联网平台通过IT基础设施来获取、分析和执行有价值的数据。

Windows Embedded 8以Windows 8为核心，可以分割出不同的功能模块以应对不同的客户需求，并嵌入各类智能终端中，如ATM、POS机等智能终端。Windows Embedded 8将保留所有Windows 8具有的触摸和手势功能，并将Windows 8的特点和优势进一步融合到嵌入式系统当中。

1.3.3 VxWorks操作系统

VxWorks操作系统是美国WindRiver公司于1983年设计开发的一种嵌入式实时操作系统，是嵌入式开发环境的关键组成部分。它以其良好的可靠性、卓越的实时性以及友好的用户开发环境，在嵌入式实时操作系统领域占据一席之地，并广泛地应用在通信、军事、航空航天等高精尖技术及实时性要求极高的领域中，如卫星通信、军事演习、弹道制导、飞机导航等，现已成为事实的工业标准和军用标准。其微内核 Wind 是一个具有较高性能的、标准的嵌入式实时操作系统内核。

1. VxWorks 操作系统的特点

VxWorks 操作系统的特点如下。

(1) 高可靠性。稳定、可靠一直是 VxWorks 的一个突出优点。它已经成功地应用在美国的“勇气”号火星车中。

(2) 高性能的 Wind 微内核设计。该内核支持所有的实时功能如多任务、中断等，VxWorks5.5 内核最小可以被裁减到 8KB 左右。

(3) 可裁剪性。可根据具体应用定制系统，使系统对资源的需求小、利用率高。VxWorks 由一个体积很小的内核及一些可以根据需要进行定制的系统模块组成。

(4) 实时性。实时性是指能够在限定时间内执行完规定的功能并对外部的异步事件做出响应的能力。VxWorks 的实时性做得非常好，其系统本身的开销很小，进程调度、进程间通信、中断处理等系统公用程序精练而有效，它们造成的延迟很短。

(5) 支持应用程序的动态链接和动态下载。应用程序各模块可分别编译、动态下载、动态链接，方便易用。

(6) 具有丰富的网络协议栈。特别适合于网络应用的相关场合。

(7) 移植性。绝大部分系统代码是用 C 语言编写的，具有良好的移植性。

风河公司 2014 年 3 月宣布，已经完成了对其实时操作系统的全面升级，足以支持业界客户抓住物联网所带来的新机遇。风河 VxWorks7 不仅进一步强化了风河公司在传统的航空、国防、医疗以及工业市场的领导地位，而且会在新兴的物联网应用领域大放异彩。

2. VxWorks7 功能的提升

VxWorks7 功能的提升体现在以下几个方面。

(1) 模块化。新的模块化架构，使用户能够对系统组件和协议实施高效且有针对性的升级，无须改变系统内核，从而较大限度地减少测试和重新认证的工作量，确保客户系统始终能够采用最先进的技术。

(2) 安全性。全套内置安全功能，包括安全数据存储、防篡改设计、安全升级、可信任引导、用户以及策略管理。

(3) 可靠性。功能进一步增强，可以满足医疗、工业、交通、航空以及国防领域对于安全应用与日俱增的需求。

(4) 可升级性。VxWorks 平台将微内核与标准内核融为一体，使用户能够在不同类别的设备上运用同一个 RTOS 基础，适用范围十分广泛，从小型消费者可穿戴设备到大型组网设备以及介于二者之间的各类设备，从而降低了开发和维护成本。

(5) 连接性和图形。支持各种业界领先的标准和协议，如 USB、CAN、Bluetooth、FireWire

和 Continua 以及开箱即用的高性能组网协议。这个图形功能丰富的平台包括一个基于公开发布 OpenVG 的栈、硬件辅助图形驱动以及 Tilcon 图形设计工具。

1.3.4 Android 系统

Android 是 Google 于 2007 年 11 月发布的基于 Linux 平台的开源移动手机平台，该平台由操作系统、中间件、用户界面和应用软件组成，是首个为移动终端打造的开源移动开发平台。Android 系统基于 Linux 2.6 提供核心系统服务，如安全、内存管理、进程管理、网络堆栈、驱动模型。

2008 年 9 月，Google 正式发布了 Android 1.0 系统，这也是 Android 系统较早的版本。当时，智能手机领域还是诺基亚的天下，Symbian 系统在智能手机领域中占有绝对优势。

2009 年 4 月，Google 正式发布了 Android 1.5 手机操作系统，从 Android 1.5 版本开始，Google 将 Android 的版本以甜品的名字命名，Android 1.5 命名为 Cupcake(纸杯蛋糕)。Android 1.5 系统与 Android 1.0 相比有了很大的改进：支持拍摄/播放影片；支持立体声蓝牙耳机；采用 WebKit 技术的浏览器，支持复制/粘贴和页面中搜索；提供屏幕虚拟键盘；主屏幕增加音乐播放器和相框 widgets；应用程序自动随着手机旋转；短信、Gmail、日历，浏览器的用户接口大幅改进，如 Gmail 可以批量删除邮件；相机启动速度加快，拍摄图片可以直接上传到 Picasa；来电照片显示等。

2011 年 1 月，Google 称每日的 Android 设备新用户数量达到了 30 万。2011 年 2 月，Google 发布 Android 3.0(Honeycomb 蜂巢)。2011 年 5 月，Google 发布 Android 3.1。2011 年 7 月，Google 发布 Android 3.2，同时每日的 Android 设备新用户数量增长到 55 万，而 Android 系统设备的用户总数达到了 1.35 亿，Android 系统已经成为智能手机领域占有量最高的系统。

2011 年 10 月，Google 发布 Android 4.0，代号 Ice Cream Sandwich(冰淇淋三明治)。

2012 年 6 月，Google 发布 Android 4.1，代号 Jelly Bean(果冻豆)。Android 4.1 改进功能如下：三重缓冲、基于时间与位置的语音搜索、离线语音输入、增强通知中心。

2013 年 7 月，Google 在美国旧金山的新品发布会上，发布了在安卓 4.2 版本基础上的升级版本 Android 4.3，Google 的 Nexus 系列手机和平板电脑已率先推送升级。

2013 年 9 月，Google 发布了 Android 4.4，代号 KitKat(奇巧巧克力)。新的 4.4 系统支持 Dalvik 和 ART 两种编译模式，优化了系统在低配硬件上的运行效果。

2014 年 6 月，Google发布了正式版的 Android 5.0，代号 Lollipop(棒棒糖)。Android 5.0 支持 64 位 ART 虚拟机，增强了电池续航能力，同时还针对可穿戴设备进行了优化。

2015 年 9 月，Google 发布了 Android 6.0，代号 Marshmallow(棉花糖)。Android 6.0 引入了对空闲设备和应用的最新节能优化技术。当用户拔下设备的电源插头，并在屏幕关闭后的一段时间内使其保持不活动状态，设备会进入低功耗模式，在该模式下设备会保持休眠状态；当用户有一段时间未触摸设备时，设备便会进入应用待机模式。

2016 年 8 月，Google 发布了 Android 7.0，代号 Nougat(牛轧糖)。Android 7.0 系统加入了 72 个新的 emoji 表情，同时还带来了改善深度休眠机制的 Doze 休眠模式，可在同一屏幕上运行分屏多任务模式，在快捷设置、通知直接回复以及安全性提升等多方面做了改进。

2017 年 8 月，Google 发布了 Android 8.0，代号 Oreo(奥利奥饼干)。Android 8.0 系统启动速度比之前快了许多。除此之外，新版的操作系统能够节省更多的电量，并且增加了画中画模式，该模式主要针对视频播放，类似于分屏操作，用户可以一边发微信消息一边看视频。

2018 年 8 月，Google 发布了 Android 9.0，代号 Pie(红豆派)。Android 9.0 系统更新的内容包括可以知道自己在某个 App 上的使用时间、夜间模式、勿扰功能、控制 CPU 资源占用、对用户行为自动作出反应等。

2019 年 9 月，Google 发布 Android 10.0，也称 Android Q。这次，谷歌没有使用甜点的名字作为代号。Android 10.0 系统更新的内容包括手势导航、更严格的隐私权限控制及焦点模式等功能。

1.3.5 iOS 系统

2007 年 1 月，苹果公司在 Macworld 大会上公布 iOS 系统，随后于同年 6 月发布第一版 iOS 操作系统，最初的名称为 iPhone runs OS X。起初它是设计给 iPhone 使用的，后来陆续用到 iPod Touch、iPad 以及 Apple TV 等产品上。

2007 年 10 月，苹果公司发布了第一个本地化 iPhone 应用程序开发包(SDK)。

2008 年 3 月，苹果发布了第一个测试版开发包，并且将 iPhone runs OS X 改名为 iPhone OS。

2008 年 9 月，苹果公司将 iPod Touch 的系统也换成了 iPhone OS。

2010 年 2 月，苹果公司发布 iPad，iPad 同样搭载了 iPhone OS。在这一年，苹果公司重新设计了 iPhone OS 的系统结构和自带程序。

2010 年 6 月，苹果公司将 iPhone OS 改名为 iOS，同时还获得了思科 iOS 的名称授权。

乔布斯在 2010 年 6 月 7 日召开的苹果全球开发者大会(Worldwide Developers Conference，WWDC)大会上宣布，将原来 iPhone OS 系统重新命名为 iOS，并发布新一代操作系统 iOS 4，为 iPhone 3GS 手机提供包括多任务在内的 100 项新功能，除了可以一次性运行多款应用外，该系统还允许用户通过文件夹来整理日益增多的应用。

2011 年 10 月，苹果公司发布 iOS 5，还推出了重要的 OTA(Over the air，空中激活)系统更新方式。

2012 年 6 月，苹果公司在 WWDC 上公布了全新的 iOS 6 操作系统。iOS6 拥有 200 多项新功能，全新的地图应用是其中较为引人注目的内容，它采用苹果公司自己设计的制图法，首次为用户免费提供在车辆需要拐弯时进行语音提醒的导航服务。

2013 年 6 月，苹果公司在 WWDC 上公布了 iOS 7，该系统在 iOS 6 的基础上有了很大的改进。它不仅采用了全新的应用图标，还重新设计了内置应用、锁屏界面以及通知中心等功能。iOS 7 支持 iPhone 4 以上、iPad 2 以上、iPad mini 以上以及 iPod Touch 5 以上的设备。

2014年6月，苹果公司在WWDC上公布了iOS 8，并提供了开发者预览版更新。iOS 8对通知中心进行了全新设计，取消了“未读通知”视图，接入更丰富的数据来源，并可在通知中心直接回复短信息，在锁屏界面也可以直接回复或删除信息和iMessage音频内容。双击Home的多任务列表可以看到最近的联系人，在卡片的上方单击，可以直接回短信和打电话。

2015年6月，苹果公司在WWDC上公布了iOS 9系统。iOS 9系统更稳定、更开放，加入了更多的新功能，包括更加智能的Siri、新加入的省电模式，此外，iOS 9为开发者提供5000个全新的API。

2016年6月，苹果公司在WWDC上公布了iOS 10系统。iOS 10系统在用户体验、Siri、键盘、照片、地图、音乐、新闻、HomeKit、电话及信息等方面带来了10项更新，除此之外，还有一些细节上的更新，如分屏、隐私安全、搜索优化、数据整合等。

2017年6月，苹果公司在WWDC上公布了iOS 11系统。iOS 11系统更新了iMessage功能。新的iMessage取微信之长，可直接在对话中进行转账。另外，还加入了一项云服务功能，通过iCloud可将iMessage里的对话内容进行云端同步，打开同一iCloud下的设备，对话可实时进行传输。iOS 11的另一大亮点是照片压缩，每张照片的压缩率将为此前的两倍。

2018年6月，苹果公司在WWDC上公布了iOS 12系统。与iOS11相比，iOS 12应用的启动加快40%、键盘的启动加快50%、摄像头的启动加快70%。iOS 12系统还具备睡前免打扰功能Do Not Disturb、分组通知功能。此外，苹果公司在iOS 12系统上为家长控制添加新功能，名为“屏幕时间”(Screen Time)。

2019年6月，苹果公司在WWDC上公布了iOS 13系统。iOS 13将面容ID的识别速度提升了30%。并且通过改进App Store应用的打包方式，App的容量大小被压缩过半，升级容量被压缩了60%的空间。同时，iOS 13的App启动速度比iOS 12快了两倍。iOS 13还推出了黑暗模式和隐私保护新功能。

2020年6月，苹果公司在WWDC上公布了iOS 14系统。iOS 14进行了全新的主屏幕改版，并包括信息、地图、App Store、翻译等多个官方应用和小组件在内的升级，增加了主屏小部件支持、多组件支持智能叠放、画中画、来电显示、App分类、CarKey、App Clips等新特性。此外，其智能语音助手功能也获得了近乎全新的升级。

本章小结

本章主要包括三部分内容。第一部分对嵌入式系统进行概述，从中读者可以了解到嵌入式系统的定义、特点、应用领域、发展历程及组成结构。第二部分介绍了ARM微处理器，包括ARM微处理器系列简介和ARM微处理器体系结构。第三部分介绍了嵌入式操作系统，包括嵌入式Linux、Windows Embedded、VxWork、Android及iOS系统，从中读者可以了解到各种操作系统的发展历程、特点及应用领域。

习题与实践

1．什么是嵌入式系统？

2．简述嵌入式系统的特点、应用领域及发展历程。

3．一个嵌入式系统在结构上分为哪几层？

4．嵌入式系统硬件层包括哪几部分？

5．嵌入式系统的存储器有哪几种？各自的用途和特点是什么？

6．嵌入式系统中的驱动层包括哪几部分？各自起什么作用？

7．ARM 微处理器包含哪些系列？分别说出它们的特点。

8．ARM 微处理器体系结构有哪几种？各自的特点是什么？

9．什么是流水线技术？

10．ARM 微处理器支持的数据类型有哪些？其存储格式分哪几种？

11．写出 ARM 微处理器使用的各种工作模式和状态。

12．简述 ARM 微处理器处理异常的过程。

13．CPSR 寄存器中哪些位用来定义处理器状态？哪些位用来定义处理器模式？

14．SP、LR、PC 分别使用了哪个寄存器？它们分别有什么作用？

15．简述嵌入式操作系统的作用和特点。

16．简述嵌入式 Linux 操作系统的发展历程、主流发行版本及特点。

17．简述 Windows CE 的发展历程。

18．简述 VxWorks、Android 及 iOS 操作系统的特点。

第 2 章　嵌入式 Linux 操作系统基础

嵌入式 Linux 操作系统一般是指把 Linux 内核移植到一个专用嵌入式设备的 CPU 和主板上。现在有很多种嵌入式 Linux 解决方案，其通常包括一个移植的内核、嵌入式 Linux 的开发工具以及根据应用需要裁剪的应用程序等。在学习嵌入式 Linux 编程之前，首先要了解嵌入式 Linux 操作系统内核结构和文件结构，在此基础上，掌握 Linux 基本操作命令。本章主要介绍嵌入式 Linux 操作系统内核结构和文件结构以及嵌入式 Linux 操作系统的基本操作命令。

2.1　嵌入式 Linux 操作系统内核结构和文件目录结构

总的说来，嵌入式 Linux 和桌面 Linux 提供的 API 函数和内核源代码绝大部分都是相同的。因此，本节将以 Linux 2.6.25 版本为例，介绍嵌入式 Linux 操作系统内核结构和文件结构。

2.1.1　Linux 操作系统内核结构

从本质上说，操作系统应该就是指内核，因为操作系统的主要任务就是隐藏处理器硬件的细节，而这均是由内核实现的。但是，内核还不是操作系统的全部，还需要加上系统调用接口程序，如果让用户直接和操作系统交互，对于一般用户来说这是一件十分困难的事情，系统调用接口程序就是为了更好地为用户与操作系统交互提供一个接口。

1. Linux 内核在整个操作系统中的位置

Linux 的内核不是孤立的，必须把它放在整个操作系统中研究，图 2-1 显示了 Linux 内核在整个操作系统的位置。

用户进程
系统调用接口
Linux内核

图 2-1　Linux 内核在整个操作系统中的位置

从图 2-1 可以看出，Linux 操作系统由三个部分组成。

1) 用户进程

用户应用程序是运行在 Linux 操作系统最高层的一个庞大的软件集合，当一个用户应用程序在操作系统之上运行时，它将成为操作系统中的一个进程(用户进程)。

2) 系统调用接口

在应用程序中，可通过系统调用来调用操作系统内核中特定的进程，以实现特定的服务。例如，在程序中安排一条创建进程的系统调用，则操作系统内核便会为之创建一个新进程。

系统调用本身也是由若干条指令构成的过程。但它与一般的过程不同，主要区别是:

系统调用运行在内核态(或称为系统态)，而一般过程运行在用户态。在 Linux 中，系统调用是内核代码的一部分。

3) Linux 内核

Linux 内核是操作系统的灵魂，它负责管理磁盘上的文件和内存、启动并运行程序、从网络上接收和发送数据包等。简言之，内核实际是抽象的资源操作细节到具体的硬件操作细节之间的接口。从程序员的角度来说，操作系统的内核提供了一个与计算机硬件等价的扩展或虚拟计算机平台，它抽象了许多硬件操作细节，程序可以以某种统一的方式进行数据处理，而程序员则可以避开许多硬件细节。从普通用户的角度说，操作系统像一个资源管理者，在它的帮助下，用户可以某种易于理解的方式组织数据，完成自己的工作，并和其他人共享资源。

上面这种划分把用户进程也纳入操作系统的范围之内是因为用户进程的运行与操作系统密切相关，而系统调用接口可以说是操作系统内核的扩充，硬件则是操作系统内核赖以生存的物质条件。这几个层次的依赖关系表现为：上层依赖下层。

2. Linux 内核的抽象结构

Linux 内核包括进程调度、内存管理、虚拟文件系统、网络接口及进程间通信五个子模块，其相互关系如图 2-2 所示。

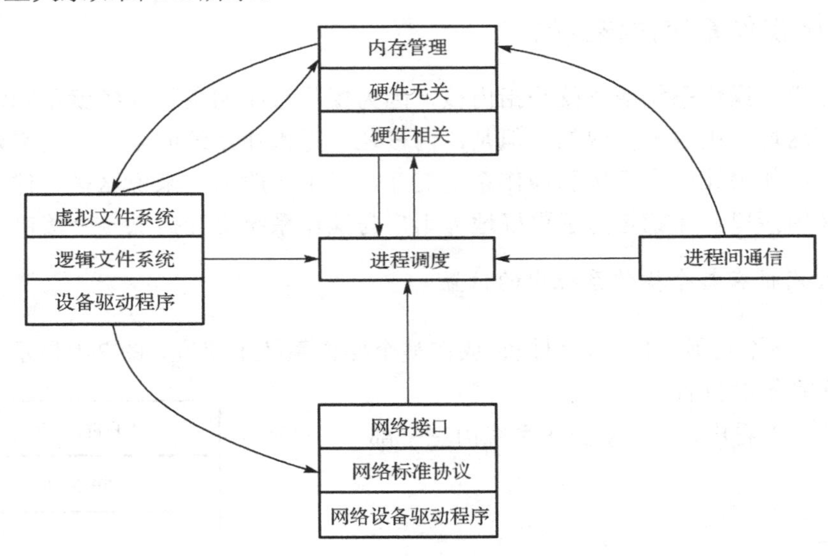

图 2-2　Linux 内核模块及相互关系

(1) 进程调度。进程调度控制进程对 CPU 的访问。当需要选择下一个进程运行时，由进程调度算法选择最值得运行的进程。可运行进程实际是仅等待 CPU 资源的进程，如果某个进程在等待其他资源，则该进程是不可运行进程。Linux 采用比较简单的基于优先级的进程调度算法选择新的进程。

(2) 内存管理。内存管理支持虚拟内存及多进程安全共享主存系统。Linux 的内存管理支持虚拟内存，即在计算机中运行的程序，其代码、数据和堆栈的总量可以超过实际内存的大小，操作系统只将当前使用的程序块保留在内存中，其余的程序则保留在磁盘上。必要时，操作系统负责在磁盘和内存之间交换程序块。

内存管理从逻辑上可以分为硬件无关的部分和硬件相关的部分。硬件无关的部分提供了进程的映射和虚拟内存的交换；硬件相关的部分为内存管理硬件提供了虚拟接口。

(3) 虚拟文件系统。虚拟文件系统抽象异构硬件设备细节，提供公共文件接口。通俗地说，就是隐藏了各种不同硬件的具体操作细节，为所有设备提供了统一的接口，同时还支持多达数十种不同的文件系统，这也是Linux的一大特色。

虚拟文件系统可分为逻辑文件系统和设备驱动程序。逻辑文件系统指Linux所支持的文件系统，如EXT2、FAT等；设备驱动程序指为每一种硬件控制器所编写的程序。

(4) 网络接口。网络接口提供了对各种网络标准协议的存取和各种网络硬件的访问。网络接口可分为网络标准协议和网络设备驱动程序两部分。网络标准协议负责实现每一种可能的网络传输协议；网络设备驱动程序负责与硬件设备进行通信，每一种硬件设备都有相应的设备驱动程序。

(5) 进程间通信。进程间通信为进程之间的通信提供实现机制。

从图2-2可以看出，进程调度处于中心位置，其他的所有模块都依赖于它，因为每个模块都需要挂起或恢复进程。一般情况下，当一个进程等待硬件操作完成时，它被挂起；当硬件操作真正完成时，进程被恢复执行。例如，当一个进程通过网络发送一条消息时，网络接口需要挂起发送进程，直到硬件成功地完成消息的发送为止；当消息发送出去以后，网络接口给进程返回一个代码，表示操作成功或失败。其他模块(内存管理、虚拟文件系统及进程间通信)以相似的理由依赖于进程调度。

各个模块之间的依赖关系如下。

(1) 进程调度与内存管理的关系。这两个模块互相依赖。在多道程序环境下，程序要运行必须为之创建进程，而创建进程的第一件事就是将程序和数据装入内存。

(2) 进程间通信与内存管理的关系。进程间通信依赖内存管理支持共享内存通信机制，这种机制允许两个进程除了拥有自己的私有内存，还可以存取共同的内存区域。

(3) 虚拟文件系统与网络接口的关系。虚拟文件系统利用网络接口支持网络文件系统，也利用内存管理支持RAMDISK设备。

(4) 内存管理与虚拟文件系统的关系。内存管理利用虚拟文件系统支持交换，交换进程定期地由进程调度程序调度，这也是内存管理依赖于进程调度的唯一原因。当一个进程存取的内存映射被换出时，内存管理向虚拟文件系统发出请求，同时挂起当前正在运行的进程。

3. Linux的内核版本

Linux内核版本是由Torvalds作为总体协调人的Linux开发小组(分布在各个国家的近百位高手)开发的系统内核的版本。

Linux内核采用的是双树系统：一棵是稳定树，主要用于发行；另一棵是非稳定树(或称为开发树)，用于产品开发和改进。

Linux内核版本号由3位数字组成，格式为：$r.x.y$。第1位数字r为主版本号，通常在一段时间内比较稳定。第 2 位数字 *x* 为次版本号，如果是偶数，则代表这个内核版本是正式版，可以公开发行；而如果是奇数，则代表这个内核版本是测试版，还不太稳定，仅供测试。第 3 位数字 *y* 为修改号，表示错误修补的次数，这个数字越大，则表明修改的次数越多，版本相对越完善。

本书使用的 Linux 内核版本是 Linux 2.6.25。

2.1.2　Linux 操作系统文件目录结构

Linux 操作系统文件目录结构如图 2-3 所示。

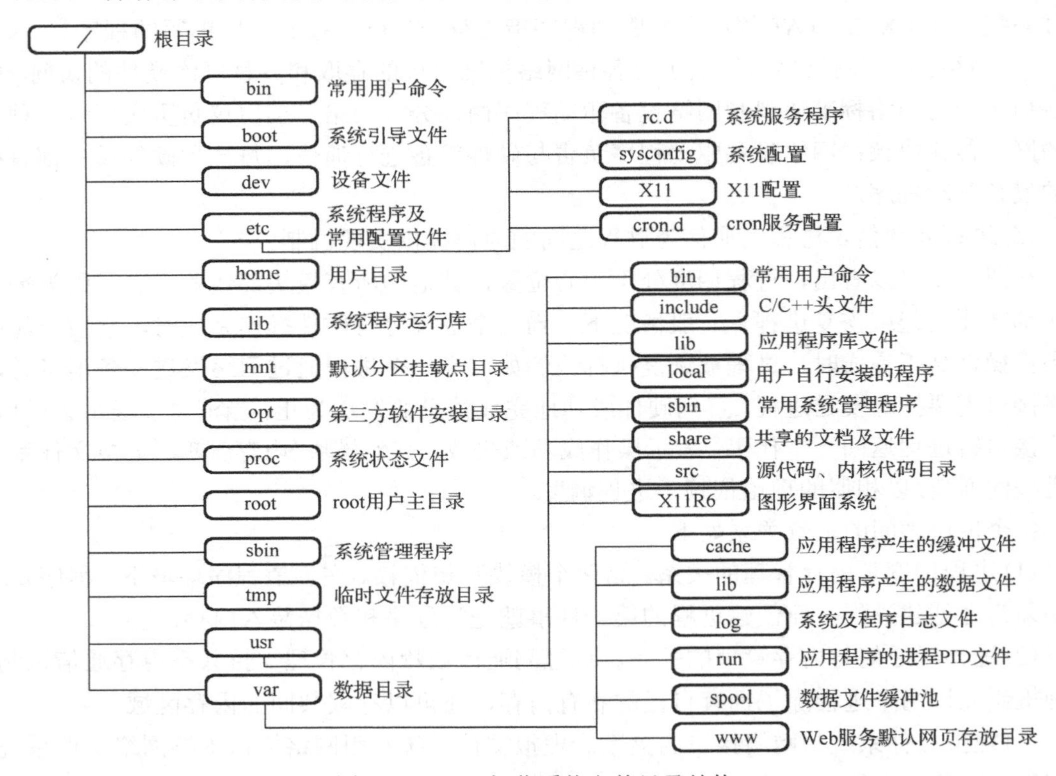

图 2-3　Linux 操作系统文件目录结构

有关 Linux 操作系统文件目录说明如下：

/bin——存放常用用户命令。

/boot——引导加载器所需文件，系统所需图片保存于此。

/dev——设备文件目录。

/etc——存放系统所需要的配置文件和子目录。

/rc.d——启动或改变运行级时运行的脚本或脚本的目录。

/sysconfig——网络、时间、键盘等配置目录。

/X11——存放与 X Windows 有关的设置。

/cron.d——主要保存不同用户的系统计划任务。

/home——存储普通用户的个人文件。

/lib——存放系统最基本的动态链接共享库。

/mnt——一般情况下这个目录是空的，在需要挂载分区时在这个目录下建立目录，再将要访问的设备(如光盘或 USB 设备)挂载在这个目录下。

/opt——第三方软件安装目录。

/proc——此目录的数据都在内存中，如操作系统内核、外部设备、网络状态等。由于数据都存放于内存中，因此不占用磁盘空间，比较重要的目录有/proc/cpuinfo、/proc/interrupts、/proc/dma、/proc/ioports、/proc/net/等。

/root——存放启动Linux时使用的一些核心文件，如系统内核、引导程序Grub等。

/sbin——可执行程序的目录，但大多存放涉及系统管理的命令，只有 root 权限才能执行。

/tmp——系统产生临时文件的存放目录，同时每个用户都可以对它进行读写操作。

/usr——用户目录，存放用户级的文件。

/bin——存放系统启动时需要的二进制执行文件。

/include——存放 C/C++头文件的目录。

/lib——存放编程的原始库及程序或子系统不变的数据文件。

/local——存放本地安装的软件。

/sbin——存放系统管理员命令，与用户相关，如大部分服务器程序。

/share——存放共享的文档与文件。

/src——存放源代码及内核代码。

/X11R6——存放 X Windows 系统的所有文件，包括二进制文件、库文件、文档、字体等。

/var——存放系统执行过程中经常变化的文件。

/cache——存放应用程序产生的缓冲文件。

/lib——存放应用程序产生的数据文件。

/log——存放系统及程序日志文件。

/run——存放应用程序的进程 PID 文件。

/spool——数据文件缓冲池，包括 mail、news、打印队列和其他队列工作的目录。

/www——Web 服务默认网页存放目录。

2.2　嵌入式 Linux 操作系统的基本操作命令

嵌入式 Linux 操作系统的基本操作命令主要包括四部分，即文件与目录管理命令、系统管理命令、网络命令及帮助命令。

2.2.1　文件与目录管理命令

文件与目录管理命令是较常用和重要的一类命令，特别是在进行系统安装与配置时，往往需要创建文件目录、重命名文件、复制文件、修改文件属性等。需要注意的是，文件操作一般都是不可逆的，在执行命令前需要对文件进行备份，以防止误操作。

1. “ls” 命令

命令格式：ls [选项] [目录名]

功能：列出目标目录中所有的子目录和文件。

选项说明：

- -a：用于显示所有文件和子目录。
- -l：除了文件名之外，还将文件的权限、所有者、文件大小等信息详细列出来。
- -r：将目录的内容清单以英文字母顺序的逆序显示。
- -t：按文件修改时间进行排序，而不是按文件名进行排序。
- -A：同-a，但不列出“.”(表示当前目录)和“..”(表示当前目录的父目录)。
- -F：在列出的文件名和目录名后添加标志。例如，在可执行文件后添加“*”，在目录文件名后添加“/”，以区分不同的类型。
- -R：如果目标目录及其子目录中有文件，就列出所有的文件。
- -Cx：按行跨页对文件名进行排序。
- -CF：按列列出目录中的文件名，并在文件名后附加一个字符以区分目录和文件的类型。目录文件名之后附加一个斜线“/”。可执行文件名之后附加一个星号“*”。符号链接文件名之后附加一个“@”字符。普通文件名之后不附加任何字符。
- -CR：以分栏格式显示目标目录及其各级子目录中的所有文件(目录和文件都可以称为文件)，也称为递归列表。

例 2-1：打开终端并在[root@localhost /]#提示符下输入“ls”命令，显示/root 目录下的所有子目录，如图 2-4 所示。

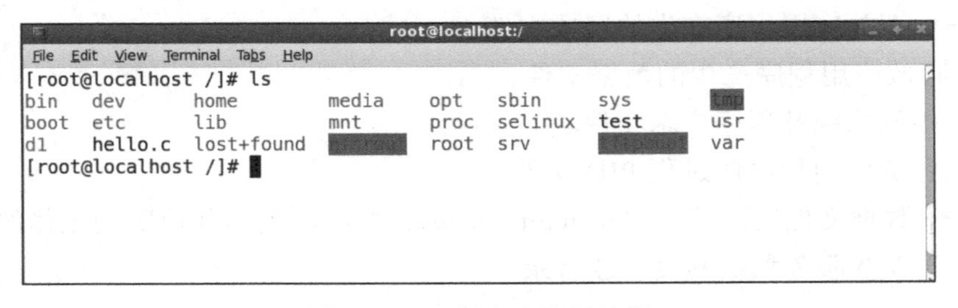

图 2-4 “ls” 命令执行结果

例 2-2：打开终端并在[root@localhost /]#提示符下输入“ls -a”命令，显示/root 目录下的所有文件和子目录，如图 2-5 所示。

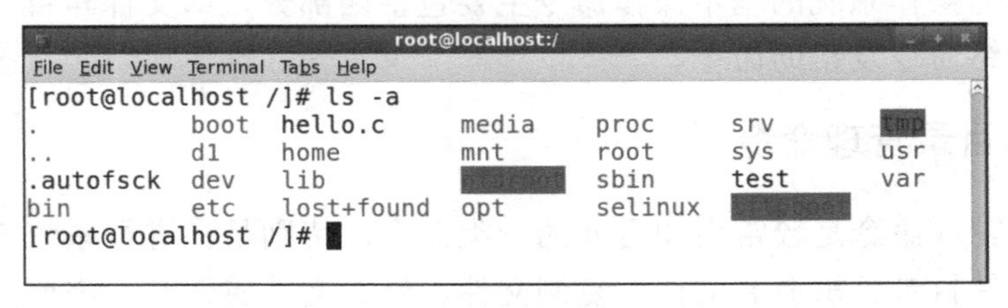

图 2-5 “ls -a” 命令执行结果

例 2-3：打开终端并在[root@localhost /]#提示符下输入“ls -l”命令，显示/root 目录下的所有文件和子目录，包括权限、所有者、文件大小等信息，如图 2-6 所示。

```
[root@localhost /]# ls -l
total 114
drwxr-xr-x   2 root root  4096 2011-11-14 15:08 bin
drwxr-xr-x   5 root root  1024 2011-11-14 21:19 boot
-rwxr-xr-x   1 root root    13 2014-03-14 16:02 dl
drwxr-xr-x  13 root root  4300 2014-08-22 16:54 dev
drwxr-xr-x 119 root root 12288 2014-08-22 17:02 etc
-rw-r--r--   1 root root     0 2014-03-21 14:30 hello.c
drwxr-xr-x   8 root root  4096 2014-03-14 16:18 home
drwxr-xr-x  15 root root 12288 2012-02-10 17:11 lib
drwx------   2 root root 16384 2011-11-14 21:04 lost+found
drwxr-xr-x   2 root root  4096 2014-08-22 16:54 media
drwxr-xr-x   3 root root  4096 2011-11-14 18:54 mnt
drwxrwxrwx   4 root root  4096 2011-11-14 19:23
drwxr-xr-x   2 root root  4096 2008-04-08 05:44 opt
```

图 2-6　“ls -l”命令执行结果

2. “cd”命令

命令格式：cd　[目录名]

功能：切换目录。

用法说明：“cd”命令是用来切换目录的，它的使用方法和在 DOS 环境下差不多，但要注意以下两点：①和 DOS 不同，Linux 的目录区分大小写，如果大小写没写对，cd 操作不会成功；②如果直接输入“cd”，后面不加任何东西，会返回到使用者自己的 Home 目录。如果是 root，则回到/root，与输入“cd～”的效果是一样的。

例 2-4：打开终端并在[root@localhost /]#提示符下输入“cd home”命令，从/root 目录切换到/home 子目录，如图 2-7 所示。

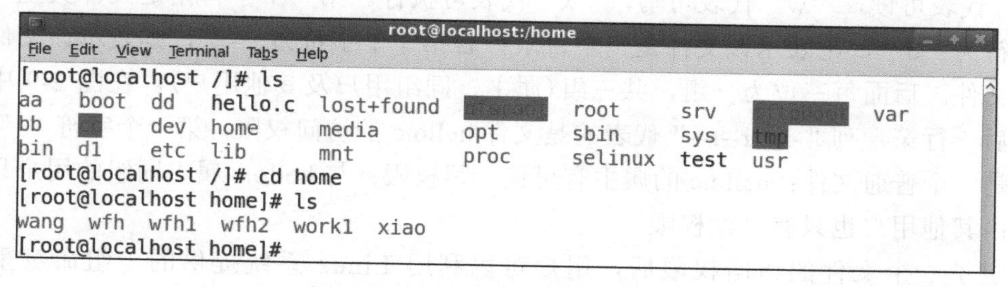

图 2-7　“cd home”命令执行结果

例 2-5：打开终端并在[root@localhost /]#提示符下输入“cd ..”命令，从/home 子目录退回到上一级目录，如图 2-8 所示。

图 2-8　“cd ..”命令执行结果

3. “chmod” 命令

Linux 系统中的每个文件和目录都有访问许可权限，用它来确定谁可以通过何种方式对文件和目录进行访问和操作。文件或目录的访问权限分为可读、可写和可执行三种。有三种不同类型的用户可对文件或目录进行访问：文件所有者(u)、同组用户(g)和其他用户(o)。所有者一般是文件的创建者，他可根据需要把访问权限设置为所需要的任何组合，确定另两种用户的访问权限。

每一文件或目录的访问权限都有三组，每组用三位表示，分别为文件或目录属主的读、写和执行权限；与属主同组的用户的读、写和执行权限；系统中其他用户的读、写和执行权限。

当用“ls -l”命令显示文件或目录的详细信息时，最左边的一列为文件的访问权限，如图 2-9 所示。

```
[root@localhost /]# ls -l
total 130
drwxr-xr-x   2 root root  4096 2014-08-22 18:02 aa
drwxr-xr-x   3 root root  4096 2014-08-23 18:48 bb
drwxr-xr-x   2 root root  4096 2011-11-14 15:08 bin
drwxr-xr-x   5 root root  1024 2011-11-14 21:19 boot
drwxrwxrwx   2 root root  4096 2014-08-23 18:54 
-rwxr-xr-x   1 root root    13 2014-03-14 16:02 d1
drwxr-xr-x   2 root root  4096 2014-08-23 18:59 dd
drwxr-xr-x  13 root root  4300 2014-08-23 18:32 dev
drwxr-xr-x 119 root root 12288 2014-08-23 18:42 etc
-rw-r--r--   1 root root     0 2014-03-21 14:30 hello.c
```

图 2-9　显示文件属性

“r”代表可读，“w”代表可写，“x”代表可执行。第一个字符指定文件类型，若第一个字符为“d”，则表示该文件是一个目录；若第一个字符为“-”，则表示该文件是一个普通文件。后面每三位为一组，共三组(属主、同组用户及其他用户)。在图 2-9 中，显示的最后一行第一列“-rw-r--r--”代表的是文件 hello.c 的访问权限，第一个字符“-”表示 hello.c 是一个普通文件；hello.c 的属主有可读、写权限；与 hello.c 属主同组的用户只有可读权限；其他用户也只有可读权限。

确定了一个文件的访问权限后，用户可以利用 Linux 系统提供的一组命令重新设置与权限和用户相关的操作。“chmod”命令用来重新设定不同的访问权限。该命令有两种用法：一种是包含字母和操作符表达式的文字设定法；另一种是包含数字的数字设定法。

1) 文字设定法

命令格式：chmod　[who]　[操作符]　[mode]　文件名

选项说明：

- who：操作对象，可以是表 2-1 所述字母中的任一个，或者它们的组合。

表 2-1　who 参数选项表

who	含义
u	表示用户 (User)，即文件或目录的所有者
g	表示同组 (Group) 用户，即与文件属主有相同 ID 的用户
o	表示其他 (Others) 用户
a	表示所有 (All) 用户，它是系统默认值

- 操作符：可以是表 2-2 所列操作符之一。

表 2-2　操作符选项表

操作符	含义
+	添加某个权限
–	取消某个权限
=	赋予给定权限并取消其他所有权限

- mode：所表示的权限可用字母 r、w、x、u、g、o 的组合，其含义如表 2-3 所示。

表 2-3　mode 参数选项表

mode	含义
r	可读
w	可写
x	可执行
u	与文件属主拥有一样的权限
g	与和文件属主同组的用户拥有一样的权限
o	与其他用户拥有一样的权限

例 2-6：给文件 a.txt 的同组用户赋予可执行权限，同时去除读、写权限：

```
[root@localhost test]# chmod g=x a.txt
[root]@localhost test]# ls -l a.txt
-rw---xr-- 1 root 13 2012-02-08 18:24 a.txt
```

例 2-7：为文件 a.txt 的其他用户增加写权限：

```
[root@localhost test]# chmod o+w a.txt
[root@localhost test]# ls -l a.txt
-rw---xrw- 1 root 13 2012-02-08 18:24 a.txt
```

2) 数字设定法

命令格式：chmod　[mode]　文件名

用法说明：用数字表示其属性含义。0 表示没有权限，1 表示可执行权限，2 表示可写权限，4 表示可读权限，然后将其相加。所以数字属性的格式应为 3 个从 0～7 的八进制数，这三个数表示的用户顺序为 u、g 和 o。

如果想让某个文件的属主有读/写两种权限，mode 用 6 表示，即 4(可读)+2(可写)=6(可读/写)。

例 2-8：将文件 a.txt 设置为-rwxr-x- -x 权限：

```
[root@localhost test]# chmod 751 a.txt
[root@localhost test]# ls -l a.txt
-rwxr-x--x 1 root root 13 2012-02-08 18:24 a.txt
```

例 2-9：将文件 a.txt 设置成对所有用户拥有可读、可写和可执行权限：

```
[root@localhost test]# chmod 777 a.txt
[root@localhost test]# ls -l a.txt
-rwxrwxrwx 1 root root 13 2012-02-08 18:24 a.txt
```

4. “mkdir” 命令

命令格式：mkdir　[选项]　[目录名]

功能：在指定位置创建目录。要创建目录的用户必须对所创建目录的父目录具有写权限。并且，所创建的目录不能与其父目录中的文件名重名，即同一个目录下不能有同名的目录名(区分大小写)。

选项说明：

- -m：模式，设定权限，同“chmod”命令。
- -p：可以是一个路径名称。此时若路径中的某些目录尚不存在，加上此选项后，系统将自动建立好尚不存在的目录，即一次可以建立多个目录。
- -v：每次创建新目录都显示信息。

例 2-10：在[root@localhost /]#提示符下输入“mkdir aa”命令，在/root 目录下创建“aa”子目录，并用“ls”命令查看，如图 2-10 所示。

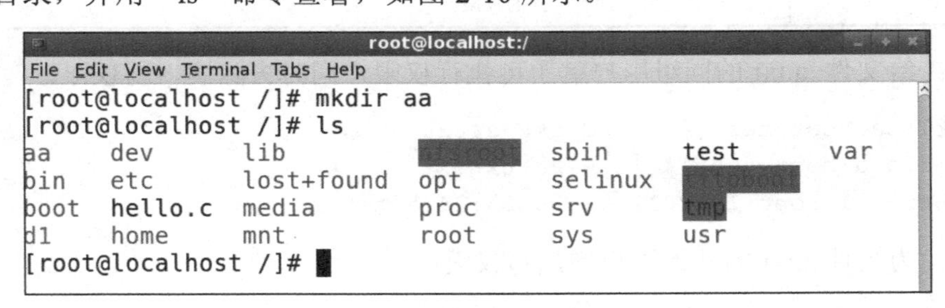

图 2-10　“mkdir aa”命令执行结果

例 2-11：在[root@localhost /]#提示符下输入“mkdir -p bb/bbb”命令，在/root 目录下创建“bb”一级子目录，并在“bb”一级子目录下创建“bbb”二级子目录，如图 2-11 所示。

例 2-12：在[root@localhost /]#提示符下输入“mkdir -m 777 cc”命令，在/root 目录下创建“cc”子目录，并设置其权限为 777，如图 2-12 所示。

```
[root@localhost /]# mkdir -p bb/bbb
[root@localhost /]# ls
aa   boot  etc      lib         mnt    proc  selinux  test  usr
bb   dl    hello.c  lost+found         root  srv            var
bin  dev   home     media       opt    sbin  sys      tmp
[root@localhost /]# cd bb
[root@localhost bb]# ls
bbb
[root@localhost bb]#
```

图 2-11　“mkdir -p bb/bbb”命令执行结果

```
[root@localhost /]# mkdir -m 777 cc
[root@localhost /]# ll
total 126
drwxr-xr-x   2 root root  4096 2014-08-22 18:02 aa
drwxr-xr-x   3 root root  4096 2014-08-23 18:48 bb
drwxr-xr-x   2 root root  4096 2011-11-14 15:08 bin
drwxr-xr-x   5 root root  1024 2011-11-14 21:19 boot
drwxrwxrwx   2 root root  4096 2014-08-23 18:54
-rwxr-xr-x   1 root root    13 2014-03-14 16:02 dl
```

图 2-12　“mkdir -m 777 cc”命令执行结果

例 2-13：在[root@localhost /]#提示符下输入“mkdir -v dd”命令，在/root 目录下创建“dd”子目录，并显示创建信息，如图 2-13 所示。

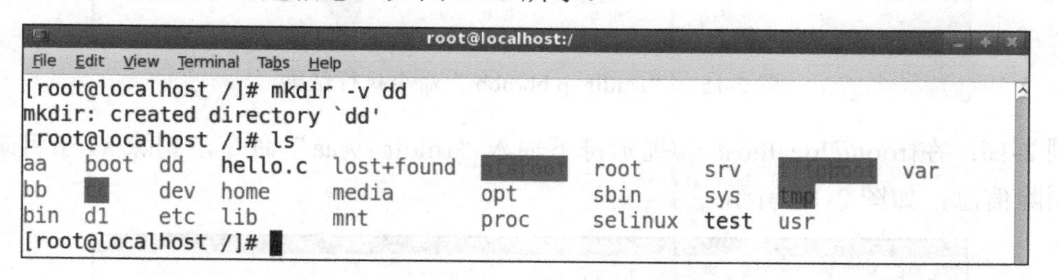

图 2-13　“mkdir -v dd”命令执行结果

5．“rmdir”命令

“rmdir”命令是一个与“mkdir”命令相对应的命令。“mkdir”命令用来建立目录，而“rmdir”命令是用来删除目录。

命令格式：rmdir　[-p -v]　[目录名]

功能：删除空目录。

选项说明：

- -p ：当子目录被删除后，如果父目录也变成空目录，就连带父目录一起删除。
- -v：每次删除目录都显示信息。

例 2-14：在[root@localhost /]#提示符下输入“rmdir aa”命令，删除/root 目录下的/aa 子目录，如图 2-14 所示。

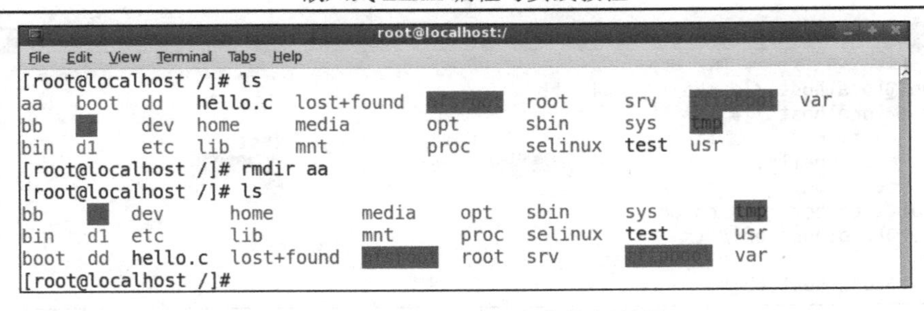

图 2-14　“rmdir aa”命令执行结果

例 2-15：在[root@localhost /]#提示符下输入“rmdir -p bb/bbb ”命令，删除一级子目录/bb 下的二级子目录/bbb，由于/bb 一级子目录变成空目录，因此也被删除，如图 2-15 所示。

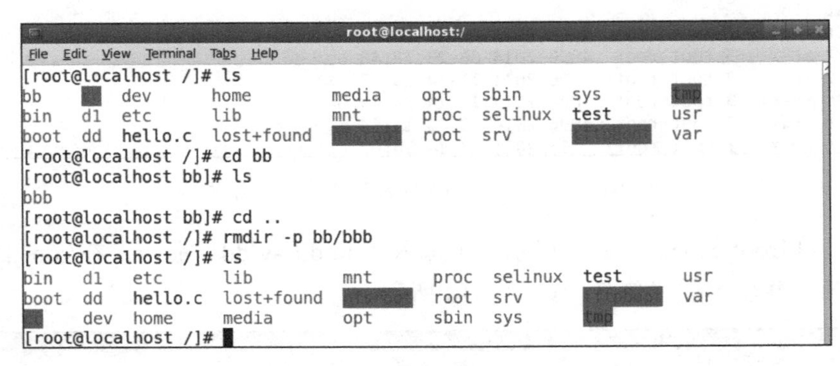

图 2-15　“rmdir -p bb/bbb ”命令执行结果

例 2-16：在[root@localhost /]#提示符下输入“rmdir -v aa”命令，删除/aa 子目录，并显示删除信息，如图 2-16 所示。

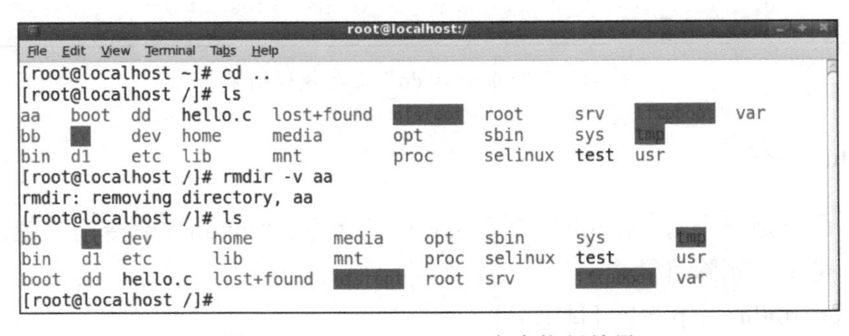

图 2-16　“rmdir -v aa”命令执行结果

6. “rm”命令

命令格式：rm　[-f -i -r -v]　[文件名/目录名]

功能：删除文件或目录。

选项说明：

- -f：即使文件属性为只读(写保护)，也直接删除。
- -i：删除前逐一询问确认。
- -r：删除目录及其下所有文件。
- -v：每次删除操作都显示删除信息。

例 2-17：在[root@localhost /]#提示符下输入“rm a.out”命令，删除 a.out 文件，如图 2-17 所示。

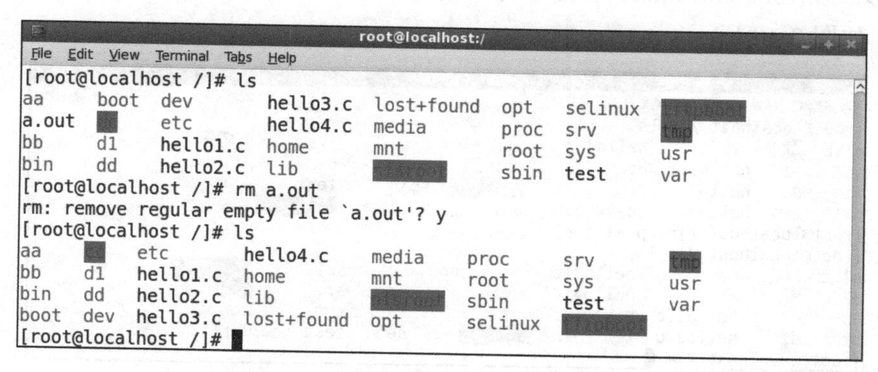

图 2-17　“rm a.out”命令执行结果

例 2-18：在[root@localhost /]#提示符下输入“rm -r aa”，删除/aa 子目录及其下的所有文件，如图 2-18 所示。

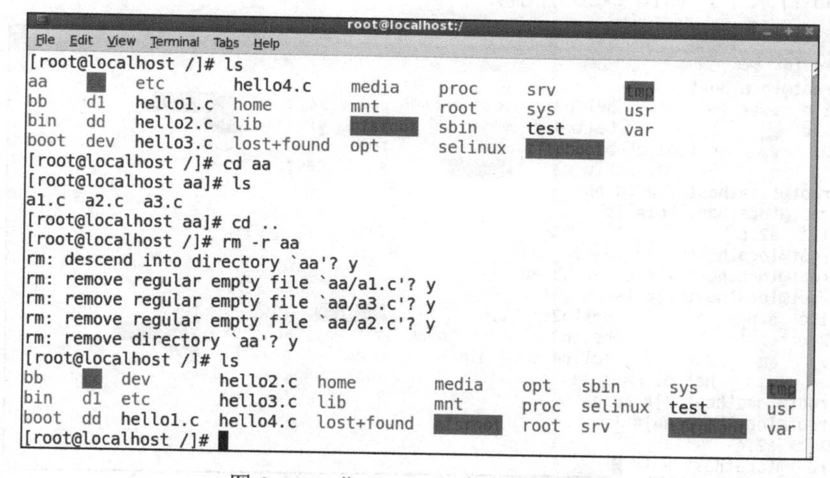

图 2-18　“rm -r aa”命令执行结果

7. “cp”命令

命令格式：cp [选项]　源文件或目录　目标文件或目录

功能：把指定的源文件复制到目标目录或把多个源文件复制到目标目录中。

选项说明：

- -a：通常在复制目录时使用。尽可能将文件状态、权限等资料都照原状予以复制。
- -f：若目标文件已经存在，则先将目标文件删除再进行复制，但不提示。

- -i：和-f 选项相反，在覆盖目标文件之前将给出提示要求用户确认。若用户回答 y，则目标文件将被覆盖，否则复制操作不进行。
- -p：此时 cp 除复制源文件的内容外，还将把其修改时间和访问权限也复制到新文件中。
- -r：若给出的源文件是一目录文件，此时 cp 将递归复制该目录下所有的子目录和文件，此时目标文件必须为一个目录名。

例 2-19：在[root@localhost /]#提示符下输入“cp a1.c a2.c”命令，将文件 a1.c 复制成文件 a2.c，如图 2-19 所示。

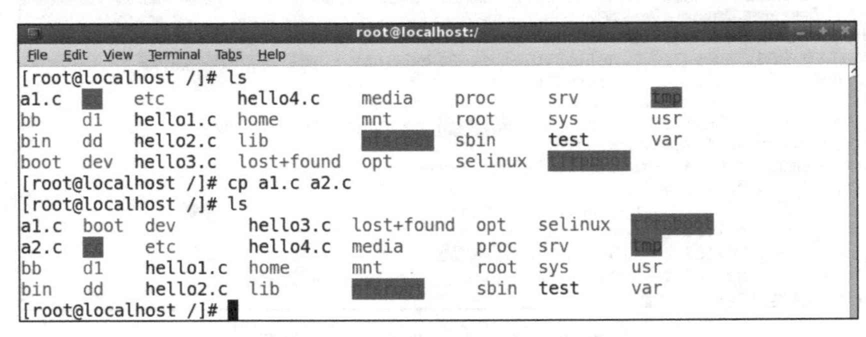

图 2-19　“cp a1.c a2.c”命令执行结果

例 2-20：在[root@localhost /]#提示符下输入“cp -r bb aa”命令，将/bb 目录下的所有文件复制到 aa 目录下，如图 2-20 所示。

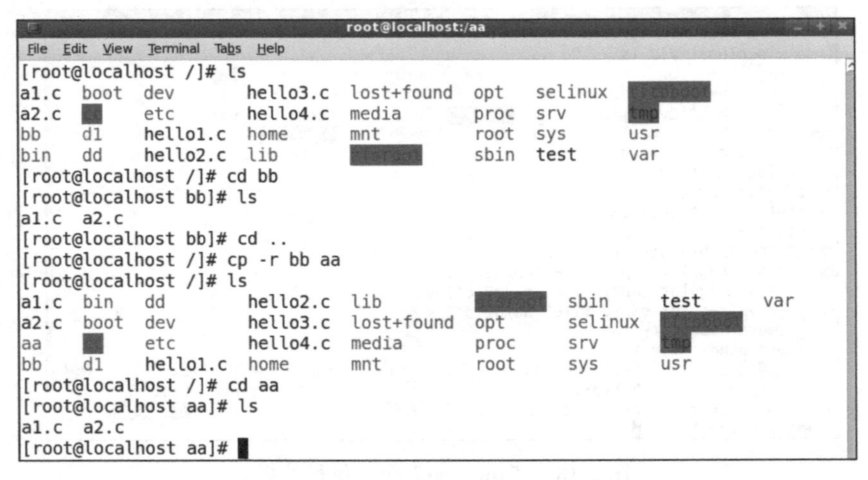

图 2-20　“cp -r bb aa”命令执行结果

8. “mv”命令

命令格式：mv [选项]　源文件或目录　目标文件或目录

功能：视“mv”命令中第二个参数类型的不同(是目标文件还是目标目录)，“mv”命令将文件重命名或将其移至一个新的目录中。当第二个参数类型是文件时，“mv”命令完成文件重命名，此时，源文件只能有一个(也可以是源目录名)，它将所给的源文件或目录重命名为给定的目标文件名。当第二个参数是已存在的目录名时，源文件或目录参数可以有多个，“mv”命令将各参数指定的源文件均移至目标目录中。在跨文件系统中移动文件时，“mv”命令先复制原有文件，再将原有文件删除，而链至该文件的链接也将丢失。

选项说明：

- -i：交互方式操作。如果 mv 操作将导致对已存在的目标文件的覆盖，此时系统询问是否重写，要求用户回答 y 或 n，这样可以避免误覆盖文件。
- -f：禁止交互操作。在 mv 操作要覆盖某已有的目标文件时不给任何指示，指定此选项后，-i 选项将不再起作用。

如果所给目标文件(不是目录文件)已存在，此时该文件的内容将被新文件覆盖。为防止用户用“mv”命令破坏另一个文件，使用“mv”命令移动文件时，最好使用-i 选项。

例 2-21：在[root@localhost /]#提示符下输入“mv a.c ab.c”命令，将文件 a.c 重命名为 ab.c，如图 2-21 所示。

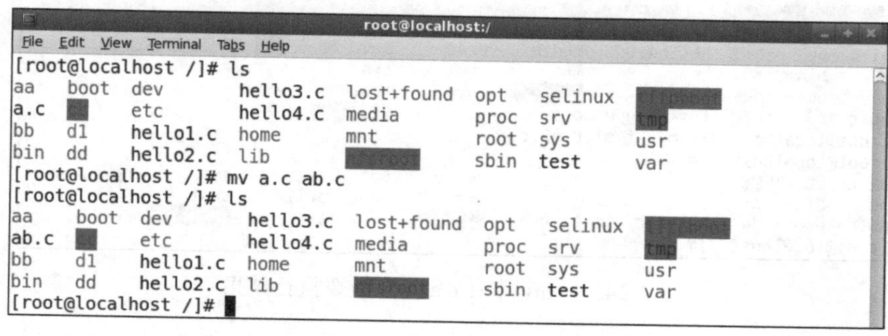

图 2-21　“mv a.c ab.c”命令执行结果

例 2-22：在[root@localhost /]#提示符下输入“mv hello1.c hello2.c aa”命令，将文件 hello1.c 和 hello2.c 移动到 aa 目录中，如图 2-22 所示。

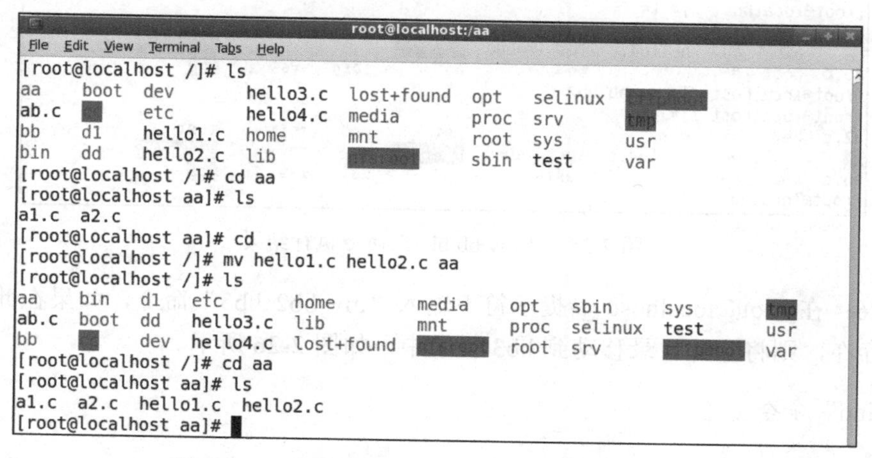

图 2-22　“mv hello1.c hello2.c aa”命令执行结果

例 2-23：在[root@localhost /]#提示符下输入“mv -i hello3.c hello4.c”命令，将文件 hello3.c 重命名为 hello4.c，由于在此之前 hello4.c 文件已经存在，因此询问是否要将其覆盖，如图 2-23 所示。

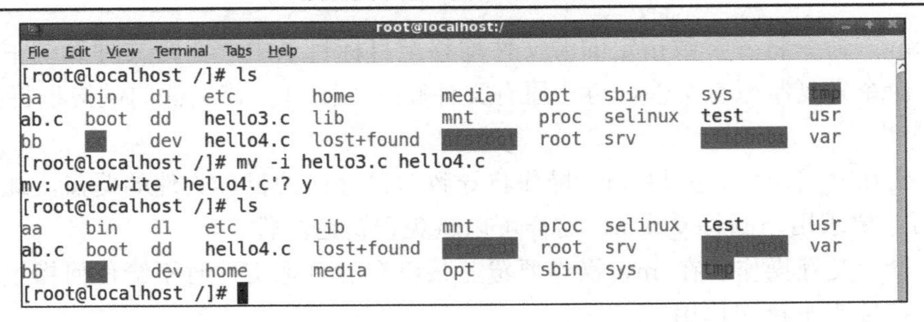

图 2-23　“mv -i hello3.c hello4.c”命令执行结果

例 2-24： 在[root@localhost /]#提示符下输入“mv -f a1.c a2.c”命令，将文件 a1.c 重命名为 a2.c，虽然在此之前 a2.c 文件已经存在，但也直接将其覆盖，如图 2-24 所示。

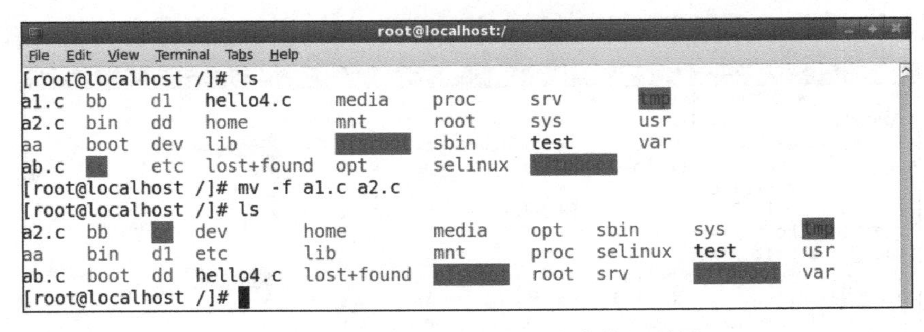

图 2-24　“mv -f a1.c a2.c”命令执行结果

例 2-25： 在[root@localhost /]#提示符下输入“mv bb bb2”命令，如果在此之前 bb2 目录不存在，则将目录 bb 重命名为 bb2，如图 2-25 所示。

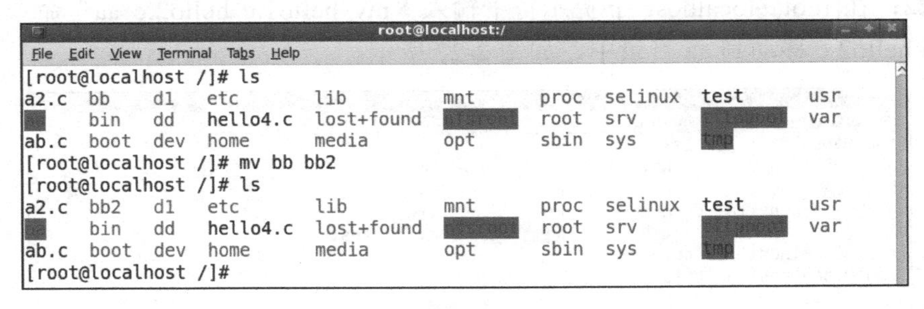

图 2-25　“mv bb bb2”命令执行结果

例 2-26： 在[root@localhost /]#提示符下输入“mv bb2 bb3”命令，如果在此之前 bb3 目录已经存在，则将 bb2 目录移动到 bb3 目录中，如图 2-26 所示。

9. “find”命令

命令格式：find　[-path…]　-options　[-print -exec -ok]

功能：在系统特定目录下，查找具有某种特征的文件。

选项说明：

- -path：要查找的目录路径，“～”表示$HOME 目录；“.”表示当前目录；“/”表示根目录。

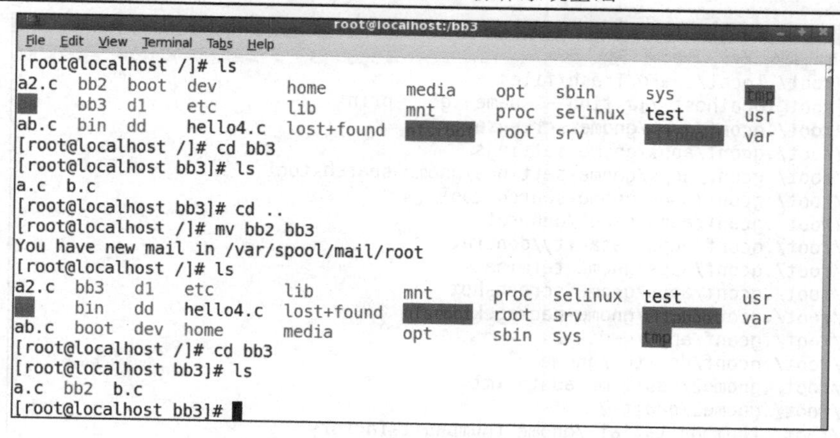

图 2-26 "mv bb2 bb3"命令执行结果

- -print：将结果输出到标准输出。
- -exec：对匹配的文件执行该参数所给出的"shell"命令。形式为 command {} \;，注意"{}"与"\;"之间有空格符。
- -ok：与-exec 作用相同，区别在于，在执行命令之前系统都会给出提示，让用户确认是否执行该命令。
- -options 常用的有下列选项。
  - ✧ -name：按照名字查找。
  - ✧ -perm：按照权限查找。
  - ✧ -prune：不在当前指定的目录下查找。
  - ✧ -user：按照文件属主来查找。
  - ✧ -group：按照文件所属组来查找。
  - ✧ -nogroup：查找无有效所属组的文件。
  - ✧ -nouser：查找无有效属主的文件。
  - ✧ -type：按照文件类型查找。

例 2-27：在[root@localhost /]#提示符下输入"find a* -print"命令，查找以字符"a"开头的文件，并输出到屏幕上，如图 2-27 所示。

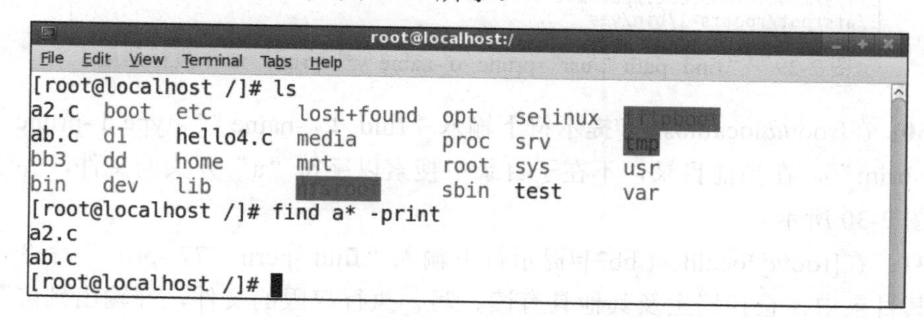

图 2-27 "find a*-print"命令执行结果

例 2-28：在[root@localhost /]#提示符下输入"find ～-name 'g*' -print"命令，在$HOME 目录及其子目录中，查找所有以字符"g"开头的文件，并输出到屏幕上，如图 2-28 所示。

```
root@localhost:/
File  Edit  View  Terminal  Tabs  Help
/root/.local/share/Trash/files
[root@localhost /]# find ~ -name 'g*' -print
/root/.gconf/apps/gnome-screensaver
/root/.gconf/apps/gnome-settings
/root/.gconf/apps/gnome-settings/gnome-search-tool
/root/.gconf/apps/gnome-search-tool
/root/.gconf/apps/panel/general
/root/.gconf/apps/metacity/general
/root/.gconf/apps/gnome-terminal
/root/.gconf/apps/gnome-screenshot
/root/.gconf/apps/gnome-packagekit
/root/.gconf/apps/gedit-2
/root/.gconf/desktop/gnome
/root/.gnome2/gedit-metadata.xml
/root/.gnome2/gedit-2
/root/.thumbnails/fail/gnome-thumbnail-factory
/root/.tomboy/addin-db-001/addin-data/global
/root/.config/gtk-2.0
/root/.config/gtk-2.0/gtkfilechooser.ini
/root/Desktop/gnome-terminal.desktop
[root@localhost /]#
```

图 2-28　“find ～-name 'g*' -print”命令执行结果

例 2-29： 在[root@localhost /]#提示符下输入“find -path "./usr" -prune -o -name ‘y*’ -print”，在当前目录除 usr 之外的子目录内查找以字符“y”开头的文件，并输出到屏幕上，如图 2-29 所示。

```
root@localhost:/
File  Edit  View  Terminal  Tabs  Help
[root@localhost /]# find -path "./usr" -prune -o -name 'y*' -print
./sbin/ypbind
./var/cache/yum
./var/log/yum.log
./var/yp
./var/lib/yum
./etc/yum
./etc/yp.conf
./etc/logrotate.d/yum
./etc/yum.conf
./etc/rc.d/init.d/ypbind
./etc/yum.repos.d
./etc/gconf/schemas/yelp.schemas
./sys/bus/pci/drivers/yenta_cardbus
./sys/module/yenta_socket
./sys/module/mousedev/parameters/yres
./nfsroot/rootfs-1/bin/yes
```

图 2-29　“find -path "./usr" -prune -o -name 'y*' -print”命令执行结果

例 2-30： 在[root@localhost /]#提示符下输入“find ！ -name "." -type d -prune -o -type f -name 'a*' -print”，在当前目录，不在子目录中搜索以字符“a”开头的文件，并输出到屏幕上，如图 2-30 所示。

例 2-31： 在[root@localhost bb3]#提示符下输入“find -perm 777 -print”命令，在当前目录及子其目录中，查找属主及其他具有读、写、执行权限的文件，并输出到屏幕上，如图 2-31 所示。

```
root@localhost:/
File  Edit  View  Terminal  Tabs  Help
[root@localhost /]# ls
a2.c  boot  etc       lost+found  opt   selinux
ab.c  dl    hello4.c  media       proc  srv      tmp
bb3   dd    home      mnt         root  sys      usr
bin   dev   lib                   sbin  test     var
[root@localhost /]# find ! -name "." -type d -prune -o -type f -name 'a
*' -print
./ab.c
./a2.c
[root@localhost /]#
```

图 2-30　“find ! -name "." -type d -prune -o -type f -name 'a*' -print”命令执行结果

```
root@localhost:/bb3
File  Edit  View  Terminal  Tabs  Help
[root@localhost /]# ls
a2.c  boot  etc       lost+found  opt   selinux
ab.c  dl    hello4.c  media       proc  srv      tmp
bb3   dd    home      mnt         root  sys      usr
bin   dev   lib                   sbin  test     var
[root@localhost /]# cd bb3
[root@localhost bb3]# ll
total 4
-rwxrwxrwx 1 root root    0 2014-08-25 10:32 a.c
drwxr-xr-x 2 root root 4096 2014-08-25 10:22 bb2
-rw-r--r-- 1 root root    0 2014-08-25 10:32 b.c
[root@localhost bb3]# find -perm 777 -print
./a.c
[root@localhost bb3]#
```

图 2-31　“find -perm 777 -print”命令执行结果

例 2-32：在[root@localhost /]#提示符下输入“find -mtime -2 -type f -print”命令，在当前目录及其子目录中，查找 2 天内被更改过的文件，并输出到屏幕上，如图 2-32 所示。

```
root@localhost:/
File  Edit  View  Terminal  Tabs  Help
[root@localhost /]# find -mtime -2 -type f -print
./.autofsck
./var/run/haldaemon.pid
./var/run/rsyslogd.pid
./var/run/PackageKit/job_count.dat
./var/run/hald/acl-list
./var/run/restorecond.pid
./var/run/cupsd.pid
./var/run/atd.pid
./var/run/tpvmlpd.pid
./var/run/crond.pid
./var/run/sendmail.pid
./var/run/dhclient-eth2.pid
./var/run/sshd.pid
./var/run/console-kit-daemon.pid
./var/run/utmp
./var/run/pcscd.pub
./var/run/auditd.pid
```

图 2-32　“find -mtime -2 -type f -print”命令执行结果

10. “mount”命令

命令格式：mount　[-t vfstype]　[-o options]　device dir

功能：将指定设备中指定的文件系统加载到 Linux 目录下。

选项说明：

- -t vfstype：指定文件系统的类型，常用类型有以下几种。
  - ✧ 光盘或光盘镜像：ISO9660。
  - ✧ DOS fat16 文件系统：MS-DOS。
  - ✧ Windows 9x fat32 文件系统：vfat。
  - ✧ Windows NT ntfs 文件系统：ntfs。
  - ✧ Mount Windows 文件网络共享：smbfs。
  - ✧ UNIX(Linux) 文件网络共享：nfs。
- -o options：主要用来描述设备或档案的挂载方式。常用的参数有以下几个。
  - ✧ loop：用来把一个文件当成硬盘分区挂载上系统。
  - ✧ ro：采用只读方式挂载设备。
  - ✧ rw：采用读/写方式挂载设备。
  - ✧ iocharset：指定访问文件系统所用字符集。
- device：要挂载(Mount)的设备。
- dir：设备在系统上的挂载点(Mount Point)。

例 2-33：在[root@localhost /]#提示符下输入“mount -t vfat /dev/sdb1 /mnt”命令，挂载 U 盘，如图 2-33 所示。挂载成功后，在 Linux 窗口上出现 KINGSTON 图标，如图 2-34 所示。

图 2-33 “mount -t vfat /dev/sdb1 /mnt”命令执行结果

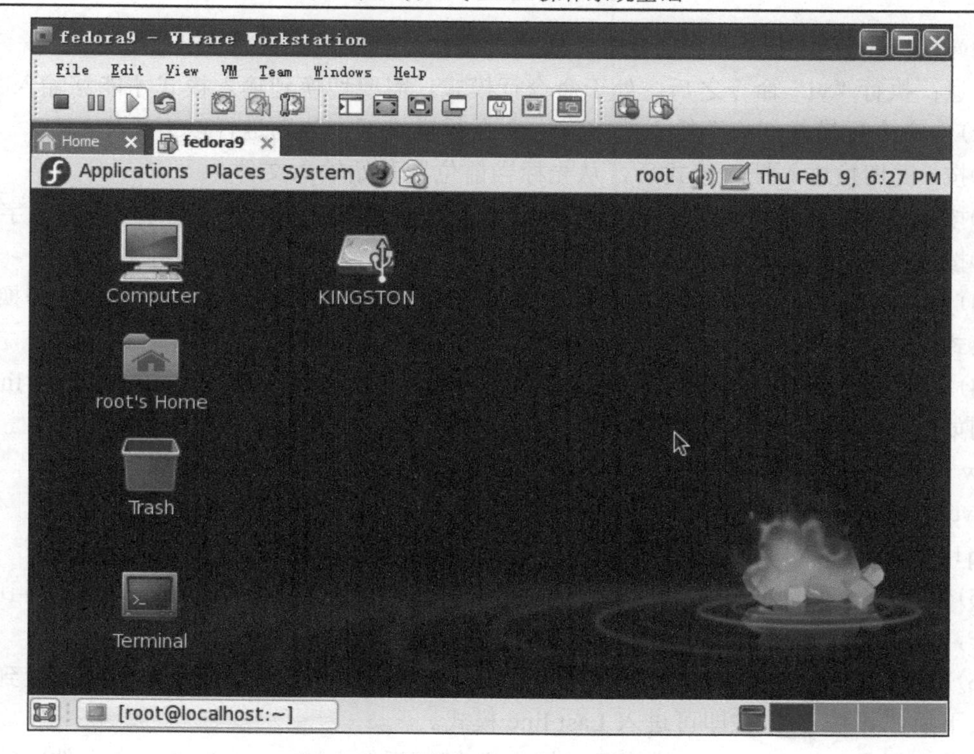

图 2-34　挂载 U 盘后的 Linux 窗口

11. “umount” 命令

命令格式：umount　<挂载点|设备>

功能：卸载设备。

例 2-34：在[root@localhost /]#提示符下输入“umount/mnt”命令或“umount /dev/sdb1”即可卸载例 2-33 挂载的 U 盘。

12. “vi” 命令

vi 是 Linux 系统里极为普遍的全屏幕文本编辑器。vi 有两种模式，即输入模式和命令行模式。输入模式用来输入文字资料；而命令行模式则用来下达一些编排文件、存档、以及退出 vi 等的操作命令。当执行“vi”命令后，会先进入命令行模式，此时输入的任何字符都视为命令。

(1) 执行“vi”命令。在系统提示符下输入“vi”及文件名称后，就进入命令执行模式，常用命令如下。

①vi filename：打开或新建文件，并将光标置于第一行行首。

②vi +n filename：打开文件，并将光标置于第 *n* 行行首。

③vi + filename：打开文件，并将光标置于最后一行行首。

④vi +/pattern filename：打开文件，并将光标置于第一个与 pattern 匹配的字符串处。

⑤vi -r filename：在上次正用 vi 编辑时发生系统崩溃，恢复 filename。

⑥vi filename…filename：打开多个文件，依次进行编辑。

注意：执行“vi”命令之后，处于命令行模式，需要切换到输入模式才能够输入文字。

(2) 由命令行模式切换至输入模式。在命令行模式下，分别进行以下操作。

①按 i 键切换进入插入模式后，从光标当前位置开始输入文件。

②按 a 键切换进入插入模式后，从当前光标所在位置的下一个位置开始输入文字。

③按 o 键切换进入插入模式后，插入新的一行，从行首开始输入文字。

(3) 由输入模式切换到命令行模式。在输入模式下，按 Esc 键即可由输入模式切换到命令行模式。

(4) 退出 vi 及保存文件。在命令行模式下，按一下“:”键(西文冒号)进入 Last line 模式，例如：

: w filename（输入“w filename”，将文章以指定的文件名 filename 保存）。

: wq（输入“wq”，存盘并退出 vi）。

: q!（输入“q！”，不存盘并强制退出 vi）。

(5) 恢复上一次操作。如果误执行一个命令，可以在命令行模式下按下 u 键，回到上一个操作，多次按 u 键可以执行多次恢复。

(6) Last line 模式下命令。在使用 Last line 模式之前，先按 Esc 键确定已经切换到命令行模式下后，再按“:”键即可进入 Last line 模式。

①列出行号：在 Last line 模式下，按“:”键之后输入“set nu”，会在文件中的每一行前面列出行号。

②跳到文件中的某一行：在 Last line 模式下，按“:”键之后输入一个数字，再按回车键，光标就会跳到该行。例如，输入数字 15，再按回车键，就会跳到文章的第 15 行。

③查找字符：在 Last line 模式下，按“:”键之后先输入“/”（左斜线），再输入想要寻找的字符，如果第一次找的字符不是想要的，可以一直按 n 键，会往后一直寻找，直到找到所要的关键字为止。

在 Last line 模式下，按“:”键之后先输入“?”，再输入想要寻找的字符，如果第一次找的关键字不是想要的，可以一直按 n 键，会往前一直寻找，直到找到所要的关键字为止。

例 2-35：在[root@localhost /]#提示符下输入“vi a.txt”命令，用 vi 创建一个 a.txt 文件，按 i 键，进入插入状态，如图 2-35 所示。输入内容：Hello,world!，如图 2-36 所示。接着按 Esc 键，先输入“:”，再在按“:”键后输入“wq”，保存文件，退出 vi。

2.2.2 系统管理常用命令

对于 Linux 系统来说，用户的管理、系统参数的设置、设备文件的查看、文件的打包、应用程序的启动都是一些常用的基本操作。在 Linux 操作系统中能用图形化操作的也能在终端用命令操作，并且在终端操作占用资源小、执行效率高，因而熟悉 Linux 的系统管理命令对于 Linux 正常操作和维护是十分重要的，下面介绍对系统和用户进行管理的一些常用命令。

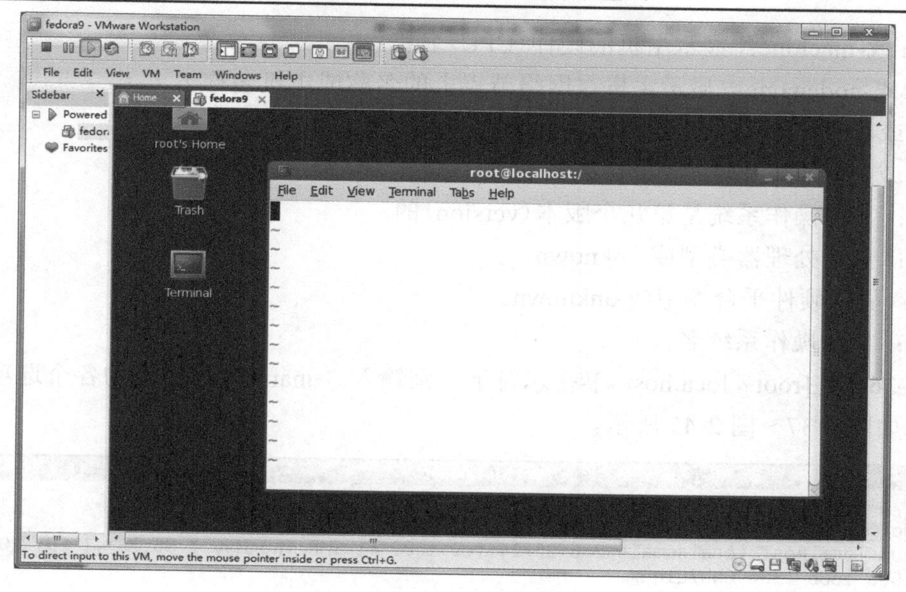

图 2-35　打开 vi

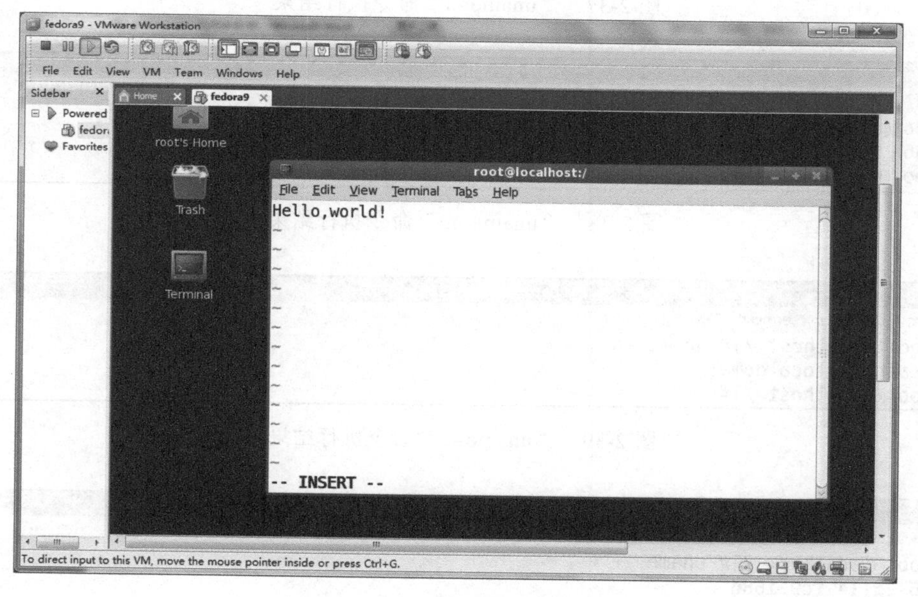

图 2-36　输入“Hello,world！”

1. “uname”命令

命令格式：uname　[选项]

功能：用来获取 Linux 主机所用的操作系统的版本、硬件的名称等基本信息。

选项说明：

- -a 或-all：详细输出所有信息，依次为内核名称、主机名称、内核版本号、内核版本、硬件名、处理器类型、硬件平台类型及操作系统名称。

- -m 或-machine：显示主机的硬件(CPU)名称。
- -n 或-nodename：显示主机在网络节点上的名称或主机名称。
- -r 或-release：显示 Linux 操作系统内核版本号。
- -s 或-sysname：显示 Linux 内核名称。
- -v：显示操作系统是第几个版本(version)的。
- -p：显示处理器类型或 unknown。
- -i：显示硬件平台类型或 unknown。
- -o：显示操作系统名。

例 2-36：在[root@localhost /]#提示符下分别输入“uname”命令下的各个选项，执行结果分别如图 2-37～图 2-45 所示。

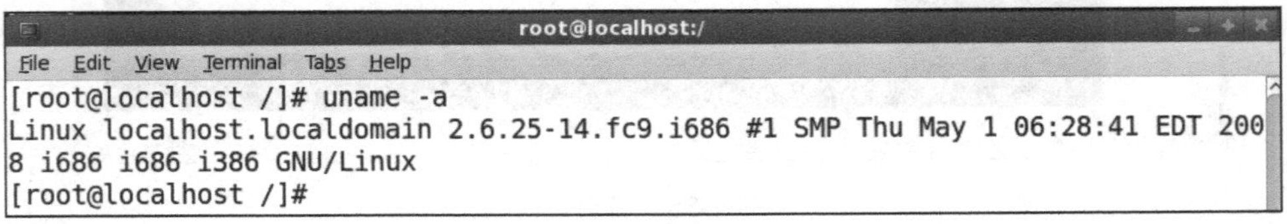

```
root@localhost:/
File Edit View Terminal Tabs Help
[root@localhost /]# uname -a
Linux localhost.localdomain 2.6.25-14.fc9.i686 #1 SMP Thu May 1 06:28:41 EDT 200
8 i686 i686 i386 GNU/Linux
[root@localhost /]#
```

图 2-37　“uname -a”命令执行结果

```
root@localhost:/
File Edit View Terminal Tabs Help
[root@localhost /]# uname -m
i686
[root@localhost /]#
```

图 2-38　“uname -m”命令执行结果

```
root@localhost:/
File Edit View Terminal Tabs Help
[root@localhost /]# uname -n
localhost.localdomain
[root@localhost /]#
```

图 2-39　“uname -n”命令执行结果

```
root@localhost:/
File Edit View Terminal Tabs Help
[root@localhost /]# uname -r
2.6.25-14.fc9.i686
[root@localhost /]#
```

图 2-40　“uname -r”命令执行结果

```
root@localhost:/
File Edit View Terminal Tabs Help
[root@localhost /]# uname -s
Linux
[root@localhost /]#
```

图 2-41　“uname -s”命令执行结果

图 2-42　“uname -v”命令执行结果

```
[root@localhost /]# uname -p
i686
[root@localhost /]#
```

图 2-43　“uname -p”命令执行结果

```
[root@localhost /]# uname -i
i386
[root@localhost /]#
```

图 2-44　“uname -i”命令执行结果

```
[root@localhost /]# uname -o
GNU/Linux
[root@localhost /]#
```

图 2-45　“uname -o”命令执行结果

2. “useradd”命令

命令格式：useradd　[选项]　用户名

功能：用来建立用户账号和创建用户的起始目录，用户权限是超级用户。使用“useradd”命令所建立的账号保存在/etc/passwd 文本文件中。

选项说明：

- -d 目录：指定用户登录时的主目录，如果此目录不存在，则同时使用-m 选项，可以创建主目录。
- -c 注释：指定一段注释性的描述，并保存在 passwd 的备注栏中。
- -f 天数：指定在密码过期后多少天即关闭该账号。
- -e 日期：指定账号的终止日期，日期的指定格式为 mm/dd/yy。
- -r 账号：建立系统账号。
- -s Shell 文件：指定用户登录后所使用的 Shell 文件。
- -g 用户组：指定用户所属的用户组。
- -G 用户组：指定用户所属的附加组。
- -m 目录：自动建立用户的登录目录。

例 2-37：在[root@localhost /]#提示符下输入“useradd user1”命令，新建一个登录名为 user1 的用户，重启系统后，新增名为 user1 的用户，如图 2-46 所示。但是，这个用户还不能够登录，因为还没给他设置初始密码，而没有密码的用户是不能够登录系统的。在默认情况下，将会在/home 目录下新建一个名为 user1 的用户主目录，如图 2-47 所示。

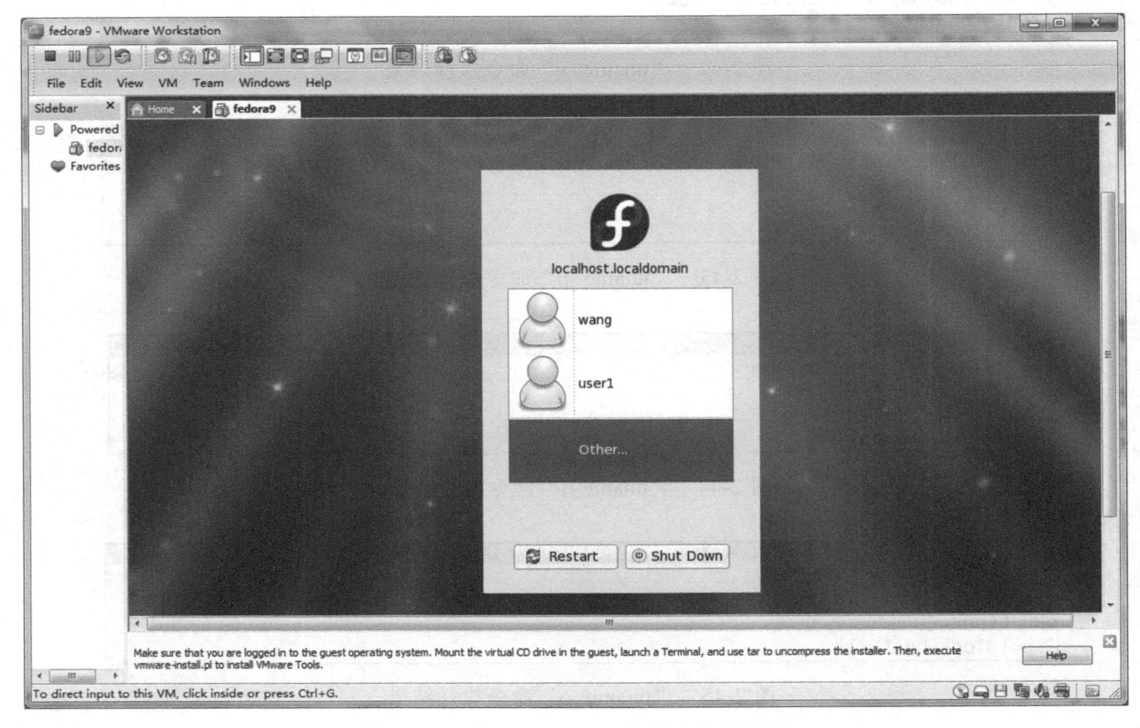

图 2-46　“useradd user1”命令执行结果

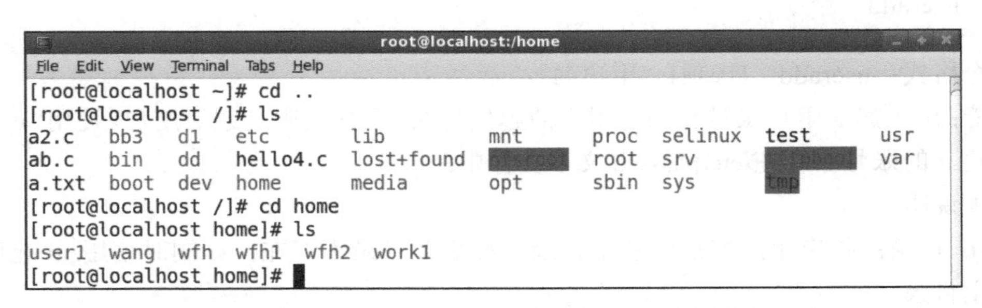

图 2-47　在/home 目录下新建一个名为 user1 的用户主目录

例 2-38：如果需要另外指定用户主目录，那么可以使用如下命令。

```
# useradd -d /home/xf user1
```

同时，该用户登录时将获得一个 Shell 程序：/bin/bash。

例 2-39：假如不想让这个用户登录，可以用下面的命令指定该用户的 Shell 程序为：/bin/false，这样该用户即使登录，也不能够执行 Linux 下的命令。

```
# useradd -s /bin/false user1
```

在 Linux 中，新增一个用户的同时会创建一个新组，这个组与该用户同名，而这个用户就是该组的成员。

例 2-40：如果想让新用户归属于一个已经存在的组，则可以使用如下命令。

```
# useradd -g user user1
```

这样，该用户 user1 就属于 user 组的一员了。

例 2-41：如果只是想让新用户再属于一个组，那么应该使用如下命令。

```
# useradd -G user user1
```

3. "passwd" 命令

命令格式：passwd　[选项]　用户名

功能：设置或修改用户登录密码。

选项说明：

- -l：锁定已经命名的账号名称，只有具备超级用户权限的使用者可使用。
- -u：解开账号锁定状态，只有具备超级用户权限的使用者可使用。
- -x, --maximum=DAYS：最大密码使用时间(天)，只有具备超级用户权限的使用者可使用。
- -n, --minimum=DAYS：最小密码使用时间(天)，只有具备超级用户权限的使用者可使用。
- -d：删除使用者的密码，只有具备超级用户权限的使用者可使用。
- -S：检查指定使用者的密码认证种类，只有具备超级用户权限的使用者可使用。

例 2-42：在[root@localhost /]#提示符下输入"passwd user1"命令，为用户 user1 设置登录密码，如图 2-48 所示。设置好登录密码后，就可以登录系统了。

注意：输入登录密码时，为了系统安全，该密码不在屏幕上显示。

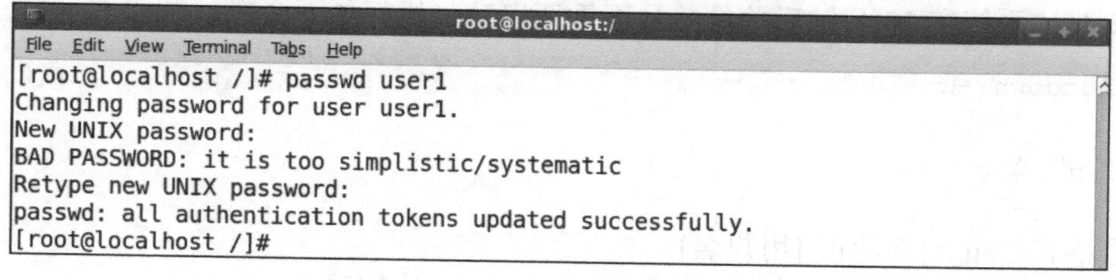

图 2-48 "passwd user1"命令执行结果

4. "userdel" 命令

命令格式：userdel　[选项]　用户名

功能：删除一个用户账号和相关文件。

选项说明：

- -r：删除用户登录目录以及目录中所有文件。

例 2-43：如果仅删除用户 user1 账号，而不删除其目录下的文件，则执行如下命令。

```
#userdel user1
```

例 2-44：如果在删除用户 user1 账号的同时，把其目录下的文件一并删除，则执行如下命令。

```
#userdel -r user1
```

5. “shutdown”命令

命令格式：shutdown　[选项]　[-t 秒数]　[时间]　[警告信息]
功能：关闭或重启系统。
选项说明：

- -c：当执行“shutdown -h 11:50”命令时，只要按“+”键就可以中断关机命令的执行。
- -f：重新启动系统时忽略检测文件系统。
- -F：重新启动系统时强制检测文件系统。
- -h：将系统关机。
- -k：模拟关机，向登录者发送关机警告。
- -n：强行关机，不向 init 进程发送信号。
- -r：重新启动系统。
- -t <秒数>：延迟若干秒关机。
- 时间：设置多久后执行“shutdown”命令。
- 警告信息：要传送给所有登录用户的信息。

例 2-45：系统马上关机并且重新启动，执行如下命令。

```
# shutdown -r now
```

例 2-46：系统在 10 分钟后关机并且不重新启动，执行如下命令。

```
# shutdown -h +10
```

6. “su”命令

命令格式：su　[选项]　[用户名]
功能：切换使用者的身份，用于在普通用户与超级用户之间的切换。
选项说明：

- -l：加了这个参数之后，就好像重新登录一样，大部分环境变量(如 home、shell 和 user 等)都以该使用者为主，并且工作目录也会改变。如果没有指定 user，缺省情况是 root。
- -c command：变更账号为 user 的用户，并执行“command”命令后再变回原来的用户。

例 2-47：在以普通用户 wang 的身份登录系统后，在[wang@localhost ～]#提示符下输入“su”命令，提示输入超级用户 root 的登录密码，输入登录密码后，即可切换到超级用户 root 的身份，如图 2-49 所示。

图 2-49　“su”命令执行结果

例 2-48： 在以超级用户 root 身份登录系统后，在[root@localhost /]#提示符下输入“su - wang”命令，即可切换到普通用户 wang 的身份，而且并不需要输入普通用户 wang 的登录密码，如图 2-50 所示。

```
wang@localhost:~
File Edit View Terminal Tabs Help
[root@localhost /]# su - wang
[wang@localhost ~]$
```

图 2-50　“su - wang”命令执行结果

7. “date”命令

命令格式：date　[选项]　[+格式]

功能：显示或设定系统的日期与时间。

选项说明：

- -d<字符串>：显示字符串所指的日期与时间，字符串前后必须加上引号。这是个功能强大的选项，通过将日期作为引号括起来的参数提供，可以快速地查明一个特定的日期。
- -s<字符串>：根据字符串来设置日期与时间，字符串前后必须加上引号。
- -u：显示 GMT。

格式说明：使用者可以设定欲显示的格式，格式设定为一个加号后接若干个标记，其中可用的标记列写如下。

- %H：显示当前小时(以 00～23 来表示)。
- %I：显示当前小时(以 01～12 来表示)。
- %k：显示当前小时(以 0～23 来表示)。
- %l：显示当前小时(以 0～12 来表示)。
- %M：显示当前分钟(以 00～59 来表示)。
- %p：显示 AM 或 PM。
- %r：显示当前时间(HH:MM:SS)，其中，小时 HH 以 12 小时 AM/PM 来表示。
- %s：从 1970 年 1 月 1 日 00:00:00 UTC 到目前为止的总秒数。
- %S：显示秒。
- %T：显示当前时间(HH:MM:SS)，其中，小时以 24 小时制来表示。
- %X：显示当前时间，同%r。

- %Z：显示当地时区。
- %a：显示当前星期几的缩写。
- %A：显示当前星期几的完整名称。
- %b：显示当前月份英文名的缩写。
- %B：显示当前月份的完整英文名称。
- %c：显示当前日期与时间，只输入“date”命令也会显示同样的结果。
- %d：显示当前日期(以 01～31 来表示)。
- %D：直接显示日期(mm/dd/yy)，含年/月/日，其中，年用后两位表示。
- %j：显示当天是该年中的第几天。
- %m：显示当前月份(以 01～12 来表示)。
- %U：显示该年中的第几周。
- %w：显示该周的第几天，0 代表周日，1 代表周一，以此类推。
- %x：直接显示日期(mm/dd/yy)，含年/月/日，其中，年用四位表示。
- %y：显示年份的最后两位数字(以 00～99 来表示)。
- %Y：显示完整年份(以四位数来表示)。
- %n：在显示时，插入新的一行。
- %t：在显示时，插入 Tab 符。

例 2-49：在[root@localhost /]#提示符下分别输入“date”命令下的各个选项，执行结果分别如图 2-51～图 2-54 所示。

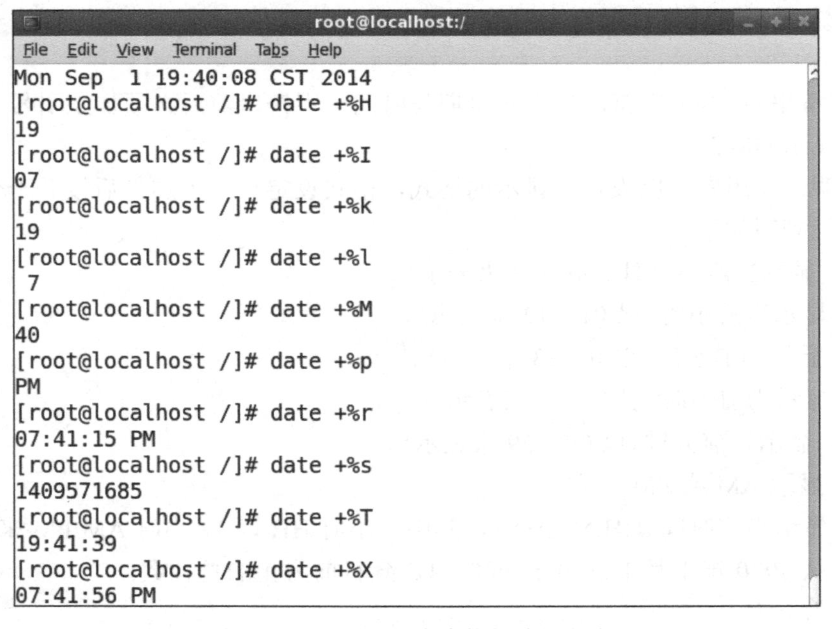

图 2-51 “date”命令执行结果(一)

```
root@localhost:/
File Edit View Terminal Tabs Help
[root@localhost /]# date +%Z
CST
[root@localhost /]# date +%a
Mon
[root@localhost /]# date +%A
Monday
[root@localhost /]# date +%b
Sep
[root@localhost /]# date +%B
September
[root@localhost /]# date +%c
Mon 01 Sep 2014 07:53:14 PM CST
[root@localhost /]# date +%d
01
[root@localhost /]# date +%D
09/01/14
[root@localhost /]# date +%j
244
[root@localhost /]# date +%m
09
```

图 2-52　“date”命令执行结果(二)

```
root@localhost:/
File Edit View Terminal Tabs Help
[root@localhost /]# date +%U
35
[root@localhost /]# date +%w
1
[root@localhost /]# date +%x
09/01/2014
[root@localhost /]# date +%y
14
[root@localhost /]# date +%Y
2014
```

图 2-53　“date”命令执行结果(三)

```
root@localhost:/
File Edit View Terminal Tabs Help
[root@localhost /]# date -d 'nov 22'
Sat Nov 22 00:00:00 CST 2014
[root@localhost /]# date -d '2 weeks'
Mon Sep 15 21:06:59 CST 2014
[root@localhost /]# date -d 'next day'
Tue Sep  2 21:08:13 CST 2014
[root@localhost /]# date -d next-day +%Y%m%d
20140902
[root@localhost /]# date -d last-month +%Y%m
201408
[root@localhost /]# date -d '50 days'
Tue Oct 21 21:10:56 CST 2014
[root@localhost /]#
```

图 2-54　“date”命令执行结果(四)

8. “gzip”命令

命令格式：gzip　[选项]　[文件或目录]

功能：将文件压缩成.gz 格式的文件。

选项说明：

- -v：显示指令执行过程。
- -r：递归处理，将指定目录下的所有文件及子目录一并处理。
- -l：列出压缩文件的相关信息。
- -d：解开压缩文件。
- -f：强行压缩文件，不理会文件名称或硬连接是否存在以及该文件是否为符号连接。
- -t：测试压缩文件是否正确无误。
- -num：用指定的数字 num 调整压缩的速度，-1 或--fast 表示最快压缩方法（低压缩比），-9 或--best 表示最慢压缩方法（高压缩比）。系统缺省值为 6。

例 2-50：在[root@localhost /]#提示符下输入“gzip a.txt”命令，即可压缩文件 a.txt，a.txt.gz 为生成的压缩文件，而之前的 a.txt 文件消失了，如图 2-55 所示。

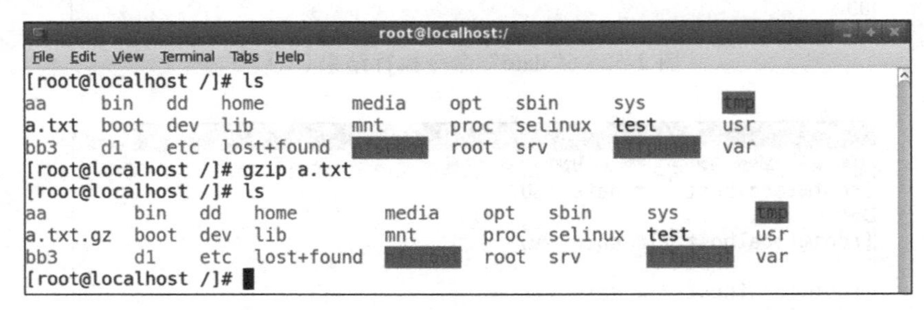

图 2-55　“gzip a.txt”命令执行结果

例 2-51：在[root@localhost /]#提示符下输入“gzip -v a.txt”命令，即可压缩文件 a.txt，并显示文件名和压缩比，如图 2-56 所示。

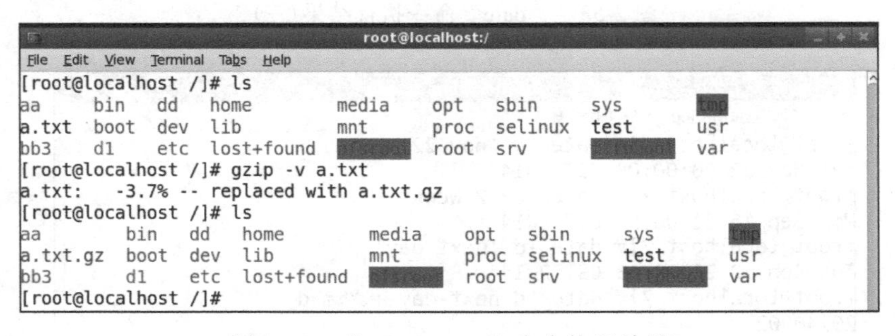

图 2-56　“gzip -v a.txt”命令执行结果

例 2-52：在[root@localhost /]#提示符下输入“gzip -r aa”命令，即可将 aa 子目录下的所有文件压缩成.gz 格式，如图 2-57 所示。

例 2-53：在[root@localhost aa]#提示符下输入“gzip -l *”命令，即可详细显示 aa 子目录下压缩文件的信息，包括压缩文件的大小、未压缩文件的大小、压缩比及未压缩文件的名称，如图 2-58 所示。

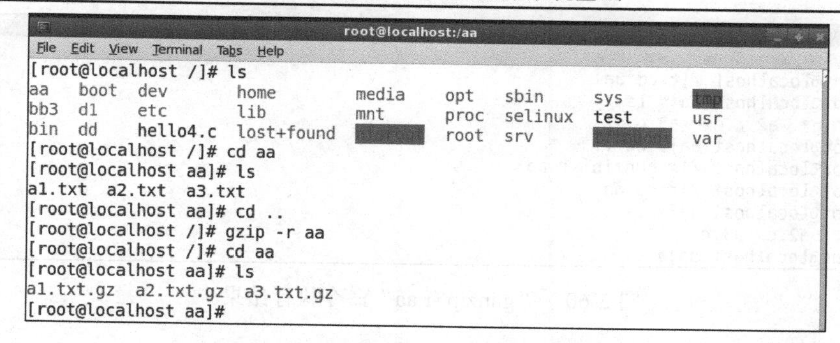

图 2-57　“gzip -r aa”命令执行结果

```
[root@localhost aa]# ls
a1.c.gz  a2.c.gz  a3.c.gz
[root@localhost aa]# gzip -l *
         compressed        uncompressed  ratio uncompressed_name
                 76                  51  -3.9% a1.c
                 97                 120  38.3% a2.c
                102                 221  64.3% a3.c
                275                 392  35.7% (totals)
[root@localhost aa]#
```

图 2-58　“gzip -l *”命令执行结果

例 2-54：在[root@localhost aa]#提示符下输入“gzip -d *”命令，即可将 aa 子目录下的所有.gz 格式的压缩文件解压，如图 2-59 所示。

```
[root@localhost aa]# ls
a1.c.gz  a2.c.gz  a3.c.gz
[root@localhost aa]# gzip -d *
[root@localhost aa]# ls
a1.c  a2.c  a3.c
[root@localhost aa]#
```

图 2-59　“gzip -d *”命令执行结果

9. “gunzip”命令

命令格式：gunzip　[选项]　[文件或目录]

功能：解压.gz 格式文件。

选项说明：

- -v：显示命令执行过程。
- -r：递归处理，将指定目录下的所有文件及子目录一并处理。
- -l：列出压缩文件的相关信息。
- -f：强行解开压缩文件，不理会文件名称或硬连接是否存在以及该文件是否为符号连接。
- -t：测试压缩文件是否正确无误。

例 2-55：在[root@localhost /]#提示符下输入“gunzip -r aa”命令，即可将 aa 子目录下的所有.gz 压缩文件解压，如图 2-60 所示。

```
root@localhost:/aa
File Edit View Terminal Tabs Help
[root@localhost /]# cd aa
[root@localhost aa]# ls
a1.c.gz  a2.c.gz  a3.c.gz
[root@localhost aa]# cd ..
[root@localhost /]# gunzip -r aa
[root@localhost /]# cd aa
[root@localhost aa]# ls
a1.c  a2.c  a3.c
[root@localhost aa]#
```

图 2-60　“gunzip -r aa”命令执行结果

10.“bzip2”命令

命令格式：bzip2　[选项]　[文件或目录]

功能：将文件压缩成.bz2 格式的文件。

选项说明：

- -d：执行解压缩。
- -f：“bzip2”命令在压缩或解压缩时，若输出文件与现有文件同名，则默认不会覆盖现有文件。若要覆盖，则使用此参数。
- -k：“bzip2”命令在压缩或解压缩后，会删除原始的文件，若要保留原始文件，请使用此参数。
- -s：降低程序执行时内存的使用量。
- -t：测试.bz2 压缩文件的完整性。
- -v：压缩或解压缩文件时，显示详细的信息。
- -z：强制执行压缩。

例 2-56：在[root@localhost aa]#提示符下输入“bzip2 *”命令，即可将 aa 子目录下的所有文件压缩成.bz2 格式的文件，如图 2-61 所示。

图 2-61　“bzip2 *”命令执行结果

例 2-57：在[root@localhost aa]#提示符下输入“bzip2 -d *”命令，即可将 aa 子目录下的所有.bz2 格式的压缩文件解压，如图 2-62 所示。

```
root@localhost:/aa
File Edit View Terminal Tabs Help
[root@localhost aa]# ls
a1.c.bz2  a2.c.bz2  a3.c.bz2
[root@localhost aa]# bzip2 -d *
[root@localhost aa]# ls
a1.c  a2.c  a3.c
[root@localhost aa]#
```

图 2-62　“bzip2 -d *”命令执行结果

11. “bunzip2” 命令

命令格式：bunzip2 [选项] [bz2 压缩文件]

功能：解压.bz2 格式文件。

选项说明：

- -f：解压缩时，若输出的文件与现有文件同名时，则默认不会覆盖现有的文件；若要覆盖，则使用此参数。
- -k：在解压缩后，默认会删除原来的压缩文件。若要保留压缩文件，则使用此参数。
- -s：降低程序执行时，内存的使用量。
- -v：解压缩文件时，显示详细的信息。

例 2-58：在[root@localhost aa]#提示符下输入“bunzip2 *”命令，即可将 aa 子目录下的所有.bz2 压缩文件解压，如图 2-63 所示。

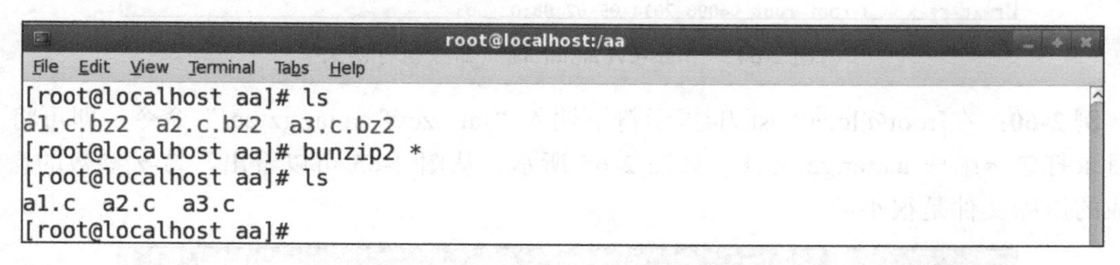

图 2-63 “bunzip2 *” 命令执行结果

12. “tar” 命令

命令格式：tar [选项] [文件或目录]

功能：用来压缩打包单个或多个文档。

选项说明：

- -c：建立一个压缩文件的参数命令。
- -x：解开一个压缩文件的参数命令。
- -t：查看 tarfile 里面的文件。

注意：在参数的下达中，c/x/t 三个选项不可同时存在，每次只能存在一个，因为不可能同时压缩与解压缩。

- -z：是否同时具有 gzip 的属性？即是否需要用“gzip”命令压缩？
- -j：是否同时具有 bzip2 的属性？即是否需要用“bzip2”命令压缩？
- -v：压缩的过程中显示文件。这个常用，但不建议用在背景执行过程。
- -f：指定压缩生成的文件名，在其之后要立即接文件名，不能再加其他参数。
- -p：使用原文件的原来属性(属性不会依据使用者而变)。
- -P：可以使用绝对路径来压缩。
- -N：比后面接的日期(yyyy/mm/dD)还要新的才会被打包进新建的文件中。

例 2-59：在[root@localhost /]#提示符下输入“tar -cvf aa.tar aa/”命令，即可将 aa 子目

录打包压缩成 aa.tar 文件。

注意：原来的 aa 子目录仍然存在，并没有被替换掉，如图 2-64 所示。

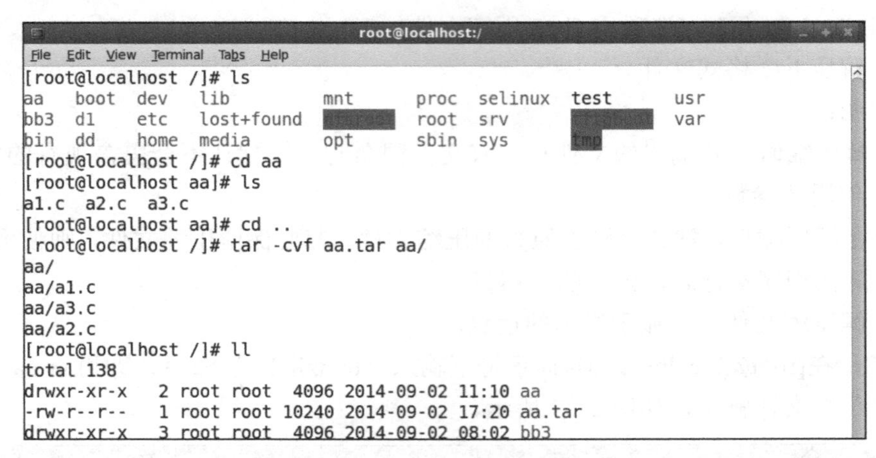

图 2-64　“tar -cvf aa.tar aa/”命令执行结果

例 2-60：在[root@localhost /]#提示符下输入“tar -zcvf aa.tar.gz aa/”命令，即可将 aa 子目录打包压缩成 aa.tar.gz 文件，如图 2-65 所示。从图 2-65 可以看出，带-z 参数的命令生成的压缩文件是很小的。

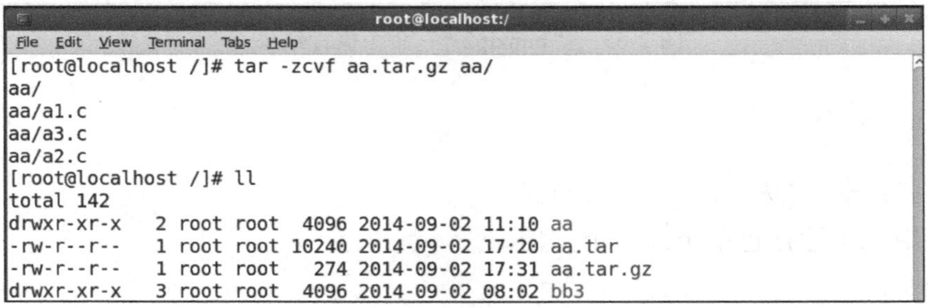

```
[root@localhost /]# tar -zcvf aa.tar.gz aa/
aa/
aa/a1.c
aa/a3.c
aa/a2.c
[root@localhost /]# ll
total 142
drwxr-xr-x   2 root root  4096 2014-09-02 11:10 aa
-rw-r--r--   1 root root 10240 2014-09-02 17:20 aa.tar
-rw-r--r--   1 root root   274 2014-09-02 17:31 aa.tar.gz
drwxr-xr-x   3 root root  4096 2014-09-02 08:02 bb3
```

图 2-65　“tar -zcvf aa.tar.gz aa/”命令执行结果

例 2-61：在[root@localhost /]#提示符下输入“tar -xvf aa.tar”命令，即可将 aa.tar 文件解包解压缩，如图 2-66 所示。

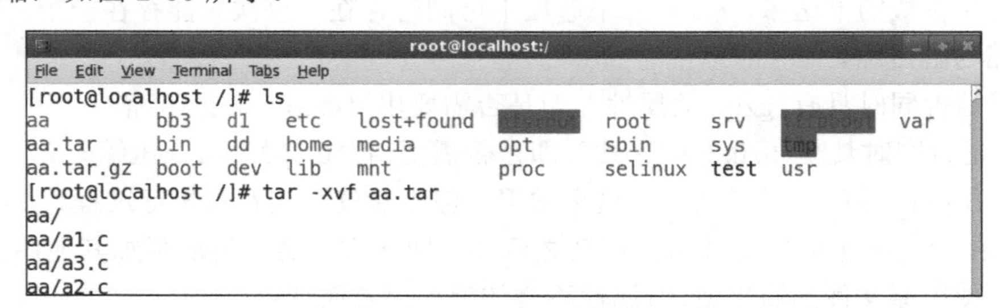

图 2-66　“tar -xvf aa.tar”命令执行结果

例 2-62：在[root@localhost /]#提示符下输入“tar -zxvf aa.tar.gz”命令，即可将 aa.tar.gz 文件解包解压缩，如图 2-67 所示。

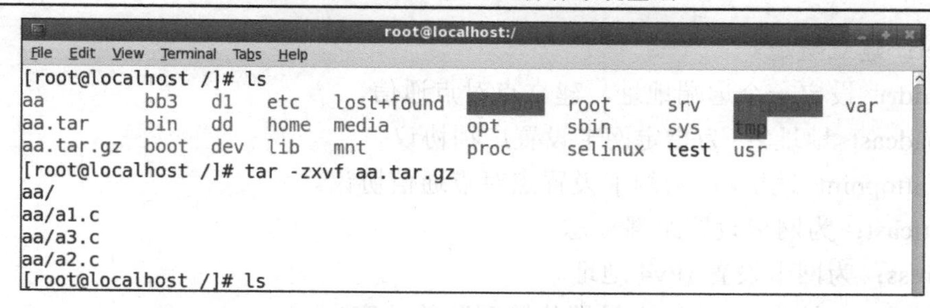
```
[root@localhost /]# ls
aa          bb3   dl    etc    lost+found          root     srv          var
aa.tar      bin   dd    home   media       opt     sbin     sys    tmp
aa.tar.gz   boot  dev   lib    mnt         proc    selinux  test   usr
[root@localhost /]# tar -zxvf aa.tar.gz
aa/
aa/a1.c
aa/a3.c
aa/a2.c
[root@localhost /]# ls
```

图 2-67　“tar -zxvf aa.tar.gz”命令执行结果

2.2.3　网络操作常用命令

Linux 系统是在 Internet 上起源和发展的，它与生俱来拥有强大的网络功能和丰富的网络应用软件，尤其是 TCP/IP 网络协议的实现尤为成熟。

Linux 的网络命令比较多，主要用于网络参数设置，包括 IP 参数、路由参数和无线网络等。其中一些命令(如“ping”“ftp”“telnet”“route”“netstat”等)在其他操作系统上也能看到，但也有一些 UNIX/Linux 系统独有的命令，如“ifconfig”“finger”“mail”等。Linux 网络操作命令的一个特点是：命令参数选项和功能很多，一个命令往往还可以实现其他命令的功能。

1. “ifconfig”命令

命令格式：ifconfig　[网络设备]　[选项]

功能：用来查看和配置网络设备。当网络环境发生改变时，可通过此命令对网络进行相应的配置。

选项说明：

- up：启动指定网络设备/网卡。
- down：关闭指定网络设备/网卡。该参数可以有效地阻止通过指定接口的 IP 信息流，如果想永久地关闭一个接口，还需要从核心路由表中将该接口的路由信息全部删除。
- arp：设置指定网卡是否支持 ARP。
- -promisc：设置是否支持网卡的 promiscuous 模式，如果选择此参数，网卡将接收网络中发给它所有的数据包。
- -allmulti：设置是否支持多播模式，如果选择此参数，网卡将接收网络中所有的多播数据包。
- -a：显示全部接口信息，包括没有激活的接口。
- -s：显示摘要信息。
- add：给指定网卡配置 IPv6 地址。
- del：删除指定网卡的 IPv6 地址。
- netmask<子网掩码>：设置网卡的子网掩码。掩码可以是有前缀 0x 的 32 位十六进制数，也可以是用点分开的 4 个十进制数。如果不打算将网络分成子网，可以不管这一选项；如果要使用子网，那么网络中每一个系统必须有相同子网掩码。

- tunel：建立隧道。
- dstaddr：设定一个远端地址，建立点对点通信。
- -broadcast<地址>：为指定网卡设置广播协议。
- -pointtopoint<地址>：为网卡设置点对点通信协议。
- multicast：为网卡设置组播标志。
- address：为网卡设置 IPv4 地址。
- txqueuelen<长度>：为网卡设置传输列队的长度。

注意：用“ifconfig”命令配置的网络设备参数在机器重新启动以后将会丢失。

例 2-63：在[root@localhost /]#提示符下输入“ifconfig”命令，显示机器所有激活网络设备的信息，如图 2-68 所示。

```
root@localhost:/
File Edit View Terminal Tabs Help
[root@localhost /]# ifconfig
eth2      Link encap:Ethernet  HWaddr 00:0C:29:BA:9B:AB
          inet addr:202.204.53.23  Bcast:202.204.53.255  Mask:255.255.255.0
          inet6 addr: 2001:da8:208:164:20c:29ff:feba:9bab/64 Scope:Global
          inet6 addr: fe80::20c:29ff:feba:9bab/64 Scope:Link
          UP BROADCAST RUNNING MULTICAST  MTU:1500  Metric:1
          RX packets:31591 errors:0 dropped:0 overruns:0 frame:0
          TX packets:998 errors:0 dropped:0 overruns:0 carrier:0
          collisions:0 txqueuelen:1000
          RX bytes:5008928 (4.7 MiB)  TX bytes:99935 (97.5 KiB)
          Interrupt:19 Base address:0x2024

lo        Link encap:Local Loopback
          inet addr:127.0.0.1  Mask:255.0.0.0
          inet6 addr: ::1/128 Scope:Host
          UP LOOPBACK RUNNING  MTU:16436  Metric:1
          RX packets:2588 errors:0 dropped:0 overruns:0 frame:0
          TX packets:2588 errors:0 dropped:0 overruns:0 carrier:0
          collisions:0 txqueuelen:0
          RX bytes:134609 (131.4 KiB)  TX bytes:134609 (131.4 KiB)
```

图 2-68　“ifconfig”命令执行结果

说明：

eth2 表示第一块网卡，其中，HWaddr 表示网卡的物理地址(MAC 地址)，可以看到目前这个网卡的物理地址是 00:0C:29:BA:9B:AB。

inet addr 用来表示网卡的 IP 地址，此网卡的 IP 地址是 202.204.53.23，本地广播地址是 202.204.53.255，子网掩码地址是 255.255.255.0。

以 RX 开头的一行代表的是网络由启动到目前为止的数据包接收情况，packets 代表数据包数量，errors 代表数据包发生错误的数量，dropped 代表数据包由于有问题而遭丢弃的数量等。

以 TX 开头的一行和以 RX 开头的一行相反，代表网络由启动到目前为止的传送情况。

collisions 代表数据包碰撞的情况，如果发生很多次，则表示网络状况不太好。

txqueuelen 代表用来传输数据的缓冲区的储存长度。

RX Bytes、TX Bytes 代表接收、传送的字节总量。

Interrupt 代表网卡硬件的数据，IRQ 中断与内存地址。

lo 表示主机的回环地址，一般用来测试一个网络程序，但又不想让局域网或外网的其他主机用户能够查看，只能在该台主机上运行和查看所用的网络接口。例如，把 HTTPD 服务器指定到回环地址，在浏览器输入 127.0.0.1 就能看到所搭建的 Web 网站了。但只在该台主机上能看到，局域网或外网的其他主机或用户无从知道。

例 2-64：在 [root@localhost /]#提示符下输入“ifconfig eth2 192.168.1.15 netmask 255.255.255.0 broadcast 192.168.1.255 up”命令，设置网卡 eth2 的 IP 地址、子网掩码和本地广播地址，结果如图 2-69 所示。

```
root@localhost:/
File  Edit  View  Terminal  Tabs  Help
[root@localhost /]# ifconfig eth2 192.168.1.15 netmask 255.255.255.0 broadcast 1
92.168.1.255 up
[root@localhost /]# ifconfig
eth2      Link encap:Ethernet  HWaddr 00:0C:29:BA:9B:AB
          inet addr:192.168.1.15  Bcast:192.168.1.255  Mask:255.255.255.0
          inet6 addr: 2001:da8:208:164:20c:29ff:feba:9bab/64 Scope:Global
          inet6 addr: fe80::20c:29ff:feba:9bab/64 Scope:Link
          UP BROADCAST RUNNING MULTICAST  MTU:1500  Metric:1
          RX packets:65216 errors:0 dropped:0 overruns:0 frame:0
          TX packets:1035 errors:0 dropped:0 overruns:0 carrier:0
          collisions:0 txqueuelen:1000
          RX bytes:8943419 (8.5 MiB)  TX bytes:106305 (103.8 KiB)
          Interrupt:19 Base address:0x2024

lo        Link encap:Local Loopback
          inet addr:127.0.0.1  Mask:255.0.0.0
          inet6 addr: ::1/128 Scope:Host
          UP LOOPBACK RUNNING  MTU:16436  Metric:1
          RX packets:2588 errors:0 dropped:0 overruns:0 frame:0
          TX packets:2588 errors:0 dropped:0 overruns:0 carrier:0
          collisions:0 txqueuelen:0
          RX bytes:134609 (131.4 KiB)  TX bytes:134609 (131.4 KiB)
```

图 2-69　配置 IP 地址

2. “ip”命令

命令格式：ip　[选项]　操作对象　[命令]

功能：ip 是 iproute2 软件包里面的一个强大的网络配置工具，它能够替代一些传统的网络管理工具，如 ifconfig、route 等，用户权限为超级用户。几乎所有的 Linux 发行版本都支持该命令。

选项说明：

- -V：打印 ip 的版本并退出。
- -s：输出更为详尽的信息。如果这个选项出现两次或者多次，输出的信息将更为详尽。
- -f：后面接协议种类，包括 inet、inet6 或者 link，强调使用的协议种类。如果没有足够的信息告诉 ip 使用的协议种类，ip 就会使用默认值 inet 或者 any。link 比较特殊，它表示不涉及任何网络协议。
- -4：-family inet4 的简写。
- -6：-family inet6 的简写。
- -0：-family link 的简写。
- -o：对每行记录都使用单行输出，回行用字符代替。如果需要使用 wc、grep 等工具处理 ip 的输出，会用到这个选项。

- -r：查询域名解析系统，用获得的主机名代替主机 IP 地址。

操作对象：要管理或者获取信息的对象。目前 ip 认识的对象包括以下几种。

- link：网络设备。
- address：一个设备的协议(IP 或者 IPv6)地址。
- neighbour：ARP 或者 NDISC 缓冲区条目。
- route：路由表条目。
- rule：路由策略数据库中的规则。
- maddress：多播地址。
- mroute：多播路由缓冲区条目。

另外，所有的对象名都可以简写，如 address 可以简写为 addr 或 a。

命令是针对指定对象执行的操作，它和对象的类型有关。一般情况下，ip 支持对象的增加(Add)、删除(Delete)和展示(Show 或者 List)。有些对象不支持这些操作，或者有其他的一些命令。对于所有的对象，用户可以使用“help”命令获得帮助。这个命令会列出这个对象支持的命令和参数的语法。如果没有指定对象的操作命令，ip 会使用默认的命令。一般情况下，默认命令是“list”命令，如果对象不能列出，就会执行“help”命令。局域网的其他主机或用户无从知道。

例 2-65：在 [root@localhost /]#提示符下输入“ip link show eth2”命令，能显示整个设备接口的硬件相关信息，包括介质访问控制、最大传输单元(Maximum Transmission Unit，MTU)等，如图 2-70 所示。

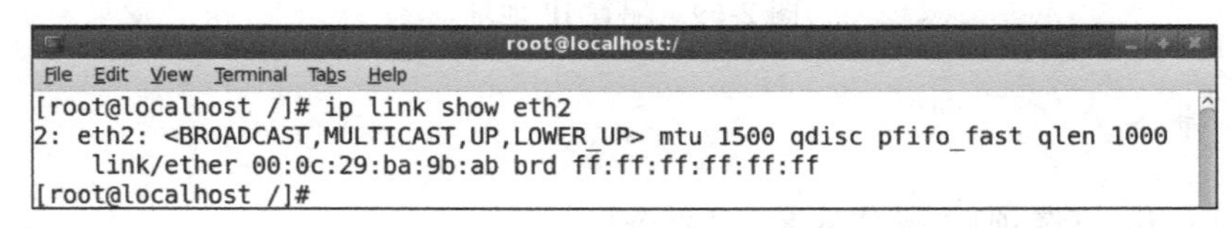

图 2-70　“ip link show eth2”命令执行结果

例 2-66：在 [root@localhost /]#提示符下输入“ip -s link show eth2”命令，加上 -s 的参数后，网卡 eth2 的相关统计信息就会被列出来，包括接收(RX)及传送(TX)的数据包数量等，如图 2-71 所示。

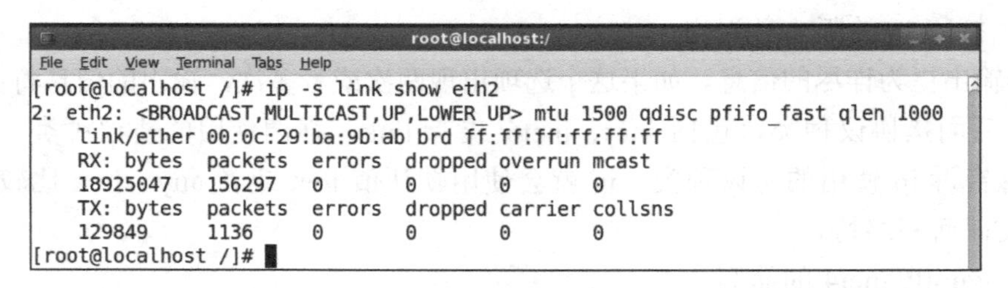

图 2-71　“ip -s link show eth2”命令执行结果

如果要启动 eth2 这个设备接口，则输入如下命令。

```
# ip link set eth2 up
```

如果要更改 MTU 的值，如改为 1000 字节，则需要输入如下命令(设置前要先关闭该网卡，否则会不成功）。

```
# ip link set eth0 mtu 1000
```

例 2-67： 在 [root@localhost /]#提示符下输入如下命令。

```
# ip address add 192.168.30.30/28 broadcast + \
> dev eth2 label eth2:vbird
```

新增一个接口，名称假设为 eth2:vbird。新增接口命令执行结果如图 2-72 所示。

```
[root@localhost /]# ip address add 192.168.30.30/28 broadcast + \
> dev eth2 label eth2:vbird
[root@localhost /]# ip address show eth2
2: eth2: <BROADCAST,MULTICAST,UP,LOWER_UP> mtu 1000 qdisc pfifo_fast qlen 1000
    link/ether 00:0c:29:ba:9b:ab brd ff:ff:ff:ff:ff:ff
    inet 202.204.53.23/24 brd 202.204.53.255 scope global eth2
    inet 192.168.30.30/28 brd 192.168.30.31 scope global eth2:vbird
[root@localhost /]#
```

图 2-72　新增接口命令执行结果

如果要将刚才新增的接口 eth2:vbird 删除，则执行如下命令。

```
# ip address del 192.168.30.30/28 dev eth2
```

例 2-68： 在 [root@localhost /]#提示符下输入“ip route show”命令，显示出目前的路由信息。其中，proto 指此路由的路由协议，主要有 Redirect、Kernel、Boot、Static、Ra 等；scope 指路由的范围，主要是 link，即和本设备有关的直接联机，显示结果如图 2-73 所示。

```
[root@localhost /]# ip route show
192.168.30.16/28 dev eth2  proto kernel  scope link  src 192.168.30.30
202.204.53.0/24 dev eth2  proto kernel  scope link  src 202.204.53.23
default via 202.204.53.1 dev eth2  proto static
[root@localhost /]#
```

图 2-73　显示路由信息

3. “ping”命令

命令格式：ping　[参数]　[主机名或 IP 地址]

功能：用于确定网络和各外部主机的状态，跟踪和隔离硬件和软件问题，测试、评估和管理网络。

参数说明：

- -d：使用 Socket 的 SO_DEBUG 功能。
- -f：极限检测。大量且快速地送网络封包给一台机器，查看它的回应。
- -n：只输出数值。
- -q：不显示任何传送封包的信息，只显示最后的结果。
- -r：忽略普通的 Routing Table，直接将数据包送到远端主机上，通常查看本机的网络接口是否有问题。
- -v：详细显示指令的执行过程。

- -c：数目，在发送指定数目的包后停止。
- -i：秒数，设定间隔几秒送一个网络封包给一台机器，默认值是 1 秒送一次。
- -I：网络界面，使用指定的网络界面送出数据包。
- -l：前置载入，设置在送出要求信息之前，先行发出的数据包。
- -p：范本样式，设置填满数据包的范本样式。
- -s：字节数，指定发送的数据字节数，预设值是 56，加上 8 字节的 ICMP 报头，一共是 64ICMP 数据字节。
- -t：存活数值，设置存活数值 TTL 的大小。

例 2-69：在 [root@localhost /]#提示符下输入“ping 192.168.1.15”命令，ping 通执行结果如图 2-74 所示。

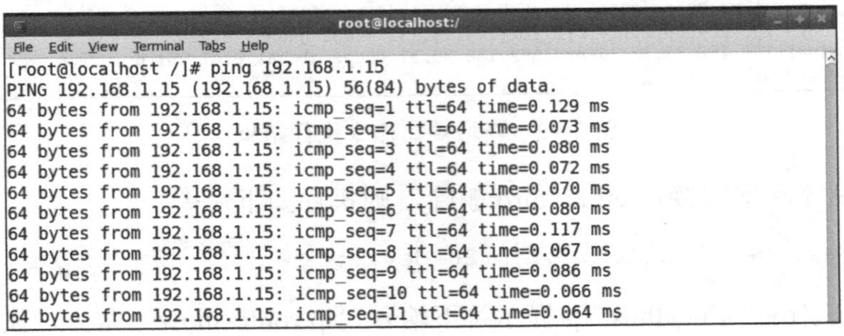

```
root@localhost:/
File Edit View Terminal Tabs Help
[root@localhost /]# ping 192.168.1.15
PING 192.168.1.15 (192.168.1.15) 56(84) bytes of data.
64 bytes from 192.168.1.15: icmp_seq=1 ttl=64 time=0.129 ms
64 bytes from 192.168.1.15: icmp_seq=2 ttl=64 time=0.073 ms
64 bytes from 192.168.1.15: icmp_seq=3 ttl=64 time=0.080 ms
64 bytes from 192.168.1.15: icmp_seq=4 ttl=64 time=0.072 ms
64 bytes from 192.168.1.15: icmp_seq=5 ttl=64 time=0.070 ms
64 bytes from 192.168.1.15: icmp_seq=6 ttl=64 time=0.080 ms
64 bytes from 192.168.1.15: icmp_seq=7 ttl=64 time=0.117 ms
64 bytes from 192.168.1.15: icmp_seq=8 ttl=64 time=0.067 ms
64 bytes from 192.168.1.15: icmp_seq=9 ttl=64 time=0.086 ms
64 bytes from 192.168.1.15: icmp_seq=10 ttl=64 time=0.066 ms
64 bytes from 192.168.1.15: icmp_seq=11 ttl=64 time=0.064 ms
```

图 2-74　ping 通执行结果

例 2-70：在 [root@localhost /]#提示符下输入“ping 192.168.1.20”命令，ping 不通执行结果如图 2-75 所示。

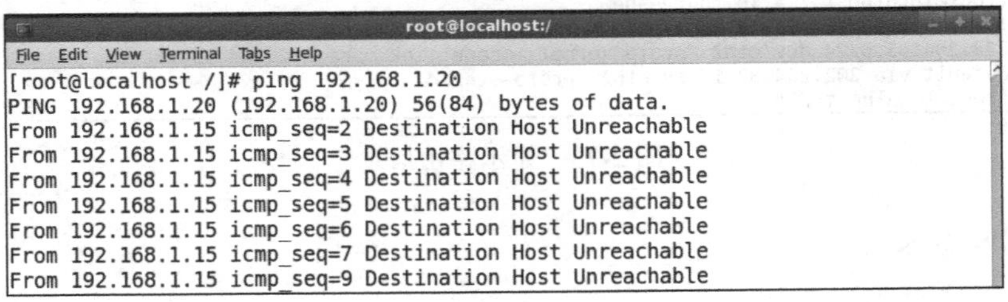

```
root@localhost:/
File Edit View Terminal Tabs Help
[root@localhost /]# ping 192.168.1.20
PING 192.168.1.20 (192.168.1.20) 56(84) bytes of data.
From 192.168.1.15 icmp_seq=2 Destination Host Unreachable
From 192.168.1.15 icmp_seq=3 Destination Host Unreachable
From 192.168.1.15 icmp_seq=4 Destination Host Unreachable
From 192.168.1.15 icmp_seq=5 Destination Host Unreachable
From 192.168.1.15 icmp_seq=6 Destination Host Unreachable
From 192.168.1.15 icmp_seq=7 Destination Host Unreachable
From 192.168.1.15 icmp_seq=9 Destination Host Unreachable
```

图 2-75　ping 不通执行结果

例 2-71：在 [root@localhost /]#提示符下输入“ping -c 3 192.168.1.15”命令，ping 三次，即发送三次后停止，执行结果如图 2-76 所示。

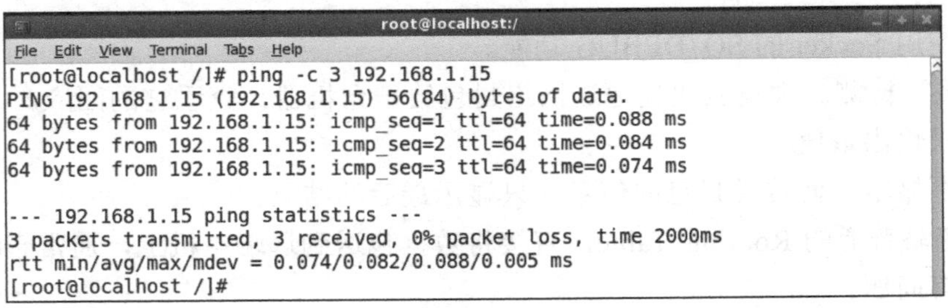

```
root@localhost:/
File Edit View Terminal Tabs Help
[root@localhost /]# ping -c 3 192.168.1.15
PING 192.168.1.15 (192.168.1.15) 56(84) bytes of data.
64 bytes from 192.168.1.15: icmp_seq=1 ttl=64 time=0.088 ms
64 bytes from 192.168.1.15: icmp_seq=2 ttl=64 time=0.084 ms
64 bytes from 192.168.1.15: icmp_seq=3 ttl=64 time=0.074 ms

--- 192.168.1.15 ping statistics ---
3 packets transmitted, 3 received, 0% packet loss, time 2000ms
rtt min/avg/max/mdev = 0.074/0.082/0.088/0.005 ms
[root@localhost /]#
```

图 2-76　ping 指定次数的执行结果

例 2-72：在 [root@localhost /]#提示符下输入“ping -c 8 -i 0.5 192.168.1.15”命令，每隔 0.5 秒发送一次，ping 八次后停止，执行结果如图 2-77 所示。

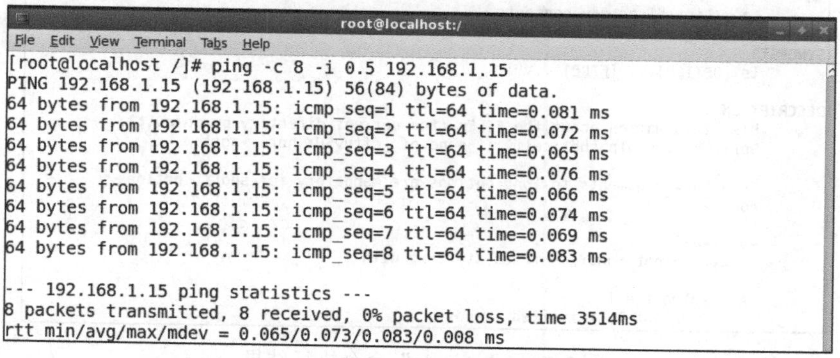
root@localhost:/
File Edit View Terminal Tabs Help
[root@localhost /]# ping -c 8 -i 0.5 192.168.1.15
PING 192.168.1.15 (192.168.1.15) 56(84) bytes of data.
64 bytes from 192.168.1.15: icmp_seq=1 ttl=64 time=0.081 ms
64 bytes from 192.168.1.15: icmp_seq=2 ttl=64 time=0.072 ms
64 bytes from 192.168.1.15: icmp_seq=3 ttl=64 time=0.065 ms
64 bytes from 192.168.1.15: icmp_seq=4 ttl=64 time=0.076 ms
64 bytes from 192.168.1.15: icmp_seq=5 ttl=64 time=0.066 ms
64 bytes from 192.168.1.15: icmp_seq=6 ttl=64 time=0.074 ms
64 bytes from 192.168.1.15: icmp_seq=7 ttl=64 time=0.069 ms
64 bytes from 192.168.1.15: icmp_seq=8 ttl=64 time=0.083 ms
--- 192.168.1.15 ping statistics ---
8 packets transmitted, 8 received, 0% packet loss, time 3514ms
rtt min/avg/max/mdev = 0.065/0.073/0.083/0.008 ms

图 2-77　ping 指定时间间隔和次数的执行结果

例 2-73：在 [root@localhost /]#提示符下输入“ping -c 5 www.ustb.edu.cn”命令，通过域名 ping 公网上的站点(北京科技大学校园网)，执行结果如图 2-78 所示。

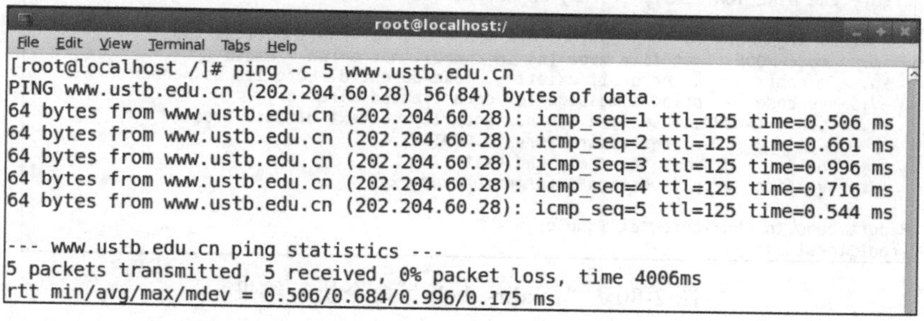
root@localhost:/
File Edit View Terminal Tabs Help
[root@localhost /]# ping -c 5 www.ustb.edu.cn
PING www.ustb.edu.cn (202.204.60.28) 56(84) bytes of data.
64 bytes from www.ustb.edu.cn (202.204.60.28): icmp_seq=1 ttl=125 time=0.506 ms
64 bytes from www.ustb.edu.cn (202.204.60.28): icmp_seq=2 ttl=125 time=0.661 ms
64 bytes from www.ustb.edu.cn (202.204.60.28): icmp_seq=3 ttl=125 time=0.996 ms
64 bytes from www.ustb.edu.cn (202.204.60.28): icmp_seq=4 ttl=125 time=0.716 ms
64 bytes from www.ustb.edu.cn (202.204.60.28): icmp_seq=5 ttl=125 time=0.544 ms
--- www.ustb.edu.cn ping statistics ---
5 packets transmitted, 5 received, 0% packet loss, time 4006ms
rtt min/avg/max/mdev = 0.506/0.684/0.996/0.175 ms

图 2-78　通过域名 ping 公网上的站点的执行结果

2.2.4　帮助命令

1. “man”命令

命令格式：man　命令或配置文件

功能：显示命令或配置文件的帮助手册，输入“q”退出浏览器。

例 2-74：在 [root@localhost /]#提示符下输入“man ls”命令，查看“ls”命令的帮助手册，如图 2-79 所示。

2. “help”命令

命令格式：命令　-help

功能：显示命令的使用格式与参数列表。

例 2-75：在 [root@localhost /]#提示符下输入“mkdir - -help”命令，查看“mkdir”命令的使用格式与参数列表，如图 2-80 所示。

```
root@localhost:/
File Edit View Terminal Tabs Help
LS(1)                        User Commands                          LS(1)

NAME
       ls - list directory contents

SYNOPSIS
       ls [OPTION]... [FILE]...

DESCRIPTION
       List information about the FILEs (the current directory by default).
       Sort entries alphabetically if none of -cftuvSUX nor --sort.

       Mandatory arguments to long options are mandatory for short  options
       too.

       -a, --all
              do not ignore entries starting with .

       -A, --almost-all
              do not list implied . and ..
```

图 2-79　“man ls”命令执行结果

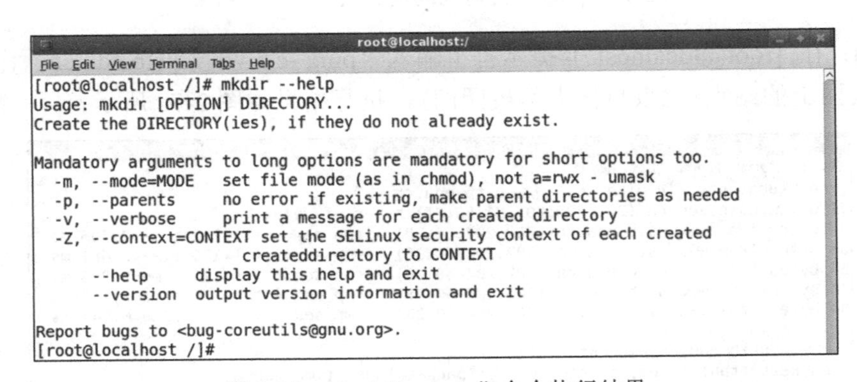

```
root@localhost:/
File Edit View Terminal Tabs Help
[root@localhost /]# mkdir --help
Usage: mkdir [OPTION] DIRECTORY...
Create the DIRECTORY(ies), if they do not already exist.

Mandatory arguments to long options are mandatory for short options too.
  -m, --mode=MODE   set file mode (as in chmod), not a=rwx - umask
  -p, --parents     no error if existing, make parent directories as needed
  -v, --verbose     print a message for each created directory
  -Z, --context=CONTEXT set the SELinux security context of each created
                      createddirectory to CONTEXT
      --help     display this help and exit
      --version  output version information and exit

Report bugs to <bug-coreutils@gnu.org>.
[root@localhost /]#
```

图 2-80　“mkdir- -help”命令执行结果

本 章 小 结

本章主要包括两部分内容，第一部分介绍了 Linux 操作系统内核结构和文件结构，从中读者可以了解到 Linux 内核在整个操作系统中的位置、Linux 内核组成各模块之间的相互关系以及 Linux 操作系统文件目录结构。第二部分介绍了嵌入式 Linux 操作系统基本操作命令，主要包括文件与目录管理命令、系统管理命令、网络操作命令及帮助命令，详细介绍了各条命令的格式、功能及选项或参数说明，并配有操作实例。

习题与实践

1. 什么是嵌入式 Linux 操作系统？
2. Linux 操作系统由哪几部分组成？
3. Linux 内核包括哪几个组成模块？各模块之间的相互关系如何？
4. 简述 Linux 的内核版本号的构成。
5. 简述 Linux 操作系统文件目录结构。

6．选择题。

(1)Linux文件系统中，存储普通用户的个人文件的目录是(　　)。

A．/bin　　B．/boot　　C．/home　　D．/etc

(2)Linux文件系统中，源代码及内核代码存放在(　　)目录中。

A．/bin　　B．/etc　　C．/dev　　D．/usr

(3)如何删除一个非空子目录/subdir(　　)。

A．rm -r subdir　　B．rm -rf /subdir　　C．rm -ra /subdir /*　　D．rm -rf /subdir /*

(4)如果执行命令“#chmod 746 file.txt”，那么该文件的权限是(　　)。

A．rwxr--rw-　　B．rw-r--r--　　C．--xr--rwx　　D．rwxr--r--

(5)将文件重命名的命令是(　　)。

A．cd　　B．chmod　　C．mv　　D．find

(6)下列提法中，不属于“ifconfig”命令作用范围的是(　　)。

A．配置本地回环地址　　B．配置网卡的IP地址

C．激活网络适配器　　D．加载网卡到内核中

(7)用于在普通用户与超级用户之间切换身份的命令是(　　)。

A．useradd　　B．su　　C．shutdown　　D．uname

(8)Linux系统的帮助命令是(　　)。

A．tar　　B．cd　　C．mkdir　　D．man

7．上机练习“ls”“cd”“chmod”“mkdir”“rmdir”“rm”“cp”“mv”“find”“mount”“umount”“vi”等各条文件与目录管理命令的使用方法，写出操作步骤和命令执行结果，注意不同选项或参数实现的功能。

8．上机练习“uname”“useradd”“passwd”“userdel”“shutdown”“su”“date”“gzip”“gunzip”“bzip2”“bunzip2”“tar”等各条系统管理命令的使用方法，写出操作步骤和命令执行结果，注意不同选项或参数实现的功能。

9．上机练习“ifconfig”“ip”“ping”等各条网络操作命令的使用方法，写出操作步骤和命令执行结果，注意不同选项或参数实现的功能。

10．上机练习“man”“help”等帮助命令的使用方法，写出操作步骤和命令执行结果。

第 3 章　嵌入式 Linux 编程基础

C 语言由于其具有结构化和能产生高效代码的优点，从而成为电子工程师在进行嵌入式系统软件开发时的首选编程语言。Linux 操作系统和 C 语言也有很深的渊源，因为 Linux 本身就是用 C 语言编写的。同时，在 Linux 操作系统中也提供了 C 语言的开发环境。这些开发环境一般包括程序生成工具、程序调试工具、工程管理工具等。本章主要介绍 C 语言开发嵌入式系统的优势、GCC 编译器、GDB 调试器和 makefile 工程管理。

3.1　C 语言开发嵌入式系统的优势

为了适应日益激烈的市场竞争，电子工程师要在短时间内编写出执行效率高、可靠的嵌入式系统执行代码。由于实际系统日趋复杂，往往需要多个工程师以软件工程的形式进行协同开发，这就要求每个人编写的代码要尽可能规范化和模块化，以便移植。汇编语言是处理器的指令集，执行效率高，但是不同类型的处理器有不同的汇编语言，因此对于不同的硬件平台，汇编语言代码是不可移植的。而且汇编语言本身就是一种编程效率低的语言，这些都使它的编程和维护极不方便，从而导致整个系统的可靠性也较差。

C 语言是一种通用的、面向过程的程序语言。它具有高效、灵活、功能丰富、表达力强和较高的移植性等特点，在程序员中备受青睐。C 语言具有下面的一些优点。

(1) C 语言数据类型多。C 语言的数据类型有整型、实型、字符型、数组类型、指针类型、结构体类型、共用体类型等。这些数据类型能用来实现各种复杂的数据结构(如链表、树、栈等)的运算，尤其是指针类型，使用起来更为灵活、多样。

(2) C 语言是面向结构化程序设计的语言。结构化设计语言的显著特点是代码、数据的模块化，C 语言程序是以函数形式提供给用户的，这些函数调用都很方便。C 语言具有多种条件语句和循环控制语句，程序完全结构化。采用 C 语言编程，一种功能由一个函数模块完成，数据交换可方便地约定实现，这样十分有利于多人协同进行大系统项目的合作开发；同时，C 语言的模块化开发方式使得用它开发的程序模块可不经修改就能被其他项目所用，可以很好地利用现成的大量 C 语言程序资源与丰富的库函数，从而最大限度地实现资源共享，提高开发效率。模块化的设计具有条理性，使今后的项目或软件维护工作更加简单、方便和明了。

(3) C 语言编程调试灵活方便。C 语言作为高级语言的特点决定了它灵活的编程方式，同时，当前几乎所有系列的嵌入式系统都有相应的 C 语言级别的仿真调试系统，调试程序十分灵活方便。

(4) C 语言生成的目标代码质量高、执行效率高。C 语言生成的目标代码一般只比汇编语言生成的目标代码的执行效率低 10%～20%，却比其他高级语言的执行效率高。

(5) C 语言可移植性好。C 语言采取的是编译的方法，不同的处理器用不同的编译器将其编译为自己的指令集，从而达到移植的效果。不同类型处理器的 C 语言源代码(主要是函数库中的函数名和其参数)差别不大，所以移植性好。主要表现在只要对这种语言稍加修改，就可以适应各种体系结构的处理器或各类操作系统。也就是说，基于C 语言环境下的嵌入式系统能基本达到平台的无关性。

在嵌入式系统开发中，由于其具有上述优点，C 语言的应用越来越广泛和重要。对于许多微处理器来说，除了汇编语言之外的可用语言，通常就是 C 语言。在许多情况下，其他语言根本就不可用于硬件。C 语言对高速、底层、输入/输出操作等提供了很好的支持，而这些特性是许多嵌入式系统的基本特性。对于处理复杂的应用，C 语言比汇编语言更为合适。市场竞争要求在工程项目生命周期的任何阶段，软件可以通过移植到新的或低成本的处理器，以便降低硬件成本，只有 C 语言可以满足这种不断增长的代码可移植性需求。

3.2 GCC 编译器

3.2.1 GCC 编译器简介

在 Linux 中，一般使用 GCC 作为程序生成工具。GCC 是 GNU 计划推出的功能强大、性能优越的多平台编译器，是 GNU 的代表作之一。GNU 计划是由 Stallman 在 1983 年 9 月 27 日公开提出的。他的目标是创建一套完全自由的操作系统。Stallman 在 net.unix-wizards 新闻组上公布该消息，并附带《GNU 宣言》解释为何发起该计划的文章，其中一个理由就是要“重现当年软件界合作互助的团结精神”。为保证 GNU软件可以自由地使用、复制、修改和发布，所有 GNU 软件都有一份在禁止其他人添加任何限制的情况下授予所有权利给任何人的协议条款，即 GNU 通用公共许可证(GNU General Public License，GPL)。

GCC 原名为 GNU C 语言编译器(GNU C Compiler)，因为它原本只能处理 C 语言。经过多年的发展，GCC 除了支持 C 语言外，目前还支持 Fortran、Pascal、Objective-C、Java 以及 Ada 等其他语言。GCC 也不再单指 GNU C 语言编译器，而是变成了 GNU 编译器家族。

GCC 提供了 C 语言的编译器、汇编器、连接器以及一系列辅助工具。GCC 可以用于生成 Linux 中的应用程序，也可以用于编译 Linux 内核和内核模块，是 Linux 中 C 语言开发的核心工具。GCC 可以在多种硬件平台上编译出可执行程序，其与一般的编译器相比，平均效率要高 20%～30%。

GCC 能将 C、C++及汇编语言源程序进行编译，并链接成可执行文件。在 Linux 系统中，可执行文件没有统一的扩展名，系统从文件的属性来区分可执行文件和不可执行文件。但是 GCC 是通过文件扩展名来区分文件类型的。

3.2.2 GCC 编译过程

使用 GCC 编译程序时，编译过程可以被细化为以下四个过程。

(1) 预处理(Pre-processing)。预处理过程是指对源程序中的伪指令(以#开头的指令)和特殊符号进行处理的过程。伪指令包括宏定义指令、条件编译指令及头文件包含指令。预处理后输出 .i 文件。

(2) 编译(Compiling)。编译过程就是把预处理完的 .i 文件进行一系列的词法分析、语法分析、语义分析及优化后生成相应的汇编代码文件(.s 文件)的过程。在使用 GCC 进行编译时，缺省情况下，不输出这个汇编代码的文件。如果需要，可以在编译时指定-S 选项。这样，就会输出同名的汇编语言文件。

(3) 汇编(Assembling)。汇编的过程实际上是将汇编语言代码翻译成机器语言的过程。每一条汇编语句几乎都对应一条机器语句。汇编相对于编译来说比较简单，根据汇编指令和机器指令的对照表一一翻译即可，汇编的结果是产生一个扩展名为“.o”的目标文件。

(4) 链接(Linking)。目标代码不能直接执行，要想将目标代码变成可执行程序，还需要进行链接操作。链接器(LD)把文件中使用到的 C 语言库程序全部链接到一起，解决符号依赖和库依赖关系，最终才会生成真正可以执行的可执行文件。

例 3-1： 以 hello.c 文件为例，分析 GCC 编译过程。

通常我们使用 GCC 来生成可执行程序，命令为“gcc hello.c -o hello”，生成可执行文件 hello。下面将这一过程分解为四个步骤，如图 3-1 所示。

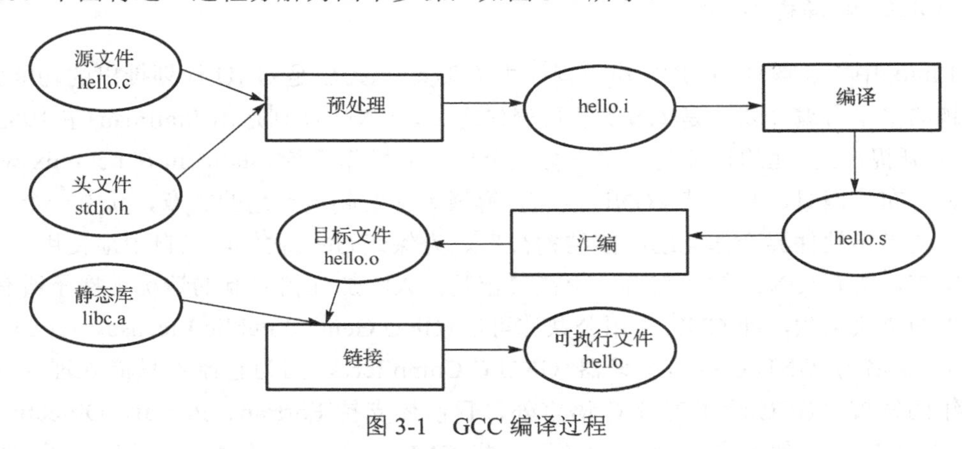

图 3-1　GCC 编译过程

1. 预处理

输入命令“# gcc -E hello.c -o hello.i”，下面为预处理后的输出文件 hello.i 的内容：

```
# 1 "hello.c"
# 1 "<built-in>"
# 1 "<command-line>"
# 1 "hello.c"
# 1 "/usr/include/stdio.h" 1 3 4
# 28 "/usr/include/stdio.h" 3 4
# 1 "/usr/include/features.h" 1 3 4
# 335 "/usr/include/features.h" 3 4
# 1 "/usr/include/sys/cdefs.h" 1 3 4
/*****省略了部分内容，包括 stdio.h 中的一些声明及定义*****/
# 2 "hello.c" 2
```

```
int main()
{
    printf("Hello World\n");
    return 0;
}
```

预处理主要处理源代码中以“#”开始的预编译指令，主要处理规则如下。

(1)将所有的“#define”删除，并且展开所有的宏定义。

(2)处理所有条件编译指令，如“#if”和“#ifdef”等。

(3)处理“#include”预编译指令，将被包含的文件插入该预编译指令的位置。该过程递归进行，因为被包含的文件可能还包含其他文件。

(4)删除所有的注释“//”和“/**/”。

(5)添加行号和文件标识，如#2 “hello.c” 2，以便编译时编译器产生调试用的行号信息及在产生编译错误或警告时能够显示行号信息。

(6)保留所有的“#pragma”编译器指令，因为编译器需要使用它们。

2. 编译

在编译时，GCC 首先要检查代码的规范性、是否有语法错误等，以确定代码实际要做的工作，在检查无误后，GCC 把代码编译成汇编语言“.s”文件。我们可以使用-S 选项来进行查看，该选项只进行编译而不进行汇编。

输入命令“#gcc -S hello.i -o hello.s”，下面为编译后的输出文件 hello.s 的内容：

```
        .file    "hello.c"
        .section     .rodata
.LC0:
        .string  "Hello World"
        .text
        .globl  main
        .type        main, @function
        main:
        leal         4(%esp), %ecx
        andl         $-16, %esp
        pushl   -4(%ecx)
        pushl   %ebp
        movl    %esp, %ebp
        pushl   %ecx
        subl    $4, %esp
        movl    $.LC0, (%esp)
        call    puts
        movl    $0, %eax
        addl    $4, %esp
        popl    %ecx
        popl    %ebp
        leal    -4(%ecx), %esp
```

```
        ret
        .size    main, .-main
        .ident  "GCC: (GNU) 4.3.0 20080428 (Red Hat 4.3.0-8)"
        .section    .note.GNU-stack,"",@progbits
```

3. 汇编

汇编把编译生成的.s 文件转成目标文件。输入命令“#gcc -c hello.c -o hello.o”，即可产生汇编后的目标文件 hello.o，由于 hello.o 的内容为机器代码，不能以文本形式列出。

4. 链接

在编译成功之后，就进入了链接环节。在这里涉及一个重要的概念：函数库。

我们可以重新查看这个小程序，在这个程序中并没有定义 printf() 函数的实现，且在预编译中包含进的 stdio.h 也只有该函数的声明，而没有定义该函数的实现，那么，是在哪里实现 printf() 函数的呢？

答案是：系统把这些函数的实现都做到名为 libc.so.6 的库文件中，在没有特别指定时，GCC 会到系统默认的搜索路径“/usr/lib”下进行查找，也就是链接到 libc.so.6 库函数中，这样就能实现 printf() 函数了，而这也就是链接的作用。

函数库一般分为静态库和动态库两种。静态库是指编译、链接时，把库文件的代码全部加入可执行文件中，因此生成的文件比较大，但在运行时也就不再需要库文件了。其扩展名一般为“.a”。动态库与之相反，在编译、链接时并没有把库文件的代码加入可执行文件中，而是在程序执行时由运行时链接文件加载库，这样可以节省系统的存储空间。动态库一般扩展名为“.so”，如前面所述的 libc.so.6 就是动态库。GCC 在编译时默认使用动态库。完成了链接之后，GCC 就可以生成可执行文件。

输入命令“#gcc hello.o -o hello”，链接生成可执行文件 hello。

5. 运行

输入命令“#./hello”，输出结果如下：

```
Hello World
```

以上代码从预处理、编译、汇编以及链接等几个过程一步步进行介绍，主要目的是分析程序编译的整个过程以及 GCC 的各个选项，其实如果只需要最终的可执行文件，则可以直接对源代码进行编译、链接，输入如下命令：

```
# gcc hello.c -o hello
```

例 3-2：使用了-o 选项，如果不用该选项，默认的输出结果为：预处理后的 C 语言代码被送往标准输出，即输出到屏幕，汇编文件为 hello.s，目标文件为 hello.o，而可执行文件为 a.out。

对于一个程序的多个源文件进行编译链接时，可以使用如下命令：

```
gcc -o example first.c second.c third.c
```

该命令将同时编译 3 个源文件，分别是 first.c、second.c 及 third.c，将它们链接成一个可执行文件，名为 example。

3.2.3 GCC 编译器的基本用法

在使用 GCC编译器时，必须给出一系列必要的调用参数和文件名称。GCC 的调用参数有 100 多个，主要包括总体选项 、警告和出错选项、优化选项和体系结构相关选项。其中多数参数一般用不到，下面介绍几个常用的参数选项。

GCC 基本的使用格式是：gcc [options] [filenames]。

其中，options 就是编译器所需要的参数选项，filenames 给出相关的文件名称。

以源文件 hello.c 为例，options 常用参数选项介绍如下。

- -c：只编译，不链接成为可执行文件，编译器只是由输入的 .c 等源代码文件生成以“.o”为扩展名的目标文件，该目标文件是不可执行的，通常用于编译不包含主程序的子程序文件，操作实例如图 3-2 所示。

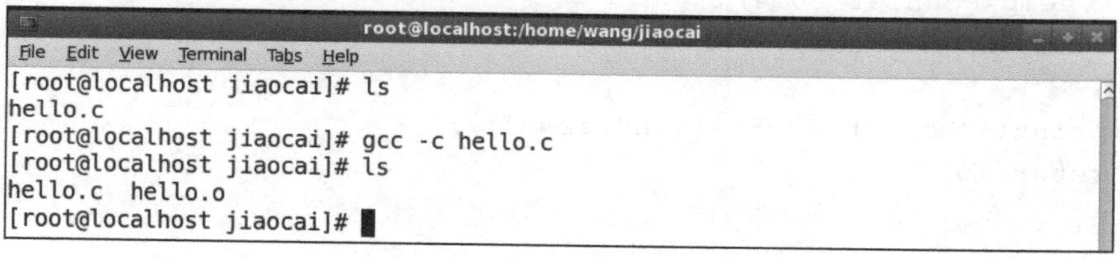

```
root@localhost:/home/wang/jiaocai
File Edit View Terminal Tabs Help
[root@localhost jiaocai]# ls
hello.c
[root@localhost jiaocai]# gcc -c hello.c
[root@localhost jiaocai]# ls
hello.c  hello.o
[root@localhost jiaocai]#
```

图 3-2　gcc -c 参数操作实例

- -o output_filename：指定输出文件的名称为 output_filename，该输出文件是可执行的，操作实例如图 3-3 所示。注意这个名称不能和源文件名称一样。如果不给出这个参数，GCC 就给出默认的可执行文件 a.out，操作实例如图 3-4 所示。

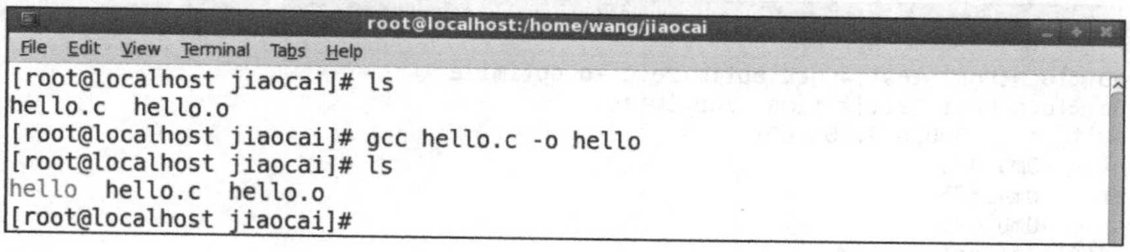

```
root@localhost:/home/wang/jiaocai
File Edit View Terminal Tabs Help
[root@localhost jiaocai]# ls
hello.c  hello.o
[root@localhost jiaocai]# gcc hello.c -o hello
[root@localhost jiaocai]# ls
hello  hello.c  hello.o
[root@localhost jiaocai]#
```

图 3-3　gcc -o 参数操作实例(一)

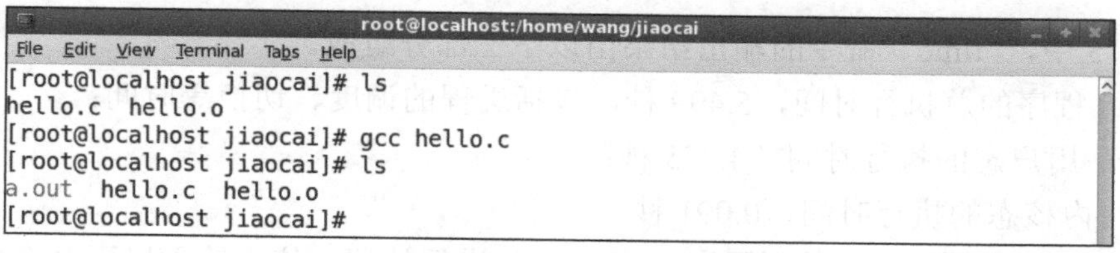

```
root@localhost:/home/wang/jiaocai
File Edit View Terminal Tabs Help
[root@localhost jiaocai]# ls
hello.c  hello.o
[root@localhost jiaocai]# gcc hello.c
[root@localhost jiaocai]# ls
a.out  hello.c  hello.o
[root@localhost jiaocai]#
```

图 3-4　gcc -o 参数操作实例(二)

- -E：在预处理后停止，输出预处理后的源代码至标准输出，不进行编译。
- -S：编译后即停止，不进行汇编及链接，生成 .s 文件。
- -g：产生符号调试工具(GNU 的 GDB)所必要的符号信息，要想对源代码进行调试，就必须加入这个选项。

(6) -O：对程序进行优化编译、链接，采用这个选项，整个源代码会在编译、链接时进行优化处理，这样产生的可执行文件的执行效率可以提高，但是编译、链接的速度就相应地要慢一些。

例 3-3：给出一个例子来查看 GCC -O 优化选项的效果，源程序为 optimize.c，源代码如下。

```
#include<stdio.h>
int main(void)
{
double counter;
       double result;
       double temp;
      for(counter=0;counter<1000.0*2000.0*3000.0/20.0+2014;counter+=(6-1)/5)
      {
        temp=counter/2014;
        result=counter;
      }
      printf("Result is % lf\\n",result);
      return 0;
}
```

首先不加任何优化选项，对上面的源程序进行编译并运行，依次输入以下命令：

```
# gcc optimize.c -o optimize
# time ./optimize
```

程序运行结果如图 3-5 所示。

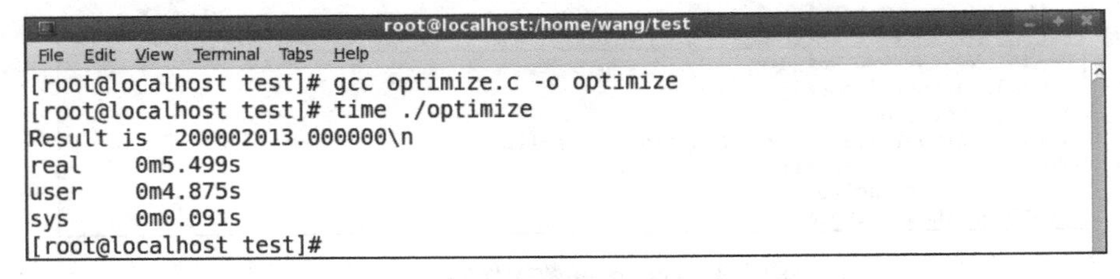

图 3-5　不加任何优化选项编译程序运行结果

在图 3-5 中，“time”命令的输出结果由以下三部分组成。

①real：程序的总执行时间，5.499 秒，包括进程的调度、切换等时间；

②user：用户态的执行时间，4.875 秒；

③sys：内核态的执行时间，0.091 秒。

接下来使用-O 优化选项对源程序 optimize.c 进行处理，依次输入以下命令：

```
# gcc -O optimize.c -o optimize
# time ./optimize
```

程序运行结果如图 3-6 所示。

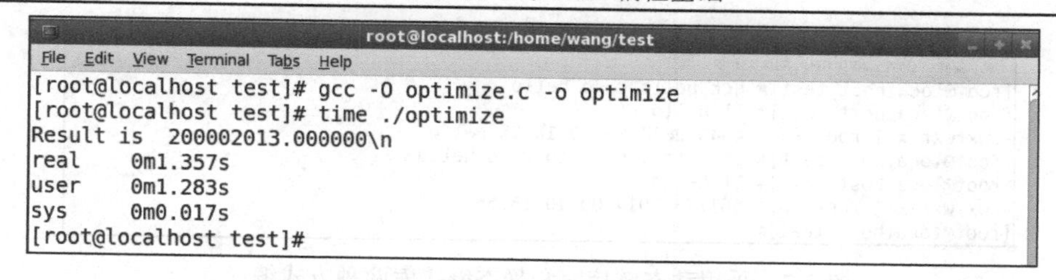

图 3-6　加入-O 优化选项编译程序运行结果

从图 3-6 可以看出，使用 -O 优化选项时，real、user 及 sys 分别为 1.357 秒、1.283 秒及 0.017 秒，表明程序运行时间显著缩短，其性能大幅度改善。

(7)-O2：除了完成 -O 级别的优化编译、链接任务外，还要做一些额外的调整工作，如处理器指令调度等，这是 GNU 发布软件的默认优化级别，当然整个编译、链接会更慢。

(8)-Idirname：将 dirname 所指出的目录加入程序头文件目录列表中，是在预处理中使用的参数。头文件包含变量和函数的声明，但没有定义函数的实现，函数的具体实现是在库文件中完成的。C 语言程序中的头文件包含两种情况：

①#include <myinc.h>；

②#include “myinc.h”。

其中，一类使用尖括号(< >)；另一类使用双引号(“ ”)。对于第一类，预处理程序(CPP)在系统默认的包含文件目录(如/usr/include)中搜寻相应的文件；而第二类，预处理程序在目标文件的文件夹内搜索相应文件。

例 3-4：用-I 参数来指定头文件的路径，输入如下命令：

```
# gcc example.c -o example -I/home/wang/include
```

头文件所对应的库文件如果没有特别指定时，GCC 会到默认的搜索路径进行查找。

(9)-Ldirname：将 dirname 所指出的目录加入到程序库文件目录列表中。

例 3-5：使用 -L 参数来指定库文件的路径，输入如下命令：

```
# gcc example.c -o example -L/home/wang/lib
```

(10)-static：静态链接库文件。

例 3-6：分别采用动态链接库和静态链接库两种方式对 hello.c 源文件进行编译，对比生成的可执行文件 hello 的大小。分别输入如下命令：

```
# gcc hello.c -o hello
# gcc -static hello.c -o hello
```

上面第一条命令默认采用动态库。

用“ll”命令查看两种编译方式下分别生成的可执行文件 hello 的大小，如图 3-7 所示。图 3-7 表明采用动态库生成的 hello 文件大小为 4843 字节，而采用静态库生成的 hello 文件的大小为 561178 字节，对比非常悬殊。

(11)-Wall：启用所有警告信息。

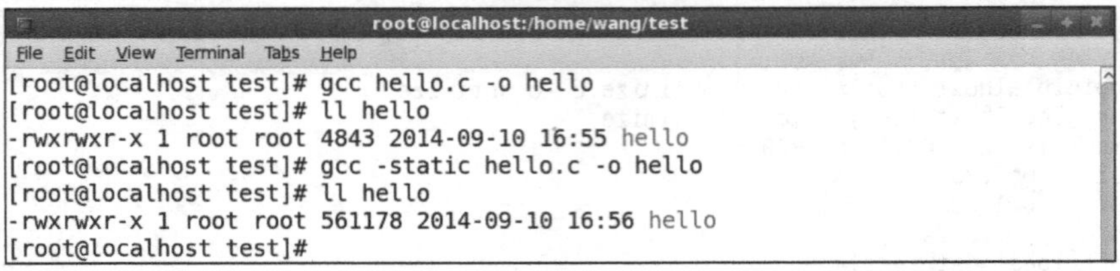
root@localhost:/home/wang/test
File Edit View Terminal Tabs Help
[root@localhost test]# gcc hello.c -o hello
[root@localhost test]# ll hello
-rwxrwxr-x 1 root root 4843 2014-09-10 16:55 hello
[root@localhost test]# gcc -static hello.c -o hello
[root@localhost test]# ll hello
-rwxrwxr-x 1 root root 561178 2014-09-10 16:56 hello
[root@localhost test]#

图 3-7　采用动态链接库和静态链接库两种方式编译

例 3-7：源代码 example.c 如下：

```
#include <stdio.h>
void main ()
{
    int i;
    for(i=1;i<=20;i++)
    {
        printf("%d\n",i);
    }
}
```

使用 GCC 编译 example.c，同时开启警告信息，输入下面的命令：

```
# gcc -Wall example.c -o example
```

编译结果如图 3-8 所示，从图 3-8 可以看出，GCC 给出了警告信息，意思是 main()函数的返回值被声明为 void，但实际应该是 int。

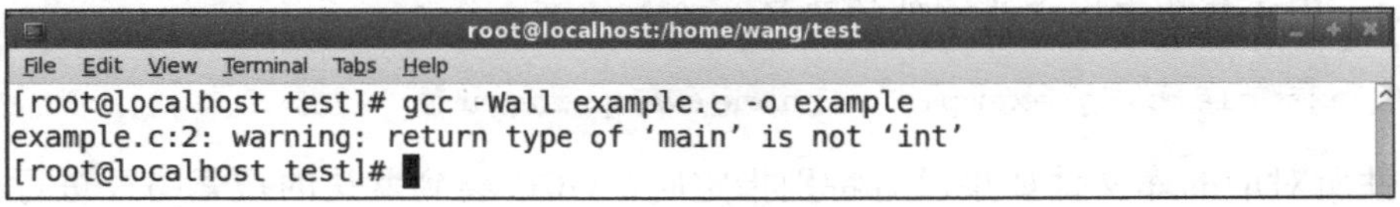
root@localhost:/home/wang/test
File Edit View Terminal Tabs Help
[root@localhost test]# gcc -Wall example.c -o example
example.c:2: warning: return type of 'main' is not 'int'
[root@localhost test]#

图 3-8　启用警告信息

(12) -w：禁用所有警告信息。

(13) -DMACRO：定义 MACRO 宏，等效于在程序中使用 #define MACRO。

3.3　GDB 程序调试

3.3.1　GDB 简介

GDB(GNU Debugger)是 GNU 开源组织发布的一个强大的 UNIX/Linux 下的程序调试工具，它具有以下功能。

(1) 运行程序，设置所有的能影响程序运行的参数和环境。

(2) 控制程序在指定的条件下停止运行。

(3) 当程序停止运行时，可以检查程序的状态。

(4) 修改程序的错误，并重新运行程序。

(5)动态监视程序中变量的值。

(6)可以单步逐行执行代码，观察程序的运行状态。

(7)分析崩溃程序产生的 core 文件。

一般来说 GDB 主要调试的是 C/C++语言程序。要调试 C/C++语言程序，首先在编译时，我们必须要把调试信息加到可执行文件中，方法是在使用 GCC 编译器时加上 -g 参数。

3.3.2 启动 GDB 的方法

GDB 包括静态调试和动态调试两种，其启动方法分别介绍如下。

1. *GDB 的静态调试启动方法*

(1)当需要在命令行通过 GDB 来启动可执行程序时，可使用以下命令：

```
gdb <可执行程序名>
```

这时 GDB 会加载可执行程序的符号表和堆栈，并为启动程序做好准备；接下来需要设置可执行程序的命令行参数，格式如下：

```
set args <参数列表>
```

(2)设置断点 b 或 break。

最后通过命令“r”或“run”来启动程序，或者通过“c”或“continue”命令来继续已经被暂停的程序。

(3)程序异常退出。当程序 core 时，需要查看 core 文件的内容，可使用以下方式：

```
gdb <可执行程序名> <core 文件名>
```

这时 GDB 会结合可执行程序的符号和堆栈来查看 core 文件的内容，以分析程序在异常退出时的内存镜像。

在一个程序崩溃时，它一般会在指定目录下生成一个 core 文件。core 文件仅仅是一个内存镜像(同时加上调试信息)，主要是用来调试的。

2. *GDB 的动态调试启动方法*

动态调试就是在不终止正在运行的进程的情况下来对这个正在运行的进程进行调试，其启动方式有以下两种。

(1)方式 1。

格式：

```
gdb <可执行程序名> <进程 ID>
```

例如，gdb <可执行程序名> 1234。

这条命令会把进程 ID 为 1234 的进程与 GDB 联系起来，也就是说，这条命令会把进程 ID 为 1234 的进程的地址空间附着在 GDB 的地址空间中，然后使这个进程在 GDB 的环境下运行。这样，GDB 就可以清楚地了解该进程的运行情况、函数堆栈和内存的使用情况等。

(2)方式 2。

直接在 GDB 中把一个正在运行的进程连接到 GDB 中，以便进行动态调试，使用“attach”命令的格式如下：

```
attach <进程 ID>
```

当使用“attach”命令时，应该先使用“file”命令来指定进程所联系的程序源代码和符号表。在 GDB 接到“attach”命令后的第一件事情就是停止进程的运行，可以使用所有 GDB 的命令来调试一个已连接到 GDB 的进程，这就像使用“run”或“r”命令在 GDB 中启动它一样。如果要让进程继续运行，那么可以使用“continue”或“c”命令。

```
detach
```

当调试结束之后，可以使用该命令断开进程与 GDB 的连接(结束 GDB 对进程的控制)，在这个命令执行之后，所调试的进程将继续运行。

如果在使用“attach”命令把一个正在运行的进程连接到 GDB 之后又退出了 GDB，或者是使用“run”或“r”命令执行了另一个进程，那么刚才连接到 GDB 的进程将会因为收到一个“kill”命令而退出。

如果要使用“attach”命令，操作系统的环境就必须支持进程。另外，还需要有向进程发送信号的权力。

使用“attach”命令的详细步骤如下。

①启动 GDB，输入如下命令：

```
#gdb
```

②指定进程所关联的程序源代码和符号表，输入如下命令：

```
file <可执行程序名>
```

③把一个正在运行的进程连接到 GDB 中，输入如下命令：

```
attach <进程 ID>
```

④使用 GDB 的命令进行调试；

⑤调试结束，解除进程与 GDB 的连接，使进程继续运行，输入如下命令：

```
detach
```

⑥输入“q”，退出 GDB。

3.3.3　GDB 命令

1. 路径与信息

在 gdb 命令提示符下，分别输入下面的命令。

(1)“pwd”命令：查看 GDB 当前的工作路径，如图 3-9 所示。

```
root@localhost:/home/wang
File  Edit  View  Terminal  Tabs  Help
[root@localhost wang]# gdb test
GNU gdb Fedora (6.8-1.fc9)
Copyright (C) 2008 Free Software Foundation, Inc.
License GPLv3+: GNU GPL version 3 or later <http://gnu.org/licenses/gpl.html>
This is free software: you are free to change and redistribute it.
There is NO WARRANTY, to the extent permitted by law.  Type "show copying"
and "show warranty" for details.
This GDB was configured as "i386-redhat-linux-gnu"...
(gdb) pwd
Working directory /home/wang.
```

图 3-9　输入“pwd”命令

(2)“show paths”命令：显示当前路径变量的设置情况。

(3)“info program”命令：显示被调试程序的状态信息，包括程序处于运行状态还是停止状态、是什么进程、停止原因等。

调试器的基本功能就是让正在运行的程序(在终止之前)在某些条件成立时能够停下来，然后就可以使用 GDB 的所有命令来检查程序变量的值和修改变量的值，可用于排查程序错误。当程序停止时，GDB 都会显示一些有关程序状态的信息，如程序停止的原因、堆栈等。如果要了解更详细的信息，可以使用“info program”命令来显示当前程序运行的状态信息。

2. 设置普通断点

断点的作用是当程序运行到断点时，无论它在做什么，都会被停止。对于每个断点，还可以设置一些更高级的信息以决定断点在什么时候起作用。

设置断点的位置可以是代码行、函数或地址。在含有异常处理的语言(如 C++)中，还可以在异常发生的地方设置断点。

断点分为普通断点和条件断点，使用“break”或“b”命令来设置普通断点，设置普通断点方法如下。

(1) break function：在某个函数上设置断点，也就是程序在进入指定函数时停止运行。

(2) break + offset 或 break - offset：程序运行到当前行的前几行或后几行时停止，offset 表示行号。

(3) break linenum：在行号为 linenum 的行上设置断点。

(4) break filename: linenum：在文件名为 filename 的源文件中的第 linenum 行上设置断点。

(5) break filename: function：在文件名为 filename 的源文件中名为 function 的函数上设置断点。

(6) break*ADDRESS：在地址 ADDRESS 上设置断点，这个命令可以在没有调试信息的程序中设置断点。

(7) break：不含任何参数的“break”命令会在当前执行到的程序运行栈中的下一条指令上设置一个断点。除了栈底以外，这个命令会使程序在从当前函数返回时停止。

3. 设置条件断点

条件断点是指设置的断点只在某个条件成立时才有效，才会使程序在运行到断点之前停止。

(1) break…if condition：设置一个条件断点，条件由 condition 来决定。在 GDB 每次执行到此处时，如果 condition 条件设定的值被计算为非 0 值，那么程序就在该断点处停止。与 break if 类似，只是 condition 只能用在已存在的断点上。

例如，(GDB) break　46　if　testsize = = 100 将在断点 46 上附加条件 testsize = =100。

(2) tbreak args：设置一个只停止一次的条件断点，args 参数的使用方法与 “break” 命令一样。这样的断点当第一次停下来后，就会被自己删除。

4. 维护断点

当一个断点使用完之后，需要删除这些断点。用来删除断点的命令有“clear”和“delete”。

(1) clear：不带任何参数的 “clear” 命令会在当前所选择的栈上清除下一个要执行的断点(指令级)。在当前的栈/帧是栈中最内层时，使用这个命令可以很方便地删除刚才程序停止处的断点。

(2) clear function 和 clear filename:function：删除 function() 函数上的断点。

(3) clear linenum 和 clear filename:linenum：删除第 linenum 行上的断点。

(4) delete [breakpoints] [range…]：删除指定的断点，breakpoints 为断点号。如果不指定断点号，则表示删除所有的断点。range 表示断点号的范围(如 3～7)。其简写命令为“d”。

比删除断点更好的一种方法是禁用断点，GDB 不会删除被禁用了的断点，当需要时，使能即可，就好像回收站一样。

(5) disable [breakpoints] [range…]：禁用所指定的断点，breakpoints 为断点号，range 表示断点号的范围。如果什么都不指定，则表示禁用所有的断点。其简写命令是 “dis”。

(6) enable [breakpoints] [range…]：使能所指定的断点，breakpoints 为断点号，range 表示断点号的范围。

(7) enable [breakpoints] once range…：仅使能所指定的断点一次，当程序停止后，该断点马上被 GDB 自动禁用。

(8) enable [breakpoints] delete range…：仅使能所指定的断点一次，当程序停止后，该断点马上被 GDB 自动删除。

5. 查看断点或观察点的状态信息

可以使用一个观察点来停止一个程序的执行，当某个表达式的值改变时，观察点将会停止执行程序，而不需要事先在某个地方设置一个断点。由于观察点的这个特性，观察点的开销比较大，但是在捕捉错误时非常有用，特别是当不知道程序到底在什么地方出了问题时。

(1) info breakpoints [breaknum]：查看断点号 breaknum 所指定的断点的状态信息，如果没有指定参数，则查看所有断点的状态信息。

(2) info break [breaknum]：查看断点号 breaknum 所指定的断点的状态信息，如果没有指定参数，则查看所有断点的状态信息。

(3) info watchpoints [breaknum]：查看断点号breaknum所指定的观察点的状态信息，如果没有指定参数，则查看所有观察点的状态信息。

(4) maint info breakpoints：与info breakpoints一样，显示所有断点的状态信息。

(5) watch expr：使用expr作为表达式来设置一个观察点。GDB将把表达式加入程序中，并监视程序的运行，当表达式的值被改变时，GDB将会停止程序的运行。

(6) rwatch expr：使用expr作为表达式来设置一个断点，当expr被程序读取时，GDB将会暂停程序的运行。

(7) awatch expr：使用expr作为表达式来设置一个观察点，当expr被读出并被写入时，GDB会暂停程序的运行，这个命令常和rwatch合用。

(8) info watchpoints：显示所有设置的观察点的列表，它与“info breakpoints”命令类似。

6. 其他GDB调试命令

其他GDB调试命令如下。

(1) list/l [line_num]：显示源文件中行号为line_num的前面几行到后面几行之间的源代码，如果不写行号，则显示当前行的前面几行到后面几行之间的源代码。

(2) continue/c：继续运行被中断的程序。

(3) next/n：继续执行下一行代码。

(4) step/s：单步跟踪调试，它可以进入函数内部，跟踪函数的内部执行情况。

(5) backtrace/bt：显示当前堆栈的内容。

(6) print/p <表达式/变量>：打印表达式或变量的值。

(7) frame/f <stack_frame_no/address>：选择一个栈/帧，并进入这个栈/帧，同时打印被选择的栈/帧的内容摘要信息，该命令的参数是一个栈/帧的号码或者是一个栈/帧地址。

(8) info stack/frame：显示栈/帧的摘要信息。

(9) run/r：在GDB中启动并运行程序。

(10) help info：显示命令“info”的用法。

(11) q：退出GDB。

7. 对多线程程序的调试

对多线程程序的调试，一般使用以下几种命令。

(1) thread thread_no：用于在线程之间进行切换，把线程号为thread_no（GDB设置的线程号）的线程设置为当前线程。

(2) info threads：查询当前进程所拥有的所有线程的状态摘要信息。GDB将按照顺序分别显示下面的信息：

- GDB为被调试进程中的线程设置的线程号；
- 目标系统的线程标识；
- 此线程的当前栈信息。

一些前面带“*”的线程，表示该线程是当前线程。

(3) thread apply [thread_no] [all] args：用于向线程提供命令。

另外，无论 GDB 因何故中断了程序(因为一个断点或者一个信号)，GDB 都会自动选择信号或断点发生的线程作为当前线程。例如，当一个信号或者一个断点在线程 A 中发生从而导致 GDB 中断程序的运行，那么 GDB 会自动选择线程 A 作为当前线程，执行 info threads 后，显示的线程状态信息列表中，当前线程的前面带有一个星号“*”。

例 3-8：一个调试实例。

```
// 源程序 test.c
1     #include <stdio.h>
2     int func(int n)
3      {
4       int sum=0,i;
5       for(i=0; i<n; i++)
6       {
7            sum+=i;
8       }
9       return sum;
10     }
11
12     main()
13     {
14       int i;
15       long result = 0;
16       for(i=1; i<=100; i++)
17       {
18            result += i;
19       }
20       printf("result[1-100] = %d \n", result );
21       printf("result[1-250] = %d \n", func(250) );
22     }
```

在编译 test.c 文件时，输入以下命令，就可以生成调试信息：

```
gcc -g test.c -o test
```

输入以下命令，使用 GDB 调试，如图 3-10 所示。

```
gdb test
```

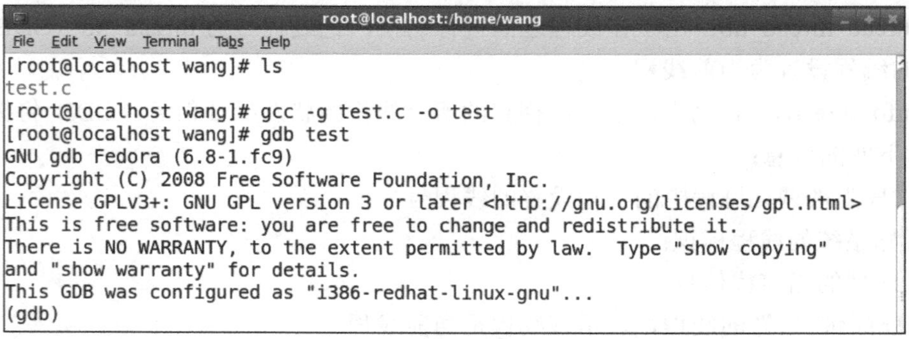

```
root@localhost:/home/wang
File Edit View Terminal Tabs Help
[root@localhost wang]# ls
test.c
[root@localhost wang]# gcc -g test.c -o test
[root@localhost wang]# gdb test
GNU gdb Fedora (6.8-1.fc9)
Copyright (C) 2008 Free Software Foundation, Inc.
License GPLv3+: GNU GPL version 3 or later <http://gnu.org/licenses/gpl.html>
This is free software: you are free to change and redistribute it.
There is NO WARRANTY, to the extent permitted by law.  Type "show copying"
and "show warranty" for details.
This GDB was configured as "i386-redhat-linux-gnu"...
(gdb)
```

图 3-10　使用 GDB 调试

在该源程序第 14 行和函数 func()入口处分别设置断点，并查看断点信息，如图 3-11 所示。

```
(gdb) break 14
Breakpoint 1 at 0x8048402: file test.c, line 14.
(gdb) break func
Breakpoint 2 at 0x80483ca: file test.c, line 4.
(gdb) info break
Num     Type           Disp Enb Address    What
1       breakpoint     keep y   0x08048402 in main at test.c:14
2       breakpoint     keep y   0x080483ca in func at test.c:4
```

图 3-11　设置和查看断点

输入“run”，运行程序，在断点处停下，如图 3-12 所示。

```
(gdb) run
Starting program: /home/wang/test

Breakpoint 1, main () at test.c:15
15          long result = 0;
```

图 3-12　运行程序

输入“next”，继续执行下一行代码，如图 3-13 所示。

```
(gdb) next
16          for(i=1; i<=100; i++)
(gdb) next
18              result += i;
(gdb) next
16          for(i=1; i<=100; i++)
(gdb) next
18              result += i;
```

图 3-13　继续执行下一行代码

输入“c(continue)”，继续运行被中断的程序，直到遇到下一个断点，如图 3-14 所示。

```
(gdb) c
Continuing.
result[1-100] = 5050

Breakpoint 2, func (n=250) at test.c:4
4           int sum=0,i;
```

图 3-14　继续运行被中断的程序

打印变量 i 和 sum 的值，如图 3-15 所示。

输入“bt”，显示当前堆栈的内容，如图 3-16 所示。

输入“tbreak 14”，在程序的第 14 行设置一个只停止一次的断点，这个断点在第一次停下来后，就会被自己删除，之后用“info break”命令查看，显示无断点，如图 3-17 所示。

输入“q”，退出 GDB，如图 3-18 所示。

```
(gdb) n
5           for(i=0; i<n; i++)
(gdb) p i
$1 = 13479924
(gdb) n
7                   sum+=i;
(gdb) n
5           for(i=0; i<n; i++)
(gdb) p sum
$2 = 0
(gdb) n
7                   sum+=i;
(gdb) p i
$3 = 1
(gdb) n
5           for(i=0; i<n; i++)
(gdb) p sum
$4 = 1
```

图 3-15　打印变量 i 和 sum 的值

```
(gdb) bt
#0  func (n=250) at test.c:5
#1  0x08048441 in main () at test.c:21
```

图 3-16　显示当前堆栈的内容

```
(gdb) tbreak 14
Breakpoint 1 at 0x8048402: file test.c, line 14.
(gdb) info break
Num     Type           Disp Enb Address    What
1       breakpoint     del  y   0x08048402 in main at test.c:14
(gdb) run
Starting program: /home/wang/test
main () at test.c:15
warning: Source file is more recent than executable.
15          long result = 0;
(gdb) info break
No breakpoints or watchpoints.
```

图 3-17　设置一个只停止一次的断点

```
(gdb) q
The program is running.  Exit anyway? (y or n) y
[root@localhost wang]#
```

图 3-18　退出 GDB

3.4　makefile 工程管理

当我们开发的程序中包含大量的源文件时，在修改过程中常常会遇到一些问题。如果程序只有两三个源文件，那么修改代码后直接重新编译全部源文件即可；但是如果程序的源文件有很多，用这种简单的处理方式就会引起问题。

首先，如果我们只修改了一个源文件，却要重新编译所有的源文件，这显然在浪费时间。其次，如果只想重新编译被修改的源文件，又该如何确定这些文件呢？例如，程序中使用了多个头文件，并且这些头文件被包含在各个源文件中，如果修改了其中的某些头文件后，怎么能够知道哪些源文件受到影响，哪些与此无关呢？如果把全部的源文件都检查一遍，将是一件十分费时的事情。

由此可以看出，源文件多了，修改起来是一件很不容易的事。幸运的是，GNU的工程管理工具make可以帮助我们解决这两个问题——当程序的源文件被修改之后，它能保证所有受影响的文件都将重新编译，而不受影响的文件则不予编译。

3.4.1 makefile概述

make是Linux下的一款程序自动维护工具，配合makefile的使用，就能够根据程序中各文件的修改情况，自动判断应该对哪些文件重新编译，从而保证程序由最新的文件构成。至于要检查哪些文件以及如何构建程序，是由makefile文件来决定的。

在Linux环境下使用make工具能够比较容易构建一个属于自己的工程，整个工程的编译只需要一个命令就可以完成编译、链接，甚至最后的执行，不过这样做的前提是我们需要投入一些时间去完成一个(或多个)名为makefile文件的编写。

makefile文件描述了整个工程的编译、链接等规则。其中包括工程中的哪些源文件需要编译以及如何编译、需要创建哪些库文件以及如何创建这些库文件、如何最后产生我们想要的可执行文件。尽管这看起来可能是很复杂的事情，但是为工程编写makefile文件的好处是能够使用一行命令来完成“自动化编译”，一旦提供一个(或多个)正确的makefile文件，编译整个工程所要做的唯一的事就是在shell提示符下输入“make”命令。整个工程完全自动编译，显著提高了编译效率。

一般情况下，makefile会跟项目的源文件放在同一个目录中。另外，系统中可以有多个makefile，通常一个项目使用一个makefile即可；如果项目很大，可以考虑将它分成较小的部分，然后用不同的makefile来管理项目的不同部分。

makefile文件用于描述系统中模块之间的相互依赖关系，以及产生目标文件所要执行的命令，所以，一个makefile文件由依赖关系和规则两部分内容组成。

依赖关系由一个目标和一组该目标所依赖的源文件组成。这里所说的目标就是将要创建或更新的文件，最常见的是可执行文件。规则用来说明怎样使用所依赖的文件来建立目标文件。

当“make”命令运行时，会读取makefile文件来确定要建立的目标文件或其他文件，然后对源文件的日期和时间进行比较，从而决定使用哪些规则来创建目标文件。一般情况下，在建立起最终的目标文件之前，免不了要建立一些中间性质的目标文件。这时，“make”命令也使用makefile文件来确定这些目标文件的创建顺序，以及用于它们的规则序列。

3.4.2 make程序的命令行选项和参数

虽然make可以在makefile文件中进行配置，除此之外我们还可以利用“make”命令行选项对它进行即时配置。“make”命令参数的格式如下：

```
make  [-f makefile文件名]  [选项]  [宏定义]  [目标]
```

其中，用“[ ]”括起来的部分表示是可选的。命令行选项由“-”指明，后面跟选项，例如：

```
make -f
```

如果需要多个选项，可以只使用一个“-”，例如：

```
make -kf
```

也可以每个选项使用一个“-”，例如：

```
make -k -f
```

甚至混合使用也行，例如：

```
make -n -kf
```

“make”命令本身的命令行选项较多，这里只介绍在开发程序时最为常用的三个。

(1) -k：如果使用-k，即使 make 程序遇到错误也会继续向下运行；如果没有该选项，在遇到第一个错误时，make 程序马上就会停止运行，那么后面的错误情况就不得而知了。我们可以利用这个选项来查出所有有编译问题的源文件。

(2) -n：使 make 程序进入非执行模式，也就是说将原来应该执行的命令输出，而不是执行。

(3) -f file：指定 file 文档为描述文档。如果不用该选项，则系统将默认当前目录下名为 makefile 或名为 Makefile 的文档为描述文档。在 Linux 中，make 工具在当前工作目录中按照 GNU makefile、makefile、Makefile 的顺序搜索 makefile 描述文档。

3.4.3　makefile 中的依赖关系

依赖关系是 makefile 在执行过程中的核心内容。make 程序自动生成和维护通常是可执行模块或应用程序的目标，目标的状态取决于它所依赖的模块的状态。make 的思想是为每一个模块都设置一个时间标记，然后根据时间标记和依赖关系来决定哪一些文件需要更新。一旦依赖模块的状态改变了，make 就会根据时间标记的新旧执行预先定义的一组命令来生成新的目标。

依赖关系规定了最终得到的应用程序跟生成它的各个源文件之间的关系。如图 3-19 描述了可执行文件 main 对所有的源程序文件及其编译产生的目标文件之间的依赖关系。

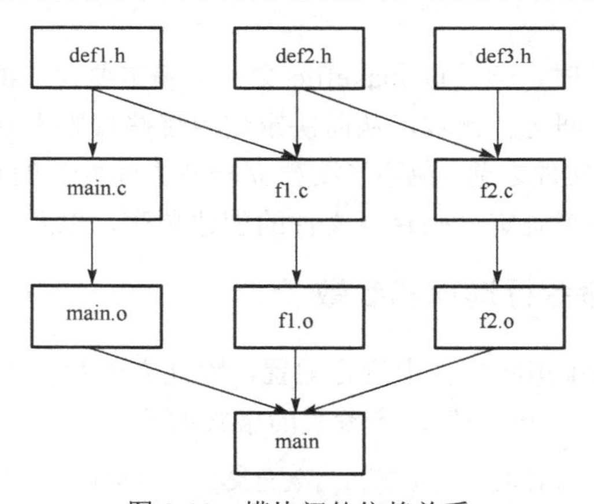

图 3-19　模块间的依赖关系

对于图 3-19，可执行程序 main 依赖于 main.o、f1.o 和 f2.o。与此同时，main.o 依赖于 main.c 和 def1.h；f1.o 依赖于 f1.c、def1.h 和 def2.h；而 f2.o 则依赖于 f2.c、def2.h 和 def3. h。在 makefile 中，可以在目标名称上加冒号，后跟空格或 Tab 符，再加上由空格或 Tab 符分隔的一组用于生产目标模块的文件来描述模块之间的依赖关系。对于上例来说，模块间的依赖关系可以做以下描述：

```
main:main.o f1.o f2.o
main.o:main.c def1.h
f1.o:f1.c def1.h def2.h
f2.o:f2.c def2.h def3.h
```

不难发现，上面的各个源文件跟各模块之间的关系具有一个明显的层次结构，如果 def2.h 发生了变化，那么就需要更新 f1.o 和 f2.o；而如果 f1.o 和 f2.o 发生了变化，那么 main 也需要随之重新构建。

默认时，make 程序只更新 makefile 中的第一个目标，如果希望更新多个目标文件，可以使用一个特殊的目标 all，假如我们想在一个 makefile 中更新 main1 和 main2 这两个程序文件，可以加入下列语句达到这个目的：

```
all:main1 main2
```

3.4.4 makefile 中的规则

makefile 文件除了指明目标和模块之间的依赖关系之外，还要规定相应的规则来描述如何生成目标，或者说使用哪些命令来根据依赖模块产生目标。以图 3-19 为例，当 make 程序需要重新构建 f1.o 时，该使用哪些命令来完成呢？

makefile 文件是以相关行为基本单位的，相关行用来描述目标、模块及规则(命令行)三者之间的关系。相关行的格式通常如下：

```
目标:[依赖模块]  [;规则]
```

其中，“:”左边是目标名；“:”右边是目标所依赖的模块名；后面的规则(命令行)是由依赖模块产生目标时所要执行的命令。

习惯上写成多行形式，如下：

```
1 目标:[依赖模块]
2 命令
3 命令
```

注意：如果相关行写成一行，规则之前用分号“;”隔开；如果分成多行书写，后续的行务必以 Tab 符开始，而不是空格。

如果在 makefile 文件中的行尾加上空格，也会导致“make”命令执行失败。makefile 规则所定义的构建目标的命令将会被执行的两个条件：

(1) 目标不存在；

(2) 依赖文件已更新(或修改)。

例 3-9：makefile 文件举例。

根据图 3-19 的依赖关系，写出一个完整的 makefile 文件，将其命名为 mymakefile1，文件内容如下：

```
main:main.o f1.o f2.o
    gcc -o main main.o f1.o f2.o
main.o:main.c def1.h
    gcc -c main.c
f1.o:f1.c def1.h def2.h
    gcc -c f1.c
f2.o:f2.c def2.h def3.h
    gcc -c f2.c
```

注意：由于这里没有使用缺省名 makefile 或者 Makefile，因此一定要在 make 命令行中加上-f 选项。

(1) 在没有任何源码的目录下运行 make 程序。

执行命令"make -f mymakefile1"，将收到如图 3-20 所示的消息。

```
[root@localhost wang]# make -f mymakefile1
make: *** No rule to make target `main.c', needed by `main.o'.  Stop.
```

图 3-20　第一次运行 make 程序

"make"命令将 makefile 中的第一个目标即 main 作为要构建的文件，所以它会寻找构建该文件所需要的其他模块，并判断出必须使用一个称为 main.c 的文件。因为该目录下尚未建立该文件，而 makefile 又不知道如何建立它，所以只好报告错误。

(2) 建立好源文件后，再次运行 make 程序。

下面用"touch"命令创建头文件 def1.h、def2.h 和 def3.h，具体命令如下：

```
# touch def1.h
# touch def2.h
# touch def3.h
```

将 main() 函数放在 main.c 文件中，在 main() 函数中调用 function2() 函数和 function3() 函数，但将这两个函数的定义分别放在源文件 f1.c 和 f2.c 中，如下：

```
/* main.c */
#include "def1.h"
extern void function2();
extern void function3();
int main()
{
    function2();
    function3();
}

/* f1.c */
#include "def1.h"
#include "def2.h"
```

```
void function2()
{
}
/* f2.c*/
#include "def2.h"
#include "def3.h"
void function3()
    {
    }
```

建立好源文件后，再次运行 make 程序，结果如图 3-21 所示。

```
[root@localhost wang]# make -f mymakefile1
gcc -c main.c
gcc -c f1.c
gcc -c f2.c
gcc -o main main.o f1.o f2.o
```

图 3-21　再次运行 make 程序

这次运行 make 程序顺利通过，这说明“make”命令已经正确处理了 makefile 描述的依赖关系，并确定了需要建立哪些文件，以及它们的建立顺序。虽然我们在 makefile 中首先列出的是如何建立 main，但是 make 还是能够正确地判断出这些文件的处理顺序，并按相应的顺序调用规则部分规定的相应命令来创建这些文件。当执行这些命令时，make 程序会按照执行情况来显示这些命令。

(3) 修改 def2.h 后，运行 make 程序。

我们对 def2.h 加以修改，来观察 makefile 能否对此做出相应的回应，操作过程及运行结果如图 3-22 所示。

```
[root@localhost wang]# touch def2.h
[root@localhost wang]# make -f mymakefile1
gcc -c f1.c
gcc -c f2.c
gcc -o main main.o f1.o f2.o
```

图 3-22　修改 def2.h 后运行 make 程序

图 3-22 的运行结果表明，当“make”命令读取 makefile 后，只对受 def2.h 的变化影响的模块进行了必要的更新，注意它的更新顺序，它先编译了.c 程序，最后链接产生了可执行文件。

(4) 删除目标文件 f2.o 后，运行 make 程序。

最后，观察删除目标文件后运行 make 程序会发生什么情况，操作过程及运行结果如图 3-23 所示。

```
[root@localhost wang]# rm f2.o
rm: remove regular file `f2.o'? y
[root@localhost wang]# make -f mymakefile1
gcc -c f2.c
gcc -o main main.o f1.o f2.o
```

图 3-23　删除目标文件 f2.o 后运行 make 程序

从图 3-23 可以看出，在删除目标文件 f2.o 后，需要重新编译 f2.c 文件，以便生成 f2.o 文件，同时重新编译与 f2.o 相关的模块。

3.4.5 makefile 中的宏

在 makefile 中，宏的作用类似于 C 语言中的 define，利用它们来替换某些多处使用而又可能发生变化的内容，可以节省重复修改的工作，还可以避免遗漏。

makefile 的宏分为两类，一类是用户自己定义的宏；另一类是系统内部定义的宏。用户自己定义的宏必须在 makefile 或命令行中明确定义，系统内部定义的宏不由用户自己定义。

1. 用户自己定义的宏

在 makefile 中用户自己定义宏的基本语法如下：

```
宏标识符 = 值列表
```

其中，宏标识符也就是宏的名称，可以由字母、阿拉伯数字和下划线构成，通常字母全部大写；等号左右的空格符没有严格要求，它们最终将被 make 删除；值列表既可以是零项，也可以是一项或者多项，如：

```
OBJS = main.o f1.o f2.o
```

当定义一个宏之后，就可以通过“$(宏标识符)”或者“${宏标识符}”来访问这个标识符所代表的值了。

例 3-10：包含宏的 makefile 文件。

下面是一个包含宏的 makefile 文件，将其命名为 mymakefile2，文件内容如下：

```
all: main
# 使用的编译器
CC = gcc
# 包含文件所在目录
INCLUDE=.
# 在开发过程中使用的选项
CFLAGS = -g -Wall -ansi
# 在发行时使用的选项
# CFLAGS = -O -Wall -ansi
main: main.o f1.o f2.o
    $(CC) -o main main.c f1.o f2.o
main.o: main.c def1.h
    $(CC) -I$(INCLUDE) $(CFLAGS) -c main.c
f1.o: f1.c def1.h def2.h
    $(CC) -I$(INCLUDE) $(CFLAGS) -c f1.c
f2.o: f2.c def2.h def3.h
    $(CC) -I$(INCLUDE) $(CFLAGS) -c f2.c
```

在 makefile 中，注释以“#”为开头，至行尾结束。注释不仅可以帮助别人理解 makefile，对于 makefile 的编写者来说也是很有必要的。

在 makefile 中，宏经常用作编译器的选项。很多时候，处于开发阶段的应用程序在编译时是不用优化的，但是却需要调试信息；而正式版本的应用程序却正好相反，它不含调试信息的代码，不仅所占内存较小，经过优化的代码运行起来也更快。

现在来测试 mymakefile2 的运行情况。先将 mymakefile1 的编译结果删除，即删除文件 f1.o、f2.o、main.o 及 main；然后执行命令“make - f mymakefile2”，结果如图 3-24 所示。

```
[root@localhost wang]# make -f mymakefile2
gcc -I . -g -Wall -ansi -c main.c
gcc -I . -g -Wall -ansi -c f1.c
gcc -I . -g -Wall -ansi -c f2.c
gcc -o main mian.o f1.o f2.o
```

图 3-24　“make　-f　mymakefile2”命令执行结果

从图 3-24 可以看出，make 程序会用相应的定义来替换宏引用$(CC)、$(CFLAGS)和$(INCLUDE)，这跟 C 语言中宏的用法比较相似。

如果所用的编译器不是 GCC，而是在 UNIX 系统上常用的编译器 CC 或 C89，如果想让已经写好的 makefile 文件在一个系统上使用这些不同种类的编译器，对于 mymakefile1 来说，这时就不得不对其中的多处进行修改；但是对于 mymakefile2 来说，则只需修改一处，即修改宏定义的值即可，这正是在 makefile 中使用宏的便捷之处。

宏既可以在 makefile 中定义，也可以在“make”命令行中定义。在“make”命令行中定义宏的方法如下：

```
# make CC=c89
```

当命令行中的宏定义跟 makefile 中的宏义有冲突时，以命令行中的定义为准。当在 makefile 文件之外使用 make 时，宏定义必须作为单个参数进行传递，所以要避免使用空格符，但是更妥当的方法是使用引号，例如：

```
# make "CC = c89"
```

这样就不必担心空格符引起的问题了。

2. 系统内部定义的宏

常用的系统内部定义的宏有下面几种。

$* ：不包含扩展名的目标文件名称。例如，若当前目标文件是 pro.o，则$*表示 pro。

$+ ：所有的依赖文件，以空格符分开，并以出现的先后为顺序，可能包含重复的依赖文件 。

$< ：比给定的目标文件时间标记更新的依赖文件名称。

$? ：所有的依赖文件，以空格符分开，这些依赖文件的修改日期比目标的创建日期晚。

$@ ：当前目标的全路径名称，可用于用户定义的目标名称的相关行中。

$^：所有的依赖文件，以空格符分开，不包含重复的依赖文件。

@：取消回显，一般用在命令行。例如，命令行“@ gcc main.o fun1.o fun2.o -o main”

将在运行 make 时不被显示。

例 3-11：系统内部定义宏举例。

makefile 文件中的语句如下：

```
main:main.o fun1.o fun2.o
    gcc main.o fun1.o fun2.o -o main
```

运用系统内部定义的宏，可以改写为：

```
main:main.o fun1.o fun2.o
    gcc $^ -o $@
```

3.4.6　makefile 构建多个目标文件

在 makefile 规则中，我们的多个目标有可能同时依赖于一个文件，并且其生成的命令大体类似。有时需要在一个 makefile 中生成多个单独的目标文件，或者将多个命令放在一起。

例 3-12：下面是一个构建多目标的 makefile 文件，添加一个 clean 目标来清除不需要的文件，将其命名为 mymakefile3，文件内容如下：

```
all: main
# 使用的编译器
CC = gcc
# include 文件所在位置
INCLUDE = .
# 开发过程中所用的选项
CFLAGS = -g -Wall -ansi
# 发行时用的选项
# CFLAGS = -O -Wall -ansi
main: main.o f1.o f2.o
    $(CC) -o main main.o f1.o f2.o
main.o: main.c def1.h
    $(CC) -I$(INCLUDE) $(CFLAGS) -c main.c
f1.o: f1.c def1.h def2.h
    $(CC) -I$(INCLUDE) $(CFLAGS) -c f1.c
f2.o: f2.c def2.h def3.h
    $(CC) -I$(INCLUDE) $(CFLAGS) -c f2.c
clean:
    -rm main.o f1.o f2.o
```

在 mymakefile3 中，目标 clean 没有依赖模块，称为“伪目标”，也就是说，不会产生 clean 文件，因为没有时间标记可供比较，所以它总被执行，它的实际意图是引出后面的“rm”命令来删除某些目标文件。“rm”命令以“-”开头，这表示 make 将忽略命令结果，即使没有目标供“rm”命令删除而返回错误时，make clean 依然继续向下执行。

makefile 通常把第一个目标作为终极目标，而其他目标一般是由这个目标连带出来的。这是 make 的默认行为。当 makefile 中的第一个目标由许多个目标组成时，可以指示 make，让其完成指定的目标。要达到这一目的很简单，在“make”命令后直接跟目标的名称即可。

现在来测试 mymakefile3 的运行情况。先将前面的编译结果删除，即删除文件 f1.o、f2.o、main.o 及 main，然后执行命令“make -f mymakefile3”，结果如图 3-25 所示。

```
[root@localhost wang]# make -f mymakefile3
gcc -I. -g -Wall -ansi -c main.c
main.c: In function 'main':
gcc -I. -g -Wall -ansi -c f1.c
gcc -I. -g -Wall -ansi -c f2.c
gcc -I. -o main main.o f1.o f2.o
[root@localhost wang]# ls
def1.h  def3.h  f1.o  f2.o  main.c  mymakefile1  mymakefile3  test.c
def2.h  f1.c    f2.c  main  main.o  mymakefile2  test
```

图 3-25　“make -f mymakefile3”命令执行结果

接着，执行命令“make -f mymakefile3 clean”，结果如图 3-26 所示。

```
[root@localhost wang]# make -f mymakefile3 clean
rm main.o f1.o f2.o
[root@localhost wang]# ls
def1.h  def3.h  f2.c  main.c       mymakefile2  test
def2.h  f1.c    main  mymakefile1  mymakefile3  test.c
```

图 3-26　“make -f mymakefile3 clean”命令执行结果

从图 3-26 可以看出，文件 main.o、f1.o 及 f2.o 被删掉了。

3.4.7　makefile 隐含规则

在 makefile 中，除了我们显式给出的规则外，还具有许多隐含规则，这些规则是由预先规定的目标、依赖文件及其命令组成的相关行。在隐含规则的帮助下，可以使 makefile 变得更加简洁，尤其是在具有许多源文件时。下面用实例加以说明。

例 3-13：首先建立一个名为 fo.c 的 C 语言程序源文件，文件内容如下。

```
#include <stdio.h>
int main()
{
    printf("HelloWorld\n");
    return 0;
    }
```

然后输入“make fo”命令来编译 fo.c 文件，结果如图 3-27 所示。

```
[root@localhost wang]# make fo
cc     fo.c    -o fo
```

图 3-27　“make fo”命令执行结果

需要说明的是，尽管我们没有指定 makefile 文件，但是 make 仍然能知道如何调用编译器，并且调用的是 CC 而不是 GCC，并相当于执行命令“cc fo.c -o fo”。这完全得益于 make 的隐含规则，这些隐含规则通常使用宏，只要为这些宏指定新的值，就可以改变隐含规则的默认动作。

接下来，依次输入以下命令：

```
# rm fo
#make CC=gcc CFLAGS="-Wall -g" fo
```

执行结果如图 3-28 所示。

```
[root@localhost wang]# make CC=gcc CFLAGS="-Wall -g" fo
gcc -Wall -g    fo.c   -o fo
```

图 3-28　“make CC=gcc CFLAGS= "-Wall -g" fo”命令执行结果

3.4.8　makefile 后缀规则

从前面的介绍我们已经知道，有些隐含规则会根据文件的扩展名(相当于 Windows 系统中的文件扩展名)来采取相应的处理。也就是说，当 make 见到带有一种扩展名的文件时，就知道该使用哪些规则来建立带有另一种扩展名的文件，最常见的是用以“.c”为扩展名的文件来建立以“.o”为扩展名的文件，即把源文件编译成目标文件，但是不进行链接。

有时需要在不同的平台下编译源文件，如 Windows 和 Linux。如果源代码是用 C++编写的，那么 Windows 下其扩展名则为“.cpp”。可是 Linux 使用的 make 版本没有编译.cpp 文件的隐含规则，而是有一个用于“.cc”的规则，因为在 UNIX 操作系统中 C++文件扩展名通常为“.cc”。此时，要么为每个源文件单独指定一条规则，要么为 make 建立一条新规则，告诉它如何用以“.cpp”为扩展名的源文件来生成目标文件。如果项目中的源文件较多，通常使用后缀规则。

要添加一条新的后缀规则，首先要在 makefile 文件中用一行来声明新扩展名是什么，其格式如下：

```
<旧扩展名> <新扩展名>:
```

该声明的作用是定义一条通用规则，用来将带有旧扩展名的文件变成带有新扩展名的文件，文件名保持不变。有了这个声明就可以添加使用这个新后缀规则了。

例 3-14：要将.cpp 文件编译成.o 文件，可以使用下面的一个新的通用规则。

```
.SUFFIXES: .cpp
.cpp .o:
    $(CC) -xc++ $(CFLAGS) -I$(INCLUDE) -c $<
```

其中，.cpp .o:语句的作用是告诉 make 这些规则用于把扩展名为“.cpp”的文件转换成扩展名为“.o”的文件；标志“-xc++”的作用是告诉 GCC 要编译的源文件是 C++源文件；宏“$<”用来通指需要编译的所有文件名称，即所有以“.cpp”为扩展名的文件都将被编译成以“.o”为扩展名的文件，如将 fun.cpp 的文件将编译成 fun.o。

注意：只需跟 make 说明如何把.cpp 文件变成.o 文件即可，至于如何从目标程序文件变成二进制可执行文件，make 是知道的，就不用额外说明了。当调用 make 程序时，它会使用新后缀规则把 fun.cpp 程序编译成 fun.o，然后使用内部规则将 fun.o 文件链接成一个可执行文件 fun。

3.4.9　makefile模式规则

通过3.4.8节介绍的后缀规则可以将文件从一种类型转换为另一种类型，运用makefile的模式规则可以达到同样的效果。

在模式规则中，目标文件是一个带有模式字符“%”的文件，使用模式来匹配目标文件。文件名中的模式字符“%”可以匹配任何非空字符串，除模式字符以外的部分要求一致。例如，“%.c”匹配所有以“.c”结尾的文件(匹配的文件名长度最少为3个字母)；“s%.c”匹配所有第一个字母为“s”且必须是以“.c”结尾的文件，文件名长度最小为5个字符(模式字符“%”至少匹配一个字符)。

一个模式规则的格式为：

```
%.o : %.c ; COMMAND…
```

这个模式规则指定了如何由.c文件创建.o文件，这里的.c文件应该是已存在的或者可被创建的。

例3-15：运用模式规则，将.cpp文件编译成.o文件，可以使用下面的规则：

```
%.o:%.cpp
    $(CC) -xc++ $(CFLAGS) -I$(INCLUDE) -c $<
```

模式规则中，依赖文件也可以不包含模式字符“%”。当依赖文件名中不包含模式字符“%”时，其含义是所有符合目标模式的目标文件都依赖于一个指定的文件(如“%.o : debug.h”表示所有的.o文件都依赖于头文件debug.h)。这样的模式规则在很多场合是非常有用的。

同样一个模式规则可以存在多个目标。多目标模式规则和普通多目标规则有些不同，普通多目标规则的处理是将每一个目标作为一个独立的规则来处理，所以多个目标就对应多个独立的规则(这些规则各自有自己的命令行，各个规则的命令行可能相同)。但对于多目标模式规则来说，所有规则的目标共同拥有依赖文件和规则的命令行，当文件符合多目标模式中的任何一个时，该规则定义的命令就有可能被执行；因为多个目标共同拥有规则的命令行，因此当一次命令执行之后，规则不会再检查是否需要重建符合其他模式的目标。

例3-16：一个多目标模式规则的例子。

首先，创建源文件foo.c，内容如下：

```
#include<stdio.h>
int main()
{
      printf("Hello,World!\n");
      return 0;
}
```

然后，编写makefile文件，内容如下：

```
CFLAGS = -Wall
CC=gcc
```

```
%.x : CFLAGS += -g
%.o : CFLAGS += -O2
%.o %.x : %.c
    $(CC) $(CFLAGS) $< -o $@
```

在命令行中执行命令“make foo.o foo.x”，结果如图 3-29 所示。

```
[root@localhost wang]# make foo.o foo.x
gcc -Wall -O2 foo.c -o foo.o
foo.c: In function ‘main’:
make: Nothing to be done for `foo.x'.
[root@localhost wang]# ls
def1.h  ex1   f2.c  fo.c   main.c    makefile4    mymakefile3
def2.h  f1.c  f2.o  foo.c  main.o    mymakefile1  test
def3.h  f1.o  fo    foo.o  makefile  mymakefile2  test.c
```

图 3-29　“make foo.o foo.x”命令执行结果(一)

从图 3-29 可以看出，只有一个文件 foo.o 被创建了，同时 make 会提示 Nothing to be done for ‘foo.x’(‘foo.x’文件是最新的)，其实 foo.x 文件并没有被创建。此过程表明了多目标模式规则在 make 处理时是作为一个整体来处理的。这是多目标模式规则和普通多目标规则的区别之处。

如果把上面的多目标模式规则修改为普通多目标规则，即将 makefile 文件修改如下：

```
CFLAGS = -Wall
CC=gcc
foo.x : CFLAGS += -g
foo.o : CFLAGS += -O2
foo.o foo.x : foo.c
    $(CC) $(CFLAGS) $< -o $@
```

再一次在命令行中执行命令“make foo.o foo.x”，结果如图 3-30 所示。

```
[root@localhost wang]# make foo.o foo.x
gcc -Wall -O2 foo.c -o foo.o
foo.c: In function ‘main’:
gcc -Wall -g foo.c -o foo.x
foo.c: In function ‘main’:
[root@localhost wang]# ls
def1.h  ex1   f2.c  fo.c   foo.x   makefile     mymakefile2  test.c
def2.h  f1.c  f2.o  foo.c  main.c  makefile4    mymakefile3
def3.h  f1.o  fo    foo.o  main.o  mymakefile1  test
```

图 3-30　“make foo.o foo.x”命令执行结果(二)

从图 3-30 可以看出，foo.o 和 foo.x 文件都被创建了。从中我们看出了模式规则和普通规则的区别。

对于模式规则，需要说明以下几点。

(1) 在 makefile 中需要注意模式规则的顺序，当一个目标文件同时符合多个目标模式时，make 将会把第一个目标匹配的模式规则作为重建它的规则。

(2) makefile 中明确指定的模式规则会覆盖隐含规则。也就是说，如果在 makefile 中出现了一个对目标文件合适可用的模式规则，那么 make 就不会再为这个目标文件寻找其他隐含规则，而直接使用在 makefile 中出现的这个规则。在使用时，明确指定的规则永远优先于隐含规则。

(3) 依赖文件存在或者被提及的规则优先于需要使用隐含规则来创建其依赖文件的规则。

3.4.10　make 和 GCC 的有关选项

如果当前正在使用的是 make 和 GCC，那么它们还分别有一个选项可以使用，下面分别予以介绍。

1. 用于 make 程序的-jN 选项

该选项允许 make 同时执行 *N* 条命令，也就是说，可以将该项目的多个部分单独进行编译，make 将同时调用多个规则。对于具有许多源文件的项目，这样做能够节约大量编译时间。

2. 用于 GCC 的-MM 选项

该选项会为 make 生成一个依赖关系表。在一个含有大量源文件的项目中，往往每个源文件都包含一组头文件，而这组头文件有时又会包含其他头文件，这时准确地区分依赖关系就比较困难了。如果遗漏一些依赖关系，编译根本就无法通过。为了防止遗漏，比较复杂的方法就是让每个源文件依赖于所有头文件，但这样做显然没有必要；这种情况下，我们就可以用 GCC 的-MM 选项来生成一张依赖关系表，举例如下。

例 3-17： GCC 的-MM 选项举例。

在命令行中执行命令“gcc -MM main.c f1.c f2.c”，结果如图 3-31 所示。

```
[root@localhost wang]# gcc -MM main.c f1.c f2.c
main.o: main.c def1.h
f1.o: f1.c def1.h def2.h
f2.o: f2.c def2.h def3.h
```

图 3-31　“gcc -MM main.c f1.c f2.c”命令执行结果

此时，GCC 会扫描所有源文件，并生成一张满足 makefile 格式要求的依赖关系表，我们只需将它保存到一个临时文件内，然后将其插入 makefile 即可。

本 章 小 结

本章主要介绍了 Linux 操作系统中 C 语言的开发环境，包括三部分内容。第一部分介绍了 GCC，读者从中可以学到 GCC 的编译过程和基本用法；第二部分介绍了 GDB，涉及 GDB 的启动方法和常用命令；第三部分介绍了 makefile 工程管理，主要包括 make 程序的命令行选项和参数、makefile 中的依赖关系、makefile 中的规则、makefile 中的宏、makefile 构建多个目标、makefile 隐含规则、makefile 后缀规则、makefile 的模式规则及 make 和 GCC 的有关选项。每一部分都有相应的实例和操作步骤，方便读者学习和实践。

习题与实践

1．简述常用 C 语言开发嵌入式系统的原因。

2．GCC 编译过程一般分为哪几个阶段？各阶段的主要工作是什么？

3．简述 GDB 的功能。

4．GDB 有哪几种调试方法？分别是怎么调试的？

5．GDB 设置普通断点的方法有哪些？

6．GDB 设置条件断点的方法有哪些？

7．GDB 查看断点或观察点状态信息的方法有哪些？

8．makefile 文件的作用是什么？其书写规则是什么样的？

9．makefile 规则所定义的构建目标的命令将会被执行的条件是什么？

10．如果一个项目的 makefile 文件命名为 mymakefile，请写出相应的“make”命令。

11．设某个程序由四个 C 语言源文件组成，分别是 a.c、b.c、c.c、d.c。其中，b.c 和 d.c 都使用了 defs.h 中的声明，最后生成的可执行文件名为 main。试为该程序编写相应的 makefile 文件。

12．使用宏重新编写第 11 题的 makefile 文件。

13．选择题。

(1) 若使 GCC 只编译.c源代码文件生成的以“.o”为扩展名的目标文件，而不将其链接成为可执行文件，应使用(　　)选项。

A．-s　　B．-g　　C．-c　　D．-E

(2) 执行“gcc　test.c”命令，生成的可执行文件名称是(　　)。

A．test.exe　　B．test　　C．a.exe　　D．a.out

(3) 为了使用生成的目标文件能够用于 GDB 调试，在编译时 GCC 应使用(　　)选项。

A．-s　　B．-g　　C．-c　　D．-O

(4) 要查看 GDB 当前的工作路径，使用(　　)命令。

A．(gdb) route　　B．(gdb) pwd　　C．(gdb) path　　D．(gdb) break

(5) 一般可以用(　　)实现自动编译。

A．gcc　　B．gdb *　　C．make　　D．vi

(6) 使用 GNU GCC 编译器编译源文件，若要为 make 生成一个依赖关系表，应使用 GCC 的(　　)选项。

A．-m　　B．-M　　C．-mm　　D．-MM

(7) 假设当前目录下有文件 makefile，其内容如下：

```
pr1: prog.o subr.o
    gcc -o pr1 prog.o subr.o
prog.o: prog.c prog.h
    gcc -c -l prog.o prog.c
subr.o: subr.c
```

```
    gcc -c -o subr.o subr.c
clear:
    rm -f pr1*.o
```

现在执行命令“make clear”，实际执行的命令是(　　)。

A．rm -f pr1*.o　　B．gcc -c -l prog.o prog.c

C．gcc -c -o subr.o subr.c　　D．都执行

14．上机实践，用GDB调试下面的程序test3.c。

```
#include  <stdio.h>
#include <string.h>
#include<stdlib.h>
main ()
{
    char my_string[] = "hello there";
    my_print (my_string);
    my_print2 (my_string);
}
my_print (char *string)
{
    printf ("The string is %s\n", string);
}
my_print2 (char *string)
{
    char *string2;
    int size, i;
    size = strlen (string);
    string2 = (char *) malloc (size + 1);
    for (i = 0; i < size; i++)
    string2[size - i] = string[i];
    string2[size+1] = `\0';
    printf ("The string printed backward is %s\n", string2);
}
```

第 4 章　嵌入式 Linux 文件编程和时间编程

“一切皆文件”是 Linux 系统的基本哲学之一。在 Linux 中，除了普通文件之外，目录、字符设备、块设备、套接字(Socket)等也都被当作文件对待，这些文件虽然类型不同，但是 Linux 虚拟文件系统(Virtual File System，VFS)对其提供了统一的文件系统接口，这样就简化了系统对各种不同类型设备的处理，提高了效率。为此，学会如何在 Linux 下操作文件具有重要意义。Linux 下的文件编程有两种途径，分别是基本文件 I/O 操作和基于流的标准 I/O 操作。这两种编程涉及的文件操作有创建、打开、读/写、关闭及定位等。

在 Linux 编程时，我们经常需要输出系统的当前时间、计算程序执行的时间和延时执行等，以便对算法进行时间分析。因此，时间编程也是 Linux 系统下经常用到的编程方法。

本章主要介绍 Linux 下的文件编程和时间编程。

4.1　文件系统概述

在现代操作系统中，涉及大量的程序和数据信息，由于内存容量有限且无法长期存放数据，人们只能把这些数据以文件的形式存放在外存储设备中，需要时再将它们调入内存，于是便有了文件系统。众所周知，在使用外存储设备存放数据时，除了要进行分区之外，还要对其进行格式化处理，这个格式化过程正是建立文件系统的过程，一个分区只有建立了某种文件系统后才能使用。

文件系统是操作系统中用来组织、存储和命名文件的抽象数据结构，负责管理在外存储设备上的文件，并把对文件的存取、共享和保护等手段提供给用户，是现代操作系统中重要的组成部分之一。不同的文件系统其存储数据的基本格式都是不一样的。Linux 操作系统目前几乎支持所有的 UNIX 类的文件系统，除了 EXT2、EXT3 和 Reiserfs 外，还支持苹果公司 MACOS 的 HFS，也支持其他 UNIX 操作系统的文件系统，如 XFS、JFS、Minix 及 UFS 等，同时并支持 Windows 文件系统 FAT 和 NTFS，但不支持 NTFS 文件系统的写入，支持 FAT 文件系统的读/写。2008 年以来，主要的 Linux 版本都支持 EXT4 文件系统，但对于 Fedora9 来说，默认使用的文件系统类型是 EXT3，而 EXT4 只是其可选的安装项。Linux 具体支持哪些文件系统，可以到/usr/src/linux/fs 目录下去查看，支持的每种文件系统都有相应的子目录，如 EXT2、HFS 等。那么，Linux 系统究竟是如何支持这么多种文件系统的呢？这得益于 Linux 内核中的虚拟文件系统。

4.1.1　虚拟文件系统

Linux 内核中有一个软件层——虚拟文件系统，用于给用户空间的程序提供文件系统接口；同时，它也提供了内核中的一个抽象功能，允许不同的文件系统共存。系统中所有的文件系统不但依赖 VFS 共存，而且也依靠 VFS 协同工作。

为了能够支持各种实际文件系统，VFS 定义了所有文件系统都支持的、统一的、概念上的接口和数据结构；同时实际文件系统也提供 VFS 所期望的抽象接口和数据结构，将自身的文件、目录等概念在形式上与 VFS 的定义保持一致。换句话说，一个实际文件系统想要被 Linux 支持，就必须提供一个符合 VFS 标准的接口，才能与 VFS 协同工作。实际文件系统在统一的接口和数据结构下隐藏了具体的实现细节，所以在 VFS 层和内核的其他部分看来，所有实际文件系统都是相同的。图 4-1 显示了 VFS 在内核中与实际文件系统的协同关系。

系统调用
VFS
VFAT
EXT2
EXT3
NFS
设备驱动
设备

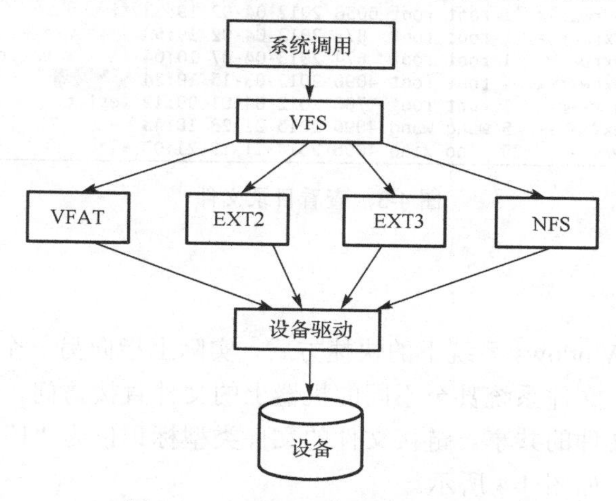

图 4-1　Linux 下的文件系统结构

从图 4-1 可以看出，Linux 下的文件系统主要可分为三大块：上层的文件系统的系统调用、VFS 及挂载到 VFS 中的实际文件系统，如 VFAT、EXT2、NFS(网络文件系统)等。

4.1.2　Linux 文件类型

Linux 和 Windows 文件类型的显著区别就是 Linux 把目录和设备都当成文件来进行处理，这样就简化了对各种不同类型设备的处理，提高了效率。Linux 文件类型主要包括普通文件、目录文件、链接文件、设备文件、管道文件和套接字文件六种。

1. 普通文件

普通文件是最常见的一类文件，包括源程序文件、脚本文件、二进制可执行程序文件及各种数据文件，其特点是不包含文件系统的结构信息。一般的图形文件、数据文件、文档文件及声音文件等都属于普通文件。普通文件的文件类型标识位为“-”，使用“ls -l”命令可以查看文件的类型，如图 4-2 所示。

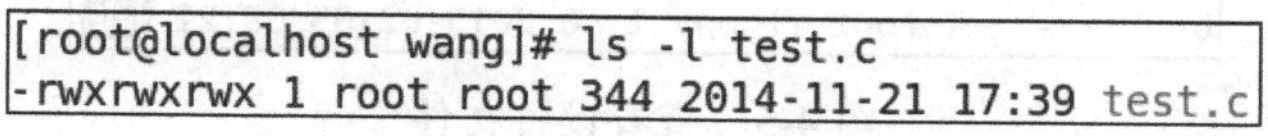

[root@localhost wang]# ls -l test.c
-rwxrwxrwx 1 root root 344 2014-11-21 17:39 test.c

图 4-2　查看普通文件

2. 目录文件

Linux 文件系统的目录包含文件名和子目录名以及指向这些文件和子目录的指针。目录文件是 Linux 中存储文件名的唯一地方，当把文件和目录对应起来，也就是用指针将其连接起来之后，就构成了目录文件。因此，在对目录文件进行操作时，一般不涉及文件内容的操作，而只对目录名和文件名的对应关系进行操作。目录文件的文件类型标识位为“d”，使用“ls -l”命令可以查看文件的类型，如图 4-3 所示。

```
[root@localhost home]# ls -l
total 40
-rwxrwxr-x  1 root root 5448 2013-04-07 10:05 a.out
-rwxrwxr-x  1 root root 6058 2012-04-02 19:53 fifo
-rwxrw-rw-  1 root root  873 2012-04-02 19:53 fifo_write.c
-rwxrw-rw-  1 root root  674 2013-04-07 10:04 file_creat.c
drwxrwxrwx  4 root root 4096 2012-03-15 10:24 [illegible]
-rw-r--r--  1 root root  700 2012-04-01 09:19 test.c
drwx------  5 wang wang 4096 2015-01-23 18:43 wang
drwx------ 25 xiao xiao 4096 2014-11-19 21:03 xiao
```

图 4-3　查看目录文件

3. 链接文件

链接文件相当于 Windows 系统下的快捷方式，实际上指向另一个真实存在的文件，可以实现对不同的目录、文件系统甚至不同的机器上的文件直接访问，并且不必重新占用磁盘，用于不同目录下文件的共享。链接文件的文件类型标识位为“l”，使用“ls -l”命令可以查看文件的类型，如图 4-4 所示。

```
[root@localhost usr]# ls -l tmp
lrwxrwxrwx 1 root root 10 2011-11-14 21:11 tmp -> ../var/tmp
```

图 4-4　查看链接文件

4. 设备文件

Linux 系统为外部设备提供了一种标准接口，将设备视为一种特殊的文件，这样用户就可以像访问普通文件一样十分方便地访问外部设备。设备文件不占用磁盘空间，通过其索引节点信息可建立与内核驱动程序的联系。设备文件可以分为两类：字符设备文件和块设备文件。字符设备的文件类型标识位为“c”，打印机、键盘等都属于字符设备；块设备的文件类型标识位为“b”，磁盘、磁带等都属于块设备。在 Linux 系统的/dev 目录下存放了大量的设备文件，如字符终端 tty0 的设备文件为/dev/tty0。使用“ls -l”命令可以看到字符设备的首字符为“c”，块(Block)设备的首字符为“b”，如图 4-5 所示。

```
[root@localhost dev]# ls -l tty0
crw--w---- 1 root root 4, 0 2015-02-05 09:21 tty0
[root@localhost dev]# ls -l fd0
brw-r----- 1 root floppy 2, 0 2015-02-05 09:21 fd0
```

图 4-5　查看设备文件

5. 管道文件

管道文件是一种很特殊的文件，主要用于不同进程间的信息传递。管道是 Linux 系统中一种进程通信的机制。通常，一个进程将需要传递的数据写入管道的一端，另一个进程可以从管道的另一端读取出来。管道可以分为两种类型：无名管道与命名管道。无名管道由进程在使用时创建，当读/写结束，关闭文件后消失。无名管道文件是存在于内存中的特殊文件，没有文件名称，也不存在于文件系统中。命名管道文件是一个存在于硬盘上的文件，在形式上就是文件系统中的一个文件，有自己的文件名。

管道文件的文件类型标识位为“p”，　使用“ls -l”命令可以查看文件的类型，如图 4-6 所示。

```
[root@localhost home]# ls -l myfifo
p-wx------ 1 root root 0 2015-02-06 22:13 myfifo
```

图 4-6　查看管道文件

6. 套接字文件

套接字文件是用来进行网络通信的特殊文件。Linux 系统可以启动一个程序来监听客户端的要求，客户端就可以通过套接字来进行数据通信。与管道不同的是，套接字能够使通过网络连接的不同计算机的进程之间进行通信，也就是网络通信，套接字文件不与任何数据区关联。套接字文件的文件类型标识位为“s”，通常在 /var/run 目录中看到这种文件类型，如图 4-7 所示。

```
[root@localhost run]# ls -l a*
srw-rw-rw- 1 root  root     0 2015-02-05 09:22 acpid.socket
-rw-r--r-- 1 root  root     5 2015-02-05 09:22 atd.pid
srw-r----- 1 root  root     0 2015-02-05 09:22 audispd_events
-rw-r--r-- 1 root  root     5 2015-02-05 09:22 auditd.pid
```

图 4-7　查看套接字文件

4.1.3　Linux 文件系统组成

Linux 的文件是一个简单的字节序列。文件由一系列块组成，每个块可能含有 512、1024、2048 或 4096 字节，具体由系统实现决定。不同文件系统的块大小可以不同，但同一个文件系统的块大小是相同的。Linux 操作系统的版本较多，其文件系统也不尽相同，但是其基本结构还是一致的。一般来说，Linux 的文件系统由四部分组成，即引导块、超级块、索引节点表(Inode Table，即 inode 区)及数据区，如图 4-8 所示。

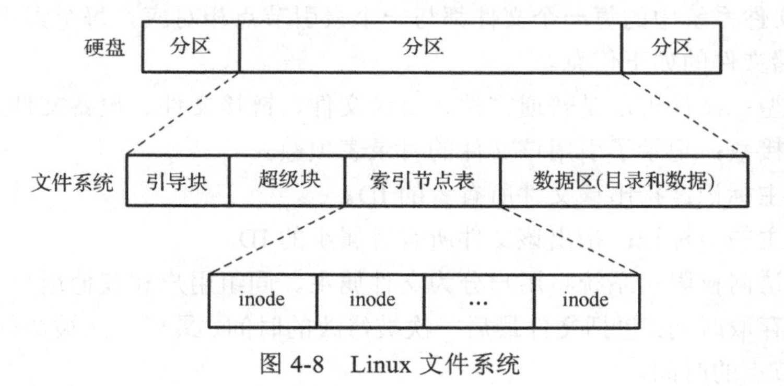

图 4-8　Linux 文件系统

1. 引导块

引导块为根文件系统所特有，在文件系统最开始的第一扇区，用来存放文件系统的引导程序，应用于系统引导或启动操作系统。

2. 超级块

超级块位于文件系统第二扇区，紧跟引导块之后，是一个全局的数据结构，用来描述整个文件系统属性的信息，包括文件系统名称(如 EXT2)、文件系统的大小和状态、块设备的引用和元数据信息(如空闲列表等)，是文件系统的心脏。如果超级块不存在，也可以实时创建它。可以在./linux/include/linux/fs.h 中找到超级块结构。

超级块由如下字段构成。

(1) 文件系统的规模(如 inode 数目、数据块数目、保留块数目和块的大小等)。

(2) 文件系统中空闲块的数目。

(3) 文件系统中部分可用的空闲块表。

(4) 空闲块表中下一个空闲块号。

(5) 索引节点表的大小。

(6) 文件系统中空闲索引节点表数目。

(7) 文件系统中部分空闲索引节点表。

(8) 空闲索引节点表中下一个空闲索引节点号。

(9) 超级块的锁字段。

(10) 空闲块表的锁字段和空闲索引节点的锁字段。

(11) 超级块是否被修改的标志。

(12) 其他字段。

3. 索引节点表

索引节点表是整个 Linux 文件系统的基础，存储于文件系统上的任何文件都可以用索引节点来表示。在 Linux 系统中，文件系统主要分为两部分：一部分为元数据；另一部分为数据文件本身。元数据就是关于文件属性的信息数据。索引节点用来管理文件系统中元数据的部分。文件系统中的每一个文件都与一个索引节点相对应。每个索引节点都是一个数据结构，存储文件的如下信息。

(1) 文件类型：文件可以是普通文件、目录文件、链接文件、设备文件、管道文件。

(2) 文件链接数：记录了引用该文件的目录表项数。

(3) 文件属主标识：指出该文件所有者的 ID。

(4) 文件属主的组标识：指出该文件所有者属组的 ID。

(5) 文件的访问权限：系统将用户分为文件属主、同组用户和其他用户三类。

(6) 文件的存取时间：包括文件最后一次被修改的时间、最后一次被访问的时间和最后一次修改索引节点的时间。

(7) 文件的长度：以字节表示的文件长度。

(8) 文件的数据块指针：对文件操作的当前位置指针。

需要说明的是，索引节点中并不包含文件名信息，文件名信息存放在目录文件中。用户一般通过文件名来读取文件或与该文件的相关信息，但是，实质上这个文件名首先映射为存储于目录表中的索引节点号。通过该索引节点号又读取到相对应的索引节点。索引节点号及相对应的索引节点存放于索引节点表中。

每个文件系统都有一个超级块结构，每个超级块都要链接到一个超级块链表。而文件系统内的每个文件在打开时都需要在内存分配一个索引节点，这些索引节点都要链接到超级块。

超级块和索引节点之间的链接关系如图 4-9 所示，其中，super_block1 和 super_block2 是两个文件系统的超级块，分别链接到使用双向链表数据结构的 super_blocks 链表头，顺着 super_blocks 链表可以遍历整个操作系统打开过的文件的索引节点结构。

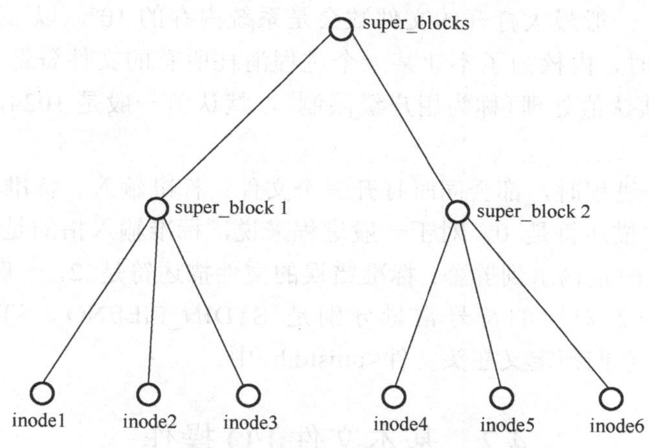

图 4-9　超级块与索引节点之间的链接关系

4. 数据区

数据区用于存放目录文件和文件信息，根据不同的文件类型有以下几种情况。

(1) 对于普通文件，文件的数据存储在数据区中。

(2) 对于目录，该目录下的所有文件名和目录名存储在数据区中。文件名保存在它所在目录的数据区中，除文件名之外，用“ls -l”命令看到的其他信息都保存在该文件的索引节点中。

注意：目录也是一种文件，是一种特殊类型的文件。

(3) 对于符号链接，如果目标路径名较短则直接保存目标路径名在索引节点中，以便用户更快地查找，如果目标路径名较长则分配一个数据区来保存。

(4) 设备文件、管道文件和套接字文件等特殊文件没有数据区，不占用磁盘空间，设备文件的主设备号和次设备号保存在索引节点中，通过索引节点信息可建立设备文件与内核驱动程序的联系。

4.1.4 文件描述符

对于 Linux 而言，所有对设备和文件的操作都使用文件描述符来进行。文件描述符是内核为了高效管理已被打开的文件所创建的索引，其是一个非负整数(int 类型的值，通常是小整数)，用于指代被打开的文件。所有执行 I/O 操作的系统调用都通过文件描述符来进行，当打开一个现存文件或创建一个新文件时，内核就向进程返回一个文件描述符；当需要读/写文件时，也需要把文件描述符作为参数传递给相应的函数。在 Linux操作系统中，由于Linux的设计思想便是把一切设备都视为文件。因此，文件描述符实际上为在该系统上进行设备相关的编程提供了一个统一的方法。

每个进程都可以拥有若干文件描述符，其数量多少则依赖于操作系统的实现。理论上，只要系统内存足够大，就可以打开足够多的文件，但是在实际的实现过程中内核是会做相应的处理的，一般最大打开的文件数会是系统内存的 10%(以 KB 来计算，称为系统级限制)。与此同时，内核为了不让某一个进程消耗所有的文件资源，也会对单个进程最大打开文件数做默认值处理(称为用户级限制)，默认值一般是 1024，使用“ulimit -n”命令可以查看。

通常，打开一个进程时，都会同时打开三个文件：标准输入、标准输出和标准出错处理。标准输入的文件描述符是 0，对于一般进程来说，标准输入指的是键盘；标准输出的文件描述符是 1，一般是输出到屏幕；标准错误的文件描述符是 2，一般也是输出到屏幕。文件描述符 0、1、2 对应的符号常量分别是 STDIN_FILENO、STDOUT_FILENO、STDERR_FILENO，它们都定义在头文件<unistd.h>中。

4.2 基本文件 I/O 操作

Linux 提供的虚拟文件系统为多种文件系统提供了统一的接口，Linux 的文件编程有两种途径，分别是基本文件 I/O 操作和基于流的标准 I/O 操作。前者基于 Linux 操作系统，是针对文件描述符的操作，它不能跨系统使用；后者基于 C 语言库函数，是针对文件指针的操作，相对于操作系统是独立的，在任何操作系统下，使用 C 语言库函数操作文件的方法都是相同的。本节将对所涉及的文件的创建、打开、读/写、关闭和定位等函数进行介绍。

4.2.1 创建文件

所需的头文件：#include<sys/types.h>
　　　　　　　#include<sys/stat.h>
　　　　　　　#include<fcntl.h>

函数格式：int creat(const char *filename,mode_t mode);

函数功能：创建一个文件。

参数说明：

- filename：要创建的文件名(包含路径，缺省为当前路径)。
- mode：创建模式，常见的创建模式有以下几种。

✧ S_IRUSR：可读。

✧ S_IWUSR：可写。

✧ S_IXUSR：可执行。

✧ S_IRWXU：可读、可写、可执行。

除了可以使用上述宏以外，还可以直接使用数字来表示文件的访问权限。

(1)可执行：用1表示。

(2)可写：用2表示。

(3)可读：用4表示。

(4)可读/写：用6表示。

(5)无任何权限：用0表示。

不同的权限分别对应了二进制的不同位数。由左到右(高位到低位)的对应顺序为：读—写—执行，我们可以把它理解为修改一个程序代码的过程记忆，即先阅读代码(读)，再改代码(写)，最后运行代码(执行)。

返回值：若成功，则返回新的文件描述符；若失败，则返回–1。

例4-1：创建文件实例。

```
/* file_creat.c */
#include <stdio.h>
#include <stdlib.h>
#include <sys/types.h>
#include <sys/stat.h>
#include <fcntl.h>

void  create_file(char *filename)
{
    /*创建的文件具有可读可写的属性*/
    if(creat(filename,0666)<0)
    {
        printf("create file %s failure!\n",filename);
        exit(EXIT_FAILURE);
    }
    else
    {
        printf("create file %s success!\n",filename);
    }
}

int main(int argc,char *argv[])
{
    /*判断输入参数有没有传入文件名 */
    if(argc<2)
    {
        printf("you haven't input the filename,please try again!\n");
```

```
        exit(EXIT_FAILURE);
    }
    create_file(argv[1]);
    exit(EXIT_SUCCESS);
}
```

编译 file_creat.c 文件，并运行可执行文件，结果如图 4-10 所示。

```
root@localhost:/home/wang/test
File  Edit  View  Terminal  Tabs  Help
[root@localhost test]# gcc file_creat.c -o file_creat
[root@localhost test]# ./file_creat aa
creat file aa success!
[root@localhost test]# ll aa
-rw-rw-rw- 1 root root 0 2014-09-23 09:20 aa
[root@localhost test]#
```

图 4-10　创建文件

在 Linux 系统中，所有打开的文件都对应一个文件描述符。文件描述符的本质是一个非负整数。当打开一个文件时，该整数由系统来分配。文件描述符的范围是 0 ～ OPEN_MAX。早期的 UNIX 版本 OPEN_MAX =19，允许每个进程同时打开 20 个文件，现在很多系统则将其增加至 1024 个 。

4.2.2　打开文件

所需的头文件：#include<sys/types.h>
#include<sys/stat.h>
#include<fcntl.h>

函数格式：int open(const char *pathname, int flags);

函数功能：打开一个文件。

参数说明：

- pathname：要打开的文件名(包含路径，缺省为当前路径)。
- flags：打开标志，常见的打开标志有以下几种。
  - ✧ O_RDONLY：只读方式打开。
  - ✧ O_WRONLY：只写方式打开。
  - ✧ O_RDWR：读/写方式打开。
  - ✧ O_APPEND：追加方式打开。
  - ✧ O_CREAT：创建一个文件。
  - ✧ O_NOBLOCK：非阻塞方式打开。

如果使用了 O_CREAT 标志，则函数格式如下：

```
int open(const char *pathname,int flags,mode_t mode);
```

这时需要指定 mode 来表示文件的访问权限。

返回值：若成功，则返回文件描述符；若失败，则返回−1。

当我们操作完文件以后，需要关闭文件。

4.2.3　关闭文件

所需的头文件：#include<unistd.h>

函数格式：int close(int fd)；

函数功能：关闭一个已打开的文件。

参数说明：fd 为文件描述符，来自 creat()或者 open()函数的返回值。

返回值：若成功，则返回 0；若失败，则返回−1。

例 4-2：打开和关闭文件实例。

```
/* file_open.c */
  #include <stdio.h>
  #include <stdlib.h>
  #include <sys/types.h>
  #include <sys/stat.h>
  #include <fcntl.h>
  #include <unistd.h>

  int main(int argc ,char *argv[])
  {
   int fd;
   if(argc<2){
    puts("please input the open file pathname!\n");
    exit(1);
   }
 //如果 flag 参数里有 O_CREAT，则表示该文件如果不存在，系统会创建该文件，该文件
 //的权限由第三个参数决定，此处为 0755。
   if((fd=open(argv[1],O_CREAT|O_RDWR,0755))<0){
    perror("open file failure!\n");
    exit(1);
   }
    else{
     printf("open file %d  success!\n",fd);
   }
    close(fd);
    exit(0);
}
```

程序运行结果如图 4-11 所示。

```
root@localhost:/home/wang/test
File  Edit  View  Terminal  Tabs  Help
[root@localhost test]# gcc file_open.c -o file_open
[root@localhost test]# ls aa
ls: cannot access aa: No such file or directory
[root@localhost test]# ./file_open aa
open file 3 success!
[root@localhost test]# ll aa
-rwxr-xr-x 1 root root 0 2014-09-23 10:34 aa
[root@localhost test]#
```

图 4-11　打开文件

4.2.4　读文件

所需的头文件：#include<unistd.h>

函数格式：int read(int fd, const void *buf, size_t length)；

函数功能：从指定的文件中读取若干字节到指定的缓冲区。

参数说明：

- fd：文件描述符，同 close()函数。
- buf：指定的缓冲区指针，用于存放读取到的数据。
- length：读取的字节数。

返回值：若成功，则返回实际读取的字节数；若已到文件末尾，则返回 0；若出错，则返回–1。

4.2.5　写文件

所需的头文件：#include<unistd.h>

函数格式：int write(int fd, const void *buf, size_t length)；

函数功能：将若干字节写入指定的文件中。

参数说明：

- fd：文件描述符，同 close()函数。
- buf：指定的缓冲区指针，用于存放待写的数据。
- length：写入的字节数。

返回值：若成功，则返回实际写入的字节数；若出错，则返回–1。

4.2.6　定位文件

所需的头文件：#include<unistd.h>

　　　　　　　#include<sys/types.h>

函数格式：int lseek(int fd, offset_t offset, int whence)；

函数功能：将文件读写指针相对 whence 移动 offset 个字节。

参数说明：

- fd：文件描述符，同 close()函数。
- offset：偏移量，每一次操作所需要移动的字节数，可正可负。其取负值，表示向前移动；取正值，表示向后移动。
- whence：当前位置的基点，具体如下。
  - ✧ SEEK_SET：相对文件开头，新位置的值为偏移量的大小。
  - ✧ SEEK_CUR：相对文件读/写指针的当前位置，新位置为当前位置加上偏移量。
  - ✧ SEEK_END：相对文件末尾，新位置的值为文件的大小加上偏移量的大小。

返回值：若成功，则返回当前的读/写位置，也就是相对文件开头多少字节；若失败，则返回–1。

例如，下述调用可将文件指针相对当前位置向前移动 5 字节：

```
lseek(fd, -5, SEEK_CUR)
```

由于 lseek()函数的返回值为文件指针相对于文件头的位置，因此下面调用的返回值就是文件的长度：

```
lseek(fd, 0, SEEK_END)
```

4.2.7　判断权限

所需的头文件：#include <unistd.h>

函数格式：int access(const char*pathname,int mode)；

函数功能：判断文件是否可以进行某种操作(读、写等)。

参数说明：

- pathname：文件名。
- mode：要判断的访问权限，可以取以下值或者是它们的组合。
  - ✧ R_OK：文件可读。
  - ✧ W_OK：文件可写。
  - ✧ X_OK：文件可执行。
  - ✧ F_OK：文件存在。

返回值：若测试成功，则返回 0；否则，返回−1。

例 4-3：access()函数应用实例——判断指定的文件是否存在。

```
/*file_access.c */
#include<unistd.h>
#include<stdio.h>
#include<stdlib.h>
#include<sys/types.h>
#include<sys/stat.h>
#include<fcntl.h>
void access__file(char *filename)
{
  if(access(filename,F_OK)==0)
    printf("This file is exist!\n");
  else
    printf("This file isn't exist!\n");
}
int main(int argc,char *argv[])
{
  int i;
  if(argc<2)
  {
    perror("you haven't input the filename,please try again!\n");
    exit(EXIT_FAILURE);
  }
  for(i=1;i<argc;i++)
  {
```

```
        access__file(argv[i]);
    }
    exit(EXIT_SUCCESS);
}
```

程序运行结果如图 4-12 所示。

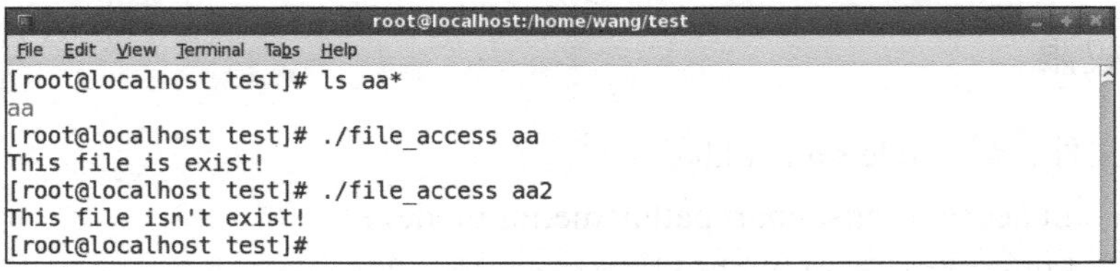

```
root@localhost:/home/wang/test
File Edit View Terminal Tabs Help
[root@localhost test]# ls aa*
aa
[root@localhost test]# ./file_access aa
This file is exist!
[root@localhost test]# ./file_access aa2
This file isn't exist!
[root@localhost test]#
```

图 4-12　判断指定的文件是否存在

例 4-4：系统调用文件访问综合实例——复制文件。

```
/* file_cp.c */
#include <sys/types.h>
#include <sys/stat.h>
#include <fcntl.h>
#include <stdio.h>
#include <errno.h>
#include <unistd.h>
#define BUFFER_SIZE 1024

int main(int argc,char **argv)
    {
    int from_fd,to_fd;
    int bytes_read,bytes_write;
    char buffer[BUFFER_SIZE];
    char *ptr;
    if(argc!=3)
    {
        fprintf(stderr,"Usage:%s fromfile tofile/n/a",argv[0]);
        exit(1);
    }

    /* 打开源文件 */
    if((from_fd=open(argv[1],O_RDONLY))==-1)
    {
        fprintf(stderr,"Open %s Error:%s/n",argv[1],strerror(errno));
        exit(1);
    }
    /* 创建目标文件 */
    if((to_fd=open(argv[2],O_WRONLY|O_CREAT,S_IRUSR|S_IWUSR))==-1)
    {
        fprintf(stderr,"Open %s Error:%s/n",argv[2],strerror(errno));
        exit(1);
```

```
    }
    /* 以下代码是一个经典的复制文件的代码 */
    while(bytes_read=read(from_fd,buffer,BUFFER_SIZE))
    {
    /* 发生了一个致命的错误 */
        if((bytes_read==-1)&&(errno!=EINTR)) break;
        else if(bytes_read>0)
        {
            ptr=buffer;
            while(bytes_write=write(to_fd,ptr,bytes_read))
            {
            /* 发生了一个致命错误 */
                if((bytes_write==-1)&&(errno!=EINTR))break;
                /* 写完了所有读的字节 */
                else if(bytes_write==bytes_read) break;
                /* 只写了一部分，继续写 */
                else if(bytes_write>0)
                {
                    ptr+=bytes_write;
                    bytes_read-=bytes_write;
                }
            }
            /* 写时发生的致命错误 */
            if(bytes_write==-1)break;
        }
    }
    close(from_fd);
    close(to_fd);
    exit(0);
}
```

程序运行结果如图 4-13 所示。

```
root@localhost:/home/wang/test
File Edit View Terminal Tabs Help
[root@localhost test]# ls aa*
aa
[root@localhost test]# ./file_cp aa aa2
[root@localhost test]# ls aa*
aa  aa2
[root@localhost test]#
```

图 4-13　复制文件

4.3　基于流的标准 I/O 操作

基于流的标准 I/O 操作是基于 C 语言库函数、针对文件指针的操作，这种文件操作是独立于具体的操作系统平台的，不管在 DOS、Windows、Linux 还是在 VxWorks 中，函数名和参数都一样，因此有更好的移植性。下面介绍基于 C 语言库函数的文件访问函数。

4.3.1　创建和打开文件

所需的头文件：#include<stdio.h>

函数格式：FILE *fopen(const char *filename,const char *mode)；

函数功能：打开文件。

参数说明：

- filename：要打开的文件名(包含路径)。
- mode：打开模式，常见的打开方式有以下几种。
  - ✧ r、rb：只读。
  - ✧ w、wb：只写，如果文件不存在就创建文件。
  - ✧ a、ab：追加，如果文件不存在就创建文件。
  - ✧ r+、r+b、rb+：读/写方式打开。
  - ✧ w+、w+b、wh+：读/写方式打开，文件不存在则创建文件。
  - ✧ a+、a+b、ab+：读和追加方式打开，文件不存在则创建文件。

其中，b 表示二进制文件。

返回值：若成功，则返回指向文件的指针；若失败，则返回 NULL，并把错误代码存在 errno 中。

4.3.2　读文件

所需的头文件：#include<stdio.h>

函数格式：size_t fread(void *ptr,size_t size,size_t n,FILE *stream)；

函数功能：从文件流中读取数据。

参数说明：

- ptr：指向欲存放读取进来的数据空间，是一个字符数组。
- size：每个字段的字节数。
- n：读取的字段数，读取的字符数为 size×n。
- stream：待读取的源文件。

返回值：若成功，则返回实际读取的字节数；若失败，则返回 0。

4.3.3　写文件

所需的头文件：#include<stdio.h>

函数格式：size_t fwrite(const void *ptr,size_t size,size_t n,FILE *stream)；

函数功能：对指定的文件流进行写操作。

参数说明：

- ptr：存放待写入数据的缓冲区。
- size：每个字段的字节数。
- n：写入的字段数，写入的字符数为 size×n。
- stream：要写入的目标文件。

返回值：若成功，则返回实际写入的字节数；若失败，则返回 0。

写函数只对输出缓冲区进行操作；读函数只对输入缓冲区进行操作。例如，向一个文件写入内容，所写的内容将首先放在输出缓冲区中，直到输出缓冲区存满或使用 fclose()函数关闭文件时，输出缓冲区的内容才会写入文件中。若无 fclose()函数，则不会向文件中存入所写的内容或写入的文件内容不全。所以在对文件的操作中，打开一个文件后，切记在程序最后一定要用 flcose()函数关闭该文件。

4.3.4 从文件读字符

所需的头文件：#include<stdio.h>

函数格式：int fgetc(FILE *stream)；

函数功能：从文件指针stream 指向的文件中读取一个字符，读取一个字符后，光标位置后移 1 字节。

参数说明：stream 为指定的待读取的文件。

返回值：返回读取到的字符的 ASCII 码值。若返回–1，则表示到了文件末尾，或出现了错误。

4.3.5 向文件写字符

所需的头文件：#include<stdio.h>

函数格式：int fputc(int c,FILE *stream)；

函数功能：向指定的文件中写入一个字符。

参数说明：

- c：待写入的字符。
- stream：待写入的文件。

返回值：若成功，则返回写入的字符个数；若返回–1，则表示有错误发生。

4.3.6 格式化读取

所需的头文件：#include<stdio.h>

函数格式：int fscanf(FILE *stream,char *format[,argument…])；

函数功能：从一个文件中格式化地读取一些数据到 argument 指定的变量中，遇到空格符和换行符时结束。

参数说明：

- stream：待读取的文件。
- *format[,argument…]：读取格式。

返回值：如果读取成功，则返回读取数据的个数；如果读取到文件末尾，则返回–1。

4.3.7 格式化写入

所需的头文件：#include<stdio.h>

函数格式：int fprintf(FILE *stream,char *format[,argument…])；

函数功能：把一些数据按指定格式写入 stream 指定的文件中。

参数说明：

- stream：指定的待写入的文件。
- *format[,argument…]：写入格式。

返回值：若写入成功，则返回写入数据的个数；若出错，则返回–1。

4.3.8 定位文件

所需的头文件：#include<stdio.h>

函数格式：int fseek (FILE *stream,long offset, int whence)；

函数功能：移动文件指针的读/写位置。

参数说明：

- stream：已打开的文件。
- offset：移动的字节数，向后移动为正值；向前移动为负值。
- whence：从什么位置开始移动，移动的基准点，可为下列其中之一。
  - ✧ SEEK_SET：相对文件开头，新位置的值为偏移量的大小。
  - ✧ SEEK_CUR：相对文件读/写指针的当前位置，新位置为当前位置加上偏移量。
  - ✧ SEEK_END：相对文件末尾，新位置的值为文件的大小加上偏移量的大小。

当 whence 值为 SEEK_CUR 或 SEEK_END 时，参数 offset 允许出现负值。

下列是较特别的使用方式。

(1) 欲将读写位置移动到文件开头时，设置参数如下：

```
fseek(FILE*stream,0,SEEK_SET)
```

(2) 欲将读写位置移动到文件尾时，设置参数如下：

```
fseek(FILE*stream,0,SEEK_END)
```

返回值：若成功，则返回 0；若失败，则返回–1。

附加说明：fseek () 函数不像 lseek () 函数会返回读/写位置，因此必须使用 ftell () 来获取目前读/写的位置。

4.3.9 获取文件读/写位置

所需的头文件：#include<stdio.h>

函数格式：long ftell (FILE * stream)；

函数功能：获取文件流目前的读/写位置。

参数说明：stream 为已打开的文件。

返回值：若调用成功，则返回目前的读/写位置；若有错误，则返回–1。

4.3.10 获取当前路径

所需的头文件：#include <unistd.h>

函数格式：char *getcwd(char *buffer,size_t size)；
函数功能：获取当前工作的绝对路径。
参数说明：

- buffer：存放当前路径的内存空间。
- size：指定 buffer 缓冲区的大小。

返回值：若成功，则把当前的路径名复制到 buffer 中；若 buffer 太小，则返回−1。

4.3.11　创建目录

所需的头文件：#include <sys/stat.h>
函数格式：int mkdir(char *dir,int mode)；
函数功能：创建一个新目录。
参数说明：

- dir：要创建的目录名，可带路径，也可不带。
- mode：目录属性，同创建文件。

返回值：若成功，则返回 0；否则，返回−1。

例 4-5：从指定的文件中读取字符，并显示在屏幕上。

```
/* file_fgetc.c*/
#include <curses.h>
#include <stdio.h>
main()
{
    FILE *fp;
    char ch;
    if((fp=fopen("file_fgetc.c","rw"))==NULL)
    {
       printf("\nCannot open file strike any key exit!");
       getchar();
       return 0;
    }
    ch=fgetc(fp);
    while(ch!=EOF)
    {
      putchar(ch);
      ch=fgetc(fp);
    }
    fclose(fp);
}
```

程序运行结果如图 4-14 所示。

```
File Edit View Terminal Tabs Help
[root@localhost test]# vim file_fgetc.c
[root@localhost test]# gcc file_fgetc.c -o file_fgetc
[root@localhost test]# ./file_fgetc
#include <curses.h>
#include <stdio.h>
int main()
{
    FILE *fp;
    char ch;
    if((fp=fopen("file_fgetc.c","rw"))==NULL)
    {
       printf("\nCannot open file strike any key exit!");
       getchar();
       return 0;
    }
    ch=fgetc(fp);
    while(ch!=EOF)
    {
      putchar(ch);
      ch=fgetc(fp);
    }
    fclose(fp);
}
[root@localhost test]# 
```

图 4-14　从指定的文件中读取字符

例 4-6：向指定的文件中写入字符。

```
/* file_fputc.c*/
#include<stdio.h>
#include<curses.h>
main()
{
  FILE *fp;
  char ch;
  if((fp=fopen("string","wt+"))==NULL)
  {
     printf("Cannot open file,strike any key exit!");
     getchar();
     return 0;
  }
  printf("input a string:\n");
  ch=getchar();
  while(ch!='\n'){
    fputc(ch,fp);
    ch=getchar();
  }
  printf("\n");
  fclose(fp);
}
```

程序运行结果如图 4-15 所示。写入文件 string 的内容如图 4-16 所示。

```
root@localhost:/home/wang/test
File Edit View Terminal Tabs Help
[root@localhost test]# ./file_fputc
input a string:
abcdefghijklmnopqrstuvwxyz

[root@localhost test]#
```

图 4-15　向指定的文件中写入字符

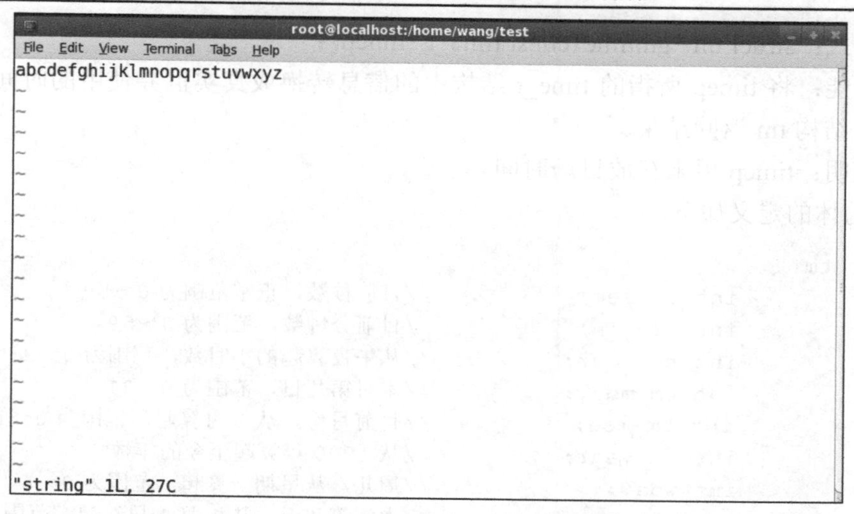

图 4-16　写入文件 string 的内容

4.4 Linux 时间编程

在程序设计中，经常需要与时间打交道。例如，需要计算一段代码运行了多久；要在日志文件中记录事件发生时的时间戳；需要一个定时器以便能够定期做某些操作等。在 Linux 系统下，通过时间编程可以实现上述功能。

时间类型有下面两种。

(1) 协调世界时 (Coordinated Universal Time，CUT)，又称世界标准时间，也就是常说的格林尼治标准时间 (Greenwich Mean Time，GMT)，简称 UTC。

(2) 日历时间 (Calendar Time，CT)，是用从一个标准时间点 (如 1970 年 1 月 1 日 0 时) 到此时经过的秒数来表示的时间。

下面介绍时间编程函数。

4.4.1　获取时间

所需的头文件：#include <time.h>

函数格式：time_t time (time_t *tloc)；

函数功能：获取日历时间，即从 1970 年 1 月 1 日 0 时到现在经历的秒数。

参数说明：tloc 用来存放秒数的内存单元指针。

返回值：从 1970 年 1 月 1 日 0 时到现在经历的秒数。

4.4.2　转换时间

1. 日历时间转换为格林尼治标准时间

所需的头文件：#include <time.h>

函数格式：struct tm *gmtime(const time_t *timep)；

函数功能：将 timep 所指的 time_t 结构中的信息转换成真实世界使用的时间日期表示法，然后由结构 tm 返回结果。

参数说明：timep 用来存放日历时间。

tm 结构体的定义如下：

```
struct tm{
            int tm_sec;          //目前秒数，正常范围为 0～59
            int tm_min;          //目前分钟数，范围为 0～59
            int tm_hour;         //从午夜算起的小时数，范围为 0～23
            int tm_mday;         //本月第几日，范围为 0～31
            int tm_mon;          //目前月份，从 1 月算起，范围为 0～11
            int tm_year;         //从 1900 年算起至今的年数
            int wday;            //周几，从星期一算起，范围为 0～6
            int yday;            //本年第几天，从 1 月 1 日算起，范围为 0～365
            int tm_isdst;        //日光节约时间
            };
```

返回值：该函数返回的时间日期未经时区转换，返回结构 tm 代表目前 UTC。

2. 日历时间转化为本地时间

所需的头文件：#include <time.h>

函数格式：struct tm *localtime(const time_t *timep)；

函数功能：将 timep 所指的 time_t 结构中的信息转换成生活中所使用的时间日期表示法，然后由结构 tm 返回结果。

参数说明：timep 用来存放日历时间。

tm 结构体的定义同上。

返回值：该函数返回的时间日期是已经转换成本地时间，返回结构 tm 代表目前的本地时间。

例 4-7：获取时间实例。

```
/*time1.c*/
#include <stdio.h>
#include <time.h>
int main(void){
    struct tm *local;
    time_t t;
    t=time(NULL);
    local=localtime(&t);
    printf("local hour is:%d\n",local->tm_hour);
    local=gmtime(&t);
    printf("utc hour is%d\n",local->tm_hour);
    return 0;
}
```

程序运行结果如图 4-17 所示。

```
root@localhost:/home/wang/test
File Edit View Terminal Tabs Help
[root@localhost test]# ./time1
Local hour is: 11
UTC hour is: 3
[root@localhost test]#
```

图 4-17　获取时间

4.4.3　显示时间

1. tm 格式时间转换为字符串

所需的头文件：#include <time.h>
函数格式：char *asctime(const struct tm *timeptr)；
函数功能：将 tm 格式的时间转换为字符串，如 Sat Jul 30 08:43:03 2005。
参数说明：timeptr 用来存放 tm 结构中的信息。
返回值：返回以字符串形态表示的真实世界的时间日期。

2. 日历时间转化为本地时间后转字符串

所需的头文件：#include <time.h>
函数格式：char *ctime(const time_t *timep)；
函数功能：将日历时间转化为本地时间的字符串形式。
参数说明：timep 用来存放 time_t 结构中的信息。
返回值：表示本地时间的字符串。
例 4-8： 显示时间实例。

```
/* time2.c */
#include <time.h>
#include <stdio.h>
int main(void)
{
    struct tm *ptr;
    time_t lt;
/* 获取日历时间 */
    lt=time(NULL);
/* 转化为格林尼治标准时间结构形式 */
    ptr=gmtime(&lt);
/* 转化成字符串形式，并打印 */
    printf("The UTC is:\%s",asctime(ptr),"\n");
    printf("The Local time is: \%s",ctime(&lt),"\n");
    return 0;
}
```

程序运行结果如图 4-18 所示。

```
root@localhost:/home/wang/test
File Edit View Terminal Tabs Help
[root@localhost test]# ./time2
The UTC is:Wed Sep 24 03:29:54 2014
The Local time is:Wed Sep 24 11:29:54 2014
[root@localhost test]#
```

图 4-18　显示时间

4.4.4　取得当前时间

所需的头文件：#include <time.h>

函数格式：int gettimeofday(struct timeval *tv,struct timezone *tz)；

函数功能：获取从 1970 年 1 月 1 日到现在的时间差，常用于计算事件耗时。

参数说明：

- tv：用来存放当前时间。
- tz：用来存放当地时区的信息。

timeval 结构体定义如下：

```
struct timeval{
    long tv_sec; /*秒*/
    long tv_usec; /*微秒*/
};
```

timezone 结构体定义如下：

```
struct timezone{
    int tz_minuteswest; /*和 Greenwich 时间差了多少分钟*/
    int tz_dsttime; /*日光节约时间的状态*/
};
```

tz_dsttime 所代表的状态如下：

```
DST_NONE /*不使用*/
DST_USA /*美国*/
DST_AUST /*澳大利亚*/
DST_WET /*西欧*/
DST_MET /*中欧*/
DST_EET /*东欧*/
DST_CAN /*加拿大*/
DST_GB /*大不列颠*/
DST_RUM /*罗马尼亚*/
DST_TUR /*土耳其*/
DST_AUSTALT /*澳大利亚(1986 年以后)*/
```

返回值：若成功，则返回 0；若失败，则返回−1。

4.4.5 延时执行

1. 让程序睡眠多少秒

所需的头文件：#include <time.h>
函数格式：unsigned int sleep(unsigned int seconds)；
函数功能：让程序睡眠多少秒。
参数说明：seconds 指定睡眠的秒数。

2. 让程序睡眠多少微秒

所需的头文件：#include <time.h>
函数格式：void usleep(unsigned long usec)；
函数功能：让程序睡眠多少微秒。
参数说明：usec 指定睡眠的微秒数。

本 章 小 结

本章主要介绍了嵌入式 Linux 下的文件编程和时间编程。在文件编程部分，首先介绍了虚拟文件系统、Linux 文件类型、Linux 文件系统组成及文件描述符等概念。在此基础上，介绍了两种途径的文件编程，即基于 Linux 操作系统的基本文件 I/O 操作和基于流的标准 I/O 操作。除此之外还介绍了时间编程，涉及时间获取、时间转化及时间显示等操作。每种编程方法都配有相应的实例，方便读者学习和实践。

习题与实践

1．什么是文件系统？
2．Linux 系统有哪几种类型文件？它们分别是什么？有哪些相同点和不同点？
3．Linux 的文件系统由哪几部分组成？
4．超级块由哪些字段组成？
5．索引节点和数据区分别存储文件的哪些信息？
6．什么是文件描述符？它有什么作用？
7．Linux 基本文件 I/O 操作编程练习。
(1) 创建一个文件(用 umask()函数可设置限制新文件权限)，并用“ll”命令观察其属性。
(2) 以只读方式打开一个已有文件，从中读取 20 个字符并打印。
(3) 打开当前目录下的一个文件，写入字符串"Hello，welcome to Beijing！"。
(4) 复制文件，将一个文件的内容读出，写入另一个文件。

(5) 通过 lseek () 函数计算一个文件的长度。

(6) 访问判断，判断从键盘输入的文件名是否存在。

(7) 从键盘输入 10 个字符，写到一个文件中。

8．基于流的标准 I/O 操作编程练习。

(1) 用 C 语言库函数实现复制文件的功能。要求：将一个文件的内容读出，写入另一个文件。

(2) 用 C 语言库函数实现读取文件内容。要求：依次读取每行内容并显示在屏幕上。

(3) 用 C 语言库函数实现复制文件。要求：从键盘输入若干字符，用 fputc 将其写入一个文件中。

9．Linux 时间编程练习：

(1) 编写一个程序，要求以字符串的形式显示本地时间。

(2) 编写一个程序，要求测试一段循环代码的运行时间，并显示在屏幕上。

第 5 章　嵌入式 Linux 进程控制

在嵌入式系统中，处理器的占用率是一个非常重要的性能指标，为保证系统能长时间稳定运行，一般要求处理器的占用率不高于 80%。但单一程序在运行过程中很可能停下来等待某个事件的发生，例如，等待外设完成某个操作；等待用户的输入数据等，这种等待是一种对处理器的巨大浪费。多任务程序设计采用分时技术，即把处理器时间划分成很短的时间片，将时间片轮流分配给各个程序，这样就允许多个相互独立的程序在内存中同时存放，相互穿插运行，宏观上并行，微观上串行，从而可以有效地降低处理器的占用率。那么系统在实现多任务运行时又是如何来定义各个宏观上并行的程序实体的呢？由此引入进程的概念。本章将介绍进程控制理论基础及进程控制编程。

5.1　进程控制理论基础

5.1.1　进程定义

进程是 20 世纪 60 年代初首先由麻省理工学院的 MULTICS 系统和 IBM 公司的 CTSS/360 系统引入的。进程是一个具有一定独立功能的程序关于某个数据集合的一次运行活动。它是操作系统动态执行的基本单元，在传统的操作系统中，进程既是基本的分配单元，也是基本的执行单元，是操作系统中较基本和重要的概念，是多任务系统出现后，为了刻画系统内部出现的动态情况，描述系统内部各任务的活动规律而引进的一个概念，所有的多任务程序设计操作系统都建立在进程的基础上。

通常一个程序的一次执行就是一个任务，一个任务包含一个或多个完成独立功能的子任务，这个独立的子任务就是进程(或线程)。例如，一个杀毒软件的一次运行是一个任务，目的是在各种病毒的侵害中保护计算机系统，这个任务包含多个独立功能的子任务(进程或线程)，包括实时监控功能、定时查杀功能、防火墙功能及用户交互功能等。任务、进程和线程之间的关系如图 5-1 所示。

进程可以申请和拥有系统资源，是一个动态的概念，也是一个活动的实体。它不仅是程序的代码，还包括当前的活动，通过程序计数器的值和处理寄存器的内容来表示。

进程的概念主要包括两点。

(1)进程是一个实体。每一个进程都有它自己的地址空间，一般情况下，包括文本区域(Text Region)、数据区域(Data Region)和堆栈区域(Stack Region)。文本区域存储处理器执行的代码；数据区域存储变量和进程执行期间使用的动态分配的内存；堆栈区域存储活动过程调用的指令和本地变量。

(2)进程是一个执行中的程序。程序是一个没有生命的实体，只有处理器赋予程序生命时，它才能成为一个活动的实体，才能称为进程。

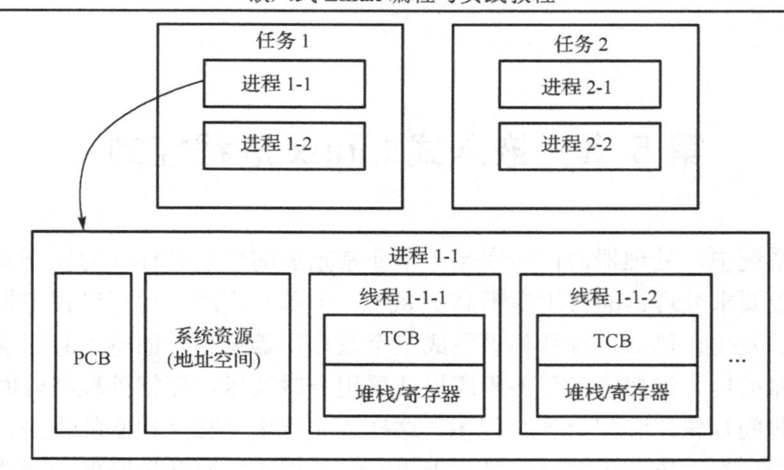

图 5-1　任务、进程和线程之间的关系

5.1.2　进程特点

进程具有以下特点。

1. 动态性

进程是程序在数据集合上的一次执行过程，具有生命周期，由创建而产生，由调度而运行，由结束而消亡，是一个动态推进、不断变化的过程。而程序则不然，程序是文件，静态而持久地存在。

2. 并发性

在同一段时间内，若干个进程可以共享一个 CPU。进程的并发性能够提高系统资源的利用率和计算机的效率。进程在单 CPU 系统中并发执行，在多 CPU 系统中并行执行。进程的并发执行意味着进程的执行可以被打断，可能会带来一些意想不到的问题，因此必须对并发执行的进程进行协调。

3. 独立性

进程是操作系统资源分配、保护和调度的基本单位，每个进程都有其自己的运行数据集，以各自独立的、不可预知的进度异步运行。进程的运行环境不是封闭的，进程间也可以通过操作系统进行数据共享、通信。

4. 异步性

由于进程间的相互制约，进程具有执行的间断性，即进程按各自独立的、不可预知的速度向前推进。

5.1.3　进程状态

进程状态反映进程执行过程的变化，这些状态随着进程的执行和外界条件的变化而转换。一个进程的生命周期可以划分为一组状态，这些状态刻画了整个进程，进程状态体现一个进程的生命状态。

1. 三态模型

在多道程序系统中，进程在处理器上交替运行，状态也不断地发生变化。进程一般有三种基本状态：执行态、就绪态和阻塞态。

(1) 执行态。当一个进程在处理器上运行时，则称该进程处于执行态。处于此状态的进程的数目小于等于处理器的数目，对于单处理器系统，处于执行态的进程只有一个。在没有其他进程可以执行时(如所有进程都在阻塞状态)，系统通常会自动执行空闲进程。

(2) 就绪态。当一个进程获得了除处理器以外的一切所需系统资源，一旦得到处理器即可运行，则称此进程处于就绪态。就绪态进程可以按多个优先级来划分队列。例如，当一个进程由于时间片用完而进入就绪态时，排入低优先级队列；当进程由 I/O 操作完成而进入就绪态时，排入高优先级队列。

(3) 阻塞态。阻塞态也称为等待态或睡眠态，一个进程正在等待某一事件发生(如请求 I/O 而等待 I/O 完成等)而暂时停止运行，这时即使把处理器分配给该进程，它也无法运行，故称该进程处于阻塞态。

进程创建后首先处于就绪态，就绪态通过进程调度进入执行态，执行态因为时间片用完而回到就绪态，执行态通过 I/O 请求进入阻塞态(如访问串口时该串口正在读取数据)，阻塞态因为 I/O 完成进入就绪态。

进程的三态模型如图 5-2 所示。

2. 五态模型

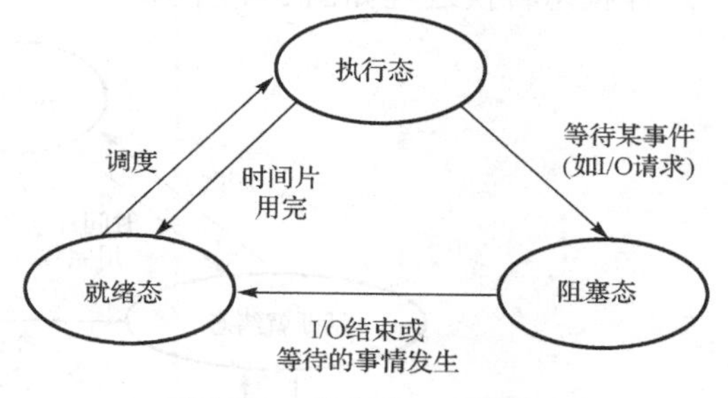

图 5-2　进程的三态模型

对于一个实际的系统，进程的状态及其转换更为复杂。在三态模型的基础上引入新建态和终止态就构成了进程的五态模型。

(1) 新建态。新建态对应于进程刚刚被创建时没有被提交，并等待系统完成创建进程的所有必要信息的状态，此时进程正在创建过程中，还不能运行。操作系统在新建态要进行的工作包括分配和建立进程控制块表项、建立资源表格(如打开文件表)并分配资源、加载程序并建立地址空间表等。创建进程时分为两个阶段，第一个阶段为一个新进程创建必要的管理信息，第二个阶段让该进程进入就绪态。由于有了新建态，操作系统往往可以根据系统的性能和主存容量的限制推迟新建态进程的提交。

(2) 终止态。终止态是指进程已结束运行，回收除进程控制块之外的其他资源，并让其他进程从进程控制块中收集有关信息(如记账和将退出代码传递给父进程)的状态。类似地，进程的终止也可分为两个阶段，第一个阶段等待操作系统进行善后处理，第二个阶段释放主存。进程的五态模型如图 5-3 所示。

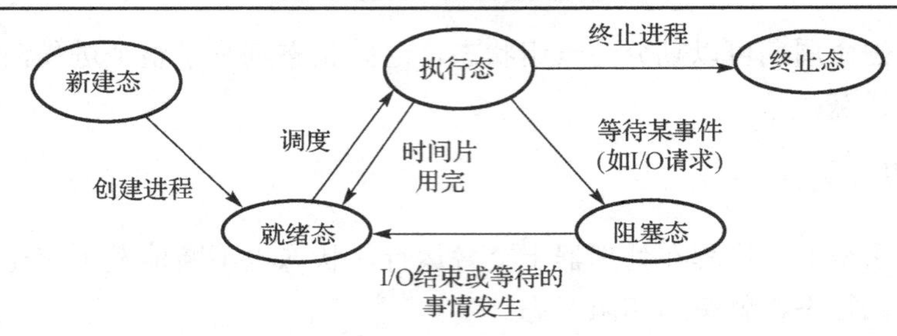

图 5-3　进程的五态模型

3. 进程状态的转换

由于进程的不断创建，系统资源特别是主存资源已不能满足所有进程运行的要求。这时，就必须将某些进程挂起，放到磁盘对换区，暂时不参加调度，以平衡系统负载；进程挂起的原因可能是系统故障或者用户调试程序，也可能是需要检查问题。考虑到进程有时会被挂起，就绪态和阻塞态又可以细分为以下几种状态。

(1)活跃就绪态：进程在主存中并且可被调度的状态。

(2)静止就绪(挂起就绪)态：进程被对换到辅存时的就绪态，是不能被直接调度的状态，只有当主存中没有活跃就绪态进程，或者是挂起就绪态进程具有更高的优先级，系统才把挂起就绪态进程调回主存并转换为活跃就绪态进程。

(3)活跃阻塞态：进程已在主存时的阻塞态，一旦等待的事件产生便进入活跃就绪状态。

(4)静止阻塞态：进程对换到辅存时的阻塞态，一旦等待的事件产生便进入静止就绪态。

进程状态转换过程如图 5-4 所示。

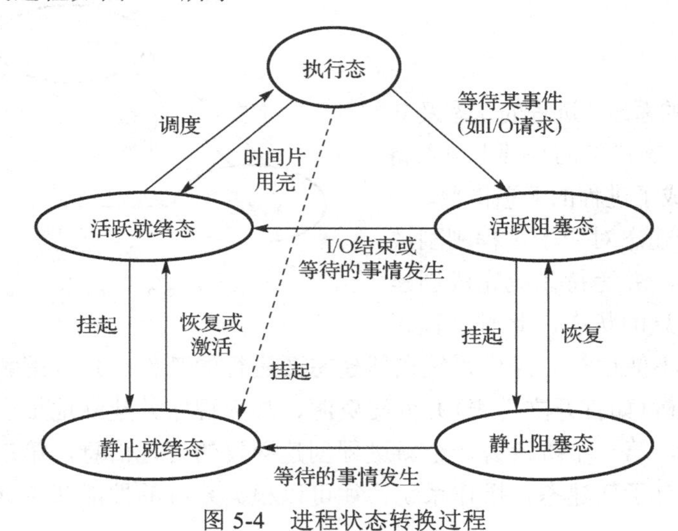

图 5-4　进程状态转换过程

5.1.4　进程 ID

在计算机领域，进程标识符(Process Identifier)又称为进程 ID(Process ID，PID)，是大多数操作系统的内核用于唯一标识进程的一个数值。进程被创建时，系统就会赋予它这个唯一的标识符，系统中运行的其他进程不会有相同的 ID，这个值也是可以使用的，例如，父进程可以通过创建子进程时得到的 ID 来和子进程通信。

5.1.5　进程互斥

进程互斥是指当有两个或两个以上的进程都要使用某一共享资源时，任何时刻最多允许一个进程使用该资源，其他要使用该资源的进程必须等待，直到占用该资源者释放了该资源为止。

5.1.6　临界资源与临界区

在多道程序环境下存在临界资源，它是指多进程存在时必须互斥访问的资源，也就是某一时刻不允许多个进程同时访问，只允许单个进程访问的资源。

进程中访问临界资源的程序代码称为临界区。为实现对临界资源的互斥访问，应保证各进程互斥地进入各自的临界区。

临界区存在的目的是有效地防止竞争条件又能保证最大化使用共享数据。而这些并发进程必须有好的解决方案，才能防止出现以下情况：多个进程同时处于临界区；临界区外的进程阻塞其他的进程；有些进程在临界区外无休止地等待。除此以外，这些方案还不能对 CPU 的速度和数目做出任何的假设。只有满足了这些条件，它才是一个好的解决方案。

5.1.7　进程同步

我们把异步环境下的一组并发进程因直接制约而互相发送消息、互相合作、互相等待，使得各进程按一定的速度执行的过程称为进程同步。具有同步关系的一组并发进程称为合作进程。合作进程间互相发送的信号称为消息或事件。如果对一个消息或事件赋予唯一的消息名，那么可用过程 wait(消息名)表示进程等待合作进程发来的消息，用过程 signal(消息名)表示进程向合作进程发送消息。

5.1.8　进程调度

一般来说，进程数都多于 CPU 数，这将导致它们互相争夺 CPU。这就要求进程调度程序按一定的策略，动态地把 CPU 分配给处于就绪队列中的某一个进程，以使之执行。

调度方式有抢占式和非抢占式两种。

抢占式调度：允许高优先级的任务打断当前执行的任务，抢占 CPU 的控制权。

非抢占式调度：只有在当前任务主动放弃 CPU 控制权的情况下(如任务挂起)，才允许其他任务(包括高优先级的任务)控制 CPU。

5.1.9　调度算法

调度算法是指根据系统的资源分配策略所规定的资源分配算法。通常有下面几种调度算法。

1. 先来先服务调度算法

如果早就绪的进程排在就绪队列的前面，迟就绪的进程排在就绪队列的后面，那么先来先服务(First Come First Serve，FCFS)调度算法总是把当前处于就绪队列之首的进程调度到执行态。也就是说，它只考虑进程进入就绪队列的先后，而不考虑它的下一个CPU 周期的长短及其他因素。FCFS 调度算法简单易行，但性能却不大好。其有利于长作业(进程)而不利于短作业(进程)；有利于 CPU 繁忙型作业(进程)而不利于 I/O 繁忙型作业(进程)。

2. 短进程优先调度算法

短进程优先调度算法从就绪队列中选出下一个 CPU 执行期最短的进程，为之分配CPU。该算法虽可获得较好的调度性能，但难以准确地知道下一个 CPU 执行期，只能根据每一个进程的执行历史来预测。在批处理系统中，为了照顾为数众多的短作业，常采用该调度算法。

3. 高优先级优先调度算法

高优先级优先调度算法是指系统将把 CPU 分配给就绪队列中优先级最高的进程。高优先级调度算法可以分成如下两种方式。

(1)非抢占式优先级调度算法。在非抢占式优先级调度算法下，系统一旦把 CPU 分配给就绪队列中优先级最高的进程后，该进程就能一直执行下去，直至完成；或因等待某事件的发生而该进程不得不放弃 CPU 时，系统才能将 CPU 分配给另一个优先级高的就绪态进程。

非抢占式优先级调度算法主要用于一般的批处理系统、分时系统，也常用于某些实时性要求不太高的实时系统。

(2)抢占式优先级调度算法。在抢占式优先级调度算法下，进程调度程序把 CPU 分配给当时就绪队列中优先级最高的进程，使之执行。一旦出现了另一个优先级更高的就绪态进程，进程调度程序就停止正在执行的进程，将 CPU 分配给新出现的优先级最高的就绪态进程。

抢占式优先级调度算法常用于实时性要求比较严格的系统，以及对实时性能要求高的分时系统中。

进程的优先级可采用静态优先级和动态优先级两种，优先级可由用户自定或由系统确定。

(1)静态优先级：在创建进程时确定的进程的优先级，并且规定它在进程的整个运行期间保持不变。确定优先级的依据通常有下面几个方面。

①进程的类型：通常系统进程的优先级高于一般用户进程的优先级；交互型的用户进程的优先级高于批处理作业所对应的进程的优先级。

②进程对资源的需求：例如，对于估计执行时间及内存需求量少的进程，应赋予较高的优先级，这有利于缩小作业的平均周转时间。

③根据用户的要求：用户可以根据自己作业的紧迫程度来指定一个合适的优先级。

静态优先级法的优点是简单易行、系统开销小；缺点是不太灵活，很可能出现低优先级的进程长期得不到调度而等待的情况。

静态优先级仅适用于对实时性要求不太高的系统。

(2) 动态优先级：在创建进程时先赋予该进程一个初始优先级，然后其优先级随着进程的执行情况的变化而改变，以便获得更好的调度性能。

动态优先级的优点是它使相应的优先级调度算法比较灵活、科学，可防止有些进程一直得不到调度，也可防止有些进程长期垄断 CPU；缺点是它需要花费相当多的执行程序时间，因而产生的系统开销比较大。

4. 时间片轮转调度算法

时间片轮转调度算法是一种古老、简单、公平且使用较广的算法。每个进程被分配一个时间段，称为它的时间片，即该进程允许运行的时间。如果在时间片结束时进程还在运行，则 CPU 将被剥夺并分配给另一个进程。如果进程在时间片结束前阻塞或结束，则 CPU 当即进行切换。进程调度程序所要做的就是维护一张就绪态进程列表，当进程用完它的时间片后，就被移到就绪队列的末尾。

时间片轮转调度算法具体实施方法：将系统中所有的就绪态进程按照 FCFS 原则，排成一个队列。每次调度时将 CPU 分派给队首进程，让其执行一个时间片。时间片的长度从几毫秒到几百毫秒。在一个时间片结束时，发生时钟中断。进程调度程序据此暂停当前进程的执行，将其送到就绪队列的末尾，并通过上下文切换执行当前的队首进程。进程可以未使用完一个时间片，就让出 CPU(如阻塞)。

时间片长度需要根据实际情况而定。时间片设得太短会导致过多的进程切换，降低了 CPU 效率；而设得太长又可能引起对短的交互请求的响应变差。将时间片设为 100 毫秒通常比较合理。

在分时系统中，为了保证系统具有合理的响应时间，应当采用时间片轮转调度算法。

5. 多级反馈队列调度算法

多级反馈队列调度算法是时间片轮转调度算法和高优先级调度算法的综合与发展。设置多个就绪队列，分别赋予不同的优先级，如逐级降低，队列 1 的优先级最高。每个队列执行的时间片长度也不同，规定优先级越低则时间片越长，如逐级加倍。

新进程进入内存后，先投入队列 1 的末尾，按 FCFS 调度算法调度；若队列 1 的一个时间片结束时进程未能执行完，则降低投入队列 2 的末尾，同样按 FCFS 调度算法调度；如此下去，降低到最后的队列，则按时间片轮转调度算法调度，直到完成。

仅当较高优先级的队列为空，才调度较低优先级的队列中的进程并执行。如果进程执行时有新进程进入较高优先级的队列，则抢先执行新进程，并把被抢先的进程投入原队列的末尾。

其特点：为提高系统吞吐量和缩短平均周转时间而照顾短进程；为获得较好的 I/O 设备利用率和缩短响应时间而照顾 I/O 型进程；不必估计进程的执行时间，可动态调节。

5.1.10　死锁

死锁是多个进程因争夺系统资源而造成的一种互相等待的现象，若无外力作用，这些进程都将永远不能再向前推进。此时称系统处于死锁状态或系统产生了死锁；这些永远在互相等待的进程称为死锁进程。此时执行程序中的两个或多个进程发生永久阻塞(等待)，每个进程都在等待被其他进程占用并堵塞的系统资源。

例如，如果进程 A 锁住了记录 1 并等待记录 2，而进程 B 锁住了记录 2 并等待记录 1，那么这两个进程就发生了死锁现象。

采用有序资源分配法可以避免发生死锁。例如，R1 的编号为 1，R2 的编号为 2。进程 A 的申请次序：R1，R2；进程 B 的申请次序：R1，R2。这样就破坏了环路条件，避免了死锁的发生。

5.2　进程控制编程

5.2.1　获取进程信息

1. getpid()函数

所需的头文件：#include <sys/types.h>
　　　　　　　#include <unistd.h>
函数格式：pid_t getpid(void)；
函数功能：获取目前进程的进程标识号。
返回值：返回当前进程的进程识别号。

2. getppid()函数

所需的头文件：#include <sys/types.h>
　　　　　　　#include <unistd.h>
函数格式：pid_t getppid(void)；
函数功能：获取目前进程的父进程标识。
返回值：返回当前进程的父进程识别号。

3. getpgid()函数

所需的头文件：#include <unistd.h>
函数格式：pid_t getpgid(pid_t pid)；
函数功能：获得参数 pid 指令进程所属于的组识别号，若参数为 0，则返回当前进程的组识别号。
参数说明：pid 为进程识别号。

返回值：若执行成功，则返回正确的组识别号；若有错，则返回–1，错误原因存在于 errno 中。

4. getpgrp () 函数

所需的头文件：#include <unistd.h>
函数格式：pid_t getpgrp (void)；
函数功能：获得目前进程所属于的组识别号，等价于 getpgid (0)。
返回值：执行成功，则返回正确的组识别号。

5. getpriority () 函数

所需的头文件：#include<sys/time.h>
　　　　　　　#include<sys/resource.h>
函数格式：int getpriority (int which,int who)；
函数功能：获得进程、进程组和用户的进程执行优先权。
参数说明：which 有三种数值，who 则依 which 值有如下不同的定义。

✧ 当 which 为 PRIO_PROCESS 时，who 为进程识别码；
✧ 当 which 为 PRIO_PGRP 时，who 为进程的组识别码；
✧ 当 which 为 PRIO_USER 时，who 为用户识别码。

返回值：返回进程执行优先权，返回的数值为–20～20，代表进程执行优先权，数值越低，代表优先权越高，执行会较频繁。若有错误发生，返回值则为–1，错误原因存于 errno 中。

例 5-1：获取进程信息实例。

```
/* getpid.c */
#include <stdio.h>
#include <unistd.h>
#include <sys/resource.h>
#include <sys/time.h>
int main(void)
{
    printf("This process's pid is:%d\n",getpid());
    printf("This process's farther pid is:%d\n",getppid());
    printf("This process's group pid is:%d\n",getpgid(getpid()));
    printf("This process's group pid is:%d\n",getpgrp());
    printf("This  process's  priority  is:%d\n",getpriority(PRIO_PROCESS,
getpid()));
    return 0;
}
```

程序运行结果如图 5-5 所示。

```
root@localhost:/home/wang
File Edit View Terminal Tabs Help
[root@localhost wang]# gcc getpid.c -o getpid
[root@localhost wang]# ./getpid
This process's pid is:12308
This process's father pid is:3466
This process's group pid is:12308
This process's group pid is:12308
This process's priority is:0
[root@localhost wang]#
```

图 5-5　程序 getpid 运行结果

5.2.2　进程控制

1. 创建子进程 fork()

所需的头文件：#include <unistd.h>

　　　　　　　#include<sys/types.h>

函数格式：pid_t fork(void)；

函数功能：创建子进程。

fork()函数的奇妙之处在于它被调用一次，却返回两次，它可能有如下三种不同的返回值。

(1)在父进程中，fork()函数返回新创建的子进程标识符。

(2)在子进程中，fork()函数返回 0。

(3)如果出现错误，fork()函数返回一个负值。

可以根据这个返回值来区分父子进程。父进程为什么要创建子进程呢？Linux 是一个多用户操作系统，在同一时间会有许多用户在争夺系统资源，有时进程为了早一点完成任务就创建子进程来争夺资源。

2. 创建子进程 vfork()

所需的头文件：#include <unistd.h>

　　　　　　　#include<sys/types.h>

函数格式：pid_t vfork(void)；

函数功能：创建子进程。

返回值：如果成功，则在父进程中会返回新建立的子进程标识符，而在新建立的子进程中则返回 0。如果 vfork()函数失败，则直接返回−1，失败原因存于 errno 中。

fork()函数与 vfock()函数的功能都是创建一个子进程，它们有以下三点区别。

(1) fork()函数子进程复制父进程的数据段和堆栈段；vfork()函数子进程与父进程共享数据段。

(2) fork()函数父子进程的执行次序不确定；vfork()函数保证子进程先运行。

(3) vfork()函数在调用 exec()或 exit()之前，数据段与父进程是共享的，在它调用 exec()或 exit()之后父进程才可能被调度运行。如果在调用这两个函数之前子进程依赖于父进程的进一步动作，则会导致死锁。

下面通过几个实例加以说明。

例 5-2：进程控制实例一。

```
/* fork_li1.c */
#include<sys/types.h>
#include<unistd.h>
#include<stdio.h>
int main()
{
    pid_t pid;
    pid = fork();
    if(pid<0)
        printf("error in fork!\n");
    else if(pid = = 0)
        printf("I am the child process,ID is %d\n",getpid());
    else
        printf("I am the parent process,ID is %d\n",getpid());
        return 0;
}
```

程序运行结果如图 5-6 所示。

```
root@localhost:/home/wang/test
File Edit View Terminal Tabs Help
[root@localhost test]# gcc fork_li1.c -o fork_li1
[root@localhost test]# ./fork_li1
I am the child process,ID is 4040
I am the parent process,ID is 4039
[root@localhost test]#
```

图 5-6　进程控制(一)

在 pid=fork()语句之前，只有一个进程在执行，但在这条语句执行之后，就变成两个进程在执行了，这两个进程共享的代码段，将要执行的下一条语句都是 if(pid<0)。两个进程中，原来就存在的进程称为父进程，新出现的进程称为子进程，父子进程的区别在于进程标识符不同。

例 5-3：进程控制实例二。

```
/* fork_li2.c */
#include<sys/types.h>
#include<unistd.h>
#include<stdio.h>

int main()
{
    pid_t pid;
    int cnt = 0;
    pid = fork();
    if(pid<0)
        printf("error in fork!\n");
    else if(pid == 0)
```

```
    {
        cnt++;
        printf("cnt=%d\n",cnt);
        printf("I am the child process,ID is %d\n",getpid());
    }
    else
    {
        cnt++;
        printf("cnt=%d\n",cnt);
        printf("I am the parent process,ID is %d\n",getpid());
    }
    return 0;
}
```

程序运行结果如图 5-7 所示。

```
root@localhost:/home/wang/test
File Edit View Terminal Tabs Help
[root@localhost test]# gcc fork_li2.c -o fork_li2
[root@localhost test]# ./fork_li2
cnt=1
I am the child process,ID is 3853
cnt=1
I am the parent process,ID is 3852
[root@localhost test]#
```

图 5-7　进程控制(二)

思考：cnt++被父子进程一共执行了两次，cnt 的第二次输出为什么不为 2?

子进程的数据段、堆栈段都会从父进程得到一个副本，而不是共享的。在子进程中对 cnt 进行加 1 的操作，并没有影响到父进程中的 cnt 值，父进程中的 cnt 值仍然为 0。

调用 fork()函数之后，数据段、堆栈段有两份，代码段仍然为一份，但是这个代码段成为两个进程的共享代码段，都从 fork()函数中返回，当父子进程有一个想要修改数据或者堆栈时，两个进程真正分裂。

接下来分析 vfork()函数。如果将上面程序中的 fork()改成 vfork()，运行结果又如何呢？请分析下面的程序 fork_li3.c。

例 5-4：进程控制实例三。

```
/* fork_li3.c */
#include<sys/types.h>
#include<unistd.h>
#include<stdio.h>

int main()
{
    pid_t pid;
    int cnt = 0;
    pid = vfork();
    if(pid<0)
        printf("error in fork!\n");
    else if(pid == 0)
```

```
    {
        cnt++;
        printf("cnt=%d\n",cnt);
        printf("I am the child process,ID is %d\n",getpid());
    }
    else
    {
        cnt++;
        printf("cnt=%d\n",cnt);
        printf("I am the parent process,ID is %d\n",getpid());
    }
    return 0;
}
```

程序运行结果如图 5-8 所示。

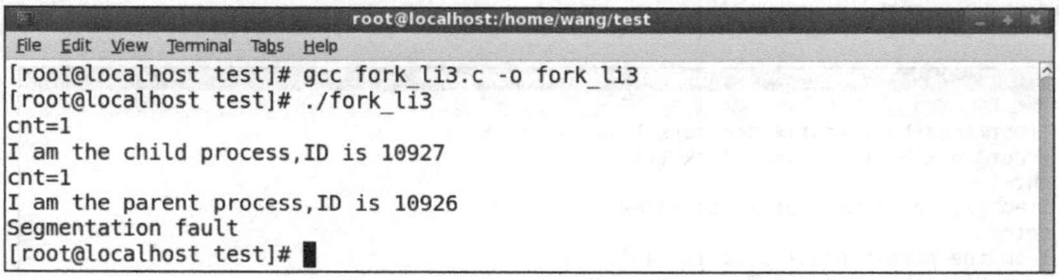

```
root@localhost:/home/wang/test
File Edit View Terminal Tabs Help
[root@localhost test]# gcc fork_li3.c -o fork_li3
[root@localhost test]# ./fork_li3
cnt=1
I am the child process,ID is 10927
cnt=1
I am the parent process,ID is 10926
Segmentation fault
[root@localhost test]#
```

图 5-8　进程控制(三)

从图 5-8 可以发现，本来 vfock()是共享数据段的，cnt 的第二次输出结果应该是 2，但实际输出是 1，这是为什么呢？

前面介绍过，vfork() 和 fork() 之间的一个区别：vfork()保证子进程先运行，在它调用 exec() 或 exit()之后父进程才可能被调度运行。如果在调用这两个函数之前子进程依赖于父进程的进一步动作，则会导致死锁。

因为上面程序中的 fork() 改成 vfork() 后，vfork() 创建子进程并没有调用 exec()或 exit()，所以最终导致了死锁。

思考：如何修改程序，以避免发生死锁呢？请分析下面的程序 fork_li4.c。

例 5-5：进程控制实例四。

```
/* fork_li4.c */
#include<sys/types.h>
#include<unistd.h>
#include<stdio.h>

int main()
{
    pid_t pid;
    int cnt = 0;
    pid = vfork();
    if(pid<0)
        printf("error in fork!\n");
```

```
    else if(pid = = 0)
    {
        cnt++;
        printf("cnt=%d\n",cnt);
        printf("I am the child process,ID is %d\n",getpid());
        _exit(0);
    }
    else
    {
        cnt++;
        printf("cnt=%d\n",cnt);
        printf("I am the parent process,ID is %d\n",getpid());
    }
    return 0;
}
```

程序运行结果如图 5-9 所示。

```
root@localhost:/home/wang/test
File Edit View Terminal Tabs Help
[root@localhost test]# gcc fork_li4.c -o fork_li4
[root@localhost test]# ./fork_li4
cnt=1
I am the child process,ID is 14362
cnt=2
I am the parent process,ID is 14361
[root@localhost test]#
```

图 5-9　进程控制(四)

分析：如果没有_exit(0)语句，子进程没有调用 exec()或 exit()，则父进程是不可能执行的，在子进程调用 exec()或 exit()之后父进程才可能被调度运行。在本程序中，我们加上了_exit(0)语句，使得子进程退出，父进程执行，这样 else 后的语句就会被父进程执行，又因在子进程调用 exec()或 exit()之前与父进程数据段是共享的，所以子进程退出后把父进程的数据段 cnt 值改成 1 了，子进程退出后，父进程又执行，最终就将 cnt 值变成了 2。

3. exec 函数族

exec 函数族的作用是根据指定的文件名启动一个新的程序，并用它来替换原有的进程。换句话说，就是在调用进程内部执行一个可执行文件。这里的可执行文件既可以是二进制文件，也可以是任何 Linux 下可执行的脚本文件。

与一般情况不同，exec 函数族的函数执行成功后不会返回，因为调用进程的实体，包括代码段、数据段和堆栈段等都已经被新的内容取代，只留下 PID 等一些表面上的信息仍保持原样。只有调用失败了，它们才会返回-1，从原程序的调用点接着往下执行。

1) execl()函数

所需的头文件：#include<unistd.h>

函数格式：int execl(const char * path,const char * arg1, …)；

参数说明：

- path：被执行程序名(含完整路径)。

- arg1,…：被执行程序所需的命令行参数，含程序名，以空指针(NULL)结束。

返回值：如果执行成功，则函数不会返回；如果执行失败，则直接返回-1，失败原因存于 errno 中。

例 5-6：execl()函数实例。

```
/* execl.c */
#include<unistd.h>
main()
{
    execl("/bin/ls","ls","-al","/etc/",(char * )0);
}
```

程序运行结果相当于执行如下命令：

```
ls  -al  /etc
```

2) execlp()函数

所需的头文件：#include<unistd.h>

函数格式：int execlp(const char * path,const char * arg1, …)；

参数说明：

- path：被执行程序名(不含路径，将从 path 环境变量中查找该程序)。
- arg1,…：被执行程序所需的命令行参数，含程序名，以空指针(NULL)结束。

返回值：如果执行成功则函数不会返回；执行失败则直接返回-1，失败原因存于 errno 中。

execlp()会从 path环境变量所指的目录中查找符合参数 path 的文件名，找到后便执行该文件，然后将第二个以后的参数当作该文件的 argv[0]、argv[1]、…，最后一个参数必须用空指针(NULL)作为结束。

如果用常数 0 来表示一个空指针，则必须将它强制转换为一个字符指针，否则将它解释为整型参数，如果一个整型参数的长度与 char * 的长度不同，那么 exec()函数的实际参数就将出错。

如果函数调用成功，进程自己的执行代码就会变成加载程序的代码，execlp()后边的代码也就不会执行了。

3) execv()函数

所需的头文件：#include<unistd.h>

函数格式：int execv (const char * path, char * const argv[])；

参数说明：

- path：被执行程序名(含完整路径)。
- argv[]：被执行程序所需的命令行参数数组。

4) system()函数

所需的头文件：#include <stdlib.h>

函数格式：int system(const char* string)；

参数说明：string 用来存放命令的指针。

函数功能：调用 fork() 产生子进程，由子进程调用“/bin/sh -c string”命令来执行参数 string 所代表的命令。

4. 进程等待

所需的头文件：#include <sys/types.h>
　　　　　　　#include <sys/wait.h>

函数格式：pid_t wait (int * status)；

函数功能：阻塞该进程，直到其某个子进程退出。

参数说明：status 用来保存被收集进程退出时的一些状态，它是一个指向 int 类型的指针。

返回值：如果调用成功，则返回被收集子进程的进程 PID；如果调用进程没有子进程，调用就会失败，此时返回–1。

例 5-7：进程等待实例。

```
/* wait.c */
#include <sys/types.h>
#include <sys/wait.h>
#include <unistd.h>
#include <stdlib.h>

void main()
{
   pid_t pc,pr;
   pc=fork();
   if(pc==0)
   {
     printf("This is child process with pid of %d\n",getpid());
     sleep(10);
   }
   else if(pc>0)
   {
     pr=wait(NULL);

     printf("I catched a child process with pid of %d\n",pr);
   }
   exit(0);
}
```

程序运行结果如图 5-10 所示。

```
root@localhost:/home/wang/test
File  Edit  View  Terminal  Tabs  Help
[root@localhost test]# ./wait
This is child process with pid of 32682
I catched a child process with pid of 32682
```

图 5-10　进程等待

首先屏幕上显示：This is child process with pid of 32682。

过 10 秒后，在下一行显示：I catched a child process with pid of 32682。

思考：如果去掉 pr=wait(NULL)语句，结果会怎样？

本 章 小 结

本章首先介绍了进程控制理论基础，包括进程定义、进程特点、进程状态、进程 ID、进程互斥、临界资源与临界区、进程同步、进程调度、调度算法及死锁，需要注意进程与程序的区别。接下来介绍了进程控制编程，包括获取进程信息、创建子进程、exec 函数族及进程等待等函数，为了让读者能够深入理解进程控制相关函数的用法，每个函数都配有相应的实例，并特别通过实例对比分析了 fork()函数与 vfork()函数的区别。

习题与实践

1．什么是进程？

2．进程与程序的区别有哪些？

3．简述进程的特点。

4．进程有哪几种状态？其状态模型分别是什么？

5．名词解释：进程互斥、临界资源、临界区、进程同步、进程调度、死锁。

6．有哪些调度算法？各自有什么特点？

7．进程控制编程练习。

(1) 编写应用程序，使用 fork()创建一子进程，分别在父子进程中打印进程 ID。

(2) 使用 vfork()创建一子进程，分别在父子进程中打印进程 ID，观察父子进程的运行顺序。

(3) 使用 exec 函数族中的函数创建一个文件。

(4) 编写一个应用程序，在程序中创建一子进程，父进程需等待子进程运行结束后才能运行。

(5) 编程说明 fork()函数与 vfork()函数的区别。

(6) 编程说明 exit()函数与_exit()函数的区别。

第 6 章　嵌入式 Linux 进程间通信

在第 5 章中，我们已经知道了进程是一个程序的一次执行的过程。这里所说的进程一般是指运行在用户态的进程，而由于处于用户态的不同进程之间是彼此隔离的，进程间通信就是在不同进程之间传递或交换信息，就像处于不同地方的人们，必须通过某种方式来进行通信，如人们现在广泛使用的手机、QQ、微信等方式。目前在 Linux 中使用较多的进程间通信方式主要有六种，即管道、信号、消息队列(也称为报文队列)、共享内存、信号量及套接字，本章主要讲述前五种通信方式，套接字将会在第 8 章中单独介绍。

6.1　进程通信概述

6.1.1　进程通信目的

为了完成下面所列的一些特定任务，进程间经常需要进行通信。

(1) 数据传输：一个进程需要将它的数据发送给另一个进程。

(2) 资源共享：多个进程之间共享同样的资源。

(3) 通知事件：一个进程需要向另一个或一组进程发送消息，通知它们发生了某种事件。

(4) 进程控制：有些进程希望完全控制另一个进程的执行(如 Debug 进程)，此时控制进程希望能够拦截另一个进程的所有操作，并能够及时知道它状态的改变。

6.1.2　进程通信发展历程

Linux 下的进程通信手段基本上是从 UNIX 平台继承而来的。AT&T 的贝尔实验室和加利福尼亚大学伯克利分校的伯克利软件发布中心(BSD)曾对 UNIX 的发展做出重大贡献，但二者在进程通信方面的侧重点有所不同。前者对 UNIX 早期的进程通信手段进行了系统的改进和扩充，形成了 System V 进程间通信机制，其通信进程主要局限在单个计算机内；后者则突破了单个计算机的限制，形成了基于套接字的进程间通信机制，实现了不同计算机之间的进程双向通信，Linux 则把二者的优势都继承了下来，Linux 下的进程间通信机制如图 6-1 所示。

其中，UNIX 进程间通信方式包括管道、FIFO 及信号；System V 进程间通信包括 System V 消息队列、System V 信号灯及 System V 共享内存区；POSIX 进程间通信(Portable Operating System Interface)是 System V 进程间通信的变体，是在 Solaris 7 (Sun Microsystems 研发的计算机操作系统)发行版中引入的，包括 POSIX 消息队列、POSIX 信号灯及 POSIX 共享内存区通信。

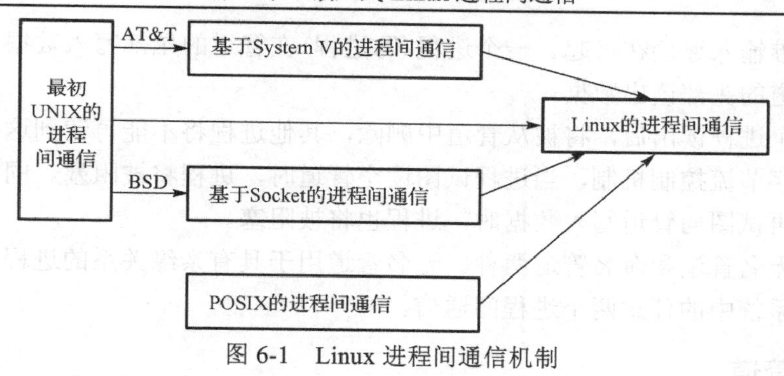

图 6-1　Linux 进程间通信机制

6.1.3　进程通信分类

目前在 Linux 中使用较多的进程间通信方式主要有以下几种。

1) 无名管道及命名管道

无名管道可用于具有亲缘关系的进程间的通信；命名管道除具有无名管道所具有的功能外，还允许无亲缘关系的进程间的通信。

2) 信号

信号是在软件层次上对中断机制的一种模拟，它是比较复杂的通信方式，用于通知接收进程有某事件发生，一个进程收到一个信号与处理器收到一个中断请求在效果上是一样的。

3) 消息队列

消息队列是消息的链接表，包括 POSIX 消息队列和 System V 消息队列。消息队列通信克服了前两种通信方式中信息量有限的缺点，具有写权限的进程可以向消息队列中按照一定的规则添加新消息；对消息队列具有读权限的进程则可以从消息队列中读取消息。

4) 共享内存

共享内存是最有用的进程间通信方式。它使得多个进程可以访问同一块内存空间，不同进程可以及时看到对方进程中对共享内存中数据的更新。这种通信方式需要依靠某种同步机制，如互斥锁(Mutex)和信号量等。

5) 信号量

信号量主要作为进程间以及同一进程不同线程之间的同步手段。

6) 套接字

套接字是一种更为普遍的进程间通信方式，可用于不同计算机之间的进程间通信，应用非常广泛。

6.2　管 道 通 信

6.2.1　管道概述

管道是单向、先进先出、无结构、固定大小的字节流，它把一个进程的标准输出和另一个进程的标准输入连接在一起。一个进程(写进程)在管道的尾部写入数据，另一个进程(读进程)从管道的头部读出数据。

数据被一个进程读出后，将被从管道中删除，其他进程将不能再读到这些数据。管道提供了简单的字节流控制机制，当进程试图读空管道时，进程将被阻塞。同样，当管道已经写满，进程再试图向管道写入数据时，进程也将被阻塞。

管道包括无名管道和命名管道两种。无名管道用于具有亲缘关系的进程间通信；命名管道用于同一系统中的任意两个进程间通信。

6.2.2 无名管道

无名管道采用半双工的通信模式，只能用于具有亲缘关系的进程之间通信(也就是父子进程或者兄弟进程之间)，它具有固定的读端和写端。无名管道也可以看成一种特殊的文件，对于它的读、写也可以使用普通的 read()、write()等函数。同时它又不是普通的文件，并不属于其他任何文件系统，并且只存在于内存中。

1. *无名管道的创建*

无名管道由 pipe()函数创建。

所需的头文件：#include <unistd.h>

函数格式：int pipe(int pipe_fd[2])；

函数功能：创建无名管道。

参数说明：在调用函数成功后，参数数组中将包含两个新的文件描述符 pipe_fd[0] 和 pipe_fd[1]。两个文件描述符分别表示管道的两端。管道两端的任务是固定的，一端只能用于读，由文件描述符 pipe_fd[0] 表示，称为无名管道读端；另一端只能用于写，由文件描述符 pipe_fd[1]表示，称为管道写端，如图 6-2 所示。如果试图从管道写端读数据，或者向管道读端写数据，都将导致出错。

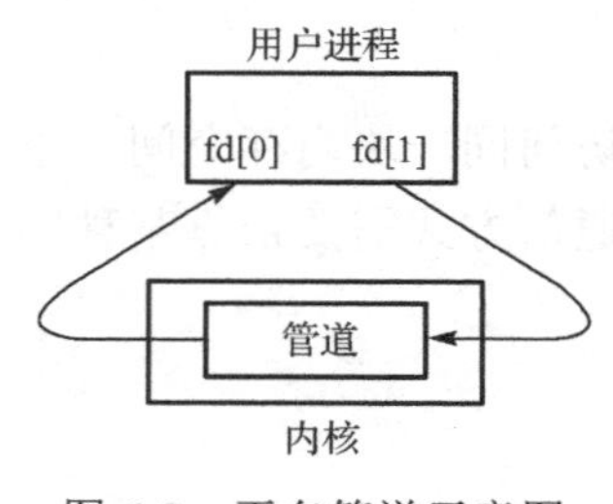

图 6-2　无名管道示意图

返回值：若创建成功，则返回 0；若失败，则返回−1，错误原因存于 errno 中。

管道是一种文件，因此对文件操作的 I/O 函数都可以用于管道，如 read()、write()等。

管道的一般用法：进程在使用 fork()函数创建子进程前先创建一个无名管道，然后创建子进程。之后如果父进程关闭管道读端，子进程关闭管道写端，也就意味着父进程负责写，子进程负责读；反之亦然。这样的管道可以用于父子进程间的通信，也可以用于兄弟进程间的通信。

2. *无名管道的关闭*

无名管道关闭时只需将文件描述符 pipe_fd[0]和 pipe_fd[1]关闭即可，可使用普通的 close()函数逐个关闭各端口。

例 6-1：无名管道创建实例。

```
/* pipe.c */。
#include <unistd.h>
#include <errno.h>
#include <stdio.h>
#include <stdlib.h>
int main()
{
    int pipe_fd[2];
    if(pipe(pipe_fd)<0)
    {
        printf("pipe create error! \n");
        return -1;
    }
    else
        printf("pipe create success! \n");
    close(pipe_fd[0]);
    close(pipe_fd[1]);
}
```

GCC 编译后，程序运行结果如图 6-3 所示。

```
File  Edit  View  Terminal  Tabs  Help
[root@localhost test]# gcc pipe.c -o pipe
[root@localhost test]# ./pipe
pipe create success!
[root@localhost test]#
```

图 6-3　无名管道创建

3. 无名管道通信

用 pipe()函数创建的管道主要用于父子进程之间的通信，通常先创建一个管道，再通过 fork()函数创建一个子进程，该子进程会继承父进程所创建的管道，父子进程管道的文件描述符对应关系如图 6-4 所示。

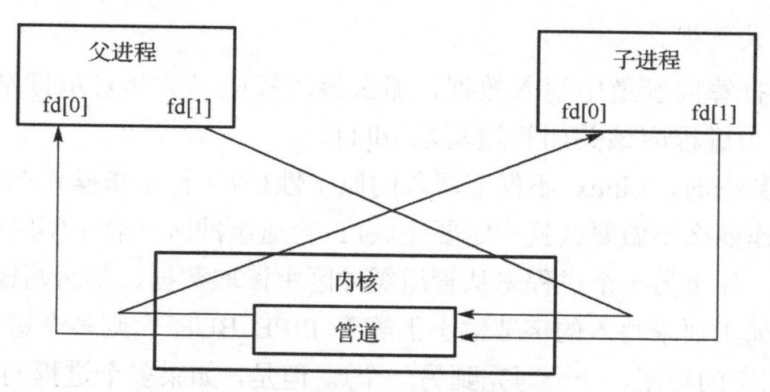

图 6-4　父子进程管道的文件描述符对应关系

注意：必须在系统调用 fork()函数前调用 pipe()函数，否则子进程将不会继承文件描述符。

图 6-4 显示的关系给不同进程之间的读/写创造了很好的条件。此时，父子进程分别拥有自己的读/写通道。为了实现父子进程之间的读/写，只需把无关的管道读端或管道写端的文件描述符关闭即可。例如，在图 6-5 中，把父进程的管道写端 fd[1]和子进程的管道读端 fd[0]关闭，父子进程之间就建立起一条“子进程写、父进程读”的通道。

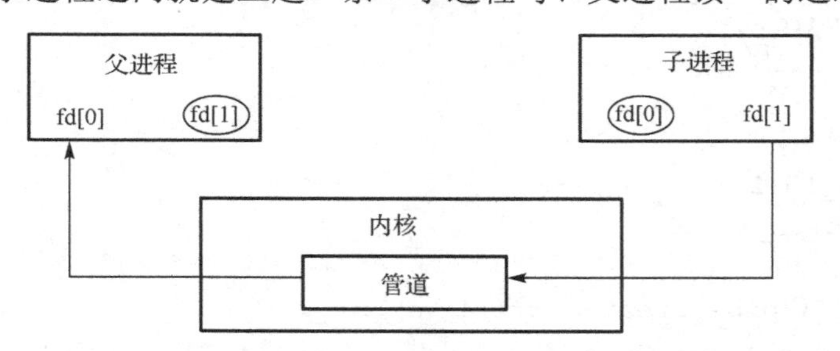

图 6-5　把父进程的管道写端 fd[1]和子进程的管道读端 fd[0]关闭

同样，也可以关闭父进程的 fd[0]和子进程的 fd[1]，这样就可以建立一条“父进程写、子进程读”的通道。另外，父进程还可以创建多个子进程，各个子进程都继承了相应的 fd[0]和 fd[1]，这时，只需要关闭相应端口就可以建立起各子进程之间的通信通道。

1) 从管道中读取数据

如果一个进程要读取管道中的数据，那么该进程应该关闭管道写端 fd[1]，同时向管道写数据的另一个进程应当关闭管道读端 fd[0]。因为无名管道只能用于具有亲缘关系的进程间的通信，在各进程进行通信时，它们共享文件描述符。在使用前，应及时地关闭不需要的管道端口，以免发生意外错误。

进程在管道读端读取数据时，如果管道写端不存在，则进程认为已经读到了数据的末尾，该函数返回读出的字节数为 0；如果管道写端存在，且请求读取的字节数大于管道最大写入值 PIPE_BUF，则返回管道中现有数据的字节数；如果请求的字节数不大于 PIPE_BUF，则返回请求的字节数。

注意：PIPE_BUF 在 include/linux/limits.h 头文件中定义，不同的内核版本会有所不同，Fedora9 中为 4096。

2) 向管道中写入数据

如果一个进程打算向管道中写入数据，那么该进程应当关闭管道读端 fd[0]，同时从管道读取数据的另一个进程应该关闭管道写端 fd[1]。

向管道中写入数据时，Linux 不保证写入的原子性(原子性是指操作在任何时候都不能被任何原因打断，操作要么不做要么就一定要完成)。管道缓冲区一有空闲区域，进程就会试图向管道中写入数据。如果另一个进程未从管道缓冲区中读取数据，那么写操作将一直阻塞。

在写管道时，如果要求写入的字节数小于等于 PIPE_BUF ，则多个进程对同一管道的写操作不会交错进行(空间够用，一个写完到另一个)。但是，如果多个进程同时写一个管道，而且某些进程要求写入的字节数超过 PIPE_BUF 所容纳时，则多个写操作的数据可能会交错。

注意：

(1) 只有在管道读端存在时，向管道中写入数据才有意义。否则，向管道中写入数据的进程将收到内核传来的 SIGPIPE 信号。应用程序可以处理该信号，也可以忽略该信号，如果忽略该信号或者捕捉该信号并从其处理程序返回，则写出错，出错代码为 EPIPE。

(2) 必须在系统调用 fork()之前调用 pipe()，否则子进程将不会继承管道的文件描述符。

例 6-2：无名管道读/写实例。

```
/* pipe_rw.c */。
#include <unistd.h>
#include <sys/types.h>
#include <errno.h>
#include <stdio.h>
#include <stdlib.h>
int main()
{
    int pipe_fd[2];
    pid_t pid;
    char buf_r[100];
    char* p_wbuf;
    int r_num;
    memset(buf_r,0,sizeof(buf_r));

    /*创建管道*/
    if(pipe(pipe_fd)<0)
    {
        printf("pipe create error\n");
        return -1;
    }

    /*创建子进程*/
    if((pid=fork())==0)  //子进程 OR 父进程?
    {
        printf("\n");
        close(pipe_fd[1]);
        sleep(2);  //为什么要睡眠?
        if((r_num=read(pipe_fd[0],buf_r,100))>0)
        {
            printf("%d numbers read from the pipe is %s\n",r_num,buf_r);
        }
        close(pipe_fd[0]);
        exit(0);
    }
    else if(pid>0)
    {
        close(pipe_fd[0]);
        if(write(pipe_fd[1],"12345",5)!=-1)
            printf("parent write1 12345!\n");
        if(write(pipe_fd[1]," 67890",5)!=-1)
```

```
            printf("parent write2 67890!\n");
        close(pipe_fd[1]);
        sleep(3);
        waitpid(pid,NULL,0);  //等待子进程结束
        exit(0);
    }
    return 0;
}
```

思考：

(1) 为什么先创建管道，后创建子进程？

(2) 父进程和子进程哪个负责向管道写入数据？哪个负责从管道读取数据？

(3) 子进程中的 sleep(2) 语句起什么作用？父进程中的 sleep(3) 语句起什么作用？

程序运行结果如图 6-6 所示。

```
root@localhost:/home/wang/test
File Edit View Terminal Tabs Help
[root@localhost test]# gcc pipe_rw.c -o pipe_rw
[root@localhost test]# ./pipe_rw

parent write1 12345!
parent write2 67890!
10 numbers read from the pipe is 1234567890
[root@localhost test]#
```

图 6-6　无名管道读/写

注意：

(1) 向管道中写入数据时，Linux 将不保证写入的原子性，管道缓冲区一有空闲区域，进程就会试图向管道写入数据。如果另一个进程未读取管道缓冲区中的数据，那么写操作将会一直阻塞。

(2) 父子进程在运行时，它们的先后次序并不能保证，因此，在这里为了保证父进程已经关闭了读描述符，可在子进程中调用 sleep() 函数。

6.2.3　命名管道

前面介绍的无名管道只能用于具有亲缘关系的进程之间，这就极大程度地限制了管道的使用。命名管道的出现突破了这种限制，它可以使互不相关的两个进程实现彼此通信。本节将会介绍进程的另一种通信方式——命名管道，来解决互不相关的进程间的通信问题。

1. 命名管道概述

命名管道也称为 FIFO 文件，它是一种特殊类型的文件，它在文件系统中以文件名的形式存在，但是它的行为却和无名管道类似。由于 Linux 中所有的事物都可视为文件，因此对命名管道的使用也可以像平常的文件名一样在命令中使用。不过需要注意的是，FIFO 是严格地遵循先进先出规则的，对 FIFO 的读总是从开始处返回数据，对其写则是把数据添加到末尾，不支持如 lseek() 等文件定位操作。

命名管道和无名管道基本相同，但也有以下两点不同。

(1) 无名管道只能用于具有亲缘关系的进程之间的通信（也就是父子进程或者兄弟进程之间）；而命名管道可以用于任意两个进程之间的通信。

(2) 命名管道是一个存在于硬盘上的文件；而无名管道是仅存在于内存中的特殊文件。

2. 命名管道的创建

所需的头文件：#include <sys/types.h>
　　　　　　　#include <sys/stat.h>

函数格式：int mkfifo (const char * pathname, mode_t mode)；

函数功能：创建一个命名管道。

参数说明：

- pathname：FIFO 文件名。
- mode：打开方式，有以下几种打开方式。
  - ✧ O_RDONLY：读管道。
  - ✧ O_WRONLY：写管道。
  - ✧ O_NONBLOCK：非阻塞，当打开 FIFO 时，非阻塞标志 (O_NONBLOCK) 将对以后的读/写产生如下影响。

•没有使用 O_NONBLOCK：访问要求无法满足时进程将阻塞。若试图读取空的 FIFO，将导致进程阻塞。

• 使用 O_NONBLOCK：访问要求无法满足时进程不阻塞，立刻出错返回，错误号是 ENXIO。

返回值：若创建成功则返回 0；否则返回–1，错误原因存于 errno 中。

一旦创建了一个 FIFO，就可用 open () 打开它，一般的文件访问函数 (close ()、read ()、write () 等) 都可用于 FIFO。但是要注意以下两点。

(1) 程序不能以 O_RDWR 模式打开 FIFO 文件进行读/写操作，而其行为也未明确定义，因为如果一个管道以读/写方式打开，进程就会读回自己的输出，而我们通常使用 FIFO 只是为了单向的数据传递。

(2) 传递给 open () 调用的是 FIFO 的路径名，而不是正常的文件。

例 6-3： 命名管道通信实例。

命名管道的通信由两个 C 语言源文件组成，一个是读文件 read.c，另一个是写文件 write.c。

```
/* fifo_read.c */
#include <sys/types.h>
#include <sys/stat.h>
#include <errno.h>
#include <fcntl.h>
#include <stdio.h>
#include <stdlib.h>
#include <string.h>
#define FIFO "/tmp/myfifo"
```

```
main(int argc,char** argv)
{
    char buf_r[100];
    int  fd;
    int  nread;
/* 创建管道 */
    if((mkfifo(FIFO,O_CREAT|O_EXCL)<0)&&(errno!=EEXIST))
        printf("cannot create fifoserver\n");
    printf("Preparing for reading bytes…\n");
    memset(buf_r,0,sizeof(buf_r));
/* 打开管道 */
    fd=open(FIFO,O_RDONLY|O_NONBLOCK,0);
    if(fd==-1)
    {
        perror("open");
        exit(1);
    }
    while(1)
    {
        memset(buf_r,0,sizeof(buf_r));

        if((nread=read(fd,buf_r,100))==-1)
        {
            if(errno==EAGAIN)
            printf("no data yet\n");
        }
        printf("read %s from FIFO\n",buf_r);
        sleep(1);
    }
    pause(); /*暂停，等待信号*/
    unlink(FIFO); //删除文件
}

/* fifo_write.c */
#include <sys/types.h>
#include <sys/stat.h>
#include <errno.h>
#include <fcntl.h>
#include <stdio.h>
#include <stdlib.h>
#include <string.h>
#define FIFO_SERVER "/tmp/myfifo"

main(int argc,char** argv)
{
    int fd;
```

```
    char w_buf[100];
    int nwrite;
/*打开管道*/
    fd=open(FIFO_SERVER,O_WRONLY|O_NONBLOCK,0);
    if(argc==1)
    {
        printf("Please send something\n");
        exit(-1);
    }
    strcpy(w_buf,argv[1]);
/* 向管道写入数据 */
    if((nwrite=write(fd,w_buf,100))==-1)
    {
        if(errno==EAGAIN)
            printf("The FIFO has not been read yet.Please try later\n");
    }
    else
        printf("write %s to the FIFO\n",w_buf);
}
```

思考：应该先运行读进程还是写进程？为什么？

命名管道通信程序运行结果如图 6-7 所示。

```
root@localhost:/home/wang/test
File Edit View Terminal Tabs Help
[root@localhost test]# ./fifo_read
Preparing for reading bytes...
read  from FIFO
read  from FIFO
read  from FIFO
read 12345678 from FIFO
read  from FIFO
read  from FIFO
```

(a) 读进程运行结果

(b) 写进程运行结果

图 6-7　命名管道通信

6.3　信 号 通 信

6.3.1　信号概述

信号是 UNIX 中所使用的进程通信的一种较古老的方式。它是在软件层次上对中断机制的一种模拟，进程收到一个信号等同于处理器收到一个中断。信号是一种异步通信方式，一个进程不必等待信号的到达，事实上，进程也不知道信号什么时候到达。

信号可以直接进行用户空间进程和内核进程之间的交互，内核进程也可以利用它来通知用户空间进程发生了哪些系统事件。它可以在任何时候发给某一进程，而无须知道该进程的状态。如果该进程当前并未处于执行态，则该信号就由内核保存起来，直到该进程恢复执行再传递给它为止；如果一个信号被进程设置为阻塞，则该信号的传递将被延迟，直到其阻塞被取消时才被传递给进程。

众所周知，在 Windows 系统下当我们无法正常结束一个进程时，可以用任务管理器强制结束这个进程。同样的功能在 Linux 上是通过生成信号和捕获信号来实现的，运行中的进程捕获到这个信号然后做出一定的操作并最终被终止。

下面的事件可以产生信号。

(1) 硬件中断，如除以 0(SIGFPE)、非法内存访问(SIGSEGV)，这些情况通常由硬件检测到，将其通知给内核，然后内核产生适当的信号并通知进程，例如，内核对正在访问一个无效存储区的进程产生一个 SIGSEGV 信号。

(2) 通信软件中断，如 alarm 超时(SIGALRM)，读进程终止之后又向管道写数据(SIGPIPE)。

(3) 按下特殊的组合键，如 CTRL+C(SIGINT)、CTRL+Z(SIGTSTP)。

(4) kill() 函数可以对进程发送信号。

(5) “kill” 命令，实际上是对 kill() 函数的一个封装实现。

进程可以通过以下三种方式来响应一个信号。

(1) 忽略信号：大部分信号都可以被忽略，SIGKILL 和 SIGSTOP 信号除外，因为它们向超级用户提供了一种终止或停止进程的方法。

(2) 捕捉信号：执行用户希望的动作，通知内核在某种信号发生时，调用用户定义的信号处理函数，不过 SIGKILL 和 SIGSTOP 信号无法被捕捉。

(3) 执行缺省行为：对于大多数信号的系统默认动作是终止该进程。

6.3.2　信号的种类

信号共有 60 多种，下面是几种常见的信号。

(1) SIGHUP：从终端上发出的结束信号。

(2) SIGINT：来自键盘的中断信号(Ctrl+C)。

(3) SIGKILL：结束接收信号的进程的信号。

(4) SIGTERM：“kill” 命令发出的信号。

(5) SIGCHLD：标识子进程停止或结束的信号。

(6) SIGSTOP：来自键盘(Ctrl+Z)或调试程序的停止执行信号。

(7) SIGQUIT：来自键盘(Ctrl+\)或退出信号。

6.3.3　信号的生命周期

对于一个完整的信号的生命周期(从信号发送到相应的处理函数执行完毕)来说，可以分为三个重要的阶段，这三个阶段由四个重要事件来刻画：信号产生、信号在进程中注册、信号在进程中注销、信号处理函数执行。相邻两个事件的时间间隔构成信号的生命周期的一个阶段。

1. 信号产生

信号产生指的是触发信号的事件发生，如检测到硬件异常、定时器超时以及调用信号发送函数 kill() 或 sigqueue() 等。

2. 信号在目标进程中注册

信号在进程中注册指的是信号加入进程的未决信号集中。只要信号在进程的未决信号集中，就表明进程已经知道这些信号的存在，只是还没来得及处理，或者该信号被进程阻塞。

注意：当将一个实时信号发送给一个进程时，不管该信号是否已经在进程中注册，都会再注册一次，因此，实时信号不会丢失，又称为可靠信号；当将一个非实时信号发送给一个进程时，如果该信号已经在进程中注册，则该信号将被丢弃，造成信号丢失。因此，非实时信号又称为不可靠信号。

3. 信号在进程中注销

在目标进程执行过程中，会检测是否有信号等待处理。如果存在未决信号并且该信号没有被进程阻塞，则在运行相应的信号处理函数前，首先要把该信号在进程中注销。注销就是把信号从未决信号集中删除。

注意：在从信号注销到相应的信号处理函数执行完毕这段时间内，如果进程又收到相同的信号，同样会在进程中注册。

4. 信号处理函数执行

进程注销信号后，立即执行相应的信号处理函数；执行完毕后，信号的本次发送对进程的影响彻底结束。

6.3.4 信号相关函数

1. 信号发送

发送信号的主要函数有 kill()和 raise()。二者的区别在于：kill()函数不仅可以终止进程(实际上是通过发出 SIGKILL 信号终止的)，也可以向进程发送其他信号；而 raise()函数向进程自身发送信号。

所需的头文件：#include <sys/types.h>
　　　　　　　#include <signal.h>

函数格式：①int kill(pid_t pid, int signo)；
　　　　　②int raise(int signo)；

函数功能：发送信号。

参数说明：

- kill()函数的 pid 有四种不同的情况。
  - ✧ pid>0：将信号发送给进程 ID 为 pid 的进程。
  - ✧ pid == 0：将信号发送给同组的进程。
  - ✧ pid < 0：将信号发送给其进程组 ID 等于 pid 绝对值的进程。
  - ✧ pid ==－1：将信号发送给所有进程。

- signo：信号编号。

返回值：若发送信号成功则返回 0；否则返回–1。

2. alarm()函数

alarm()函数又称为闹钟函数，使用该函数可以在进程中设置一个定时器，当到定时器指定的时间时，产生 SIGALRM 信号。如果不捕捉此信号，则默认行为是终止该进程。

所需的头文件：#include <unistd.h>

函数格式：unsigned int alarm(unsigned int seconds)；

函数功能：捕捉闹钟信号。

参数说明：seconds 为指定的秒数，经过了 seconds 秒后向该进程发送 SIGALRM 信号。

返回值：①捕捉成功，若在调用该函数前进程已经设置了闹钟时间，则返回上一个闹钟时间的剩余秒数，否则返回 0；②出错，返回–1。

说明：每个进程只能有一个闹钟时间。如果在调用 alarm()之前已为该进程设置过闹钟时间，而且它还没有超时，以前登记的闹钟时间则被新值替换。如果有以前设置的尚未超时的闹钟时间，而这次 seconds 值是 0，则表示取消以前的闹钟时间。

3. pause()函数

所需的头文件：#include <unistd.h>

函数格式：int pause(void)；

函数功能：使调用进程挂起直至捕捉到一个信号。

返回值：只有执行了一个信号处理程序并从其返回时，pause()才返回。在这种情况下，pause()返回–1，并将 errno 设置为 EINTR。

4. signal()函数

当系统捕捉到某个信号时，可以忽略该信号或使用指定的信号处理函数来处理该信号，或者使用系统默认的方式。进程通过系统调用 signal()函数来指定对某个信号的处理行为。

所需的头文件：#include <signal.h>

函数格式：void (*signal (int signo, void (*func) (int))) (int)；

函数功能：指定对某个信号的处理行为。

参数说明：

- signo：准备捕获的信号编号。
- func：一个类型为 void (*) (int)的函数指针。该函数返回一个与 func 相同类型的指针，指向先前指定信号处理函数的函数指针。接收到指定的信号后要调用的函数由参数 func 给出。func 可能的值是下面三种之一：
  - ✧ SIG_IGN：忽略此信号。
  - ✧ SIG_DFL：按系统默认方式处理。
  - ✧ 信号处理函数名：使用该函数处理。

注意：信号处理函数的原型必须为 void func (int)。

例 6-4：信号通信实例一。

```
/* mysignal.c */
#include <signal.h>
#include <stdio.h>
#include <stdlib.h>

void my_func(int sign_no)
{
    if(sign_no==SIGINT)
        printf("\nI have get SIGINT\n");
    else if(sign_no==SIGQUIT)
        printf("\nI have get SIGQUIT\n");
}
int main()
{
    printf("Waiting for signal SIGINT or SIGQUIT \n ");
    /*注册信号处理函数*/
    signal(SIGINT, my_func);
    signal(SIGQUIT, my_func);
    pause();
    exit(0);
}
```

程序运行结果如图 6-8 所示。

```
root@localhost:/home/wang/test
File Edit View Terminal Tabs Help
[root@localhost test]# gcc mysignal.c -o mysignal
[root@localhost test]# ./mysignal
Waiting for signal SIGINT or SIGQUIT
^C
I have get SIGINT
[root@localhost test]# ./mysignal
Waiting for signal SIGINT or SIGQUIT
^\
I have get SIGQUIT
[root@localhost test]#
```

图 6-8　信号通信(一)

例 6-5：信号通信实例二。

```
/* mysignal2.c */
#include <signal.h>
#include <stdio.h>
#include <unistd.h>
void ouch(int sig)
{
    printf("\nOUCH! - I got signal %d\n", sig);
    //恢复终端中断信号 SIGINT 的默认行为
    (void)signal(SIGINT, SIG_DFL);
}
```

```
int main()
{
    //改变终端中断信号 SIGINT 的默认行为，使之执行 ouch()函数
    //而不是终止程序的执行
    (void)signal(SIGINT, ouch);
    while(1)
    {
        printf("Hello World!\n");
        sleep(1);
    }
    return 0;
}
```

程序运行结果如图 6-9 所示。

```
root@localhost:/home/wang/test
File Edit View Terminal Tabs Help
[root@localhost test]# gcc mysignal2.c -o mysignal2
[root@localhost test]# ./mysignal2
Hello World!
Hello World!
Hello World!
^C
OUCH! - I got signal 2
Hello World!
Hello World!
Hello World!
^C
[root@localhost test]#
```

图 6-9 信号通信(二)

从图 6-9 可以看出，第一次执行终止命令按 Ctrl+C 键时，进程并没有被终止，而是输出 OUCH! - I got signal 2，因为 SIGINT 的默认行为被 signal()函数改变了，当进程接收到信号 SIGINT 时，它就调用 ouch()函数处理。

注意：ouch()函数把信号 SIGINT 的处理方式改变成默认的方式，所以当再按一次 Ctrl+C 键时，进程就像之前一样被终止了。

6.4 共享内存通信

6.4.1 共享内存概述

共享内存是进程间通信中最简单的方式之一。共享内存允许两个或更多进程访问同一块内存，就如同 malloc()函数向不同进程返回了指向同一个物理内存区域的指针。共享内存是被多个进程共享的一部分物理内存。共享内存是进程间共享数据的一种较快的方式，一个进程向共享内存区域写入了数据，共享这个内存区域的所有进程就可以立刻看到其中的内容。

共享内存的特点如下。

(1)共享内存是一种较为高效的进程间通信方式，进程可以直接读/写内存，而不需要任何数据的副本。

(2) 为了在多个进程间交换信息，内核专门留出了一块内存，可以由需要访问的进程将其映射到自己的私有地址空间。进程就可以直接读/写这一块内存而不需要进行数据的复制，从而显著提高效率。

(3) 共享内存并未提供同步机制。也就是说，在第一个进程结束对共享内存的写操作之前，并无自动机制可以阻止第二个进程开始对它进行读取。所以我们通常需要用其他的机制来同步对共享内存的访问，如信号量。

6.4.2　共享内存操作步骤

共享内存的操作分为四个步骤，如图 6-10 所示。

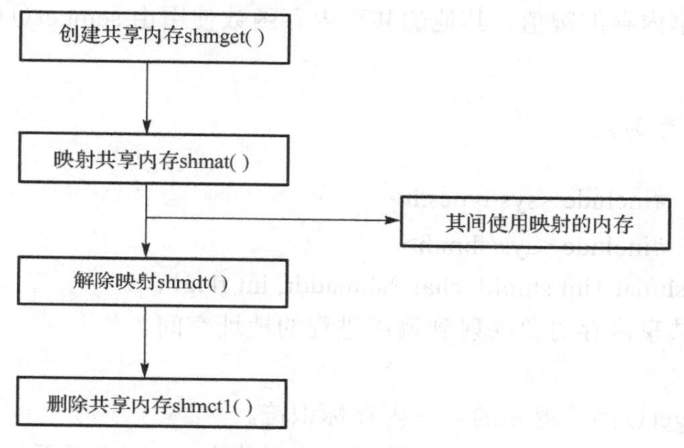

图 6-10　共享内存操作步骤

(1) 创建共享内存。创建共享内存也就是从内存中获得一段共享内存区，使用 shmget() 函数。

(2) 映射共享内存。映射共享内存是指将这段创建的共享内存映射到具体的进程空间，使用 shmat() 函数。

(3) 解除映射。解除映射是指当一个进程不再需要共享内存时，需要把它从进程地址空间中脱离，使用 shmdt() 函数。

(4) 删除共享内存。在结束使用每个共享内存区域时都应当对其进行释放，以防止超过系统所允许的共享内存块的总数限制，使用 shmctl() 函数。

6.4.3　共享内存操作函数

1. 创建共享内存函数

所需的头文件：#include <sys/ipc.h>
　　　　　　　#include <sys/shm.h>

函数格式：int shmget (key_t key, int size, int shmflg)；

函数功能：得到一个共享内存标识符或创建一个共享内存对象。

参数说明：

- key：标识共享内存的键值，0/IPC_PRIVATE。若 key 的取值为 IPC_PRIVATE，则函数 shmget()将创建一块新的共享内存；若 key 的取值为 0，而参数 shmflg 中又设置 IPC_PRIVATE 这个标志，则同样会创建一块新的共享内存。
- size：以字节为单位指定需要共享的内存容量大小。
- shmflg：权限标志，同 open()函数的 mode 参数一样。

返回值：如果成功，则返回共享内存标识符(非负整数)；如果失败，则返回−1。

其他的进程可以通过该函数的返回值访问同一共享内存，它代表进程可能要使用的某个系统资源，程序对所有共享内存的访问都是间接的，程序通过调用 shmget()函数并提供一个键，由系统生成一个相应的共享内存标识符(shmget()函数的返回值)，只有 shmget()函数才直接使用共享内存的键值，其他的共享内存函数使用由 semget()函数返回的共享内存标识符。

2. 映射共享内存函数

所需的头文件：#include <sys/types.h>
　　　　　　　#include <sys/shm.h>

函数格式：int shmat (int shmid, char *shmaddr, int flag)；

函数功能：把共享内存对象映射到调用进程的地址空间。

参数说明：

- shmid：shmget()函数返回的共享内存标识符。
- shmaddr：将共享内存映射到指定地址，此项若为 0，则表示系统自动分配地址，并把该段共享内存映射到调用进程的地址空间。
- flag：决定以什么方式来确定映射的地址，若为 SHM_RDONLY，则表示共享内存只读；若为其他，则表示共享内存可读/写。

返回值：如果成功，则返回一个指向共享内存第一字节的指针，即共享内存映射到进程中的段地址；如果失败，则返回−1。

3. 解除映射函数

所需的头文件：#include <sys/types.h>
　　　　　　　#include <sys/shm.h>

函数格式：int shmdt (char *shmaddr)；

函数功能：与 shmat()函数相反，它用来将共享内存从当前进程中分离。需要注意的是，将共享内存分离并不是删除它，只是使该共享内存对当前进程不再可用。

参数说明：shmaddr 是被映射的共享内存起始地址，即 shmat()函数返回的地址指针。

返回值：如果成功，则返回 0；如果失败，则返回−1。

4. 共享内存管理函数

所需的头文件：#include <sys/types.h>
　　　　　　　#include <sys/shm.h>

函数格式：int shmctl(int shmid, int cmd, struct shmid_ds *buf)；

函数功能：完成对共享内存的管理操作。

参数说明：

- shmid：shmget()函数返回的共享内存标识符。
- cmd：操作的命令，常用的操作有以下几种。

  ✧ IPC_STAT：得到共享内存的状态，把共享内存的 shmid_ds 结构复制到 buf 中（每个共享内存中，都包含有一个 shmid_ds 结构，里面保存了一些关于本共享内存的信息）。

  ✧ IPC_SET：改变共享内存的状态，把 buf 所指的 shmid_ds 结构中的 uid、gid、mode 复制到共享内存的 shmid_ds 结构内。

  ✧ IPC_RMID：删除共享内存和其包含的数据结构。
- buf：共享内存管理结构体，是一个结构指针，它指向共享内存模式和访问权限的结构。

例 6-6：共享内存通信实例一。

```
/* shmem.c */
#include <stdlib.h>
#include <stdio.h>
#include <string.h>
#include <errno.h>
#include <unistd.h>
#include <sys/stat.h>
#include <sys/types.h>
#include <sys/ipc.h>
#include <sys/shm.h>

#define PERM S_IRUSR|S_IWUSR
/* 共享内存 */
int main(int argc,char **argv)
{
    int shmid;
    char *p_addr,*c_addr;

    if(argc!=2)
    {
        fprintf(stderr,"Usage:%s\n\a",argv[0]);
        exit(1);
    }
    /* 创建共享内存 */
    if((shmid=shmget(IPC_PRIVATE,1024,PERM))==-1)
    {
        fprintf(stderr,"Create Share Memory Error:%s\n\a",strerror(errno));
        exit(1);
    }
    /* 创建子进程 */
    if(fork())
    {
```

```
        p_addr=shmat(shmid,0,0);
        memset(p_addr,'\0',1024);
        strncpy(p_addr,argv[1],1024);
        wait(NULL); //释放系统资源,不关心终止状态
        exit(0);
    }
    else
    {
        sleep(1); //暂停1秒
        c_addr=shmat(shmid,0,0);
        printf("Client get %s\n",c_addr);
        exit(0);
    }
}
```

思考：父子进程通过共享内存进行通信，哪个进程负责写数据？哪个进程负责读数据？程序运行结果如图 6-11 所示。

```
root@localhost:/home/wang/test
File Edit View Terminal Tabs Help
[root@localhost test]# gcc shmem.c -o shmem
[root@localhost test]# ./shmem 123456789
Client get 123456789
[root@localhost test]#
```

图 6-11　共享内存通信(一)

例 6-7：共享内存通信实例二。

```
/* shmem2.c */
#include <unistd.h>
#include <sys/ipc.h>
#include <sys/shm.h>
#define KEY   1234
#define SIZE   1024
int main()
{
    int shmid;
    char *shmaddr;
    struct shmid_ds buf;
    shmid = shmget(KEY, SIZE, IPC_CREAT | 0600);   /*创建共享内存*/
    if (fork()== 0)
    {
        shmaddr = (char *)shmat(shmid, 0, 0);
        strcpy(shmaddr, "Hi! I am Child process!\n");
        printf("Child:write to shared memery: \nHi! I am Child process!\n");
        shmdt(shmaddr);
        return;
    }
    else
    {
```

```
        sleep(3);                              /*等待子进程执行完毕*/
        shmctl(shmid, IPC_STAT, &buf);         /*取得共享内存的状态*/
        printf("shm_segsz = %d bytes\n", buf.shm_segsz);
        printf("shm_cpid = %d\n", buf.shm_cpid);
        printf("shm_lpid = %d\n", buf.shm_lpid);
        shmaddr = (char*)shmat(shmid, 0, SHM_RDONLY);
        printf("Father:   %s\n", shmaddr);  /*显示共享内存内容*/
        shmdt(shmaddr);
        shmctl(shmid, IPC_RMID, NULL);         /*删除共享内存*/
    }
}
```

程序运行结果如图 6-12 所示。

```
root@localhost:/home/wang/test
File Edit View Terminal Tabs Help
[root@localhost test]# gcc shmem2.c -o shmem2
[root@localhost test]# ./shmem2
Child: write to shared memery:
Hi! I am Child process!
shm_segsz = 1024 bytes
shm_cpid = 9897
shm_lpid = 9898
Father:   Hi! I am Child process!
[root@localhost test]#
```

图 6-12　共享内存通信(二)

6.5　消息队列通信

6.5.1　消息队列概述

UNIX 早期通信方式之一的管道只能传送无格式的字节流，而信号能够传送的信息量又有限，这无疑会给应用程序开发带来不便。消息队列则克服了这些缺点。

消息队列就是一个消息的链表。可以把消息看作一个记录，具有特定的格式。一些进程可以按照一定的规则向其中添加新消息；另一些进程则可以从消息队列中读取消息。

消息队列提供了一种从一个进程向另一个进程发送一个数据块的方法。每个数据块都被认为含有一个类型，接收进程可以独立地接收含有不同类型的数据块。我们可以通过发送消息来避免发生命名管道的同步和阻塞问题。不过消息队列与命名管道一样，每个数据块都有一个最大长度的限制。Linux 用宏 MSGMAX 和 MSGMNB 来限制一条消息的最大长度和一个队列的最大长度。

目前主要有两种类型的消息队列：POSIX 消息队列和 System V 消息队列，其中，System V 消息队列应用广泛。System V 消息队列是随内核持续的，只有在内核重启或者人工删除时，该消息队列才会被删除。

消息队列的内核持续性要求每个消息队列都在系统范围内对应唯一的键值，所以，要获得一个消息队列的描述字，必须提供该消息队列的键值。

6.5.2　消息队列相关函数

1. 获取键值函数

系统建立 IPC 通信(消息队列、信号量和共享内存)时必须指定一个 ID。通常情况下，该 ID 通过 ftok()函数得到。

所需的头文件：#include <sys/types.h>
　　　　　　　#include <sys/ipc.h>

函数格式：key_t ftok (const char * fname, int id)；

函数功能：返回文件名对应的键值。

参数说明：

- fname：指定的文件名(已经存在的文件名)，一般使用当前目录。
- id：子序号，虽然为 int 型，但是只有 8 位被使用(0～255)。

返回值：当成功执行时，返回一个 key_t 值；否则返回–1。

在一般的 UNIX 实现中，ftok()函数将文件的索引节点号取出，在其前面加上子序号得到 key_t 的返回值。例如，指定文件的索引节点号为 65538，换算成十六进制数为 0x010002，而指定的子序号为 38，换算成十六进制数为 0x26，则最后的 key_t 返回值为 0x26010002。

2. 创建消息队列函数

所需的头文件：#include <sys/types.h>
　　　　　　　#include <sys/ipc.h>
　　　　　　　#include <sys/msg.h>

函数格式：int msgget(key_t key, int msgflg)；

函数功能：创建和访问一个消息队列。

参数说明：

- key：由 ftok()函数获得的消息队列的键值，该函数通过将它与已有的消息队列对象的关键字进行比较来判断消息队列对象是否已经创建，多个进程可以通过它访问同一个消息队列，其中有一个特殊值 IPC_PRIVATE，用于创建当前进程的私有消息队列。
- msgflg：权限标志位，表示消息队列的访问权限，与文件的访问权限一样。而该函数进行的具体操作是由 msgflg 控制的。有以下几种访问权限。

　✧ IPC_CREAT：创建新的消息队列。

　✧ IPC_EXCL：与 IPC_CREAT 一同使用，表示如果要创建的消息队列已经存在，则返回错误。

　✧ IPC_NOWAIT：当读/写消息队列要求无法得到满足时，程序不阻塞。

在以下两种情况下，将创建一个新的消息队列：

- 如果没有与键值 key 相对应的消息队列，并且 msgflg 中包含了 IPC_CREAT 标志位；
- key 参数为 IPC_PRIVATE。

返回值：若成功，则返回与键值 key 相对应的消息队列描述字；若失败，则返回–1。

3. 发送消息函数

所需的头文件：#include <sys/types.h>
#include <sys/ipc.h>
#include <sys/msg.h>

函数格式：int msgsnd(int msqid,struct msgbuf*msgp,int msgsz,int msgflg)；

函数功能：向消息队列中发送一条消息。

参数说明：

- msqid：已打开的消息队列 ID。
- msgp：存放消息的结构。
- msgsz：消息正文的字节数。
- msgflg：发送标志，有以下几种取值。
  - ✧ 0：当消息队列满时，msgsnd()函数将会阻塞，直到消息能写进消息队列；
  - ✧ IPC_NOWAIT：当消息队列已满时，msgsnd()函数不等待立即返回；
  - ✧ IPC_NOERROR：若发送的消息大于 size 个字节，则把该消息截断，截断部分将被丢弃，且不通知发送进程。

消息格式：

```
struct msgbuf
{
    long mtype;
    char mtext[1]; /* 消息正文的首地址 */
};
```

返回值：若调用成功，则消息数据的一份副本将被放到消息队列中，并返回 0；若失败，则返回–1。

4. 接收消息函数

所需的头文件：#include <sys/types.h>
#include <sys/ipc.h>
#include <sys/msg.h>

函数格式：int msgrcv(int msqid, struct msgbuf *msgp, int msgsz, long msgtyp, int msgflg)；

函数功能：从 msqid 代表的消息队列中读取一个 msgtyp 类型的消息，并把消息存储在 msgp 指向的 msgbuf 结构中。在成功地读取了一条消息以后，消息队列中的这条消息将被删除。

参数说明：

- msqid、msgp 及 msgsz 的功能同 msgsnd()函数的功能。
- msgtyp：实现一种简单的接收优先级。如果其值为 0，就获取消息队列中的第一个消息；如果其值大于 0，将获取具有相同消息类型的第一个信息；如果其值小于 0，就获取类型等于或小于 msgtyp 的绝对值的第一个消息。

- msgflg：用于控制当消息队列中没有相应类型的消息可以接收时将发生的事情，取值可以是：

　　✧ 0，表示忽略。

　　✧ IPC_NOWAIT，如果消息队列为空，则程序不阻塞，并将控制权交回调用函数的进程。

　　✧ 如果不指定这个参数，那么进程将被阻塞，直到函数可以从消息队列中得到符合条件的消息为止。

返回值：若执行成功，则返回存储到 msgbuf 结构中的实际字节数；若失败，则返回−1。

5. 控制消息队列函数

所需的头文件：#include <sys/types.h>
　　　　　　　#include <sys/ipc.h>
　　　　　　　#include <sys/msg.h>

函数格式：int msgctl(int msqid, int cmd, struct msqid_ds *buf)；

函数功能：控制消息队列，它与共享内存的 shmctl()函数作用相似。

参数说明：

- msqid：已打开的消息队列 ID。
- cmd：将要采取的动作，它可以取以下三个值。

　　✧ IPC_STAT：把 msgid_ds 结构中的数据设置为消息队列的当前关联值，即用消息队列的当前关联值覆盖 msgid_ds 的值。

　　✧ IPC_SET：如果进程有足够的权限，就把消息列队的当前关联值设置为 msgid_ds 结构中给出的值。

　　✧ IPC_RMID：删除消息队列。

- buf：指向 msgid_ds 结构的指针，它指向消息队列模式和访问权限的结构。msgid_ds 结构至少包括以下成员：

```
struct msgid_ds
{
    uid_t shm_perm.uid;
    uid_t shm_perm.gid;
    mode_t shm_perm.mode;
};
```

返回值：若成功，则返回 0；若失败，则返回−1。

例 6-8：消息队列通信实例。

```
/* msgsend.c */
#include <unistd.h>
#include <stdlib.h>
#include <stdio.h>
#include <string.h>
#include <sys/msg.h>
```

```
#include <errno.h>
#define MAX_TEXT 512
struct msg_st
{
    long int msg_type;
    char text[MAX_TEXT];
};

int main()
{
    int running = 1;
    struct msg_st data;
    char buffer[BUFSIZ];
    int msgid = -1;

    //建立消息队列
    msgid = msgget((key_t)1234, 0666 | IPC_CREAT);
    if(msgid == -1)
    {
        fprintf(stderr, "msgget failed with error: %d\n", errno);
        exit(EXIT_FAILURE);
    }

    //向消息队列中写消息，直到写入end
    while(running)
    {
        //输入数据
        printf("Enter some text: ");
        fgets(buffer, BUFSIZ, stdin);
        data.msg_type = 1;
        strcpy(data.text, buffer);
        //向消息队列发送数据
        if(msgsnd(msgid, (void*)&data, MAX_TEXT, 0)== -1)
        {
            fprintf(stderr, "msgsnd failed\n");
            exit(EXIT_FAILURE);
        }
        //输入end，结束输入
        if(strncmp(buffer, "end", 3)== 0)
            running = 0;
        sleep(1);
    }
    exit(EXIT_SUCCESS);
}

/* msgreceive.c */
#include <unistd.h>
```

```
#include <stdlib.h>
#include <stdio.h>
#include <string.h>
#include <errno.h>
#include <sys/msg.h>

struct msg_st
{
    long int msg_type;
    char text[BUFSIZ];
};

int main()
{
    int running = 1;
    int msgid = -1;
    struct msg_st data;
    long int msgtype = 0;

    //建立消息队列
    msgid = msgget((key_t)1234, 0666 | IPC_CREAT);
    if(msgid == -1)
    {
        fprintf(stderr, "msgget failed with error: %d\n", errno);
        exit(EXIT_FAILURE);
    }
    //从消息队列中获取消息，直到遇到 end 为止
    while(running)
    {
        if(msgrcv(msgid, (void*)&data, BUFSIZ, msgtype, 0)== -1)
        {
            fprintf(stderr, "msgrcv failed with errno: %d\n", errno);
            exit(EXIT_FAILURE);
        }
        printf("You wrote: %s\n",data.text);
        //遇到 end 结束
        if(strncmp(data.text, "end", 3)== 0)
            running = 0;
    }
    //删除消息队列
    if(msgctl(msgid, IPC_RMID, 0)== -1)
    {
        fprintf(stderr, "msgctl(IPC_RMID)failed\n");
        exit(EXIT_FAILURE);
    }
    exit(EXIT_SUCCESS);
}
```

程序运行结果如图 6-13 所示。

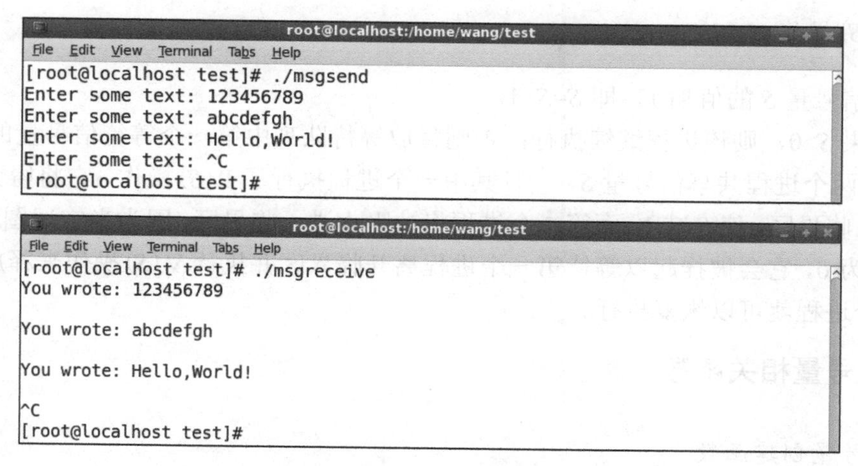

图 6-13　消息队列通信

6.6　信号量通信

6.6.1　信号量概述

信号量(又称信号灯)与其他进程间通信方式不大相同，其主要用途是保护临界资源。为了防止出现因多个进程同时访问一个共享资源而引发的一系列问题，我们需要一种方法，它可以通过生成并使用令牌来授权，在任一时刻只能有一个执行进程访问代码的临界区。而信号量就可以提供这样的一种访问机制，让一个临界区同一时间只有一个进程在访问它，也就是说信号量是用来调协进程对共享资源的访问的。除了用于访问控制外，它还可用于进程同步。

信号量是一个特殊的变量，程序对其的访问都是原子操作，且只允许对它进行等待和发送信息的操作。最简单的信号量是只能取 0 和 1 的变量，这也是较常见的一种信号量，称为二值信号量。而可以取多个正整数的信号量称为计数信号量，本书主要讨论二值信号量。

二值信号量类似于互斥锁，但两者有不同：信号量强调共享资源，只要共享资源可用，其他进程同样可以修改信号量的值；互斥锁更强调进程，占用系统资源的进程使用完该资源后，必须由进程本身来解锁。

6.6.2　信号量工作原理

信号量只能进行两种操作：等待和发送信号，即 P(S)操作和 V(S)操作，它们的操作过程如下。

1. P(S)操作

(1) 将信号量 S 的值减 1，即 $S=S-1$。

(2)如果 $S\geq 0$，则该进程继续执行；否则该进程处于等待状态，排入等待队列。

2. V(S)操作

(1)将信号量 S 的值加 1，即 $S=S+1$。

(2)如果 $S>0$，则该进程继续执行；否则释放等待队列中第一个等待信号量的进程。

例如，两个进程共享信号量 S，一旦其中一个进程执行了 P(S)操作，它将得到信号量，并可以进入临界区，使 S 减 1。而第二个进程将被阻止进入临界区，因为当它试图执行 P(S)操作时，S 为 0，它会被挂起以等待第一个进程离开临界区并执行 V(S)操作来释放信号量，这时第二个进程就可以恢复执行。

6.6.3 信号量相关函数

1. 信号量创建函数

所需的头文件：#include <sys/types.h>
#include <sys/ipc.h>
#include <sys/sem.h>

函数格式：int semget(key_t key, int nsems, int semflg)；

函数功能：创建一个新的信号量或取得一个已有的信号量。

参数说明：

- key：整数键值(唯一非零)，由 ftok 获得，不相关的进程可以通过它访问同一个信号量。
- nsems：指定打开或者新创建的信号量集中将包含信号量的数目，对于二值信号量取值为 1。
- semflg：信号量的创建方式或权限，可以取以下两个值。
  - ✧ IPC_CREAT：如果信号量不存在，则创建一个信号量，否则获取信号量。
  - ✧ IPC_EXCL：只有信号量不存在时，新的信号量才能创建，否则产生错误。

返回值：若成功，则返回信号量标识符；若出错，则返回−1。

2. 信号量操作函数

所需的头文件：#include <sys/types.h>
#include <sys/ipc.h>
#include <sys/sem.h>

函数格式：int semop(int semid, struct sembuf *sops, unsigned nsops)；

函数功能：改变信号量的值。

参数说明：

- semid：由 semget()函数返回的信号量标识符。
- sops：一个存储信号量操作结构的数组指针，表明要进行什么操作。信号操作结构的原型如下：

```
struct sembuf
{
    unsigned short semnum;
    short semop;
    short semflg;
};
```

这三个字段的意义分别如下。

✧ semnum：信号量在信号集中的编号，第一个信号量的编号是0。

✧ semop：用来定义信号量操作，如果其值为正数，该值会加到现有的信号量值中，即进行V操作，通常用于释放所控资源的使用权；如果semop的值为负数，而其绝对值又大于信号的现值，操作将会阻塞，直到信号量值大于或等于semop的绝对值，即进行P操作，通常用于获取资源的使用权；如果semop的值为0，则操作将暂时阻塞，直到信号量的值变为0。对于二值信号量，若semop取值为–1，则表示P操作；若semop取值为1，则表示V操作。

✧ semflg：信号操作标志，可能的选择有下面两种。

◎ IPC_NOWAIT：对信号的操作不能满足时，semop()不会阻塞，并立即返回，同时设定错误信息。

◎ SEM_UNDO：程序结束时(不论正常或不正常)，保证信号值会被重设为semop()调用前的值。这样即使进程没释放信号量而退出时，系统也会自动释放该进程中未释放的信号量。其目的在于避免程序在异常情况下结束时未将锁定的系统资源解锁，造成该资源永远锁定。

- nsops：指出将要进行操作的信号量的个数，通常取值为1。

返回值：若成功，则返回0；若出错，则返回–1。

3. 信号量控制函数

所需的头文件：#include <sys/types.h>
#include <sys/ipc.h>
#include <sys/sem.h>

函数格式：int semctl(int semid, int semnum, int cmd, union semun arg)；

函数功能：对信号量进行控制。

参数说明：

- semid：信号量标识符，同semop()函数。
- semnum：信号量编号，当使用信号量集时才用到。通常取值为0，表示使用单个信号量。
- cmd：对信号量的各种操作，当使用单个信号量时，常用的操作有以下几种。

✧ IPC_STAT：读取一个信号量集的数据结构semid_ds，并将其存储在由arg.buf指针指向的内存区域。

✧ IPC_SET：将由arg.buf指针指向的semid_ds的一些成员写入相关联的内核数据结构。

✧ IPC_RMID：将信号量集从内存中删除。

✧ GETALL：用于读取信号量集中的所有信号量的值，并将其存入 semun.array 中。

✧ SETALL：将所有 semun.array 的值设定到信号量集中。

✧ GETVAL：返回信号量的当前值。

✧ SETVAL：设置信号量集中的一个单独的信号量的值。

- arg：union semun 结构的参数，用于设置或返回信号量的信息，有时需要自己定义，格式如下：

```
union  semun
{
   int  val;
   struct semid_ds *buf;
   unsigned short *array;
}
```

返回值：若成功，则根据 cmd 值的不同而返回不同的值，IPC_STAT、IPC_SETVAL、IPC_RMID 返回 0，IPC_GETVAL 返回信号量的当前值；若出错，则返回−1。

例 6-9：信号量通信实例。

```
/* sem.c */
#include <stdlib.h>
#include <string.h>
#include <sys/types.h>
#include <unistd.h>
#include <sys/sem.h>
#include <sys/ipc.h>
#include "sem_com.c"

#define DELAY_TIME 3

int main()
{
    pid_t pid;
    int sem_id;
    key_t sem_key;

    sem_key=ftok(".",'a');
    sem_id=semget(sem_key,1,0666|IPC_CREAT);
    init_sem(sem_id,1);

    if((pid=fork())<0)
    {
      perror("Fork error!\n");
      exit(1);
     }
    else if (pid==0)
```

```
{
sem_p(sem_id);
printf("Child running…\n");
sleep(DELAY_TIME);
printf("Child %d,returned value:%d.\n",getpid(),pid);
sem_v(sem_id);
exit(0);
}
else
{
sem_p(sem_id);
printf("Parent running!\n");
sleep(DELAY_TIME);
printf("Parent %d,returned value:%d.\n",getpid(),pid);
sem_v(sem_id);
waitpid(pid,0,0);
del_sem(sem_id);
exit(0);
}
}

/*sem_com.c*/
union semun
{
    int val;
    struct semid_ds *buf;
    unsigned short *array;
};

int init_sem(int sem_id,int init_value)
{
    union semun sem_union;
    sem_union.val=init_value;
    if (semctl(sem_id,0,SETVAL,sem_union)==-1)
    {
        perror("Sem init");
        exit(1);
    }
    return 0;
}

int del_sem(int sem_id)
{
    union semun sem_union;
    if (semctl(sem_id,0,IPC_RMID,sem_union)==-1)
    {
        perror("Sem delete");
    }
```

```
    return 0;
 }

int sem_p(int sem_id)
{
    struct sembuf sem_buf;
    sem_buf.sem_num=0;
    sem_buf.sem_op=-1;
    sem_buf.sem_flg=SEM_UNDO;
    if (semop(sem_id,&sem_buf,1)==-1)
   {
        perror("Sem P operation");
        exit(1);
    }
    return 0;
}

int sem_v(int sem_id)
{
    struct sembuf sem_buf;
    sem_buf.sem_num=0;
    sem_buf.sem_op=1;
    sem_buf.sem_flg=SEM_UNDO;
    if (semop(sem_id,&sem_buf,1)==-1)
   {
        perror("Sem V operation");
        exit(1);
    }
    return 0;
}
```

程序运行结果如图 6-14 所示。

```
[root@localhost test]# ./sem
Child running...
Child 12929,returned value:0.
Parent running!
Parent 12928,returned value:12929.
[root@localhost test]#
```

图 6-14　信号量通信

请分析程序运行过程。

本 章 小 结

本章首先进行了进程通信概述，包括进程通信目的、发展历程及分类。接下来依次介绍了五种进程通信方式，包括管道、信号、共享内存、消息队列及信号量。其中管道又包括无名管道和命名管道两种。每种进程通信方式都介绍了其通信原理和相关函数，并配有例题，便于读者深入学习和灵活运用各种进程通信方式。

习题与实践

1．进程有哪几种通信方式？

2．什么是管道？管道包括哪几种？

3．什么是无名管道？简述其通信机制。

4．无名管道编程练习：创建两个无名管道，实现父子进程之间的双向通信。

5．简述无名管道与命名管道的区别。

6．无名管道通信中，为什么要先创建管道，后创建子进程？

7．信号通信过程包括哪几个环节？

8．简述共享内存的特点和操作步骤。

9．简述信号量工作原理。

10．命名管道编程练习：启动A进程，创建一命名管道，并向其写入一些数据；启动B进程，从A创建的命名管道中读取数据。

11．信号编程练习：在进程中为SIGSTOP注册信号处理函数，并向该进程发送SIGSTOP(Ctrl+Z)信号，观察注册的函数是否得到调用。

12．共享内存编程练习：

(1)启动A进程，创建一共享内存，并向其写入一些数据；启动B进程，从A创建的共享内存中读取数据，观察读取的数据和写入的数据是否一致。

(2)利用共享内存实现文件的打开和读/写。

13．消息队列编程练习：创建一消息队列，实现向该队列中存放数据与读取数据，并对比存放与读取的数据是否一样。

14．信号量编程练习：使用信号量实现两个进程间的同步控制，即A进程结束后，B进程再结束。

第 7 章　嵌入式 Linux 多线程编程

进程与线程是现代操作系统进行多任务处理的核心内容。Linux 操作系统通常以进程作为计算机资源分配的最小单位，这些资源包括处理器、物理及虚拟内存、文件 I/O 缓冲、通信端口等。为了满足多处理器环境下日益增长的细粒度并行运算的需要，现代操作系统提供了线程支持。线程是进程中执行运算的最小单位，它也是处理器调度的基本单位，我们可以把线程看成进程中指令的不同执行路线。一个线程同所属进程中的其他线程共享该进程占有的系统资源。本章将首先进行多线程概述，然后介绍多线程程序设计、线程属性及线程数据处理。

7.1　多线程概述

线程技术早在 20 世纪 60 年代就被提出，但真正将多线程技术应用到操作系统中是在 80 年代中期。传统的 UNIX 操作系统也支持线程的概念，但是在一个进程中只允许有一个线程，这样多线程就意味着多进程。现在，多线程技术已经被许多操作系统所支持，包括 Linux 和 Windows/NT。

使用多线程的优势有以下几点。

(1) 和进程相比，多线程是一种非常“节俭”的多任务操作方式。在 Linux 系统下，启动一个新的进程必须分配给它独立的地址空间，建立众多的数据表来维护它的代码段、堆栈段和数据段，这是一种“昂贵”的多任务操作方式。运行于一个进程中的多个线程之间使用相同的地址空间，而且线程间彼此切换所需的时间也远远小于进程间切换所需要的时间。据统计，一个进程的开销大约是一个线程开销的 30 倍。

(2) 线程间方便的通信机制。对于不同进程来说，它们具有独立的数据空间，要进行数据的传递只能通过进程间通信的方式进行，这种方式不仅费时，而且很不方便。线程则不然，由于同一进程下的线程之间共享数据空间，因此一个线程的数据可以直接为其他线程所用，这不仅快捷，而且方便。

(3) 使多 CPU 系统更加有效。操作系统会保证当线程数目不大于 CPU 数目时，不同的线程运行于不同的 CPU 上。

(4) 改善程序结构。一个既长又复杂的进程可以考虑分为多个线程，成为几个独立或半独立的运行部分，这样的程序便于理解和修改。

Linux 系统下的多线程遵循 POSIX 线程标准，称为 pthread。编写 Linux 下的多线程程序需要使用头文件 pthread.h，连接时需要使用库 libpthread.a。

7.2　多线程程序设计

1. 创建线程函数

所需的头文件：#include <pthread.h>

函数格式：int pthread_create(pthread_t * tidp,const pthread_attr_t *attr,void *(*start_rtn)(void),void *arg)；

函数功能：创建一个线程。

参数说明：

- tidp：线程ID，通常为无符号整型数。
- *attr：指向一个线程属性结构的指针，该结构中的元素分别对应新线程的运行属性。属性对象主要包括是否绑定、是否分离、堆栈地址、堆栈大小、优先级等。通常使用默认属性值NULL，表示非绑定、非分离、1MB堆栈、与父进程有相同级别的优先级。

线程属性结构pthread_attr_t定义如下：

```
typedef struct
{
    int  detachstate;                          //线程的分离状态
    int  schedpolicy;                          //线程调度策略
    struct sched_param  schedparam;            //线程的调度参数
    int  inheritsched;                         //线程的继承性
    int  scope;                                //线程的作用域
    size_t  guardsize;                         //线程堆栈末尾的警戒缓冲区大小
    int  stackaddr_set;                        //线程的堆栈设置
    void *  stackaddr;                         //线程堆栈的位置
    size_t  stacksize;                         //线程堆栈的大小
}pthread_attr_t;
```

- start_rtn：指定当新的线程创建之后，将执行的线程函数。
- arg：线程函数的参数。如果想传递多个参数，需将它们封装在一个结构体中。

返回值：若线程创建成功，则返回0；若线程创建失败，则返回出错编号。

2. 线程退出函数

如果进程中任何一个线程调用 exit()或_exit()，那么整个进程都会终止。线程的正常退出方式有三种：①线程从启动例程中返回；②线程被另一个进程终止；③线程自己调用pthread_exit()函数。

所需的头文件：#include <pthread.h>

函数格式：void pthread_exit(void * rval_ptr)；

函数功能：终止调用线程。

参数说明：rval_ptr是线程退出返回值的指针。

返回值：若成功，则返回0；若失败，则返回出错编号。

3. 线程等待函数

所需的头文件：#include <pthread.h>

函数格式：int pthread_join(pthread_t tid,void **rval_ptr)；

函数功能：等待某个线程退出。

参数说明：

- tid：等待退出的线程 ID。
- rval_ptr：线程退出返回值的指针。

返回值：若成功，则返回 0；若失败，则返回出错编号。

4. 线程清除函数

线程终止有两种情况：正常终止和异常终止。线程主动调用 pthread_exit() 函数或 return() 函数，都将使线程正常退出，这是可预见的退出方式，属于正常终止；异常终止是线程在其他线程的干预下，或者由于自身运行出错(如访问非法地址)而退出，这种退出方式是不可预见的。

不论正常终止还是异常终止，都会存在共享资源释放的问题，如何保证线程终止时能顺利地释放自己所占用的共享资源，是一个必须考虑解决的问题。

从 pthread_cleanup_push() 的调用点到 pthread_cleanup_pop() 之间的程序段中的终止动作(包括调用 pthread_exit() 和异常终止，不包括 return())都将执行 pthread_cleanup_push() 所指定的清理函数。

1) pthread_cleanup_push() 函数

所需的头文件：#include <pthread.h>

函数格式：void pthread_cleanup_push (void (*rtn) (void *),void *arg)；

函数功能：将清除函数压入清除栈。

参数说明：

- rtn：清除函数。
- arg：清除函数的参数。

2) pthread_cleanup_pop() 函数

所需的头文件：#include <pthread.h>

函数格式：void pthread_cleanup_pop(int execute)；

函数功能：将清除函数弹出清除栈。

参数说明：execut 用于执行到 pthread_cleanup_pop() 时是否在弹出清理函数的同时执行该函数，若为 0，则不执行；若为非 0，则执行。

5. 线程编译

因为 pthread 的库不是 Linux 系统的库，所以在进行线程编译时要加上-lpthread。例如，在编译线程时，应在命令行输入以下命令：

```
# gcc filename.c -lpthread -o filename
```

例 7-1：线程创建实例。

```
/* thread_create.c */
#include <stdio.h>
#include <pthread.h>
```

```
void *myThread1(void)
{
    int i;
    for (i=0; i<2; i++)
    {
        printf("This is the 1st pthread,created by Wang.\n");
        sleep(1);
    }
}

void *myThread2(void)
{
    int i;
    for (i=0; i<3; i++)
    {
        printf("This is the 2st pthread,created by Wang.\n");
        sleep(1);
    }
}

int main()
{
    int i=0, ret=0;
    pthread_t id1,id2;

    /*创建线程 1*/
    ret = pthread_create(&id1, NULL, (void*)myThread1, NULL);
    if (ret)
    {
        printf("Create pthread error!\n");
        return 1;
    }

    /*创建线程 2*/
    ret = pthread_create(&id2, NULL, (void*)myThread2, NULL);
    if (ret)
    {
        printf("Create pthread error!\n");
        return 1;
    }

    pthread_join(id1, NULL);
    pthread_join(id2, NULL);

    return 0;
}
```

程序运行结果如图 7-1 所示。

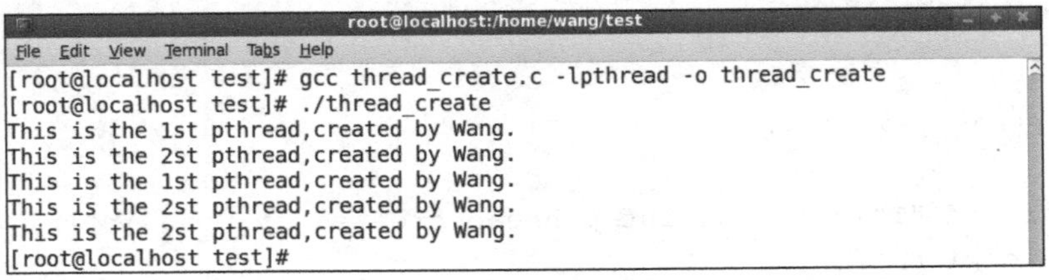

```
root@localhost:/home/wang/test
File Edit View Terminal Tabs Help
[root@localhost test]# gcc thread_create.c -lpthread -o thread_create
[root@localhost test]# ./thread_create
This is the 1st pthread,created by Wang.
This is the 2st pthread,created by Wang.
This is the 1st pthread,created by Wang.
This is the 2st pthread,created by Wang.
This is the 2st pthread,created by Wang.
[root@localhost test]#
```

图 7-1　线程创建

例 7-2：线程退出实例。

分别使用三种退出方式进行比较，即在横线处，分别使用下面三条语句之一：

(1) return (void *) 8；

(2) pthread_exit((void*) 5)；

(3) exit(0)。

并将程序分别命名为 thread_return.c、thread_pthread_exit.c 及 thread_exit.c。试比较程序的运行结果。

```
#include <stdio.h>
#include <pthread.h>
#include <unistd.h>

void *create(void *arg)
{
    printf("new thread is created … \n");
    ____________________;
}

int main(int argc,char *argv[])
{
    pthread_t tid;
    int error;
    void *temp;
    error = pthread_create(&tid, NULL, create, NULL);
    printf("main thread!\n");
    if(error)
    {
        printf("thread is not created … \n");
        return -1;
    }
    error = pthread_join(tid, &temp);
    if(error)
    {
        printf("thread is not exit … \n");
        return -2;
    }
```

```
    printf("thread is exit code %d \n", (int)temp);
    return 0;
}
```

thread_return、thread_pthread_exit 及 thread_exit 三个程序运行结果分别如图 7-2～图 7-4 所示。

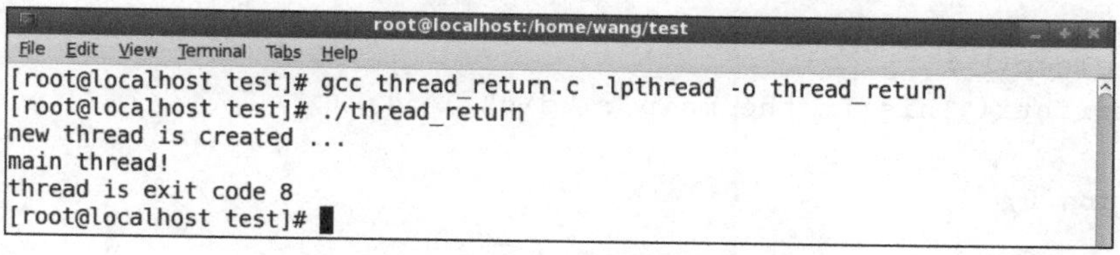

```
[root@localhost test]# gcc thread_return.c -lpthread -o thread_return
[root@localhost test]# ./thread_return
new thread is created ...
main thread!
thread is exit code 8
[root@localhost test]#
```

图 7-2　return 退出

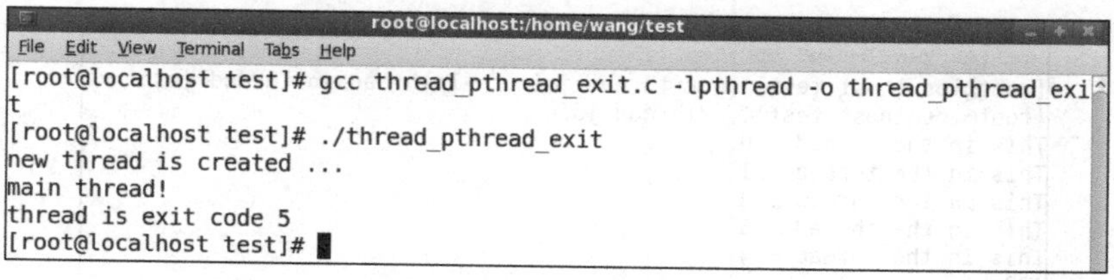

```
[root@localhost test]# gcc thread_pthread_exit.c -lpthread -o thread_pthread_exi
t
[root@localhost test]# ./thread_pthread_exit
new thread is created ...
main thread!
thread is exit code 5
[root@localhost test]#
```

图 7-3　pthread_exit 退出

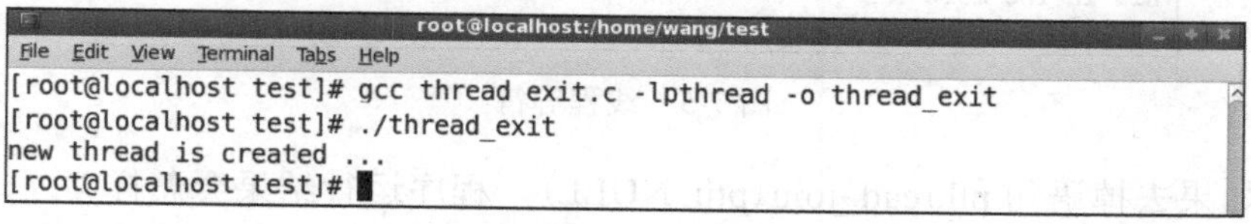

```
[root@localhost test]# gcc thread exit.c -lpthread -o thread_exit
[root@localhost test]# ./thread_exit
new thread is created ...
[root@localhost test]#
```

图 7-4　exit 退出

例 7-3：线程等待实例。

```
/* thread_join.c */
#include <pthread.h>
#include <unistd.h>
#include <stdio.h>
void *thread(void *str)
{
    int i;
    for (i = 0; i < 5; ++i)
    {
        sleep(2);
        printf("This in the thread : %d\n" , i);
    }
    return NULL;
}

int main()
{
```

```
    pthread_t pth;
    int i;
    int ret = pthread_create(&pth, NULL, thread, (void *)(i));
    pthread_join(pth, NULL);
    printf("123\n");
    for (i = 0; i < 3; ++i)
    {
        sleep(1);
        printf("This in the main : %d\n" , i);
    }
    return 0;
}
```

程序运行结果如图 7-5 所示。

```
root@localhost:/home/wang/test
File  Edit  View  Terminal  Tabs  Help
[root@localhost test]# gcc thread_join.c -lpthread -o thread_join
[root@localhost test]# ./thread_join
This in the thread : 0
This in the thread : 1
This in the thread : 2
This in the thread : 3
This in the thread : 4
123
This in the main : 0
This in the main : 1
This in the main : 2
[root@localhost test]#
```

图 7-5　线程等待

思考：如果去掉语句 pthread_join(pth, NULL)，程序运行结果会怎样？

7.3　线 程 属 性

用 pthread_create()函数创建一个线程时，一般使用默认参数，即将该函数的第二个参数*attr 设为 NULL，但线程还有其他的一些属性。线程的属性值一般不能直接设置，需要使用相关函数进行操作。下面将介绍与线程属性相关的函数。

1. pthread_ attr_init()函数

所需的头文件：#include <pthread.h>
函数格式：int pthread_attr_init(pthread_attr_t *attr)；
函数功能：初始化一个线程对象的属性。
参数说明：*attr 用于指向属性结构的指针。
返回值：若成功，则返回 0；若失败，则返回−1。

2. pthread_attr_destroy()函数

所需的头文件：#include <pthread.h>

函数格式：int pthread_attr_destroy（pthread_attr_t *attr）;

函数功能：去除对 pthread_attr_t 结构的初始化。

参数说明：*attr 用于指向属性结构的指针。

返回值：若成功，则返回 0；若失败，则返回−1。

3. pthread_attr_setdetachstate()函数

所需的头文件：#include <pthread.h>

函数格式：int pthread_attr_setdetachstate(pthread_attr_t *attr,int detachstate)；

函数功能：设置线程的分离状态。

参数说明：

- *attr：指向属性结构的指针。
- detachstate：线程的分离状态属性，若设置为 PTHREAD_CREATE_DETACHED，则表示以分离状态启动线程；若设置为 PTHREAD_CREATE_JOINABLE，则表示正常启动线程。

返回值：若成功，则返回 0；若失败，则返回−1。

线程的分离状态决定一个线程以什么样的方式来终止。在默认情况下线程是非分离状态的，这种情况下，原有的线程等待创建的线程结束。只有当 pthread_join()函数返回时，创建的线程才算终止，才能释放自己占用的系统资源。

而分离线程则不然，它没有被其他的线程等待，自己运行结束了，线程也就终止了，马上释放系统资源。程序员应该根据自己的需要，选择适当的分离状态。所以如果我们在创建线程时就知道不需要了解线程的终止状态，则可用 pthread_attr_t 结构中的 detachstate 线程属性，让线程以分离状态启动。

例 7-4：分析下面程序的运行结果，思考为什么设置为分离状态以启动线程？如果设置为正常启动线程，结果会怎样？

```
/*pthread4.c*/
#include <pthread.h>

void* task1(void*);
void usr();

int p1;
int main()
{
    p1=0;
    usr();                                  //触发函数
    getchar();
    return 1;
}

void usr()
{
    pthread_t  pid1;
```

```
    pthread_attr_t attr;

    if(p1==0)
    {
        pthread_attr_init(&attr);
        pthread_attr_setdetachstate(&attr, PTHREAD_CREATE_DETACHED);
                                                //设置为分离线程
        pthread_create(&pid1, &attr, task1, NULL);
    }
}
void* task1(void *arg1)
{
    p1=1;                                       //让子线程不会被多次调用
    int i=0;
    printf("thread1 begin.\n");
    for(i=0;i<10;i++)
    {
        sleep(2);
        printf("At thread1: i is %d\n",i);
        usr();                                  //继续调用 usr()
     }
     pthread_exit(0);
}
```

本例中，task1()线程函数居然会多次调用其父线程里的函数，显然 usr()函数里，我们无法等待 task1()结束，反而 task1()会多次调用 usr()，如果在 usr()函数里用 pthread_join()，则在子线程退出前，有多个 usr()函数会等待，很浪费资源。所以，此处，将 task1()设置为分离线程是一种很好的做法。

4. pthread_attr_getdetachstate()函数

所需的头文件：#include <pthread.h>
函数格式：int pthread_attr_getdetachstate(const pthread_attr_t * attr, int * detachstate)；
函数功能：获取线程的分离状态。
参数说明：

- *attr：指向属性结构的指针。
- *detachstate：指向线程分离状态属性的指针。

返回值：若成功，则返回 0；若失败，则返回−1。

5. pthread_attr_setinheritsched()函数

所需的头文件：#include <pthread.h>
函数格式：int pthread_attr_setinheritsched(pthread_attr_t *attr,int inheritsched)；
函数功能：设置线程的继承性。
参数说明：

- *attr：指向属性结构的指针。
- inheritsched：线程的继承性，其值若是 PTHREAD_INHERIT_SCHED，则表示新线程将继承创建进程的调度策略和参数；若是 PTHREAD_EXPLICIT_SCHED，则表示使用在 schedpolicy 和 schedparam 属性中显式设置的调度策略和参数。

返回值：若成功，则返回 0；若失败，则返回–1。

继承性决定调度的参数从创建的进程中继承还是使用在 schedpolicy 和 schedparam 属性中显式设置的调度信息。线程不会为 inheritsched 指定默认值，因此如果使用线程的调度策略和参数，必须先设置该属性。

6. pthread_attr_getinheritsched()函数

所需的头文件：#include <pthread.h>
函数格式：int pthread_attr_getinheritsched(const pthread_attr_t *attr,int *inheritsched)；
函数功能：获取线程的继承性。
参数说明：

- *attr：指向属性结构的指针。
- *inheritsched：指向线程继承性的指针。

返回值：若成功，则返回 0；若失败，则返回–1。

7. pthread_attr_setschedpolicy()函数

所需的头文件：#include <pthread.h>
函数格式：int pthread_attr_setschedpolicy(pthread_attr_t *attr,int policy)；
函数功能：设置线程的调度策略。
参数说明：

- *attr：指向属性结构的指针。
- policy：线程的调度策略，调度策略可能的值是先进先出(SCHED_FIFO)策略、轮转(SCHED_RR)策略或其他(SCHED_OTHER)策略。

✧ SCHED_FIFO 策略可以设置优先级，先到先服务。线程一旦占用 CPU 就一直运行，直到有更高优先级任务到达或自己放弃。

✧ SCHED_RR 策略可以设置优先级，分配给每个线程一个特定的时间片，然后轮转依次运行，当线程的时间片用完，系统将重新分配时间片，并将其置于就绪队列尾，这就保证了所有具有相同优先级的线程公平调度。

✧ SCHED_OTHER 策略为默认策略，使用此种调度策略时，线程不可以设置优先级。

返回值：若成功，则返回 0；若失败，则返回–1。

8. pthread_attr_getschedpolicy()函数

所需的头文件：#include <pthread.h>
函数格式：int pthread_attr_getschedpolicy(const pthread_attr_t *attr,int *policy)；
函数功能：获取线程的调度策略。

参数说明：

- *attr：指向属性结构的指针。
- *policy：指向线程调度策略的指针。

返回值：若成功，则返回 0；若失败，则返回–1。

9. pthread_attr_setschedparam()函数

所需的头文件：#include <pthread.h>

函数格式：int pthread_attr_setschedparam(pthread_attr_t *attr,const struct sched_param *param)；

函数功能：设置线程的调度参数。

参数说明：

- *attr：指向属性结构的指针。
- *param：sched_param 结构的参数。

结构 sched_param 在文件/usr/include /bits/sched.h 中定义如下：

```
struct sched_param
{
    int sched_priority;
};
```

结构 sched_param 的子成员 sched_priority 控制一个优先权值，大的优先权值对应高的优先权。系统支持的最大和最小优先权值可以用 sched_get_priority_max()函数和 sched_get_priority_min()函数分别得到。

返回值：若成功，则返回 0；若失败，则返回–1。

10. pthread_attr_getschedparam()函数

所需的头文件：#include <pthread.h>

函数格式：int pthread_attr_getschedparam(const pthread_attr_t *attr,struct sched_param *param)；

函数功能：获取线程的调度参数。

参数说明：

- *attr：指向属性结构的指针。
- *param：指向 sched_param 结构的指针。

返回值：若成功，则返回 0；若失败，则返回–1。

注意：如果不是编写实时程序，不建议修改线程的优先级。因为调度策略非常复杂，如果不正确使用会导致程序错误，从而导致死锁等问题。例如，在多线程应用程序中为线程设置不同的优先级，有可能因为共享资源而导致优先级倒置。

11. sched_get_priority_max()函数

所需的头文件：#include <pthread.h>

函数格式：int sched_get_priority_max(int policy)；
函数功能：获得系统支持的线程优先权的最大值。
参数说明：policy 指系统支持的线程优先权的最大值。
返回值：若成功，则返回 0；若失败，则返回–1。

12. sched_get_priority_min()函数

所需的头文件：#include <pthread.h>
函数格式：int sched_get_priority_min(int policy)；
函数功能：获得系统支持的线程优先权的最小值。
参数说明：policy 指系统支持的线程优先权的最小值。
返回值：若成功，则返回 0；若失败，则返回–1。

13. pthread_attr_setscope()函数

所需的头文件：#include <pthread.h>
函数格式：int pthread_attr_setscope(pthread_attr_t* attr, int scope)；
函数功能：设置线程的作用域。
参数说明：

- *attr：指向属性结构的指针。
- scope：线程的作用域，作用域控制线程是否在进程内或在系统级上竞争资源，它有两个取值，若取 PTHREAD_SCOPE_PROCESS，则表示线程在进程内竞争资源；若取 PTHREAD_ SCOPE_SYSTEM，则表示线程在系统级上竞争资源。

返回值：若成功，则返回 0；若失败，则返回–1。

14. pthread_attr_getscope()函数

所需的头文件：#include <pthread.h>
函数格式：int pthread_attr_getscope(const pthread_attr_t *attr,int *scope)；
函数功能：获取线程的作用域。
参数说明：

- *attr：指向属性结构的指针。
- *scope：指向线程作用域的指针。

返回值：若成功，则返回 0；若失败，则返回–1。

15. pthread_attr_ setstacksize()函数

所需的头文件：#include <pthread.h>
函数格式：int pthread_attr_ setstacksize(pthread_attr_t *attr ,size_t *stacksize)；
函数功能：设置线程堆栈的大小。
参数说明：

- *attr：指向属性结构的指针。

- *stacksize：指向线程堆栈大小的指针。

返回值：若成功，则返回 0；若失败，则返回-1。

pthread_attr_setstacksize()函数常用在希望改变线程堆栈的默认大小，但又不想自己处理线程堆栈分配问题的场合。

16. pthread_attr_ getstacksize()函数

所需的头文件：#include <pthread.h>

函数格式：int pthread_attr_ getstacksize(const pthread_attr_t *restrict attr,size_t *restrict stacksize)；

函数功能：获取线程堆栈的大小。

参数说明：

- *restrict attr：指向属性结构的指针。
- *restrict stacksize：指向线程堆栈大小的指针。

返回值：若成功，则返回 0；若失败，则返回-1。

17. pthread_ attr_setstackaddr()函数

所需的头文件：#include <pthread.h>

函数格式：int pthread_attr_setstackaddr(pthread_attr_t *attr,void *stackaddr)；

函数功能：设置线程堆栈的位置。

参数说明：

- *attr：指向属性结构的指针。
- *stackaddr：线程堆栈地址。

返回值：若成功，则返回 0；若失败，则返回-1。

18. pthread_attr_ getstackaddr()函数

所需的头文件：#include <pthread.h>

函数格式：int pthread_attr_getstackaddr(const pthread_attr_t *attr,void **stackaddr)；

函数功能：获取线程堆栈的位置。

参数说明：

- *attr：指向属性结构的指针。
- **stackaddr：指向线程堆栈地址的指针。

返回值：若成功，则返回 0；若失败，则返回-1。

19. pthread_attr_setguardsize()函数

所需的头文件：#include <pthread.h>

函数格式：int pthread_attr_setguardsize(pthread_attr_t *attr ,size_t *guardsize)；

函数功能：设置线程堆栈末尾的警戒缓冲区的大小。

参数说明：

- *attr：指向属性结构的指针。
- *guardsize：线程堆栈末尾的警戒缓冲区的大小。

返回值：若成功，则返回 0；若失败，则返回–1。

线程属性 guardsize 控制着线程堆栈末尾之后以避免栈溢出的扩展内存的大小，默认设置为 PAGESIZE 字节。可以把 guardsize 线程属性设置为 0，在这种情况下不会提供警戒缓冲区。同样地，如果对线程属性 stackaddr 做了修改，系统就会假设我们会自己管理线程堆栈，并使警戒缓冲区机制无效，等同于把 guardsize 线程属性设置为 0。

20. pthread_attr_getguardsize()函数

所需的头文件：#include <pthread.h>

函数格式：int pthread_attr_getguardsize(const pthread_attr_t *restrict attr,size_t *restrict guardsize)；

函数功能：获取线程堆栈末尾的警戒缓冲区的大小。

参数说明：

- *restrict attr：指向属性结构的指针。
- *restrict guardsize：线程堆栈末尾的警戒缓冲区的大小。

返回值：若成功，则返回 0；若失败，则返回–1。

例 7-5：线程属性举例。

```
/*pthread5.c*/
#include <pthread.h>
void *child_thread(void *arg)
{
    int policy;
    int max_priority,min_priority;
    struct sched_param param;
    pthread_attr_t attr;
    pthread_attr_init(&attr);                          /*初始化线程属性变量*/
    pthread_attr_setinheritsched(&attr,PTHREAD_EXPLICIT_SCHED);
                                                       /*设置线程继承性*/
    pthread_attr_getinheritsched(&attr,&policy);       /*获得线程的继承性*/
    if(policy==PTHREAD_EXPLICIT_SCHED)
        printf("Inheritsched:PTHREAD_EXPLICIT_SCHED\n");
    if(policy==PTHREAD_INHERIT_SCHED)
        printf("Inheritsched:PTHREAD_INHERIT_SCHED\n");

    pthread_attr_setschedpolicy(&attr,SCHED_RR);       /*设置线程调度策略*/
    pthread_attr_getschedpolicy(&attr,&policy);        /*取得线程的调度策略*/
    if(policy==SCHED_FIFO)
        printf("Schedpolicy:SCHED_FIFO\n");
    if(policy==SCHED_RR)
        printf("Schedpolicy:SCHED_RR\n");
    if(policy==SCHED_OTHER)
```

```
        printf("Schedpolicy:SCHED_OTHER\n");
    sched_get_priority_max(max_priority);/*获得系统支持的线程优先权的最大值*/
    sched_get_priority_min(min_priority);/*获得系统支持的线程优先权的最小值*/
    printf("Max priority:%u\n",max_priority);
    printf("Min priority:%u\n",min_priority);
    param.sched_priority=max_priority;
    pthread_attr_setschedparam(&attr,&param);/*设置线程的调度参数*/
    printf("sched_priority:%u\n",param.sched_priority);/*获得线程的调度参数*/
    pthread_attr_destroy(&attr);
}
int main(int argc,char *argv[])
{
    pthread_t child_thread_id;
    pthread_create(&child_thread_id,NULL,child_thread,NULL);
    pthread_join(child_thread_id,NULL);
}
```

程序运行结果如图 7-6 所示。

```
[root@localhost wang]# ./pthread5
Inheritsched:PTHREAD_EXPLICIT_SCHED
Schedpolicy:SCHED_RR
Max priority:3087611064
Min priority:11969744
sched_priority:3087611064
```

图 7-6　线程属性

7.4　线程数据处理

和进程相比，线程的最大优点之一是数据的共享性，多个线程共享从父进程处继承的数据段，对于获取和修改数据十分方便。但同时也给多线程编程带来了许多问题。必须当心多个不同的线程访问相同的变量。许多函数是不可重入的，即不同线程调用这个函数时可能会修改其他线程调用这个函数的数据，从而导致不可预料的后果。函数中声明的静态变量和函数的返回值也常常带来一些问题，因为如果返回的是函数内部静态声明的空间地址，则在一个线程调用该函数得到地址后使用该地址指向的数据时，别的线程可能也调用此函数并修改了这段数据。为此，在进程中共享的变量必须用关键字 volatile 来定义，这是为了防止编译器在优化时(如 GCC 中使用-OX 参数)改变它们的使用方式。为了保护变量，我们必须使用信号量、互斥等方法来保证对变量的正确使用，即线程同步。下面将介绍处理线程数据时用到的相关知识。

7.4.1　线程数据

在单线程的程序里，有两种基本的数据：全局变量和局部变量。但在多线程的程序里，还有第三种数据类型：线程数据(Thread-Specific Data，TSD)。它和全局变量很像，在线程内部，各个函数可以像使用全局变量一样使用它，但它对线程外部的其他线程是不可见的。例如，常见的返回标准出错信息的变量 errno 就是一个典型的线程数据。它显然不能是一个局部变量，因为几乎每个函数都可以使用它；但它又不能是一个全局变量，否则在 A 线程里输出的很可能是 B 线程的出错信息。要实现类似功能的变量，就必须使用线程数据。我们为每个线程数据创建一个键，用来标识线程数据，但在不同的线程里，这个键代表的数据是不同的，在同一个线程里，它代表同样的数据内容。

线程数据采用了一种一键多值的技术，即一个键对应多个数值。访问数据时都是通过键值来访问的，看上去是对一个变量进行访问，其实是在访问不同的数据。使用线程数据时，首先要为其创建一个相关联的键。

POSIX 中操作线程数据的函数主要有 4 个：pthread_key_create()（创建一个键）、pthread_setspecific()（为一个键设置线程私有数据）、pthread_getspecific()（从一个键读取线程数据）和 pthread_key_delete()（删除一个键）。下面对其分别进行介绍。

1. pthread_key_create()函数

所需的头文件：#include <pthread.h>
函数格式：int pthread_key_create(pthread_key_t *key, void (*destr_function) (void*))；
函数功能：创建一个标识线程数据的键。
参数说明：

- *key：指向一个键值的指针。
- *destr_function：一个函数指针，如果这个参数不为空，则在每个线程退出时，系统将以 key 所关联的数据为参数调用 destr_function()函数来释放绑定在这个键上的内存块。

返回值：若创建成功，则返回 0；若失败，则返回出错编号。

2. pthread_setspecific()函数

所需的头文件：#include <pthread.h>
函数格式：int pthread_setspecific(pthread_key_t key, const void *value)；
函数功能：为一个键设置线程数据。
参数说明：

- key：标识一个线程数据的键值。
- *value：指向线程数据的指针。

返回值：若设置成功，则返回 0；若失败，则返回出错编号。
注意：用该函数为一个键指定新的线程数据时，线程必须先释放原有的线程数据用以回收空间。

3. pthread_ getspecific()函数

所需的头文件：#include <pthread.h>
函数格式：void *pthread_getspecific (pthread_key_t key)；
函数功能：从一个键读取线程数据。

参数说明：key 用于标识一个线程数据的键值。

返回值：若读取成功，则返回存放线程数据的内存块指针；否则，当没有线程数据与键关联时，返回 NULL。

4. pthread_key_delete()函数

所需的头文件：#include <pthread.h>

函数格式：int pthread_key_delete (pthread_key_t key)；

函数功能：删除一个键。

参数说明：key 用于标识一个线程数据的键值。

返回值：若删除成功，则返回 0；若失败，则返回出错编号。

使用 pthread_key_delete() 可以销毁现有线程数据的键。由于该键已经无效，因此将释放与该键关联的所有内存。

如果一个键已被删除，则调用 pthread_setspecific()或 pthread_getspecific()来引用该键时，将返回错误。

在下面的例子中，我们创建一个键，并将它和某个线程数据相关联。

例 7-6：分析下面的程序是如何实现同一个线程中不同函数间共享数据的。

```
/*pthread6.c*/
#include <stdio.h>
#include <stdlib.h>
#include <pthread.h>
pthread_key_t key;
void func1()
{
    int *tmp = (int*)pthread_getspecific(key);
    printf("%d is fun is %s\r\n",*tmp,_ _func_ _);
}
void *tthread_fun(void* args)
{
    pthread_setspecific(key,args);
    int *tmp = (int*)pthread_getspecific(key);
    printf("%d is in zhu %s\r\n",*(int*)args,_ _func_ _);
    *tmp+=1;
    func1();
    return (void*)0;
}
void *thread_fun(void *args)
{
    pthread_setspecific(key,args);
    int *tmp = (int*)pthread_getspecific(key);//获得线程的私有空间
    printf("%d is runing in %s\n",*tmp,_ _func_ _);
    *tmp = (*tmp)*100;//修改私有变量的值
    func1();
    return (void*)0;
```

```
}
int main()
{
    pthread_t pa,pb;
    pthread_key_create(&key,NULL);
    pthread_t pid[3];
    int a[3]={100,200,300};
    int i=0;
    for(i=0;i<3;i++)
    {
        pthread_create(&pid[i],NULL,tthread_fun,&a[i]);
        pthread_join(pid[i],NULL);
    }

    pthread_create(&pa,NULL,thread_fun,&a[i]);
    pthread_join(pa,NULL);

    return 0;
}
```

程序运行结果如图 7-7 所示。

```
[root@localhost test]# ./pthread6
100 is in zhu tthread_fun
101 is fun is func1
200 is in zhu tthread_fun
201 is fun is func1
300 is in zhu tthread_fun
301 is fun is func1
3 is runing in thread_fun
300 is fun is func1
```

图 7-7　线程数据

7.4.2　互斥锁

在多线程编程中，对于一个共享的数据段，在同一时间内可能有多个线程在操作。如果没有同步机制，将很难保证每个线程操作的正确性。

互斥锁是实现线程同步的一种机制。它提供一个可以在同一时间只让一个线程访问共享资源的操作接口。互斥锁是个提供线程同步的基本锁。可以把互斥锁看作某种意义上的全局变量，也称为互斥量。在访问共享资源前，要对互斥量进行加锁，如果互斥量已经上了锁，调用线程就会被阻塞，直到互斥量被解锁。

如果有多个线程被阻塞，在互斥量被解锁后，所有被阻塞的线程会被设为可执行状态。第一个执行的线程将获得对共享资源的访问权，并对互斥量进行加锁，其他的线程继续被阻塞。可见，这把互斥锁使得共享资源按顺序在各个线程中操作。

互斥锁的操作主要包括以下几个步骤。

(1) 互斥锁初始化：pthread_mutex_init()。

(2) 互斥量加锁：pthread_mutex_lock()。

(3) 互斥量判断加锁：pthread_mutex_trylock()。

(4) 互斥量解锁：pthread_mutex_unlock()。

(5) 消除互斥锁：pthread_mutex_destroy()。

下面分别介绍与互斥锁操作相关的函数。

1. pthread_mutex_init() 函数

所需的头文件：#include <pthread.h>

函数格式：int pthread_mutex_init(pthread_mutex_t *restrict mutex,const pthread_mutexattr_t *restrict attr)；

函数功能：以动态方式创建互斥锁。

参数说明：

- *restrict mutex：指向要初始化的互斥锁的指针。
- *restrict attr：指向属性对象的指针，该属性对象定义要初始化的互斥锁的属性。如果该指针为 NULL，则使用默认的属性。

返回值：若创建成功，则返回 0；若失败，则返回出错编号。

此外，还可以用宏 PTHREAD_MUTEX_INITIALIZER 来初始化静态分配的互斥锁，如下：

```
pthread_mutex_t mutex = PTHREAD_MUTEX_INITIALIZER;
```

对于静态初始化的互斥锁，不需要调用 pthread_mutex_init() 函数。

2. pthread_mutex_lock() 函数

所需的头文件：#include <pthread.h>

函数格式：int pthread_mutex_lock(pthread_mutex_t *mutex)；

函数功能：对互斥量进行加锁。

参数说明：*mutex 用于指向要加锁的互斥量的指针。

返回值：若加锁成功，则返回 0；若失败，则返回出错编号。

3. pthread_mutex_trylock() 函数

所需的头文件：#include <pthread.h>

函数格式：int pthread_mutex_trylock(pthread_mutex_t *mutex)；

函数功能：pthread_mutex_lock() 函数的非阻塞版本。如果*mutex 所指定的互斥量已经被锁定，调用 pthread_mutex_trylock() 函数不会阻塞当前线程，而是立即返回一个值来描述互斥锁的状况。

参数说明：*mutex 用于指向要加锁的互斥量的指针。

返回值：若加锁成功，则返回 0；若失败，则返回出错编号。

如果一个线程不想被阻止，那么可以用 pthread_mutex_trylock() 函数来加锁。

需要提出的是在使用互斥锁的过程中很有可能会出现死锁：两个线程试图同时占用两

个共享资源，并按不同的次序锁定相应的互斥锁，例如，两个线程都需要锁定互斥锁 1 和互斥锁 2，A 线程先锁定互斥锁 1，B 线程先锁定互斥锁 2，这时就出现了死锁。此时可以使用函数 pthread_mutex_trylock()，当它发现死锁不可避免时，会返回相应的信息，程序员可以针对死锁做出相应的处理。

4. pthread_mutex_unlock()函数

所需的头文件：#include <pthread.h>

函数格式：int pthread_mutex_unlock(pthread_mutex_t *mutex)；

函数功能：对互斥量进行解锁。

参数说明：*mutex 用于指向要解锁的互斥量的指针。

返回值：若解锁成功，则返回 0；若失败，则返回出错编号。

5. pthread_mutex_destroy()函数

所需的头文件：#include <pthread.h>

函数格式：int pthread_mutex_destroy(pthread_mutex_t *mutex)；

函数功能：消除互斥锁。

参数说明：*mutex 用于指向要消除的互斥锁的指针。

返回值：若消除成功，则返回 0；若失败，则返回出错编号。

例 7-7：一个使用互斥锁来实现共享数据同步的例子。

```
/* pthread7.c */
#include <stdio.h>
#include <pthread.h>

void fun_thread1(char * msg);
void fun_thread2(char * msg);
int g_value = 1;
pthread_mutex_t mutex;

int main(int argc, char * argv[])
{
    pthread_t thread1;
    pthread_t thread2;
    if(pthread_mutex_init(&mutex,NULL)!= 0)
    {
        printf("Init metux error.");
        exit(1);
    }
    if(pthread_create(&thread1,NULL,(void *)fun_thread1,NULL)!= 0)
    {
        printf("Init thread1 error.");
        exit(1);
    }
```

```
    if(pthread_create(&thread2,NULL,(void *)fun_thread2,NULL)!= 0)
    {
        printf("Init thread2 error.");
        exit(1);
    }
    sleep(1);
    printf("I am main thread, g_vlaue is %d.\n",g_value);
    return 0;
}
void  fun_thread1(char * msg)
{
    int val;
    val = pthread_mutex_lock(&mutex);
    if(val != 0)
    {
        printf("lock error.");
    }
    g_value = 0;
    printf("thread 1 locked,init the g_value to 0, and add 5.\n");
    g_value += 5;
    printf("the g_value is %d.\n",g_value);
    pthread_mutex_unlock(&mutex);
    printf("thread 1 unlocked.\n");
}
void  fun_thread2(char * msg)
{
    int val;
    val = pthread_mutex_lock(&mutex);
    if(val != 0)
    {
        printf("lock error.");
    }
    g_value = 0;
    printf("thread 2 locked,init the g_value to 0, and add 6.\n");
    g_value += 6;
    printf("the g_value is %d.\n",g_value);
    pthread_mutex_unlock(&mutex);
    printf("thread 2 unlocked.\n");
}
```

在程序中有一个全局变量 g_value，和互斥锁 mutex，在线程 1 中，重置 g_value 值为 0，然后加 5；在线程 2 中，重置 g_value 值为 0，然后加 6；最后在主线程中输出 g_value 的值，这时 g_value 的值为最后线程修改过的值。

程序运行结果如图 7-8 所示。

```
[root@localhost wang]# ./pthread7
thread 1 locked,init the g_value to 0, and add 5.
the g_value is 5.
thread 1 unlocked.
thread 2 locked,init the g_value to 0, and add 6.
the g_value is 6.
thread 2 unlocked.
I am main thread, g_vlaue is 6.
```

图7-8　互斥锁来实现共享数据同步程序运行结果

例7-8：分析下面的程序，注意pthread_mutex_lock()函数与pthread_mutex_trylock()函数的区别。

```
/* pthread8.c */
#include <stdlib.h>
#include <stdio.h>
#include <unistd.h>
#include <pthread.h>
#include <errno.h>
int a = 100;
int b = 200;
pthread_mutex_t lock;
void * threadA()
{
    pthread_mutex_lock(&lock);
    printf("thread A got lock!\n");
    a -= 50;
    sleep(3);
    b += 50;
    pthread_mutex_unlock(&lock);
    printf("thread A released the lock!\n");
    sleep(3);
    a -= 50;
}
void * threadC()
{
    sleep(1);
    while(pthread_mutex_trylock(&lock)== EBUSY)//轮询直到获得锁
    {
        printf("thread C is trying to get lock!\n");
        sleep(1);
    }

    a = 1000;
    b = 2000;
    printf("thread C got the lock! a=%d b=%d \n",a,b);
    pthread_mutex_unlock(&lock);
    printf("thread C released the lock!\n");
```

```
}
void * threadB()
{
    sleep(2);           //让 threadA 能先执行
    pthread_mutex_lock(&lock);
    printf("thread B got the lock! a=%d b=%d\n", a, b);
    pthread_mutex_unlock(&lock);
    printf("thread B released the lock!\n", a, b);
}
int main()
{
    pthread_t tida, tidb, tidc;
    pthread_mutex_init(&lock, NULL);
    pthread_create(&tida, NULL, threadA, NULL);
    pthread_create(&tidb, NULL, threadB, NULL);
    pthread_create(&tidc, NULL, threadC, NULL);
    pthread_join(tida, NULL);
    pthread_join(tidb, NULL);
    pthread_join(tidc, NULL);
    return 0;
}
```

程序运行结果如图 7-9 所示。

```
[root@localhost wang]# ./pthread8
thread A got lock!
thread C is trying to get lock!
thread C is trying to get lock!
thread A released the lock!
thread B got the lock! a=50 b=250
thread B released the lock!
thread C got the lock!a=1000 b=2000
thread C released the lock!
```

图 7-9　例 7-8 程序运行结果

7.4.3　条件变量

互斥锁的一个明显缺点是它只有两种状态：锁定和非锁定。而条件变量通过允许线程阻塞和等待另一个线程发送信号的方法弥补了互斥锁的不足，它常和互斥锁一起使用。使用时，条件变量被用来阻塞一个线程，当条件不满足时，线程往往解开相应的互斥锁并等待条件发生变化。一旦某个其他的线程改变了条件变量，它将通知相应的条件变量唤醒一个或多个正被此条件变量阻塞的线程。这些线程将重新锁定互斥锁并重新测试条件是否满足。一般来说，条件变量被用来进行线程间的同步。

条件变量上的基本操作有触发条件(当条件变为 true 时)、等待条件、挂起线程直到其他线程触发条件。下面将分别介绍其相关函数。

1．pthread_cond_init()函数

所需的头文件：#include <pthread.h>

函数格式：int pthread_cond_init(pthread_cond_t *cond, const pthread_condattr_t *attr)；
函数功能：初始化一个条件变量。
参数说明：

- *cond：指向条件变量的指针。
- *attr：指向条件变量属性的指针。

返回值：若成功，则返回 0；若失败，则返回出错编号。

pthread_cond_init()函数使用参数*attr 所指定的属性来初始化条件变量 cond，如果*attr 为空，那么它将使用缺省的属性来设置所指定的条件变量。

2. pthread_cond_destroy()函数

所需的头文件：#include <pthread.h>
函数格式：int pthread_cond_destroy(pthread_cond_t *cond)；
函数功能：摧毁所指定的条件变量，同时释放给其分配的资源。
参数说明：*cond 用于指向条件变量的指针。
返回值：若成功，则返回 0；若失败，则返回出错编号。

3. pthread_cond_wait()函数

所需的头文件：#include <pthread.h>
函数格式：int pthread_cond_wait(pthread_cond_t *cond,pthread_mutex_t *mutex)；
函数功能：条件变量等待，该函数将解锁*mutex 参数指向的互斥锁，并使当前线程阻塞在*cond 参数指向的条件变量上。
参数说明：

- *cond：指向条件变量的指针。
- *mutex：指向相关互斥锁的指针。

返回值：若成功，则返回 0；若失败，则返回出错编号。

线程解开 mutex 指向的互斥锁并被条件变量 cond 阻塞。线程可以被函数 pthread_cond_signal()和函数 pthread_cond_broadcast()唤醒，但是需要注意的是，条件变量只起阻塞和唤醒线程的作用，具体的判断条件还需用户给出，如一个变量是否为 0 等，这一点我们从后面的例子中可以看到。线程被唤醒后，它将重新检查判断条件是否满足，如果还不满足，一般来说，线程应该仍阻塞在这里，等待被下一次唤醒。这个过程一般用 while 语句实现。

条件变量等待必须和一个互斥锁配合，以防止多个线程同时请求 pthread_cond_wait()的竞争条件。mutex 互斥锁必须是普通锁(PTHREAD_MUTEX_TIMED_NP)或者适应锁(PTHREAD_MUTEX_ADAPTIVE_NP)，且在调用 pthread_cond_wait()前必须由本线程加锁，而在更新条件等待队列以前，mutex 保持锁定状态，并在线程挂起进入等待前解锁。在条件满足从而离开 pthread_cond_wait()之前，mutex 将被重新加锁，以与进入 pthread_cond_wait()前的加锁动作对应。

4. pthread_cond_timedwait()函数

所需的头文件：#include <pthread.h>

函数格式：int pthread_cond_timedwait(pthread_cond_t *cond, pthread_mutex_t *mutex, const struct timespec *abstime)；

函数功能：条件变量计时等待，该函数到了一定的时间，即使条件未发生也会解除阻塞。这个时间由参数*abstime 指定。该函数返回时，相应的互斥锁往往是锁定的，即使函数出错返回。

参数说明：

- *cond：指向条件变量的指针。
- *mutex：指向相关互斥锁的指针。
- *abstime：指向时间的指针。

返回值：若成功，则返回 0；若失败，则返回出错编号。

5. pthread_cond_signal()函数

所需的头文件：#include <pthread.h>

函数格式：int pthread_cond_signal(pthread_cond_t * cond)；

函数功能：释放被阻塞在指定条件变量 cond 上的一个线程。

参数说明：*cond 为指向条件变量的指针。

返回值：若成功，则返回 0；若失败，则返回出错编号。

多个线程阻塞在此条件变量上时，哪一个线程被唤醒是由线程的调度策略所决定的。需要注意的是，必须在互斥锁的保护下使用相应的条件变量，否则对条件变量的解锁有可能发生在锁定条件变量之前，从而造成无限期的等待。如果没有线程被阻塞在条件变量上，那么调用 pthread_cond_signal()将没有作用。

6. pthread_cond_broadcast()函数

所需的头文件：#include <pthread.h>

函数格式：int pthread_cond_broadcast(pthread_cond_t * cond)；

函数功能：唤醒所有被 pthread_cond_wait()函数阻塞在某个条件变量上的线程，参数*cond 被用来指定这个条件变量。

参数说明：*cond 为指向条件变量的指针。

返回值：若成功，则返回 0；若失败，则返回出错编号。

当没有线程阻塞在这个条件变量上时，pthread_cond_broadcast()函数无效。由于 pthread_cond_broadcast()函数唤醒所有阻塞在某个条件变量上的线程，这些线程被唤醒后将再次竞争相应的互斥锁，因此使用 pthread_cond_broadcast()函数时必须要小心。

例 7-9：条件变量举例。

```
/* pthread9.c */
#include <pthread.h>
```

```
#include <stdio.h>
#include <stdlib.h>

pthread_mutex_t mutex = PTHREAD_MUTEX_INITIALIZER;     /*初始化互斥锁*/
pthread_cond_t cond = PTHREAD_COND_INITIALIZER;        /*初始化条件变量*/

void *thread1(void *);
void *thread2(void *);

int i=1;
int main(void)
{
    pthread_t t_a;
    pthread_t t_b;
    pthread_create(&t_a,NULL,thread2,(void *)NULL);/*创建线程 t_a*/
    pthread_create(&t_b,NULL,thread1,(void *)NULL); /*创建线程 t_b*/
    pthread_join(t_b, NULL);/*等待线程 t_b 结束*/
    pthread_mutex_destroy(&mutex);
    pthread_cond_destroy(&cond);
    exit(0);
}
void *thread1(void *junk)
{
    for(i=1;i<=9;i++)
    {
        pthread_mutex_lock(&mutex);          /*锁住互斥量*/
        if(i%3==0)
            pthread_cond_signal(&cond);  /*条件改变，发送信号，通知 t_b 线程*/
        else
            printf("thead1:%d\n",i);
        pthread_mutex_unlock(&mutex);     /*解锁互斥量*/
        sleep(1);
    }
}

void *thread2(void *junk)
{
    while(i<9)
    {
        pthread_mutex_lock(&mutex);
        if(i%3!=0)
            pthread_cond_wait(&cond,&mutex);/*等待*/
        printf("thread2:%d\n",i);
        sleep(1);
        pthread_mutex_unlock(&mutex);
        sleep(1);
    }
}
```

分析：程序创建了两个新线程使它们同步运行，实现进程 t_b 打印 9 以内 3 的倍数，t_a 打印其他的数，程序开始线程 t_b 不满足条件等待，线程 t_a 运行使 a 循环加 1 并打印。直到 i 值为 3 的倍数时，线程 t_a 发送信号通知进程 t_b，这时 t_b 满足条件，打印 i 值。

程序运行结果如图 7-10 所示。

```
[root@localhost wang]# ./pthread9
thead1:1
thead1:2
thread2:3
thead1:4
thead1:5
thread2:6
thead1:7
thead1:8
thread2:9
```

图 7-10　条件变量程序运行结果

7.4.4　信号量

信号量本质上是一个非负的整数计数器。信号量通常用来控制对共享资源的访问，其中计数器会初始化为可用资源的数目。在线程资源增加时，计数器会增加计数，在删除资源时会减小计数，这些操作都以原子方式执行。如果计数器的值变为零，则表明已无可用资源。信号计数为零时，尝试减少信号量的线程会被阻塞，直到信号计数大于零为止。

由于信号量无须由同一个线程来获取和释放，因此信号可用于异步事件通知，如用于信号处理程序中。同时，由于信号包含状态，因此可以异步方式使用，而不用像条件变量一样要求获取互斥锁。但是，信号的效率不如互斥锁的高。缺省情况下，如果有多个线程正在等待信号，则解除阻塞的顺序是不确定的。信号量在使用前必须先初始化，但是信号没有属性。

下面将介绍与信号量操作相关的函数。

1. sem_init()函数

所需的头文件：#include <semaphore.h >

函数格式：int sem_init(sem_t *sem, int pshared, unsigned int value)；

函数功能：初始化信号量。

参数说明：

- *sem：指向信号量结构的一个指针。
- pshared：为 0 时此信号量只能在当前进程的所有线程间共享；否则在进程间共享。
- value：指定信号量的初始值。

返回值：若成功，则返回 0；若失败，则返回出错编号。

2. sem_post()函数

所需的头文件：#include <semaphore.h >

函数格式：int sem_post(sem_t *sem)；

函数功能：增加信号。

参数说明：*sem 用于指向信号量结构的一个指针。

返回值：若成功，则返回 0；若失败，则返回出错编号。

当有线程阻塞在这个信号量上时，调用 sem_post()函数会使其中的一个线程不再阻塞，选择机制同样是由线程的调度策略决定的。

3. sem_wait()函数

所需的头文件：#include <semaphore.h >

函数格式：int sem_wait（sem_t *sem）；

函数功能：阻塞当前线程直到信号量 sem 的值大于 0。

参数说明：*sem 用于指向信号量结构的一个指针。

返回值：若成功，则返回 0；若失败，则返回出错编号。

解除阻塞后将 sem 的值减 1，表明公共资源经使用后减少。

4. sem_trywait()函数

所需的头文件：#include <semaphore.h >

函数格式：int sem_trywait（sem_t *sem）；

函数功能：在信号计数大于 0 时，将信号量 sem 的值减 1。

参数说明：*sem 用于指向信号量结构的一个指针。

返回值：若成功，则返回 0；若失败，则返回出错编号。

5. sem_destroy()函数

所需的头文件：#include <semaphore.h >

函数格式：int sem_destroy（sem_t *sem）；

函数功能：释放信号量 sem。

参数说明：*sem 用于指向信号量结构的一个指针。

返回值：若成功，则返回 0；若失败，则返回出错编号。

例 7-10：下面是一个使用信号量的例子。在这个例子中，一共有 4 个线程，其中的两个线程分别负责从两个文件读取数据到公共的缓冲区；另外两个线程负责从缓冲区读取数据并分别进行加和乘运算。

```
/* pthread10.c  */
#include <stdio.h>
#include <pthread.h>
#include <semaphore.h>
#define MAXSTACK 100
int stack[MAXSTACK][2];
int size=0;
sem_t sem;
```

```
/* 从文件 1.dat 读取数据，每读一次，信号量的值加 1*/
void ReadData1(void){
    FILE *fp=fopen("1.dat","r");
    while(!feof(fp)){
        fscanf(fp,"%d %d",&stack[size][0],&stack[size][1]);
        sem_post(&sem);
        ++size;
    }
    fclose(fp);
}

/*从文件 2.dat 读取数据*/
void ReadData2(void){
    FILE *fp=fopen("2.dat","r");
    while(!feof(fp)){
        fscanf(fp,"%d %d",&stack[size][0],&stack[size][1]);
        sem_post(&sem);
        ++size;
    }
    fclose(fp);
}

/*阻塞等待缓冲区有数据，读取数据后，释放空间，继续等待*/
void HandleData1(void){
    while(1){
        sem_wait(&sem);
        printf("Plus:%d+%d=%d\n",stack[size][0],stack[size][1],
        stack[size][0]+stack[size][1]);
        --size;
    }
}

void HandleData2(void){
    while(1){
        sem_wait(&sem);
        printf("Multiply:%d*%d=%d\n",stack[size][0],stack[size][1],
        stack[size][0]*stack[size][1]);
        --size;
    }
}
int main(void){
    pthread_t t1,t2,t3,t4;
    sem_init(&sem,0,0);
    pthread_create(&t1,NULL,(void *)HandleData1,NULL);
    pthread_create(&t2,NULL,(void *)HandleData2,NULL);
    pthread_create(&t3,NULL,(void *)ReadData1,NULL);
    pthread_create(&t4,NULL,(void *)ReadData2,NULL);
```

```
    /* 防止程序过早退出，让它在此无限期等待*/
    pthread_join(t1,NULL);
}
```

在 Linux 下，事先编辑好数据文件 1.dat 和 2.dat，假设它们的内容分别为“1 2 3 4 5 6 7 8 9 10”和“–1 –2 –3 –4 –5 –6 –7 –8 –9 –10”，程序运行结果如图 7-11 所示，同时程序陷入无限期等待状态。

```
[root@localhost wang]# ./pthread10
Plus:1+2=3
Multiply:3*4=12
Plus:5+6=11
Multiply:7*8=56
Plus:9+10=19
Multiply:9*10=90
Plus:-1+-2=-3
Multiply:-3*-4=12
Plus:-5+-6=-11
Multiply:-7*-8=56
Plus:-9+-10=-19
Multiply:-9*-10=90
```

图 7-11　程序运行结果

从图 7-11 中我们可以看出各个线程间的竞争关系。而数值并未按我们原先的顺序显示，这是由于 size 数值被各个线程任意修改。这也往往是多线程编程要注意的问题。

本 章 小 结

和进程相比，多线程具有优势。本章首先进行了多线程概述，接下来依次介绍了多线程程序设计、线程属性及线程的数据处理等内容。线程程序设计包括线程创建、线程退出、线程等待、线程清除等操作函数；线程属性包括线程的初始化、分离状态、继承性、调度策略、优先权、作用域、堆栈大小、堆栈地址等相关属性操作函数；线程的数据处理包括线程数据、互斥锁、条件变量及信号量等相关操作函数。每部分均配有相应的例题，便于读者进一步学习和灵活掌握各种操作函数，深入理解线程同步。

习题与实践

1．和进程相比，多线程有哪些优势？

2．线程有哪几种退出方式？请分别说出其特点。

3．有哪几种线程同步机制？各自有什么优缺点？

4．多线程程序设计编程练习。

(1) 编写应用程序，创建一线程，并向该线程处理函数传递整型数和字符型数。

(2) 创建一线程，并对三种退出方式做对比：①return()；②pthread_exit()；③exit(0)。

(3) 编写应用程序，创建一线程，父进程需要等待该线程结束后才能继续执行。

(4) 编写应用程序，创建一线程，使用 pthread_cleanup_push() 和 pthread_cleanup_pop() 进行退出保护。

5．阅读下面的程序 mutex_lianxi.c，分析程序运行结果。

```
/* mutex_lianxi.c */
#include<stdio.h>
#include<pthread.h>
static pthread_mutex_t testlock;
pthread_t test_thread;
void *test()
{
    pthread_mutex_lock(&testlock);
    printf("thread Test()\n");
    pthread_mutex_unlock(&testlock);
}
int main()
{
    pthread_mutex_init(&testlock, NULL);
    pthread_mutex_lock(&testlock);
    printf("Main lock \n");
    pthread_create(&test_thread, NULL, test, NULL);
    sleep(1); //更加明显的观察到是否执行了创建线程的互斥锁
    printf("Main unlock \n");
    pthread_mutex_unlock(&testlock);
    sleep(1);
    pthread_join(test_thread,NULL);
    pthread_mutex_destroy(&testlock);
    return 0;
}
```

6．编写程序完成如下五个功能。

(1) 有一个 int 型全局变量 g_Flag 初始值为 0；

(2) 在主线程中起动线程 1，打印 this is thread1，并将 g_Flag 设置为 1；

(3) 在主线程中启动线程 2，打印 this is thread2，并将 g_Flag 设置为 2；

(4) 线程 1 需要在线程 2 退出后才能退出；

(5) 主线程退出。

7．阅读下面的程序 sem_lianxi.c，分析程序运行结果。

```
/* sem_lianxi.c */
#include <semaphore.h>
#include <sys/types.h>
#include <stdio.h>
#include <unistd.h>
int number; //被保护的全局变量
sem_t sem_id1, sem_id2;
void* thread_one_fun(void *arg)
```

```
{
    sem_wait(&sem_id1);
    printf("thread_one have the semaphore\n");
    number++;
    printf("number = %d\n",number);
    sem_post(&sem_id2);
}
void* thread_two_fun(void *arg)
{
    sem_wait(&sem_id2);
    printf("thread_two have the semaphore \n");
    number--;
    printf("number = %d\n",number);
    sem_post(&sem_id1);
}
int main(int argc,char *argv[])
{
    number = 1;
    pthread_t id1, id2;
    sem_init(&sem_id1, 0, 1);              //空闲的
    sem_init(&sem_id2, 0, 0);              //忙的
    pthread_create(&id1,NULL,thread_one_fun, NULL);
    pthread_create(&id2,NULL,thread_two_fun, NULL);
    pthread_join(id1,NULL);
    pthread_join(id2,NULL);
    printf("main…\n");
    return 0;
}
```

第 8 章　嵌入式 Linux 网络编程

经过 30 多年的发展，Linux 已经成为一个功能强大而稳定的操作系统，目前其内核已经发展到 4.10 版本的内核。Linux 的诞生、发展和壮大依赖于网络，目前依然掌控于 Linux 社区，遍布全球数以万计的志愿者参与 Linux 的开发。嵌入式 Linux 支持很多硬件平台，并广泛应用到手机、PDA 以及其他移动终端产品中，Linux 的许多特性使其网络编程更易于实现。

本章将主要介绍 Linux 系统网络模型、套接字编程函数、TCP 网络程序设计及 UDP 网络程序设计。

8.1　嵌入式 Linux 网络编程概述

近年来，随着网络技术的崛起，支持网络通信已成为计算机操作系统的基本功能之一。Linux 操作系统由于其完善的网络管理功能，成为当前计算机网络操作系统的主流。Linux 不但支持 FTP(文件传送协议)、Telnet、Rlogin(远程登录)等传统的网络服务功能，而且支持多种不同类型的网络，如 OSI、IPX、UUCP 等，通过这些网络就可以与其他计算机共享文件、收发邮件、传递网络新闻等。

8.1.1　嵌入式 Linux 网络编程优势

随着 Linux 操作系统本身的不断完善，其在网络编程方面的优势越来越明显。

(1) Linux 操作系统支持 TCP/IP。任何系统必须遵循的网络协议是 TCP/IP，TCP/IP 对建网提出了统一的规范的要求。

(2) Linux 操作系统拥有许多网络编程的库函数，可以方便地实现客户端/服务器模型。

(3) Linux 的进程管理也符合服务器的工作原理。Linux 操作系统在运行过程中，每一个进程都有一个创建它的父进程，同时它也可以创建多个子进程。因此在服务器可以用父进程监听客户端的连接请求，当有客户端的连接请求时，父进程建立一个子进程与客户端建立连接并与之通信，而它本身可以继续监听其他客户端的连接请求，从而就避免产生当有一个客户端与服务器建立连接后其他客户端无法与服务器通信的问题。

(4) Linux 还继承了 UNIX 的一个优秀特征——设备无关性，即通过文件描述符实现统一的设备接口。网络的套接字数据传输就是一种特殊的接口，也是一种文件描述符。应用套接字编程接口可以编写网络通信程序，基于套接字可以开发各种类型的应用程序，包括 FTP 客户端/服务器、邮件客户端/服务器等。

8.1.2　网络模型

计算机网络中已经形成的网络模型主要有两个：OSI 参考模型和 TCP/IP 参考模型。

1. OSI 参考模型

开放式系统互联参考模型(Open System Interconnection Reference Model，OSI 参考模型)由国际标准化组织制定。它把网络协议从逻辑上分为了七层。建立七层模型的主要目的是解决异种网络互联时所遇到的兼容性问题，其主要功能就是帮助不同类型的主机实现数据传输。其优点是将服务、接口和协议这三个概念明确地区分开，通过七个层次化的结构模型使不同的系统和不同的网络之间实现可靠的通信。

OSI 参考模型将网络结构划分为七层：物理层、数据链路层、网络层、传输层、会话层、表示层和应用层，如图 8-1 所示。每一层均有自己的一套功能集，并与紧邻的上层和下层交互作用，在最高层与最低层之间的每一层均能确保数据以一种可读、无错、排序正确的格式发送。

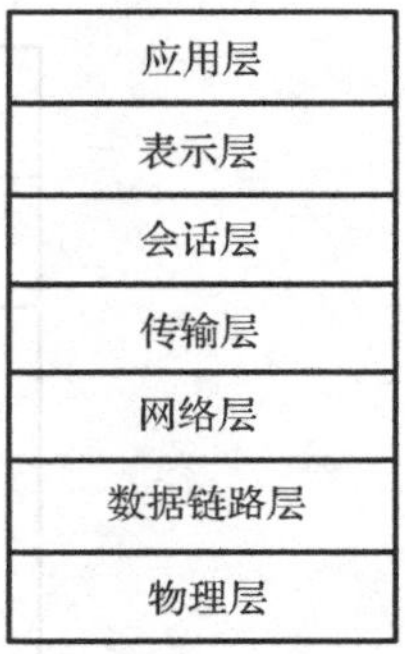

应用层
表示层
会话层
传输层
网络层
数据链路层
物理层

图 8-1　OSI 参考模型

物理层是 OSI 参考模型的最低层或第一层，该层包括物理连网媒介，如电缆连线连接器。物理层的协议产生并检测电压以便发送和接收携带数据的信号。尽管物理层不提供纠错服务，但它能够设定数据传输速率并监测数据出错率。网络物理问题，如电线断开，将影响物理层。

数据链路层是 OSI 参考模型的第二层，它控制网络层与物理层之间的通信。它的主要功能是将从网络层接收到的数据分割成特定的可被物理层传输的帧。帧是用来移动数据的结构包，它不仅包括原始(未加工)数据，或称为有效荷载，还包括发送方和接收方的网络地址以及纠错和控制信息。其中的地址确定了帧将发送到何处；而纠错和控制信息则确保帧无差错送达。

网络层是 OSI 参考模型的第三层，其主要功能是将网络地址翻译成对应的物理地址，并决定如何将数据从发送方路由到接收方，为信息在网络中的传输选择最佳路径。例如，一个计算机有一个网络地址 10.34.99.12(若它使用的是 TCP/IP)和一个物理地址 0060973E97F3。

传输层是 OSI 参考模型的第四层，它主要负责确保数据可靠、顺序、无错地从 A 点传输到 B 点(A、B 点可能在也可能不在相同的网络段上)。因为如果没有传输层，数据将不能被接收方验证或解释，所以，传输层常被认为是 OSI 参考模型中最重要的一层。

会话层是 OSI 参考模型的第五层，它负责在网络中的两个节点之间建立和维持通信。会话指在两个实体之间建立数据交换的连接，常用于表示终端与主机之间的通信。会话层的功能包括建立通信链接、保持会话过程中通信链接的畅通、同步两个节点之间的对话、决定通信是否被中断以及通信中断时从何处重新发送。

表示层是 OSI 参考模型的第六层，它相当于应用程序和网络之间的翻译官。在表示层，数据将按照网络能理解的方式进行格式化；这种格式化也因所使用网络的类型不同而不同。表示层协议还对图片和文件格式信息进行解码和编码。

应用层是 OSI 参考模型的第七层(最高层)，它负责提供接口以使程序能使用网络服务。

应用层并不是指运行在网络上的某个特别应用程序，应用层提供的服务包括文件传输、文件管理以及电子邮件的信息处理。

2. TCP/IP 参考模型

TCP/IP 参考模型是 Internet 的基础。TCP/IP 是一组协议的总称，TCP 和 IP 是其中最主要的两个协议。TCP/IP 参考模型分为四个层次：应用层、传输层、网络层及网络接口层。TCP/IP 参考模型如图 8-2 所示。

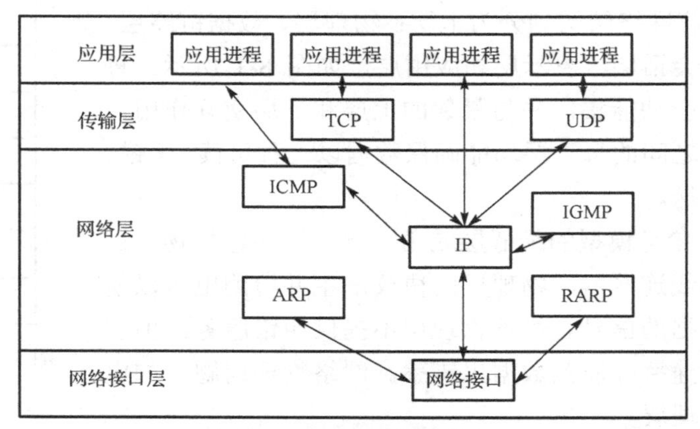

图 8-2　TCP/IP 参考模型

1) 网络接口层

TCP/IP 参考模型的基层是网络接口层，负责数据帧的发送和接收。帧是独立的网络信息传输单元。网络接口层负责将数据帧发送在网上，或从网上把数据帧接收下来。

2) 网络层

网络层主要解决主机到主机的通信问题，它所包含的互联协议将数据包封装成 Internet 数据包，重新赋予主机一个 IP 地址来完成对主机的寻址，它还负责数据包在多种网络中的路由。该层有四个互联协议：互联网协议(IP)、地址解析协议(ARP)、互联网控制报文协议(ICMP)和互联网组管理协议(IGMP)。

(1) 互联网协议(Internet Protocol，IP)：负责在主机和网络之间寻址和路由数据包。

(2) 地址解析协议(Address Resolution Protocol，ARP)：负责获得同一物理网络中的硬件主机地址。

(3) 互联网控制报文协议(Internet Control Message Protocol，ICMP)：负责发送消息，并报告有关数据包的传送错误。

(4) 互联网组管理协议(Internet Group Manage Protocol，IGMP)：被 IP 主机拿来向本地多路广播路由器报告主机组成员。

(5) 逆地址解析协议(Reverse Address Resolution Protocol，RARP)是执行地址解析协议相反任务的 Inter 网协议。它将 MAC 地址转换成 IP 地址。

3) 传输层

传输层的功能是在计算机之间提供通信会话。在传输层定义了两种服务质量不同的协议，即传输控制协议(TCP)和用户数据报协议(UDP)，传输协议的选择根据数据传输方式而定。

(1) 传输控制协议(Transmission Control Protocol，TCP)：为应用程序提供可靠的通信连接，适用于一次传输大批数据的情况，也适用于要求得到响应的应用程序。

(2) 用户数据报协议(User Datagram Protocol，UDP)：提供了无连接通信，且不对传送包进行可靠的保证，适用于一次传输少量数据的情况，可靠性则由应用层来负责。

4) 应用层

应用程序通过应用层访问网络。应用层包括一些服务，这些服务是与终端用户相关的认证、数据处理及压缩，应用层还负责告诉传输层哪个数据流是由哪个应用程序发出的。应用层包括的主要协议：文件传输类协议(HTTP、FTP、TFTP)、远程登录类协议(Telnet)、电子邮件类协议(SMTP)、网络管理类协议(SNMP)、域名解析类协议(DNS)。

(1) 超文本传送协议(Hypertext Transfer Protocol，HTTP)：一个应用层的、面向对象的协议，适用于分布式超媒体信息系统。WWW(World Wide Web，也称为 Web)服务器使用的主要协议就是 HTTP，当然 HTTP 支持的服务器不限于 WWW。

(2) 文件传送协议(File Transfer Protocol，FTP)：一个用于简化 IP 网络上系统之间文件传输的协议。采用 FTP，可以高效地从 Internet 上的 FTP 服务器下载大量的数据文件，以达到资源共享和传递信息的目的。

(3) 简易文件传送协议(Trivial File Transfer Protocol，TFTP)：一个传输文件的简单协议，基于 UDP 而实现。TFTP 在设计时是用于小文件传输的，它对内存和处理器的要求很低，因此不具备 FTP 的许多功能，只能从文件服务器上获得或写入文件，不能列出目录，不进行认证，所以它没有建立连接的过程及错误恢复的功能，适用范围也不像 FTP 一样广泛。一个常见的 TFTP 应用例子就是使用 TFTP 服务器来备份或恢复 Cisco 路由器、Catalyst 交换机的 IOS 镜像和配置文件。

(4) 远程登录协议(Telecommunication Network Protocol，Telnet)：通过客户端与服务器之间的选项协商机制，实现了提供特定功能的双方通信。Telnet 可以让用户只在本地主机上运行 Telnet 客户端，就可以登录到远端的 Telnet 服务器上。在本地输入的命令可以在服务器上运行，服务器把结果返回本地，如同直接在服务器控制台上操作，以实现在本地远程操作和控制服务器。

(5) 简单邮件传送协议(Simple Mail Transfer Protocol，SMTP)：使用由 TCP 提供的可靠的数据传输服务，把邮件消息从发信人的邮件服务器传送到收信人的邮件服务器。跟大多数应用层协议一样，SMTP 也有客户端和服务器，其客户端和服务器同时运行在每个邮件服务器上。当一个邮件服务器在向其他邮件服务器发送邮件消息时，它是作为 SMTP 客户运行的。当一个邮件服务器从其他邮件服务器接收邮件消息时，它是作为 SMTP 服务器运行的。SMTP 的一个重要特点是它能够在传送中接力传送邮件，传送服务提供了进程间通信环境，此环境可以包括一个网络、几个网络或一个网络的子网。

(6) 简单网络管理协议(Simple Network Management Protocol，SNMP)：允许在第三方的管理系统集中采集来自许多网络设备的数据，为网络管理系统提供底层网络管理的框架。

利用 SNMP，可以远程管理所有支持这种协议的网络设备，包括监视网络状态、修改网络设备配置、接收网络事件警告等。SNMP 被设计成与协议无关，所以它可以使用在 IP、IPX、AppleTalk、OSI 以及其他用到的传输协议上。

(7) 域名系统(Domain Name System，DNS)：一台域名解析服务器，它在互联网中的作用是把域名转换成为网络可以识别的 IP 地址，例如，我们上网时输入的域名 www.sohu.com 会自动转换成为 IP地址 106.38.225.31。人们习惯记忆域名，但机器间互相只认 IP 地址，域名与 IP 地址之间是一一对应的，它们之间的转换工作称为域名解析，域名解析需要由专门的域名解析服务器来完成，其整个过程是自动进行的。

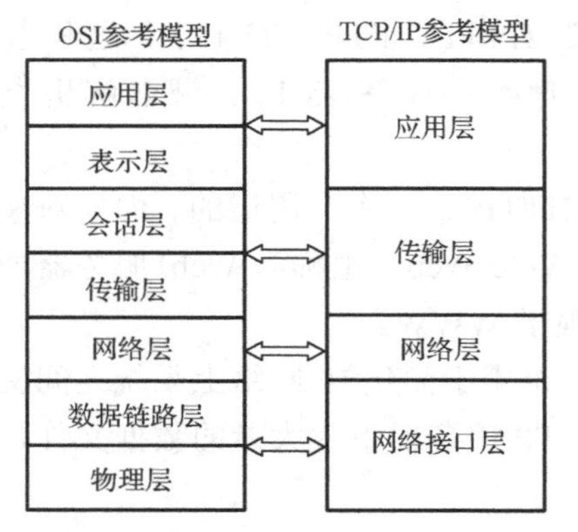

图 8-3　TCP/IP 与 OSI 参考模型的对应关系

3. TCP/IP 参考模型与 OSI 参考模型的关系

TCP/IP 参考模型与 OSI 参考模型有一种相对应的关系，如图 8-3 所示。

1) 应用层

TCP/IP 参考模型应用层大致对应于 OSI 参考模型的应用层和表示层，应用程序通过该层利用网络。

2) 传输层

TCP/IP 参考模型传输层大致对应于 OSI 参考模型的会话层和传输层，包括 TCP 以及 UDP 这些协议负责提供流控制、错误校验和排序服务。所有的服务请求都使用这些协议。

3) 网络层

TCP/IP 参考模型网络层大致对应于 OSI 参考模型的网络层，包括 IP、ICMP、IGMP 以及 ARP，这些协议处理信息的路由以及主机地址解析。

4) 网络接口层

TCP/IP 参考模型网络接口层大致对应于 OSI 参考模型的数据链路层和物理层。该层处理数据的格式化以及将数据传输到网络电缆。

8.1.3　TCP/IP 协议族

互联网协议族(Internet Protocol Suite，IPS)是一个网络通信模型，以及一整个网络传输协议家族，也是互联网的基础通信架构。它常通称为 TCP/IP 协议族(TCP/IP Protocol Suite 或 TCP/IP Protocols)，简称 TCP/IP。因为这个协议家族的两个核心协议包括 TCP 和 IP，它们为这个家族中最早通过的标准协议。由于在网络通信协议普遍采用分层的结构，当多个层次的协议共同工作时，类似计算机科学中的堆栈，因此又称为 TCP/IP 协议栈(TCP/IP Protocol Stack)。这些协议最早发源于美国国防部(United States Department of Defense，USDoD)的ARPA 网项目，因此也称为 DoD 模型。TCP/IP 提供了点对点的连接机制，将数据的封装、寻址、传输、路由以及在目的地的接收，都加以标准化。它将软件通信过程抽象化为四个抽象层，采取协议堆栈的方式，分别做出不同的通信协议。

可将TCP/IP协议族分为以下三部分。

(1)互联网协议。

(2)传输控制协议和用户数据报协议。

(3)处于TCP和UDP之上的一组应用协议。它们包括Telnet、文件传送协议、域名服务和简单邮件传送协议等。

1. 网络层协议

第一部分称为网络层，主要包括互联网协议、互联网控制报文协议和地址解析协议。

1)互联网协议

IP被设计成互联分组交换通信网，以形成一个互联网通信环境。它负责在源主机和目的主机之间传输来自其较高层软件的称为数据报文的数据块，并且在源主机和目的主机之间提供非连接型传递服务。

2)互联网控制报文协议

ICMP属于网络层，用于IP主机、路由器之间传输控制消息，包括数据报错误信息、网络状况信息、主机状况信息等，以提高IP数据报传输的可靠性。

3)地址解析协议

ARP实际上不是网络层部分，它处于IP层和数据链路层之间，它是在32位IP地址和48位物理地址之间执行翻译的协议。

2. 传输层协议

第二部分是传输层协议，包括传输控制协议和用户数据报协议。

1)传输控制协议

TCP对建立网络上用户进程之间的对话负责，它确保进程之间的可靠通信，所提供的功能如下。

(1)监听输入对话建立请求。

(2)请求另一个网络站点对话。

(3)可靠地发送和接收数据。

(4)适度地关闭对话。

2)用户数据报协议

UDP提供不可靠的非连接型传输层服务，它允许在源主机和目的主机之间传送数据，而不必在传送数据之前建立对话。它主要用于非连接型的应用程序，如视频点播。

3. 应用层协议

应用层协议主要包括Telnet、文件传送协议(FTP)、简易文件传送协议(TFTP)和域名系统(DNS)等协议。

8.1.4　TCP/IP 协议封装

1. TCP/IP 协议的封装过程

在使用 TCP 协议的网络程序中，用户数据从产生到从网卡发出去一般要经过如图 8-4 所示的逐层封装过程。

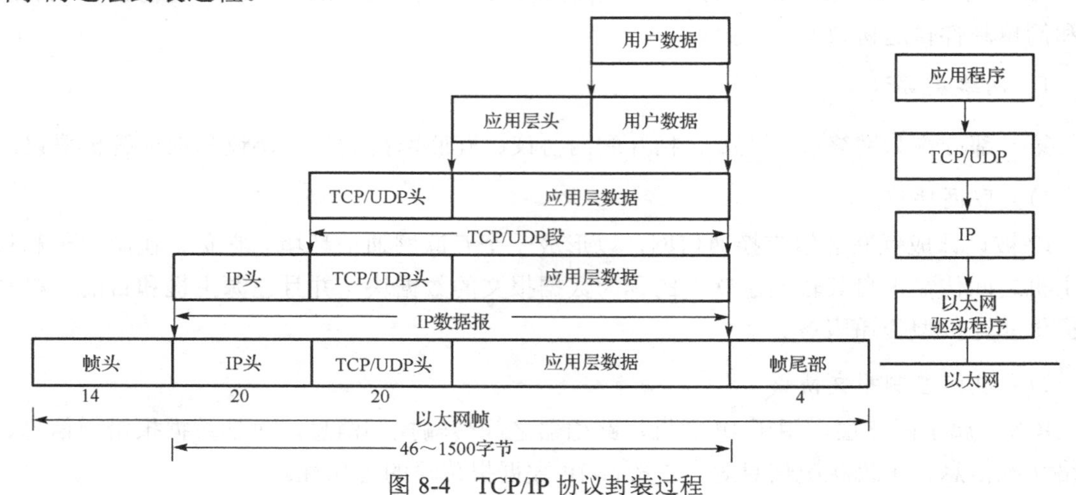

图 8-4　TCP/IP 协议封装过程

在图 8-4 中，从下往上看：

(1) 数据链路层通过加固定长度的头、尾部来封装 IP 数据报产生以太网帧。其中，头中存在对封装数据的标识。

(2) 网络层通过加头来封装 TCP 段产生 IP 数据报。其中，头中存在对封装数据的标识：ICMP (0x01)、IGMP (0x02)、TCP (0x06)、UDP (0x11)。

(3) 传输层通过加头来封装应用数据产生 TCP/UDP 段。其中，头中存在对封装数据的标识——端口号，用来标识是哪个应用程序产生的数据。

(4) 按这种处理逻辑，在应用层，对于我们要处理的应用数据也要加上固定长度的头，头中同样含有某些标识。一般会标识本次数据的业务意义，在程序中一般处理为业务集合 (枚举型) 的某个元素。如果我们采用 TCP 协议，还可能包括应用数据总体长度。

协议采用分层结构，因此，数据报文也采用分层封装的方法。下面以应用非常广泛的以太网为例说明其数据报文分层封装，如图 8-5 所示。

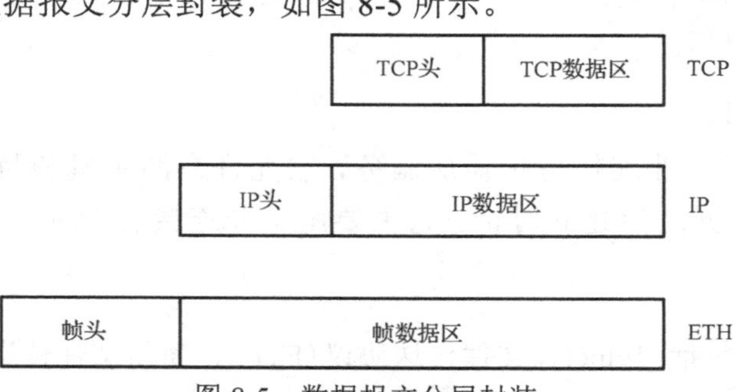

图 8-5　数据报文分层封装

TCP/IP 协议是一个比较复杂的协议集，有兴趣的读者可以查看相关的专业书籍。在此，仅介绍其与编程密切相关的部分：以太网上 TCP/IP 协议的分层结构及其报文格式。

由于 TCP/IP 协议采用分层模型，各层都有专用的报头，下面介绍以太网下 TCP/IP 各层报文格式，如图 8-6 所示。

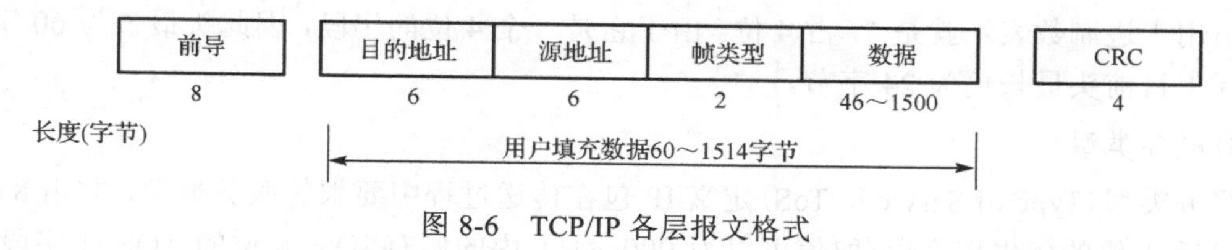

图 8-6 TCP/IP 各层报文格式

8 字节的前导用于帧同步，CRC 域用于帧校验。这些用户不必关心，由网卡芯片自动添加。目的地址和源地址是指网卡的物理地址，即 MAC 地址，具有唯一性。帧类型或协议类型是指数据包的高级协议，例如，0x0806 表示 ARP 协议；0x0800 表示 IP 协议等。

2. IP 协议格式

IP 协议主要有四个功能：数据传送、寻址、路由选择及数据报文的分段。其主要目的是为数据输入/输出网络提供基本算法，为高层协议提供无连接的传送服务。这意味着在 IP 将数据递交给接收站点以前不在传输站点和接收站点之间建立对话，它只封装和传递数据，但不向发送者或接收者报告 IP 包的状态，不处理所遇到的故障。

IP 包由 IP 头与 IP 数据报文两部分构成。IP 协议格式如图 8-7 所示。

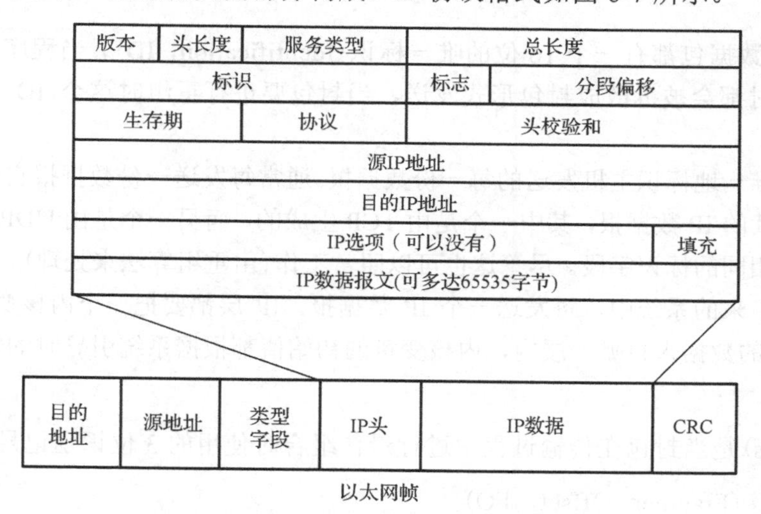

图 8-7 IP 协议格式

在以太网帧中，IPv4 报头紧跟着以太网帧头，同时将以太网帧头中的协议类型值设置为 0x0800。IP 协议头格式各项分别介绍如下。

1）版本

版本用来指定 IP 的版本号，因为目前仍主要使用 IPv4 版本，所以这里的值通常是 0x4(封包使用的数字通常都是十六进制的)，占 4 位。

2) 头长度

头长度(互联网报头长度，Internet Header Length，IHL)指明 IPv4 报头长度的字节数包含多少个 32 位，由于 IPv4 的报头可能包含可变数量的可选项，因此这个字段可以用来确定 IPv4 数据报中数据部分的偏移位置。IPv4 报头的最小长度是 20 字节，因此 IHL 字段的最小值用十进制数表示就是 5，占 4 位。由于它是一个 4 位的字段，因此头最长为 60 字节，但实际上目前头最长仍为 24 字节。

3) 服务类型

服务类型(Type of Service，ToS)定义 IP 包在传送过程中要求的服务类型，共由 8 位组成，包括 3 位的优先权字段(取值可以为 000～111 内的所有值)，4 位的 TOS 子字段和 1 位保留位但必须清 0。

4) 总长度

IP 协议头格式中指定 IP 数据包的总长度，通常以字节为单位来表示该数据包的总长度，此数值包括标头和数据的总和，占 16 位。利用头长度字段和总长度字段，就可以知道 IP 数据包中数据内容的起始位置和总长度。

由于该字段长 16 位，因此 IP 数据报文最长可达 65535 字节。

总长度字段是 IP 头中必要的内容，因为一些数据链路(如以太网)需要填充一些数据以达到最小长度。尽管以太网的最小帧长为 46 字节，但是 IP 数据可能会更短。如果没有总长度字段，那么 IP 层就不知道 46 字节中有多少是 IP 数据报文的内容。

5) 标识

每一个 IP 数据包都有一个 16 位的唯一标识(Identification，ID)，当程序产生的数据要通过网络传送时都会被拆散成封包形式发送，当封包要进行重组时这个 ID 就是依据了，它占 16 位。

标识字段唯一地标识主机发送的每一份数据报。通常每发送一份数据报它的值就会加 1。假设有两个连续的 IP 数据报，其中一个是由 TCP 生成的，而另一个是由 UDP 生成的，那么它们可能具有相同的标识字段。尽管这也可以照常工作(由重组算法来处理)，但是在大多数从伯克利派生出来的系统中，每发送一个 IP 数据报，IP 层都要把一个内核变量的值加 1，不管交给 IP 层的数据来自哪一层内，内核变量的初始值都根据系统引导时的时间来设置。

6) 标志

标志(Flags)是当封包在传输过程中进行最佳组合时使用的 3 位识别记号。

7) 分段偏移(Fragment Offset，FO)

IP 协议头格式规定，当封包被分段之后，由于网络情况或其他因素影响，其抵达顺序不会和当初的切割顺序一致，因此当封包进行分段时会为各片段做好定位记录，以便在重组时就能够对号入座其值为多少字节，如果封包并没有被分段，则 FO 值为 0，占 13 位。

8) 生存期

生存期(Time To Live，TTL)字段设置了数据报可以经过的最多路由器数，占 8 位，表示数据报在网络上生存多久。TTL 的初始值由源主机设置(通常为 32 位或 64 位)，一旦经过一个处理它的路由器，它的值就减 1，当该字段的值为 0 时，数据报就被丢弃，并发送 ICMP 消息通知源主机，这样当封包在传递过程中由于某些原因而未能抵达目的主机时，就可以避免其一直充斥在网络上。

9) 协议

协议(Protocol，PROT)指该封包所使用的网络协议类型，如 ICMP、DNS 等，占 8 位。

10) 头校验和

头校验和(Header Checksum，HC)指 IPv4 报头的校验和，这个数值是用来检错的，用以确保封包被正确无误地接收。当封包开始进行传送后，目的主机会利用这个检验值来检验余下的封包，如果一切无误就会发出确认信息表示接收正常，头校验和占 16 位。

头校验和字段是根据 IP 报头计算的校验和码，不对报头后面的数据进行计算。ICMP、IGMP、UDP 和 TCP 协议在它们各自的报头中均含有同时覆盖报头和数据的检验和码。

IP 协议头格式规定：计算一份数据报的 IP 校验和，首先把校验和字段清 0，然后对头中的每个 16 位进行二进制反码求和(整个报头看成由一串 16 位的字组成)，结果存在校验和字段中。当接收方收到一份 IP 数据报后，同样对头中每个 16 位进行二进制反码的求和，由于接收方在计算过程中包含了发送方存在报头中的校验和，因此，如果报头在传输过程中没有发生任何差错，那么接收方计算的结果应该为全 1，如果结果不是全 1(校验和错误)，那么 IP 就丢弃收到的数据报，但是不生成差错消息，由上层发现丢失的数据报并进行重传。

ICMP、IGMP、UDP 和 TCP 都采用相同的校验和算法，尽管 TCP 和 UDP 除了本身的报头和数据外，在 IP 报头中还包含不同的字段，由于路由器经常只修改 TTL 字段(减 1)，因此当路由器转发一份消息时可以增加它的校验和，而不需要对 IP 整个报头进行重新计算。

11) 源 IP 地址

源 IP 地址(Source Address，SA)为发送 IP 数据包的 IP 地址，占 32 位。

12) 目的地址

目的地址(Destination Address，DA)为接收 IP 数据包的 IP 地址，占 32 位。

13) 选项+填充

选项(Options)+填充(Padding)较少使用，只有某些特殊的封包需要特定的控制才会用到，共 32 位，这些选项通常如下。

(1) 安全和处理限制：用于军事领域。

(2) 记录路径：让每个路由器都记下它的 IP 地址。

(3) 时间戳：让每个路由器都记下它的 IP 地址和时间。

(4) 宽松的源站选路：为数据报指定一系列必须经过的 IP 地址。

(5) 严格的源站选路：与宽松的源站选路类似，但是要求数据报只能经过这些指定的地址，不能经过其他的地址。

以上这些选项很少被使用，而且并非所有的主机和路由器都支持这些选项。选项字段一直都以 32 位作为界限，在必要时插入值为 0 的填充字节，这样就保证 IP 报头长度始终是 32 的整数倍(这是报头长度字段所要求的)。

从以上 IP 协议头格式可以看出，IP 协议报头长度也有两种：当没有选项字段时，为 160 位(20 字节)；当有选项字段时，为 192 位(24 字节)，它与 TCP 协议报头大小是一样的。

3. TCP 协议格式

TCP 是重要的传输层协议，目的是允许数据同网络上的其他节点进行可靠的交换。它能提供端口编号的译码，以识别主机的应用程序，而且能完成数据的可靠传输。

TCP 协议具有严格的内装差错检验算法以确保数据的完整性。TCP 是面向字节的顺序协议，这意味着包内的每字节被分配一个顺序编号，并分配给每包一个顺序编号。TCP 协议格式如图 8-8 所示。

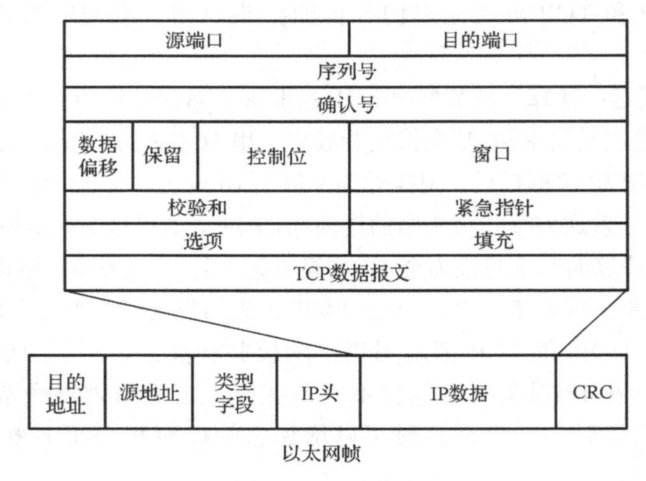

图 8-8　TCP 格式

其中各部分长度如下。

源端口：16 位。

目的端口：16 位。

序列号：32 位，当 SYN 出现，序列码实际上是初始序列码(ISN)，而第一个数据字节是 ISN+1。

确认号：32 位，如果设置了 ACK 控制位，则这个值表示一个待接收包的序列码。

数据偏移：4 位，指示何处数据开始。

保留：6 位，这些位必须是 0。

控制位：6 位。

窗口：16 位。

校验和：16 位。

紧急指针：16 位，指向后面是优先数据的字节。

选项：长度不定，但长度必须以字节为单位，选项的具体内容需要结合具体命令来定。

填充：不定长，填充的内容必须为 0，目的是保证报头的结合和数据的开始处的偏移量能够被 32 整除。

4. UDP 协议格式

UDP 也是传输层协议，它是无连接的、不可靠的传输服务。当接收数据时它不向发送方提供确认信息，并且不提供输入包的顺序，如果出现丢失包或重复包的情况，也不会向发送方发出差错报文。由于它执行功能时具有较少的开销，因而执行速度比 TCP 的执行速度快。UDP 协议格式如图 8-9 所示。

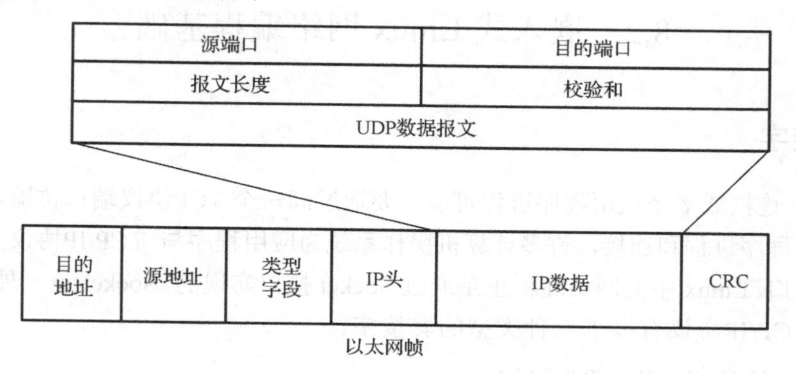

图 8-9　UDP 协议格式

UDP 使用端口号为不同的应用保留其各自的数据传输通道。UDP 和 TCP 正是采用这一机制实现对同一时刻内多项应用同时发送和接收数据的支持的。数据发送方(可以是客户端或服务器)将 UDP 数据报通过源端口发送出去，而数据接收方则通过目的端口接收数据。一些网络应用只能使用预先为其预留或注册的静态端口；而另一些网络应用则可以使用未被注册的动态端口。因为 UDP 报头使用 2 字节存放端口号，所以端口号的有效范围是 0～65535。一般来说，端口号大于 49151 的端口都代表动态端口。

报文长度是指包括报头和数据部分在内的总的字节数。因为报头的长度是固定的，所以该字段主要被用来计算可变长度的数据部分(又称为数据负载)。数据报的最大长度根据操作环境的不同而各异。从理论上说，包含报头在内的数据报的最大长度为 65535 字节。不过，一些实际应用往往会限制数据报的长度，有时会降低到 8192 字节。

UDP 使用报头中的校验和来保证数据的安全。首先在数据发送方通过特殊的算法计算得出校验和，在将其传递到接收方之后，还需要再重新计算。如果某个数据报在传输过程中被第三方篡改或者由于线路噪声等原因而受到损坏，发送方和接收方的校验计算值将不会相符，由此 UDP 可以检测是否出错。

5. UDP 与 TCP 比较

UDP 协议和 TCP 协议的主要区别是两者在如何实现数据的可靠传输方面不同。

TCP 协议中包含了专门的数据传输保证机制，当数据接收方收到发送方传来的数据时，会自动向发送方发出确认消息；发送方只有在接收到该确认消息之后才继续传输其他数据，否则将一直等待，直到收到确认消息为止。

与 TCP 协议不同，UDP 协议并不提供数据传输保证机制。如果在从发送方到接收方的传递过程中出现数据报的丢失，其本身并不能做出任何检测或提示。因此，UDP 通常称为不可靠的传输协议。

在有些情况下，UDP 协议可能会变得非常有用。因为 UDP 协议具有 TCP 协议所无法比拟的速度优势。虽然 TCP 协议中植入了各种安全保障功能，但是在实际执行的过程中会占用大量的系统开销，无疑使速度受到严重的影响。而 UDP 协议由于排除了数据可靠保证机制，将安全和排序等功能移交给上层应用来完成，极大地降低了执行时间，使速度得到了保证。

8.2　嵌入式 Linux 网络编程基础

8.2.1　套接字

多个 TCP 连接或多个应用程序进程可能需要通过同一个 TCP协议端口传输数据。为了区别不同的应用程序进程和连接，许多计算机操作系统为应用程序与 TCP/IP协议交互提供了称为套接字的接口。Linux 中的网络编程正是通过 Socket 接口实现的，Socket 是一种文件描述符。

常用的 TCP/IP协议有以下三种类型的套接字。

1. 流式套接字(SOCK_STREAM)

流式套接字用于提供面向连接的、可靠的数据传输服务。该服务将保证数据能够实现无差错、无重复发送，并按顺序接收。流式套接字之所以能够实现可靠的数据服务，原因在于其使用了 TCP协议。

2. 数据报套接字(SOCK_DGRAM)

数据报套接字提供了一种无连接的服务。该服务并不能保证数据传输的可靠性，数据有可能在传输过程中丢失或重复，且无法保证顺序地接收数据。数据报套接字使用 UDP协议进行数据的传输。由于数据报套接字不能保证数据传输的可靠性，对于有可能出现的数据丢失情况，需要在程序中做相应的处理。

3. 原始套接字(SOCK_RAW)

原始套接字与标准套接字(标准套接字指的是前面介绍的流式套接字和数据报套接字)的区别在于：原始套接字可以读/写内核没有处理的 IP 数据包；而流式套接字只能读取 TCP 协议的数据；数据报套接字只能读取 UDP 协议的数据。因此，如果要访问其他协议发送的数据，就必须使用原始套接字。原始套接字允许对低层协议(如 IP 或 ICMP)直接访问，主要用于新的网络协议的测试等。

8.2.2　网络地址

1. 网络地址格式

在 Socket 程序设计中，struct sockaddr 用于记录网络地址，其格式如下：

```
struct sockaddr
{
    u_short  sa_family;
    char  sa_data[14];
}
```

其中，sa_family为协议族，采用AF_XXX的形式，如AF_INET(IP协议族)；sa_data为14字节的特定协议地址。

编程中一般并不直接针对sockaddr数据结构进行操作，而是使用与sockaddr等价的sockaddr_in数据结构，其格式如下：

```
struct sockaddr_in
{
    short int sin_family;                /* Internet 地址族 */
    unsigned short int sin_port;         /* 端口号 */
    struct in_addr sin_addr;             /* 协议特定地址，如 IP 地址 */
    unsigned char sin_zero[8];           /* 填 0 */
}
```

2. 地址转换

IP地址通常由数字加点(如192.168.0.1)的形式表示，而在struct in_addr中使用的IP地址是由32位的整数表示的，为了实现这两种形式地址的转换，我们可以使用下面两个函数。

1) inet_aton()函数

所需的头文件：#include <sys/socket.h>

#include <netinet/in.h>

#include <arpa/inet.h>

函数格式：int inet_aton(const char *cp,struct in_addr *inp)；

函数功能：将a.b.c.d字符串形式的IP地址转换为32位的网络序列的IP地址。

参数说明：

- *cp：存放字符串形式的IP地址的指针。
- *inp：存放32位的网络序列的IP地址。

返回值：如果转换成功，函数的返回值为非零；否则返回零。

2) inet_ntoa()函数

所需的头文件：#include <sys/socket.h>

#include <netinet/in.h>

#include <arpa/inet.h>

函数格式：char *inet_ntoa(struct in_addr in)；

函数功能：将32位的网络序列的IP地址转换为a.b.c.d字符串形式的IP地址。

参数说明：in表示Internet主机地址的结构。

返回值：若转换成功，返回一个字符指针；否则返回NULL。

8.2.3 字节顺序

不同类型的 CPU 对变量的字节存储顺序可能不同：有的系统是高位在前、低位在后；而有的系统是低位在前、高位在后，而网络传输的数据顺序是必须要统一的。所以当内部字节存储顺序和网络字节顺序不同时，就一定要进行转换。

例如，32 位的整数 0x01234567 从地址 0x100 开始存放，分别有下面两种存放顺序。

(1) 小端字节顺序：

	0x100	0x101	0x102	0x103	
…	67	45	23	01	…

(2) 大端字节顺序：

	0x100	0x101	0x102	0x103	
…	01	23	45	67	…

网络字节顺序是 TCP/IP 中规定好的一种数据表示格式，它与具体的 CPU 类型、操作系统等无关，从而可以保证数据在不同主机之间传输时能够被正确解释。网络字节顺序采用大端字节顺序方式。

为什么要进行字节顺序转换呢？例如，Intel 的 CPU 使用的是小端字节顺序，而 Motorola 68K 系列 CPU 使用的是大端字节顺序，如果 Motorola 68K 发一个 16 位数据 0x1234 给 Intel，传到 Intel 时，就被 Intel 解释为 0x3412。

正是因为互联网协议采取的是大端字节顺序，我们在编程时才需要考虑网络字节顺序和主机字节顺序之间的转换。下面介绍四个转换函数。

1. htons()函数

所需的头文件：#include<netinet/in.h>

函数格式：unsigned short int htons(unsigned short int hostshort)；

函数功能：将参数指定的 16 位主机字节顺序转换成网络字节顺序。

参数说明：hostshort 为待转换的 16 位主机字节顺序数。

返回值：返回对应的网络字节顺序数。

2. htonl()函数

所需的头文件：#include<netinet/in.h>

函数格式：unsigned long int htonl(unsigned long int hostlong)；

函数功能：将参数指定的 32 位主机字节顺序转换成网络字节顺序。

参数说明：hostlong 为待转换的 32 位主机字节顺序数。

返回值：返回对应的网络字节顺序数。

3. ntohs()函数

所需的头文件：#include<netinet/in.h>

函数格式：unsigned short int ntohs (unsigned short int netshort)；

函数功能：将参数指定的 16 位网络字节顺序转换成主机字节顺序。

参数说明：netshort 为待转换的 16 位网络字节顺序数。

返回值：返回对应的主机字节顺序数。

4．ntohl () 函数

所需的头文件：#include<netinet/in.h>

函数格式：unsigned long int ntohl (unsigned long int netlong)；

函数功能：将参数指定的 32 位网络字节顺序转换成主机字节顺序。

参数说明：netlong 为待转换的 32 位网络字节顺序数。

返回值：返回对应的主机字节顺序数。

8.2.4 Socket 编程常用函数

1．socket () 函数

所需的头文件：#include<sys/types.h>

#include<sys/socket.h>

函数格式：int socket (int domain, int type, int protocol)；

函数功能：创建一个套接字。

参数说明：

- domain：即协议域，又称为协议族。

常用的协议族有 AF_INET、AF_INET6、AF_LOCAL、AF_ROUTE 等。

协议族决定了 socket 的地址类型，在通信中必须采用对应的地址，例如，AF_INET 决定了要用 IPv4 地址(32 位的)与端口号(16 位的)的组合；AF_UNIX 决定了要用一个绝对路径名作为地址。

- type：指定 socket 类型，可以是 SOCK_STREAM、SOCK_DGRAM 或 SOCK_RAW。
- protocol：指定协议。当 protocol 为 0 时，会自动选择 type 类型对应的默认协议。

返回值：若调用成功，则返回一个套接字描述符；如果失败，则返回-1。

2．bind () 函数

所需的头文件：#include<sys/types.h>

#include<sys/socket.h>

函数格式：int bind (int sockfd, const struct sockaddr *addr, socklen_t addrlen)；

函数功能：把套接字绑定到本地计算机的某一个端口上。

参数说明：

- sockfd：由 socket () 函数返回的套接字描述符，bind () 函数将给这个描述符绑定一个名字。

- *addr：一个 const struct sockaddr *指针，指向要绑定给 sockfd 的协议地址。这个地址结构根据创建 socket 时的地址协议族的不同而不同，一般包含名称、端口和 IP 地址。
- addrlen：对应的是地址的长度，可以设置为 sizeof(struct sockaddr)。

返回值：若成功，则返回 0；若失败，则返回-1，失败原因存于 errno 中。

3. listen()函数

所需的头文件：#include<sys/types.h>
　　　　　　　#include<sys/socket.h>

函数格式：int listen(int sockfd, int backlog)；

函数功能：侦听 socket 能处理的最大并发连接请求数，其最大取值为 128。

参数说明：

- sockfd：要侦听的 socket 描述字。
- backlog：相应 socket 可以侦听的最大并发连接请求数，在内核函数中，首先对 backlog 做检查，如果大于 128，则强制其等于 128。socket()函数创建的 socket 默认是一个主动类型的，listen()函数将 socket 变为被动类型的，等待客户的连接请求。

返回值：若成功，则返回 0，若失败，则返回-1，失败原因存在于 errno 中。

4. connect()函数

所需的头文件：#include<sys/types.h>
　　　　　　　#include<sys/socket.h>

函数格式：int connect(int sockfd, const struct sockaddr *addr, socklen_t addrlen)；

函数功能：客户端通过调用 connect()函数来建立与 TCP 服务器的连接。

参数说明：

- sockfd：客户端的 socket 描述字。
- addr：服务器的 socket 地址。
- addrlen：socket 地址的长度。

返回值：若成功，则返回 0；若失败，则返回-1，失败原因存于 errno 中。

5. accept()函数

所需的头文件：#include<sys/types.h>
　　　　　　　#include<sys/socket.h>

函数格式：int accept(int sockfd, struct sockaddr *addr, socklen_t *addrlen)；

函数功能：用来接收参数 sockfd 的 socket 连接请求。参数 sockfd 的 socket 必须先经过 bind()、listen()函数的处理。当有连接请求时，accept()会返回一个新的 socket 描述字，往后的数据传送与读取就由新的 socket 处理，而原来参数 sockfd 的 socket 能继续使用 accept()来接收新的连接请求。accept()连接成功时，参数 addr 所指的结构会被系统填入远程主机的地址数据，参数 addrlen 为 scokaddr 的结构长度。

参数说明：

- sockfd：服务器的socket描述字。
- addr：指向struct sockaddr *的指针，用于返回客户端的协议地址。
- addrlen：协议地址的长度。

返回值：如果成功，那么其返回值是由内核自动生成的一个全新的描述字，代表服务器与返回客户的TCP连接；如果失败，则返回–1，错误原因存于errno中。

6. recvfrom()函数

所需的头文件：#include <sys/types.h>

#include <sys/socket.h>

函数格式：int recvfrom(int sock, char FAR* buf, int len, int flags,struct sockaddr FAR * from, int FAR* fromlen)；

函数功能：从套接字上接收一个数据报并保存源地址。

参数说明：

- sock：标识一个已连接的套接字。
- buf：接收数据缓冲区。
- len：接收数据缓冲区长度。
- flags：调用操作方式。
- from：(可选)指针，指向装有源地址的缓冲区。
- fromlen：(可选)指针，指向from缓冲区长度值。

返回值：若成功，则返回读入的字节数；若失败，则返回–1。

7. sendto()函数

所需的头文件：#include <sys/types.h>

#include <sys/socket.h>

函数格式：int sendto(int sock, const char FAR* buf, int len, int flags, struct sockaddr FAR* to, int tolen)；

函数功能：向一指定目的地发送数据。

参数说明：

- sock：一个标识套接口的描述字。
- buf：包含待发送数据的缓冲区。
- len：buf缓冲区中数据的长度。
- flags：调用方式标志位，是以下零个或者多个标志的组合体，可通过or操作连在一起。

✧ MSG_DONTROUTE：不要使用网关来发送封包，只发送封包到直接联网的主机。这个标志主要用于诊断或者路由程序。

✧ MSG_DONTWAIT：操作不会被阻塞。

✧ MSG_EOR：终止一个记录。

✧ MSG_MORE：调用者有更多的数据需要发送。

✧ MSG_NOSIGNAL：当另一端终止连接时，请求在基于流的错误套接字上不要发送 SIGPIPE 信号。

✧ MSG_OOB：发送 out-of-band 数据(需要优先处理的数据)，同时现行协议必须支持此种操作。

- to：(可选)指针，指向目的套接口的地址。
- tolen：目的套接口地址的长度。

返回值：若成功，返回所发送数据的总数；否则，返回−1。

8.3　TCP 网络程序设计

网络程序和普通的程序有一个最大的区别是网络程序是由两个部分组成的，即客户端和服务器。在网络程序中，如果一个程序主动和外面的程序通信，那么把这个程序称为客户端。被动地等待外面的程序来和自己通信的程序称为服务器。

在网络应用中通信的两个进程间相互作用的主要模式是客户端/服务器模式(C/S 模式)，即客户端向服务器发出连接请求，服务器接收到请求后提供相应的服务。C/S 模式工作时要求有一套为客户端和服务器所共识的协议，在协议中有主从机之分。当服务器和应用程序需要和其他进程通信时就会创建套接字，Socket 主要完成配套接口和初始化、调用完成连接的系统、传送数据以及关闭接口等工作。

TCP 是一种面向连接的协议，当网络程序使用这个协议时，网络可以保证客户端和服务器的连接是可靠的、安全的。Linux 系统是通过提供套接字来进行网络编程的，网络程序通过 socket()和其他几个函数的调用，会返回一个通信的文件描述符，我们可以将这个描述符看成普通文件的描述符来操作，可以通过向描述符进行读/写操作实现网络之间的数据交流。

基于 TCP 协议的服务器设计步骤如下。

(1)用函数 socket()创建一个 Socket。

(2)用函数 bind()将 IP 地址、端口等信息绑定到 Socket 上。

(3)用函数 listen()设置侦听的最大并发连接请求数。

(4)用函数 accept()接收从客户端上来的连接请求。

(5)用函数 send()和 recv()，或者 read()和 write()收发数据。

(6)关闭网络连接。

基于 TCP 协议的客户端设计步骤如下。

(1)用函数 socket()创建一个 Socket。

(2)设置要连接的对方的 IP 地址和端口等属性。

(3)用函数 connect()连接服务器。

(4)用函数 send()和 recv()，或者 read()和 write()收发数据。

(5)关闭网络连接。

基于 TCP 协议的服务器/客户端设计流程如图 8-10 所示。

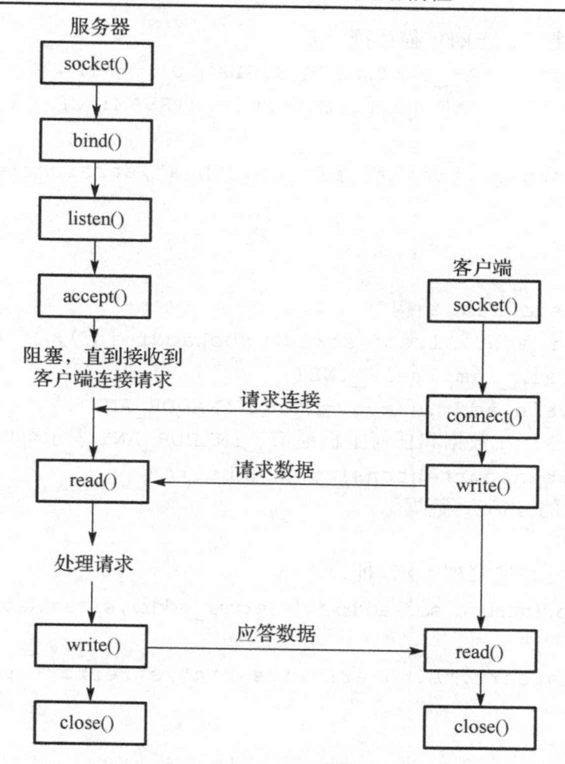

图 8-10　基于 TCP 协议的服务器/客户端设计流程

例 8-1：TCP 网络程序设计实例。

基于 TCP 协议的服务器设计 tcp_server.c，服务器负责发送数据：

```
/* tcp_server.c */
#include <stdlib.h>
#include <stdio.h>
#include <errno.h>
#include <string.h>
#include <netdb.h>
#include <sys/types.h>
#include <netinet/in.h>
#include <sys/socket.h>

#define portnumber 3333

int main(int argc, char *argv[])
{
    int sockfd,new_fd;
    struct sockaddr_in server_addr;
    struct sockaddr_in client_addr;
    int sin_size;
    char hello[]="Hello! Are You Fine?\n";
```

```
        /* 服务器开始建立 sockfd 描述符 */
        if((sockfd=socket(AF_INET,SOCK_STREAM,0))==-1)
                        //AF_INET:IPV4;SOCK_STREAM:TCP
        {
            fprintf(stderr,"Socket error:%s\n\a",strerror(errno));
            exit(1);
        }

        /* 服务器填充 sockaddr 结构 */
        bzero(&server_addr,sizeof(struct sockaddr_in));    //初始化,置 0
        server_addr.sin_family=AF_INET;                    //Internet
        server_addr.sin_addr.s_addr=htonl(INADDR_ANY);     //将本机器上的 long 数
    //据转化为网络上的 long 数据和任何主机通信，INADDR_ANY 表示可以接收任意 IP 地址的数据
        server_addr.sin_port=htons(portnumber);            //将本机器上的 short
    //数据转化为网络上的 short 数据

        /* 捆绑 sockfd 描述符到 IP 地址 */
        if(bind(sockfd,(struct sockaddr *)(&server_addr),sizeof(struct sockaddr))==-1)
        {
            fprintf(stderr,"Bind error:%s\n\a",strerror(errno));
            exit(1);
        }

        /* 设置允许连接的最大客户端数 */
        if(listen(sockfd,5)==-1)
        {
            fprintf(stderr,"Listen error:%s\n\a",strerror(errno));
            exit(1);
        }

        while(1)
        {
            /* 服务器阻塞,直到客户端建立连接 */
            sin_size=sizeof(struct sockaddr_in);
            if((new_fd=accept(sockfd,(struct    sockaddr    *)(&client_addr),
&sin_size))==-1)
            {
                fprintf(stderr,"Accept error:%s\n\a",strerror(errno));
                exit(1);
            }
            fprintf(stderr,"Server   get   connection   from   %s\n",inet_ntoa
(client_addr.sin_addr));
    //将网络地址转换成字符串

            if(write(new_fd,hello,strlen(hello))==-1)
            {
                fprintf(stderr,"Write Error:%s\n",strerror(errno));
```

```
            exit(1);
        }
        /* 这个通信已经结束 */
        close(new_fd);
    }

    /* 结束通信 */
    close(sockfd);
    exit(0);
}
```

基于TCP协议的客户端设计tcp_client.c，客户端负责接收数据：

```
/* tcp_client.c */
#include <stdlib.h>
#include <stdio.h>
#include <errno.h>
#include <string.h>
#include <netdb.h>
#include <sys/types.h>
#include <netinet/in.h>
#include <sys/socket.h>

#define portnumber 3333

int main(int argc, char *argv[])
{
    int sockfd;
    char buffer[1024];
    struct sockaddr_in server_addr;
    struct hostent *host;
    int nbytes;

    /* 使用 hostname 查询 host 名字 */
    if(argc!=2)
    {
        fprintf(stderr,"Usage:%s hostname \a\n",argv[0]);
        exit(1);
    }

    if((host=gethostbyname(argv[1]))==NULL)
    {
        fprintf(stderr,"Gethostname error\n");
        exit(1);
    }

    /* 客户端开始建立 sockfd 描述符 */
    if((sockfd=socket(AF_INET,SOCK_STREAM,0))==-1)
```

```
    //AF_INET:Internet;SOCK_STREAM:TCP
        {
            fprintf(stderr,"Socket Error:%s\a\n",strerror(errno));
            exit(1);
        }

        /* 客户端填充服务器的资料 */
        bzero(&server_addr,sizeof(server_addr));    //初始化,置 0
        server_addr.sin_family=AF_INET;             //IPv4
        server_addr.sin_port=htons(portnumber);     //将本机器上的 short 数据转化为
网络上的 short 数据
        server_addr.sin_addr=*((struct in_addr *)host->h_addr); //IP 地址

        /* 客户端发起连接请求 */
        if(connect(sockfd,(struct  sockaddr  *)(&server_addr),sizeof(struct
sockaddr))==-1)
        {
            fprintf(stderr,"Connect Error:%s\a\n",strerror(errno));
            exit(1);
        }

        /* 连接成功了 */
        if((nbytes=read(sockfd,buffer,1024))==-1)
        {
            fprintf(stderr,"Read Error:%s\n",strerror(errno));
            exit(1);
        }
        buffer[nbytes]='\0';
        printf("I have received:%s\n",buffer);

        /* 结束通信 */
        close(sockfd);
        exit(0);
    }
```

分别运行服务器和客户端，显示结果如图 8-11 和图 8-12 所示。

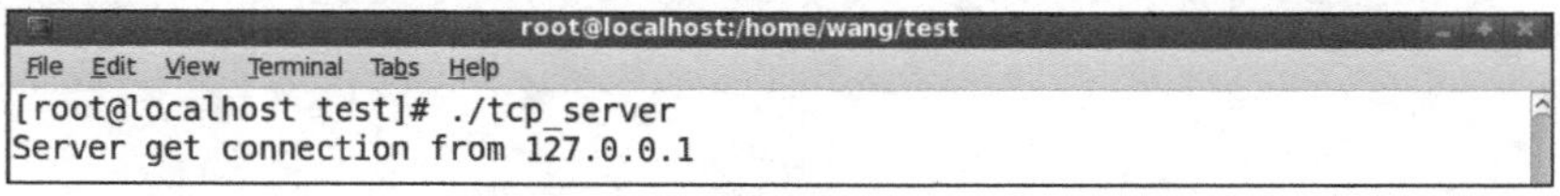

```
root@localhost:/home/wang/test
File Edit View Terminal Tabs Help
[root@localhost test]# ./tcp_server
Server get connection from 127.0.0.1
```

图 8-11　基于 TCP 协议的服务器运行结果

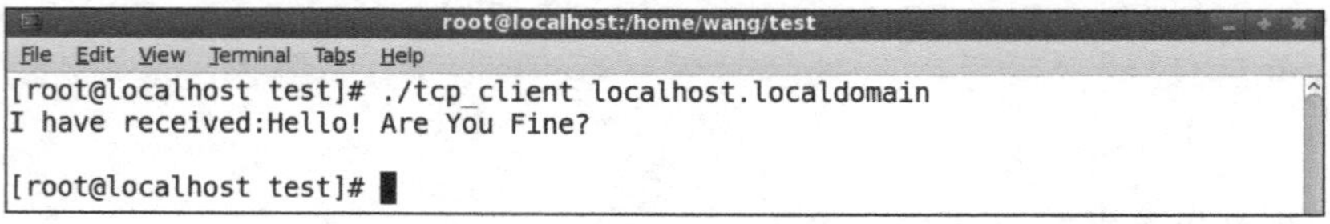

```
root@localhost:/home/wang/test
File Edit View Terminal Tabs Help
[root@localhost test]# ./tcp_client localhost.localdomain
I have received:Hello! Are You Fine?

[root@localhost test]#
```

图 8-12　基于 TCP 协议的客户端运行结果

8.4　UDP 网络程序设计

UDP 是一种简单的传输层协议，是一种非连接的、不可靠的数据报文协议，完全不同于提供面向连接的、可靠的字节流的 TCP 协议。虽然 UDP 有很多不足，但是还是有很多网络程序使用它，如 DNS、NFS、SNMP 等。

通常，UDP 客户端不和服务器建立连接，而是直接使用 sendto()来发送数据。同样，UDP 服务器不需要允许客户端的连接，而是直接使用 recvfrom()来等待，直到接收到客户端发送来的数据。

基于 UDP 协议的服务器设计步骤如下。

(1)用函数 socket()创建一个 Socket。

(2)用函数 bind()绑定 IP 地址、端口等信息到 Socket 上。

(3)用函数 recvfrom()循环接收数据。

(4)关闭网络连接。

基于 UDP 协议的客户端设计步骤如下。

(1)用函数 socket()创建一个 Socket。

(2)设置要连接的对方的 IP 地址和端口等属性。

(3)用函数 sendto()发送数据。

(4)关闭网络连接。

基于 UDP 协议的服务器/客户端设计流程如图 8-13 所示。

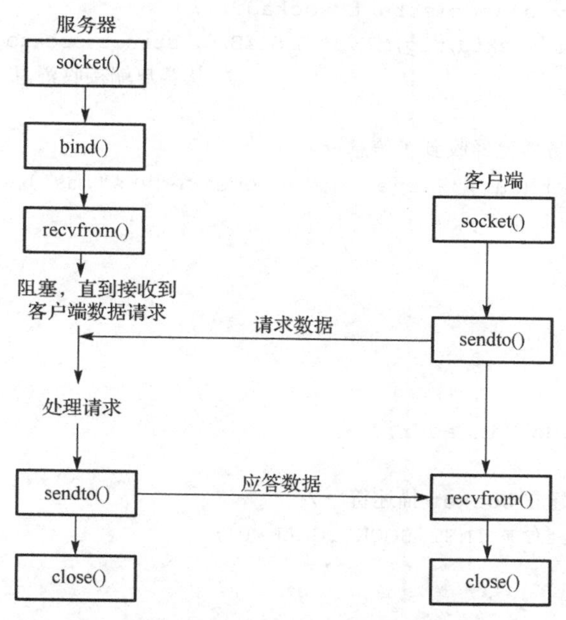

图 8-13　基于 UDP 协议的服务器/客户端设计流程

例 8-2：UDP 网络程序设计实例。

基于 UDP 协议的服务器设计 udp_server.c，服务器负责接收数据：

```
/* udp_server.c */
#include <stdlib.h>
#include <stdio.h>
#include <errno.h>
#include <string.h>
#include <unistd.h>
#include <netdb.h>
#include <sys/socket.h>
#include <netinet/in.h>
#include <sys/types.h>
#include <arpa/inet.h>

#define SERVER_PORT 8888
#define MAX_MSG_SIZE 1024

void udps_respon(int sockfd)
{
    struct sockaddr_in addr;
    int addrlen,n;
    char msg[MAX_MSG_SIZE];

    while(1)
    {   /* 从网络上读,并写到网络上 */
        bzero(msg,sizeof(msg));                 //初始化,清 0
        addrlen = sizeof(struct sockaddr);
        n=recvfrom(sockfd,msg,MAX_MSG_SIZE,0,(struct sockaddr*)&addr,&addrlen);
                                                //从客户端接收消息
        msg[n]=0;
        /* 显示服务器已经收到了信息 */
        fprintf(stdout,"Server have received %s",msg); //显示消息
    }
}

int main(void)
{
    int sockfd;
    struct sockaddr_in addr;

    /* 服务器开始建立 socket 描述符 */
    sockfd=socket(AF_INET,SOCK_DGRAM,0);
    if(sockfd<0)
    {
        fprintf(stderr,"Socket Error:%s\n",strerror(errno));
        exit(1);
    }
```

```
    /* 服务器填充 sockaddr 结构 */
    bzero(&addr,sizeof(struct sockaddr_in));
    addr.sin_family=AF_INET;
    addr.sin_addr.s_addr=htonl(INADDR_ANY);
    addr.sin_port=htons(SERVER_PORT);

    /* 捆绑 sockfd 描述符 */
    if(bind(sockfd,(struct sockaddr *)&addr,sizeof(struct sockaddr_in))<0)
    {
        fprintf(stderr,"Bind Error:%s\n",strerror(errno));
        exit(1);
    }

    udps_respon(sockfd);                    //进行读/写操作
    close(sockfd);
}
```

基于 UDP 协议的客户端设计 udp_client.c，客户端负责发送数据：

```
/* udp_client.c */
#include <stdlib.h>
#include <stdio.h>
#include <errno.h>
#include <string.h>
#include <unistd.h>
#include <netdb.h>
#include <sys/socket.h>
#include <netinet/in.h>
#include <sys/types.h>
#include <arpa/inet.h>

#define SERVER_PORT 8888
#define MAX_BUF_SIZE 1024

void udpc_requ(int sockfd,const struct sockaddr_in *addr,int len)
{
    char buffer[MAX_BUF_SIZE];
    int n;
    while(1)
    {   /* 从键盘读入,写到服务器 */
        printf("Please input char:\n");
        fgets(buffer,MAX_BUF_SIZE,stdin);
        sendto(sockfd,buffer,strlen(buffer),0,addr,len);
        bzero(buffer,MAX_BUF_SIZE);
    }
}

int main(int argc,char **argv)
```

```
{
    int sockfd;
    struct sockaddr_in addr;

    if(argc!=2)
    {
        fprintf(stderr,"Usage:%s server_ip\n",argv[0]);
        exit(1);
    }

    /* 建立 sockfd 描述符 */
    sockfd=socket(AF_INET,SOCK_DGRAM,0);
    if(sockfd<0)
    {
        fprintf(stderr,"Socket Error:%s\n",strerror(errno));
        exit(1);
    }

    /* 填充服务器的资料 */
    bzero(&addr,sizeof(struct sockaddr_in));
    addr.sin_family=AF_INET;
    addr.sin_port=htons(SERVER_PORT);
    if(inet_aton(argv[1],&addr.sin_addr)<0) /*inet_aton 函数用于把字符串形式
的 IP 地址转化成网络二进制数字*/
    {
        fprintf(stderr,"Ip error:%s\n",strerror(errno));
        exit(1);
    }

    udpc_requ(sockfd,&addr,sizeof(struct sockaddr_in)); //进行读/写操作
    close(sockfd);
}
```

分别运行服务器和客户端，显示结果如图 8-14 和图 8-15 所示。

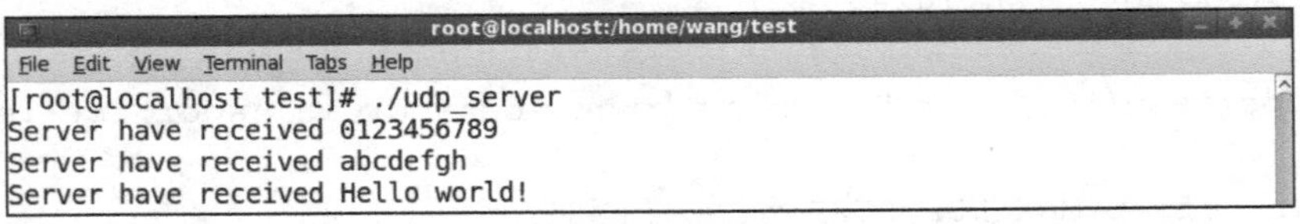

```
root@localhost:/home/wang/test
File Edit View Terminal Tabs Help
[root@localhost test]# ./udp_server
Server have received 0123456789
Server have received abcdefgh
Server have received Hello world!
```

图 8-14　基于 UDP 协议的服务器运行结果

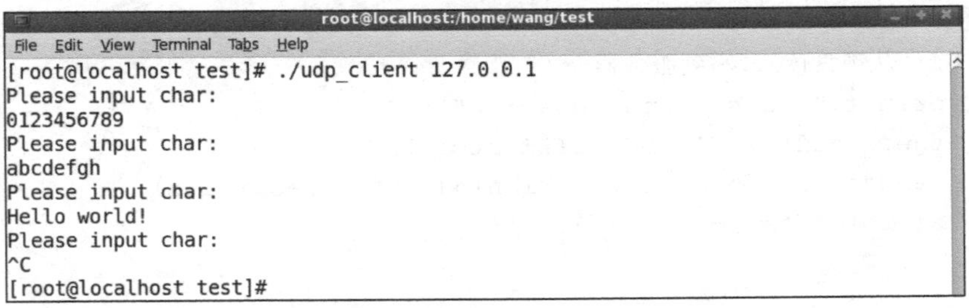

```
root@localhost:/home/wang/test
File Edit View Terminal Tabs Help
[root@localhost test]# ./udp_client 127.0.0.1
Please input char:
0123456789
Please input char:
abcdefgh
Please input char:
Hello world!
Please input char:
^C
[root@localhost test]#
```

图 8-15　基于 UDP 协议的客户端运行结果

本章小结

Linux操作系统在网络编程方面的优势越来越明显。本章首先进行了Linux网络概述，内容包括Linux系统网络编程优势、网络模型、TCP/IP协议族、TCP/IP协议封装等；接下来介绍了Linux网络编程基础，包括套接字、网络地址、字节顺序转换及Socket编程常用函数；在此基础上，又分别介绍了TCP网络程序设计和UDP网络程序设计，并配有相应的例题，便于读者深入学习Linux网络编程。

习题与实践

1．Linux系统网络编程有哪些优势？
2．OSI参考模型有几层？分别是什么？
3．TCP/IP参考模型有几层？分别是什么？
4．TCP/IP参考模型与OSI参考模型之间有怎样的对应关系？
5．TCP/IP协议族分为哪几个部分？
6．简述TCP/IP协议的封装过程。
7．简述IP协议格式、TCP协议格式及UDP协议格式。
8．TCP协议与UDP协议有哪些区别？
9．什么是套接字？常用的TCP/IP协议有哪几种类型的套接字？分别应用在什么场合？
10．在Linux网络编程中，为什么要进行地址转换？
11．不同类型的CPU对变量的字节存储顺序有哪几种？网络字节顺序是哪一种？
12．请写出基于TCP协议的服务器和客户端设计流程。
13．请写出基于UDP协议的服务器和客户端设计流程。
14．基于TCP协议的编程练习。
(1)编写服务器和客户端，实现服务器发送数据，客户端接收数据。
(2)编写服务器和客户端，实现客户端从键盘输入待发送的数据，服务器接收数据。
(3)编写服务器和客户端，实现服务器和客户端互传数据。
15．基于UDP协议的编程练习：编写服务器和客户端，实现服务器和客户端互传数据。

第 9 章　嵌入式系统开发方法

本章介绍嵌入式系统的开发方法，包括嵌入式系统开发流程、嵌入式系统目标板硬件系统设计和嵌入式 Linux 软件开发。

9.1　嵌入式系统开发流程

嵌入式系统通常是为了实现某些特定功能而设计的，资源有限，一般不具备在其平台上的自主开发能力，产品发布后用户通常不能够对其中的软件进行修改，这意味着嵌入式系统的开发需要专门的工具和特殊的方法。一个嵌入式系统的开发需经历三个阶段，即系统总体设计、软硬件设计和系统测试发布，嵌入式系统完整的开发流程如图 9-1 所示。

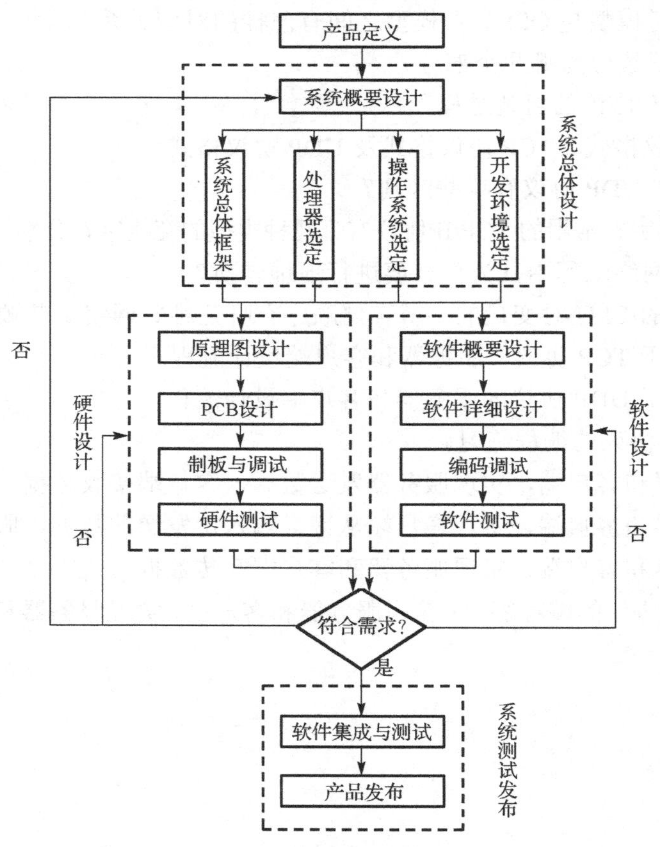

图 9-1　嵌入式系统完整的开发流程

在产品概念形成和功能定义后就进入了初步开发阶段，在系统总体设计阶段需要完成的任务包括确定系统整体架构、根据功能和性能成本的要求选定处理器类型、选定系统要使用的操作系统、搭建好所需要的开发环境。在软件设计方面，嵌入式应用软件是实现各种功能的关键，在同样的硬件平台上，一个好的嵌入式应用软件可以高效地完成系统功能，使得系统具有更大的经济价值。所以嵌入式应用软件不仅要保证准确性、安全性、稳定性以满足应用要求，还要尽可能优化。由于嵌入式软件是以任务为基本执行单元的，除使用常规的软件工程方法外，常用多个并发任务来替代通用软件中的多个模块，此外还会使用实时结构化分析设计方法，同时还需要考虑硬件进行协同设计。嵌入式系统产品软件开发除遵循软件工程的基本原则外，由于嵌入式系统特殊的跨平台性，还用到了特殊的方法——交叉编译开发法。其具体过程如图 9-2 所示。

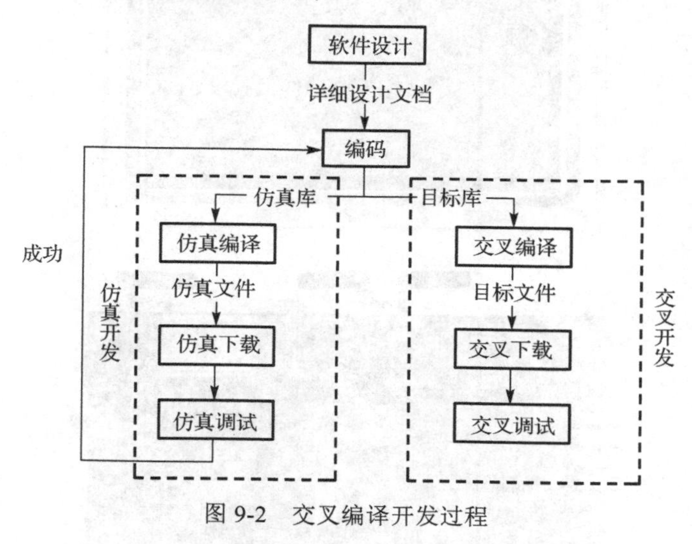

图 9-2　交叉编译开发过程

9.2　嵌入式系统目标板硬件系统设计

Linux 价格低廉、功能强大，可以运行在 x86、Alpha、Sparc、MIPS、PPC、NEC、ARM、MOTOROLA 等硬件平台上，而且开放源代码，可以定制。本书所介绍的硬件平台是基于 ARM 体系结构的、由北京博创智联科技有限公司开发的飞思卡尔 IMX6 平台。以该 IMX6 平台为例，详细介绍嵌入式 Linux 的开发过程。

9.2.1　系统硬件资源

飞思卡尔 IMX6 开发平台采用基于 ARM Cortex-A9 MPCore 单核的 i.mx6 DualLite(简称 i.mx6DL 或 i.mx6)系列嵌入式微处理器，主频达到 1GHz。i.mx6DL 是一款 32 位的 RISC 微处理器，具有低成本、低功耗、高性能等优良品质，适用于智能手机和平板电脑等移动终端。i.mx6DL 系列嵌入式微处理器内部具有 32KB/32KB 数据/指令一级缓存、512KB 的二级缓存，集成的外围接口电路包括定时器和看门狗(Watchdog)、HDMI1.4 端口、MIPI/DSI 接口、EPDC 接口、视频处理单元、3H 版本的图像处理单元、3D 图形处理单元、2D 图形处理单元、LCD 控制器、CSI、系统管理(电源管理等)、MIPI、LVDS 串行接口、5 通道 UART 接口、DMA、定时器、通用 I / O 端口、S/PDIF 音频接口、8 个 I^2C-BUS 接口、

3 个 HS-SPI、USB 2.0、高速 USB 接口 OTG 设备(480Mbit/s 的传输速度)、2 个 USB HSIC 接口、3 通道 SD / MMC 记忆主机控制器和 PLL 时钟发生器。这些丰富的接口、强大的功能以及工业级的标准使得 i.mx6DL 支持工业级标准的操作系统。

IMX6 开发平台集成了 USB2.0、SD、LCD、Camera 等常用设备接口，适用于各种手持设备、消费电子和工业控制设备等产品的开发。IMX6 开发平台实物图如图 9-3 所示。

图 9-3　IMX6 开发平台实物图

1. IMX6 开发平台硬件资源

IMX6 开发平台的硬件部分由主板、核心板及 LCD 三部分组成。其硬件资源如表 9-1 所示。

表 9-1　IMX6 开发平台硬件资源

配置名称	型号	说明
CPU	Freescale i.mx6 DualLite	单核 Cotex-A9，主频 1GHz
GPU	GPU3Dv5 和 GPU2Dv2	
内存	DDR3	2GB DDR3 1600MHz 超强带宽 64 位内存
闪存	eMMC	8GB eMMC 4.5 存储
USB 接口	USB2.0 Host	4 通道 USB2.0 HOST 接口
UART	5 PORT	5 通道 UART 接口

续表

配置名称	型号	说明
AUDIO CODEC	WM8962	I2S 2.1 声道音频接口
HDMI 显示	HDMI v1.4	1 路标准 HDMI 输出，最大支持 1920 像素×1080 像素
VGA	1 PORT	模拟视频输出，最大可支持 1280 像素×720 像素
LVDS	1 PORT	支持 LVDS 接口的 LCD
LCD	10.1 寸彩屏	1024 像素×600 像素分辨率
触摸屏	Ft5406	五点电容式触摸屏
摄像头	Ov5640	500 万像素，支持自动聚焦，预览和单帧采集功能
以太网	AR8031	支持 10/100/1000Mbit/s 自适应
SD Card	1 PORT	SD 卡接口，最高支持 64GB
蓝牙	RDA5876A	支持 V2.1+EDR
4G	U6300V	龙尚 4G 模块，支持全频段
Wi-Fi	Realtek8188	支持 802.11b/g/n
g-sensor	Mpu6050	陀螺仪

2. 平台硬件连接

硬件设备主要包括 IMX6 开发板、5V 电源线、交叉串口线、网线、Mini USB 线。经常使用的硬件设备有调试串口 UART0、AR8031 网口、5V 电源线。

调试串口 UART0：IMX6 开发板上引出了 3 个串口，其中 UART0 是经常使用的调试串口，用于连接开发板与 PC 端(超级终端等)，进行开发板的串口信息监视与控制。

AR8031 网口：IMX6 开发板板载 1 个 AR8031 网卡，用于通过 TFTP 进行文件传输及下载程序服务。

USB OTG 接口：用于 MFGTool 烧写程序。

9.2.2 系统硬件原理

IMX6 开发平台硬件设计包括核心板和底板两部分。核心板是 i.mx6 的最小系统，包括 i.mx6 系列嵌入式微处理器、DDR3、EMMC、PMIC 电源管理、音频以及接插件。底板资源有电源管理、HDMI、USB HOST、USB OTG、LED、按键、蓝牙、Wi-Fi、4G、VGA、以太网、LVDS 屏接口、 CAMERA 接口、ZIGBEE 模块接口、315M 无线发射接口、SD 卡接口、视频输入接口、RS232 接口、CAN 总线、RS485 接口等，资源接口非常丰富。

1. 核心板硬件方案设计

核心板硬件结构框图如图 9-4 所示。

1) 处理器硬件电路设计

嵌入式开发平台采用 i.mx6 DualLite 系列嵌入式微处理器，ARM Cortex-A9 体系结构，主频 1.0GHz。以下是处理器的电源设计、晶振设计及 Boot 启动设计。

(1) 处理器的电源设计。处理器需要为不同的模块提供多种电压值，不同的模块电压值不同，详细设计如表 9-2 所示。

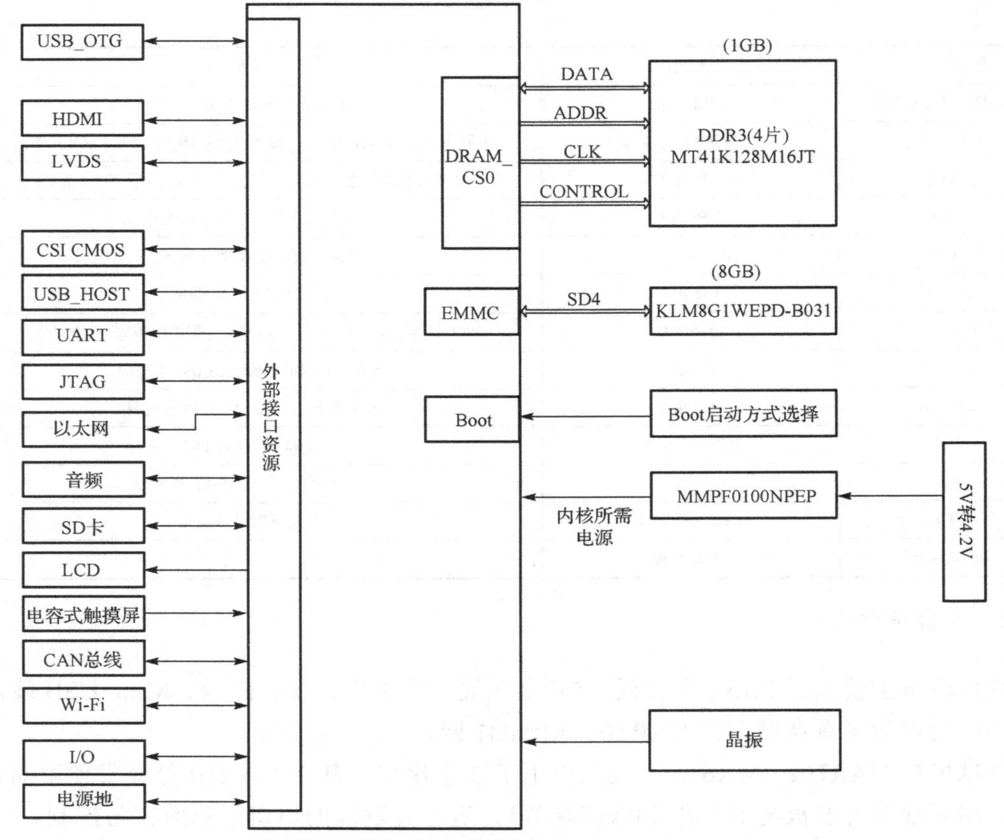

图 9-4　核心板硬件结构框图

表 9-2　IMX6 开发平台核心板电源设计

参数说明	符号	最小值	最大值
核心板供电电压	VDD_ARM_IN VDD_SOC_IN	−0.3V	1.5V
内部电源电压	VDD_ARM_CAP VDD_SOC_CAP VDD_PU_CAP	−0.3V	1.3V
GPIO 电源电压	表示为 I/O 电源	−0.5V	3.6V
DDR I/O 电源电压	表示为 I/O 电源	−0.4V	1.975V
LVDS I/O 电源电压	表示为 I/O 电源	−0.3V	2.8V
VDD_SNVS_IN 电源电压	VDD_SNVS_IN	−0.3V	3.3V
VDD_HIGH_IN 电源电压	VDD_HIGH_IN	−0.3V	3.6V
USB VBUS	USB_H1_VBUS USB_OTG_VBUS	—	5.25V
USB_OTG_DP、USB_OTG_DN、 USB_H1_DP、USB_H1_DN 引脚上的输入电压	USB_DP/USB_DN	−0.3V	3.63V
输入/输出电压范围	V_{in} /V_{out}	−0.5V	OVDD+0.3V
静电敏感装置损伤抗扰度： (1) 人体模式 (HBM)； (2) 充电装置模式 (CDM)	V_{esd}	— —	2000V 500V
存储温度范围	T STORAGE	−40℃	150℃

(2) 晶振设计。核心板晶振有两种：主晶振 24MHz；RTC 晶振 32.768kHz，这两种晶振均采用无源晶振。

(3) Boot 启动设计。电源上电后，系统硬件复位信号使内核从片上 ROM 开始执行 Boot 启动程序。Boot ROM code 利用内部寄存器 BOOT_MODE[1:0]和 eFUSEs 不同的状态或者 GPIO 工作方式设置，共同确定 Boot 的启动方式。

Boot 启动有多种方式，包括 SD 卡启动、EMMC 启动及 USB OTG 启动。用户可以通过 BOOT_MODE0、BOOT_MODE1、EMIDA[0:15]、EIM_A[16:34]、EIM_WAIT、EIM_LBA、EIM_RW、EIM_EB[0:3]设定不同的值来选择 Boot 启动方式。

2) DDR3 电路设计

核心板的 DDR3 采用 MT41K128M16JT-125，容量为 128M×16bit，即 256MB，96-Pin FBGA。4 片芯片组成 1GB 的存储空间。根据需要，用户可扩展至 2GB 空间。DDR3 芯片与处理器的连接主要有电源、数据线、地址线、控制线及 ODT 线。MT41K128M16JT-125 采用 1.5V 电源，4 片芯片地址线、片选、时钟及读/写控制线共用。i.mx6 共有 64 位的数据线，每片芯片有 16 位数据接口，所以 DATA[0:7]与 SDQS0、DQM0 一组，DATA[8:15]与 SDQS1、DQM1 一组，依次类推，DATA[56:63]与 SDQS7、DQM7 一组，共分为八组，每两组设计在一个芯片上，同组之间的数据线可以交换顺序。DDR3 设计框图及硬件电路原理图分别如图 9-5 和图 9-6 所示。

3) EMMC 电路设计

EMMC 是用于存储 Boot 启动时的程序，通过调整 Boot 启动的相关引脚值，可以选择从 EMMC 启动。EMMC 采用芯片 KLM8G1WEPD-B031，容量为 8GB。通过 MMC 接口访问，电源为 3.3V。EMMC 设计框图及硬件电路原理图分别如图 9-7 和图 9-8 所示。

4) 电源管理电路设计

MMPF0100F0EP 是一款可编程电源管理芯片，可提供 4～6 路电压降压转换器及 6 路通用可编程电压输出，控制接口为 I^2C 接口。其功能是为嵌入式微处理器、DDR3、EMMC 提供所需要的各种电源。芯片包括控制部分、DC-DC 输出、LDO 输出部分。MMPF0100F0EP 与 i.mx6 的连接框图如图 9-9 所示。

2. 底板电路设计

底板硬件结构框图如图 9-10 所示。

1) 电源设计

核心板所需电源为 4.2V，底板输入电源采用 5V 电源适配器，底板的工作电源为 3.3V，所以电源设计包括两个部分：其一是采用 5V 转 4.2V，为核心板提供电源；其二是采用 5V 转 3.3V，为底板提供电源。

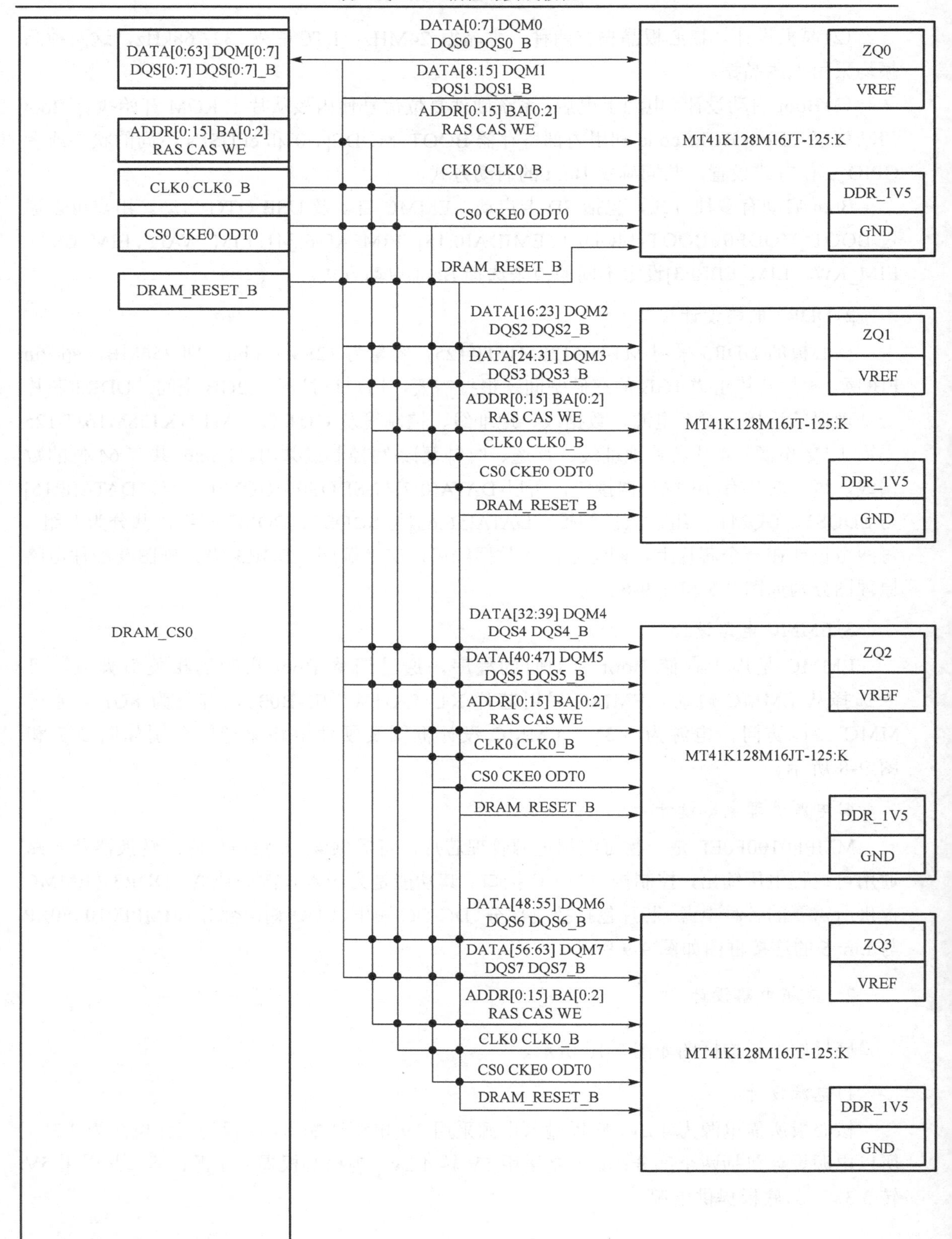

图 9-5　DDR3 设计框图

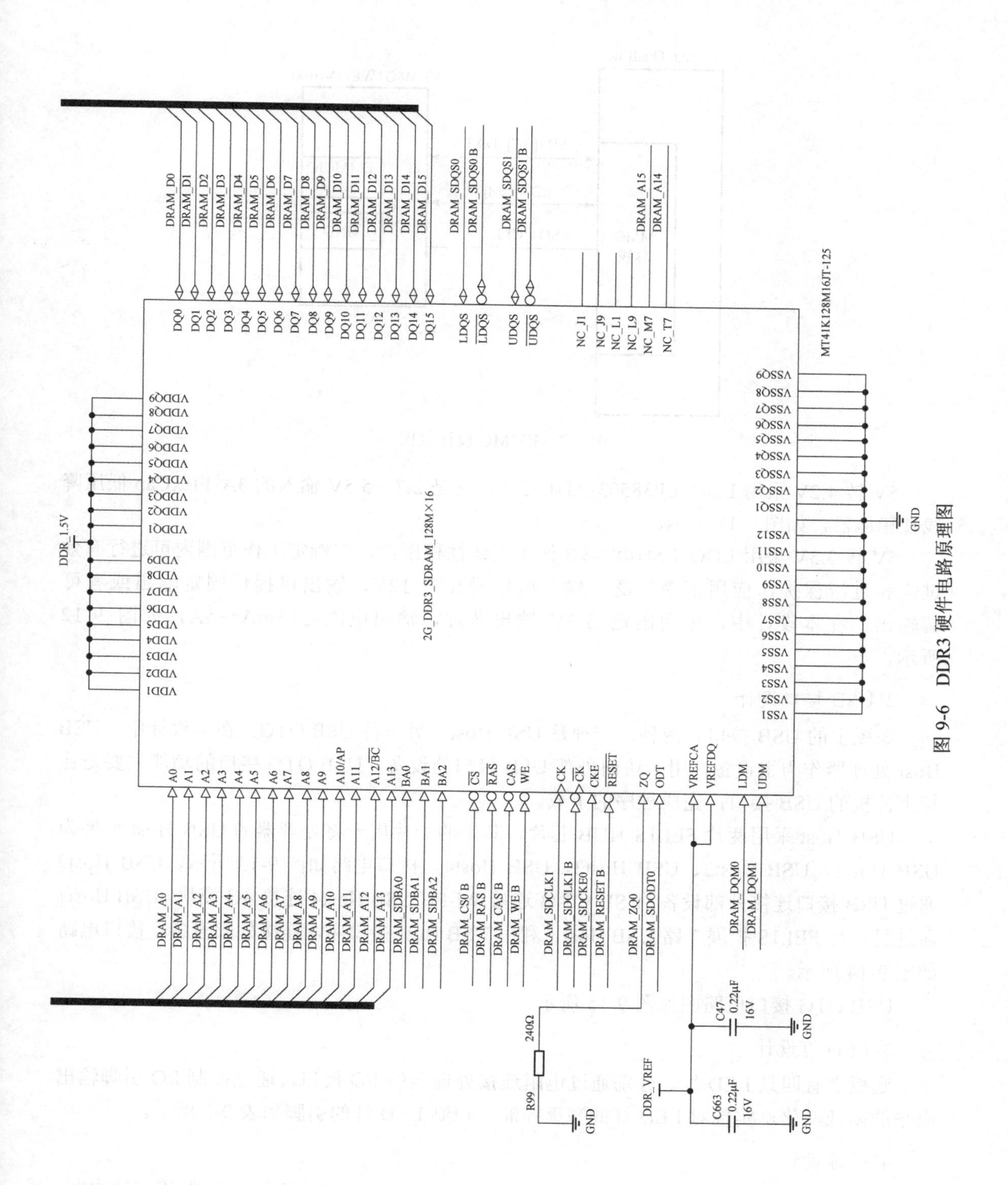

图 9-6　DDR3 硬件电路原理图

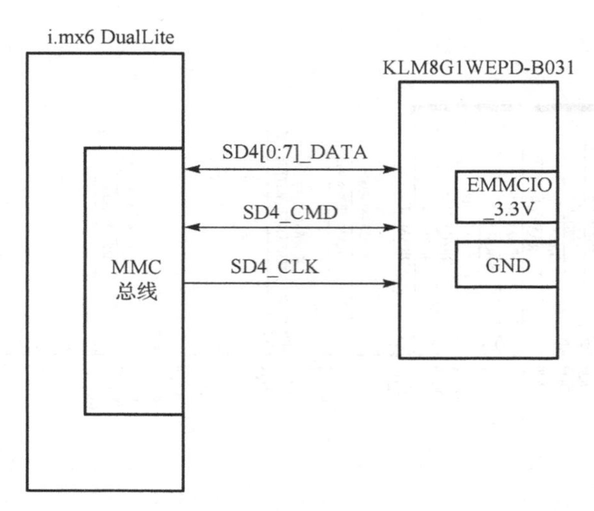

图 9-7　EMMC 设计框图

5V 转 4.2V 采用 LDO LP38503-ADJ 芯片，它是 2.7～5.5V 输入的 3A FlexCap 低压降线性稳压器，如图 9-11 所示。

5V 转 3.3V 采用 LDO LM1084-3.3 低压差线性稳压器，在额定工作范围内可进行有效过热和过流保护，应用范围广泛。输入电压最高为 12V，输出可提供固定输出或者可调输出。在本设计中，采用固定 3.3V 输出芯片，输出电流为 5mA～5A，如图 9-12 所示。

2) USB 接口设计

底板上的 USB 接口有两种：一种是 USB Host；另一种 USB OTG。在本设计中，USB Host 处理器作为主设备，用于访问外部 USB 接口的设备。USB OTG 接口的功能主要是连接上位机的 USB 接口，完成程序的下载。

USB Host 采用两片 FEI.1S HUB 芯片，其中的一片用于将处理器的 USB Host 扩展为 USB Host1、USB Host2、USB Host3、USB Host4，接口电路如图 9-13 所示。USB Host2 通过 USB 接口连接外部设备; USB Host3 连接 Wi-Fi; USB Host4 连接 4G 模块。USB Host1 通过另一片 FEI.1S 扩展 3 路 USB Host，利用 USB Host 接口座，连接外部设备，接口电路如图 9-14 所示。

USB OTG 接口电路图如图 9-15 所示。

3) LED 灯设计

底板上有四只 LED 灯，分别通过电阻连接处理器的 I/O 接口，通过控制 I/O 引脚输出电平的高低变化，实现对 LED 灯的亮灭控制，控制 LED 灯的引脚如表 9-3 所示。

4) 按键设计

底板上有四个按键，用来作为处理器的中断输入，当有按键按下时，触发相应的中断，处理器进行处理，与按键相连的四个引脚如表 9-4 所示。

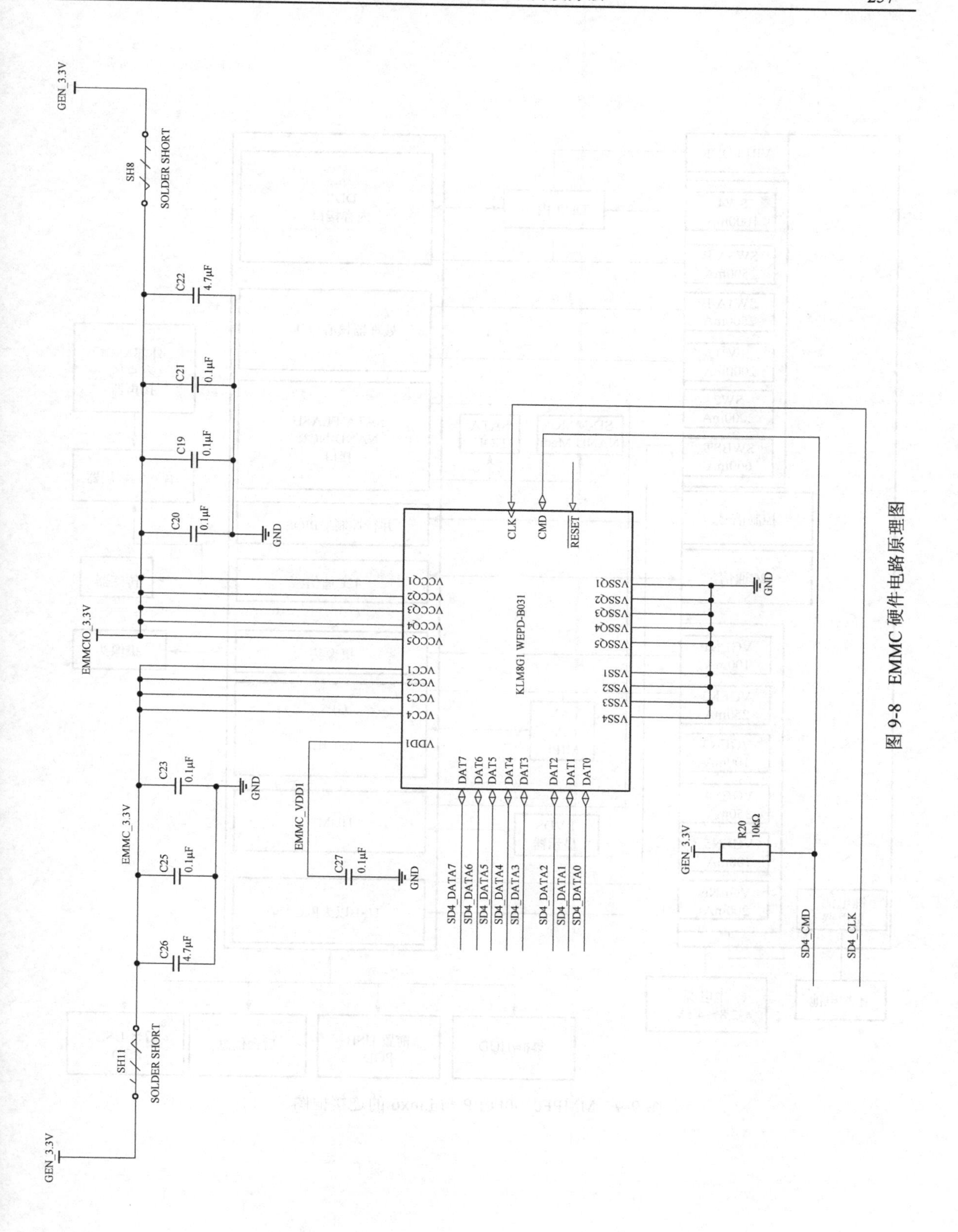

图 9-8　EMMC 硬件电路原理图

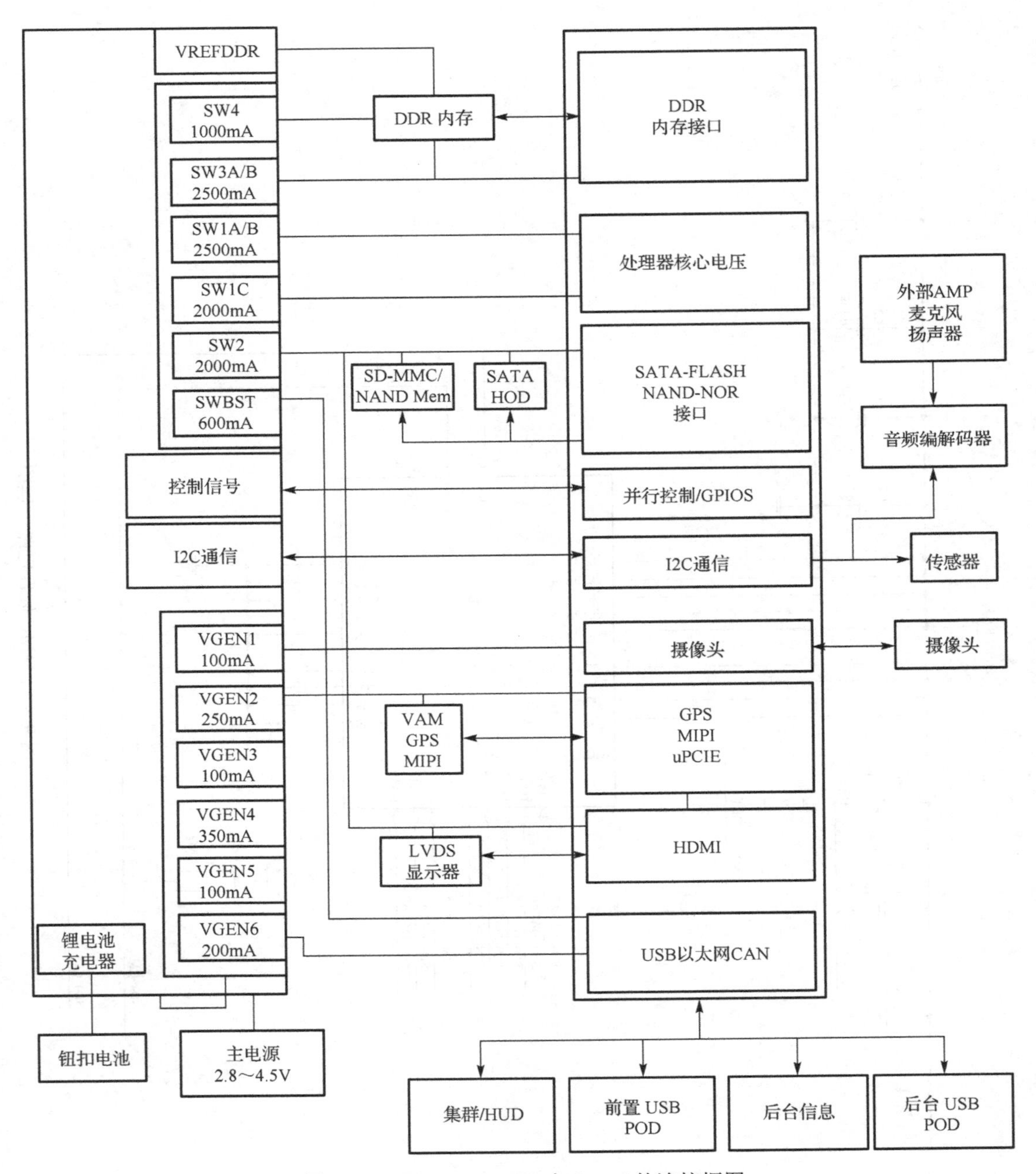

图 9-9　MMPF0100F0EP 与 i.mx6 的连接框图

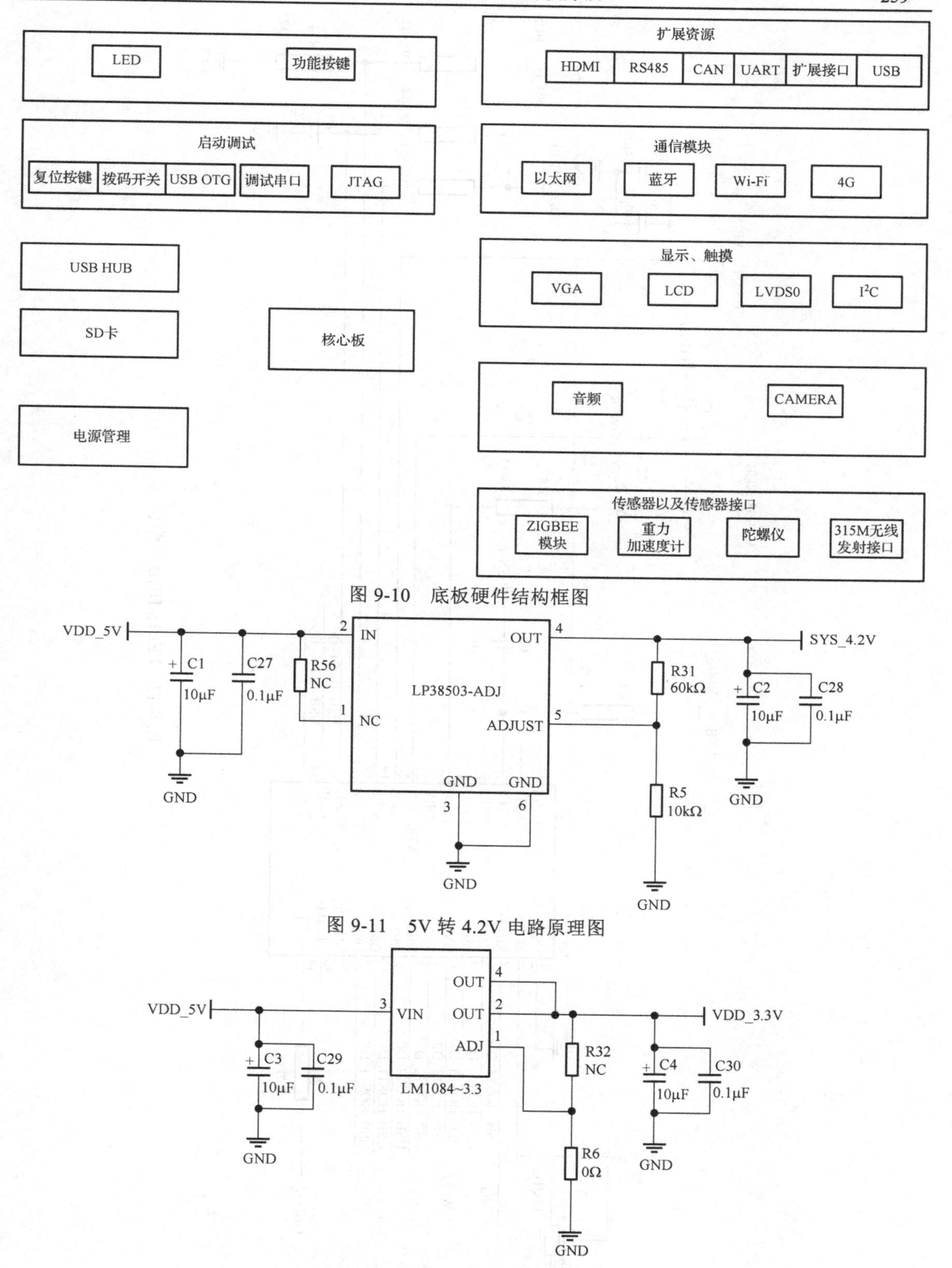

图 9-10　底板硬件结构框图

图 9-11　5V 转 4.2V 电路原理图

图 9-12　5V 转 3.3V 电路原理图

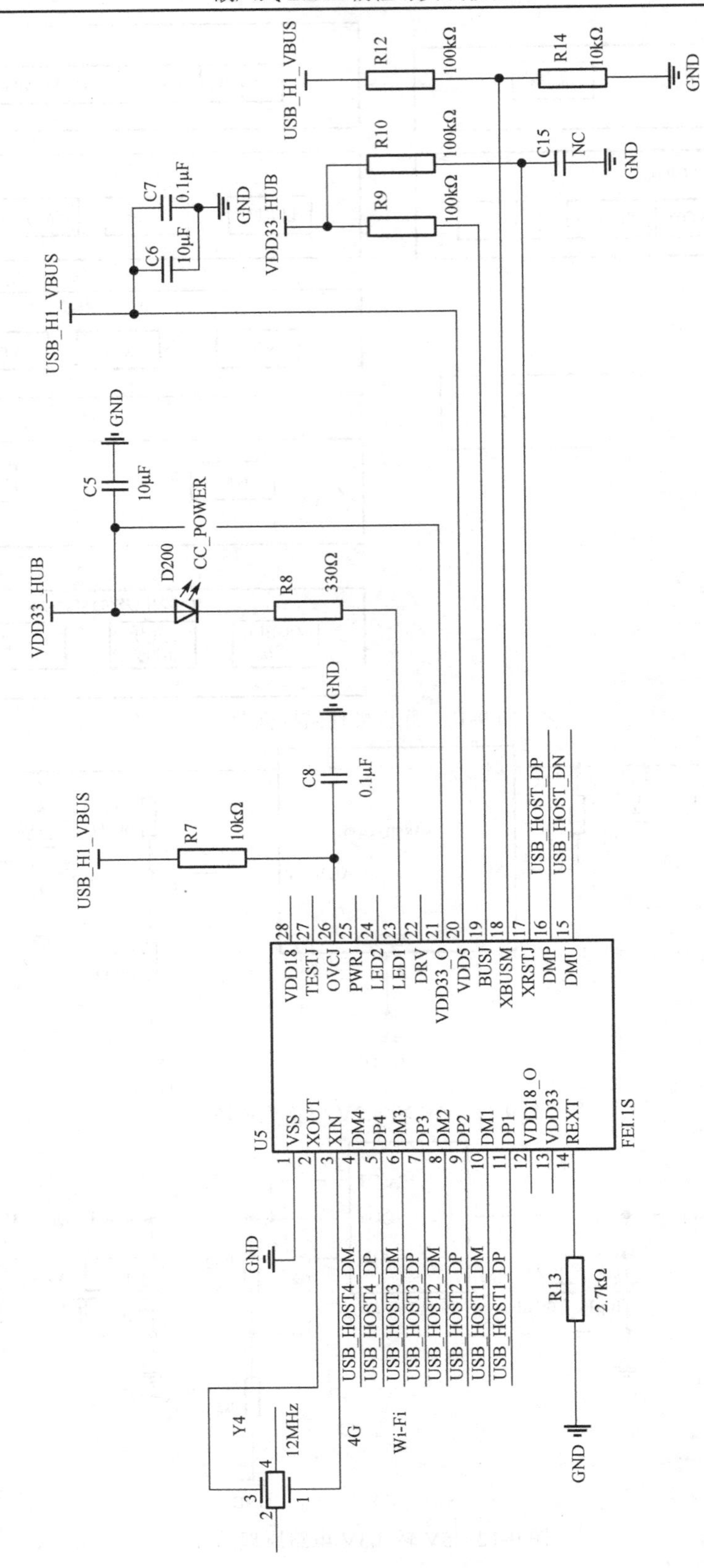

图 9-13　FE1.1S HUB 电路（一）

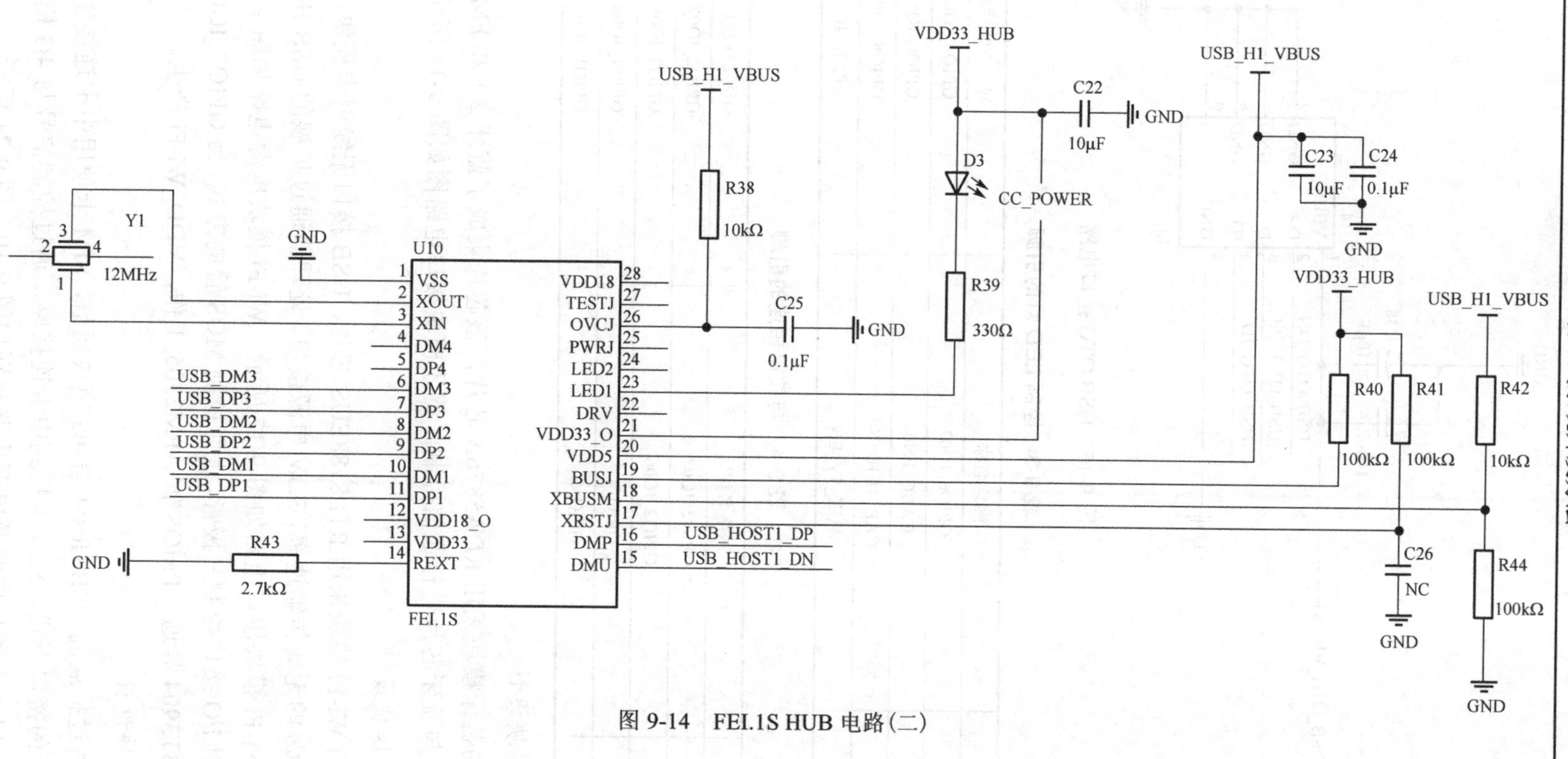

图 9-14　FEI.1S HUB 电路(二)

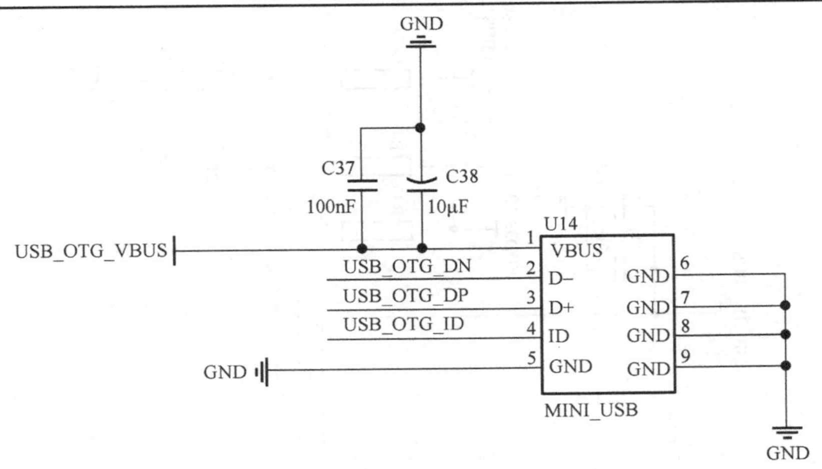

图 9-15　USB OTG 接口电路

表 9-3　控制 LED 灯的引脚

序号	网络名称	对应 I/O 接口
1	GPIO6_IO07	GPIO6_IO07
2	CABC_EN0	GPIO6_IO15
3	CAP_TCH_IN0	GPIO6_IO08
4	AUX_5V_EN	GPIO6_IO10

表 9-4　与按键相连的引脚

序号	网络名称	对应 I/O 接口
1	GPIO2_IO07	GPIO2_IO07
2	GPIO2_IO06	GPIO2_IO06
3	GPIO_4	GPIO1_IO04
4	GPIO_5	GPIO1_IO05

5) 蓝牙模块设计

底板上的蓝牙模块采用 RDA5876A 芯片，该芯片集成了蓝牙 2.1 和 FM 功能。处理器通过 UART5 与蓝牙芯片进行通信控制。蓝牙模块接口电路图如图 9-16 所示。

6) Wi-Fi 模块设计

底板上的 Wi-Fi 模块采用 RTL8188EUS 芯片、USB 接口无线网卡模块，低功耗，最高可达 150Mbit/s 的无线传输速率，3.3V 电源接口。处理器通过扩展的 USB Host3 与该 Wi-Fi 模块通信。Wi-Fi 模块接口电路如图 9-17 所示。Wi-Fi 模块电源电路如图 9-18 所示。

电源采用 I/O 接口控制三极管，进而控制 MOS 管的方式。当 GPIO2_IO03 为高电平时，三极管 MMBT3904 导通，PMOS 管 APM2305 工作，VDD_Wi-Fi 产生。

7) 4G 模块设计

处理器通过扩展的 USB Host4 与 4G 模块通信，SIM 卡使用中卡连接座。4G 模块用的是 MiniPCIE 的接口形式，SIM 卡插到中卡连接座，通过控制信号与 4G 模块连接。4G 模块接口电路、SIM 卡接口电路及电源电路分别如图 9-19～图 9-21 所示。

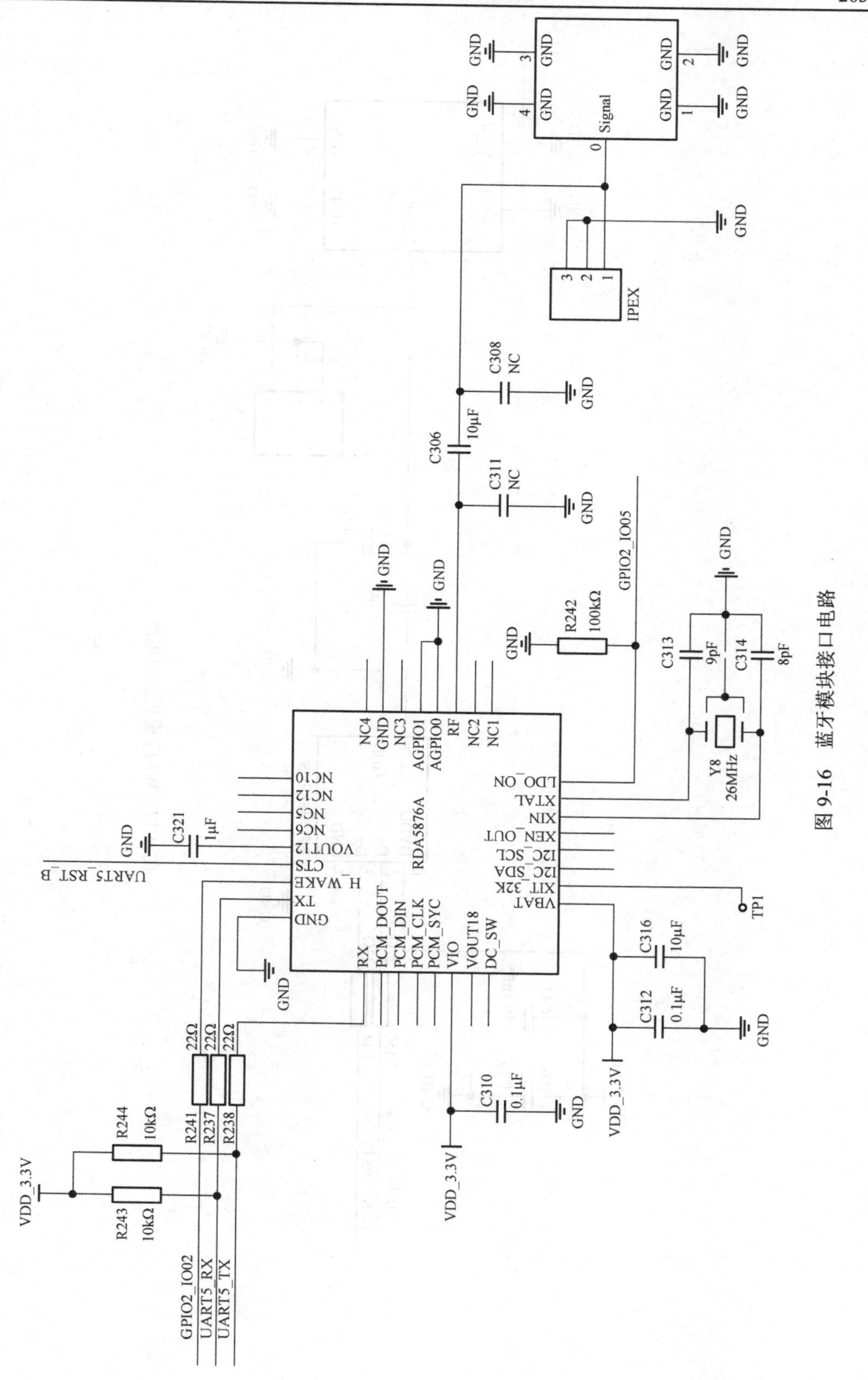

图 9-16　蓝牙模块接口电路

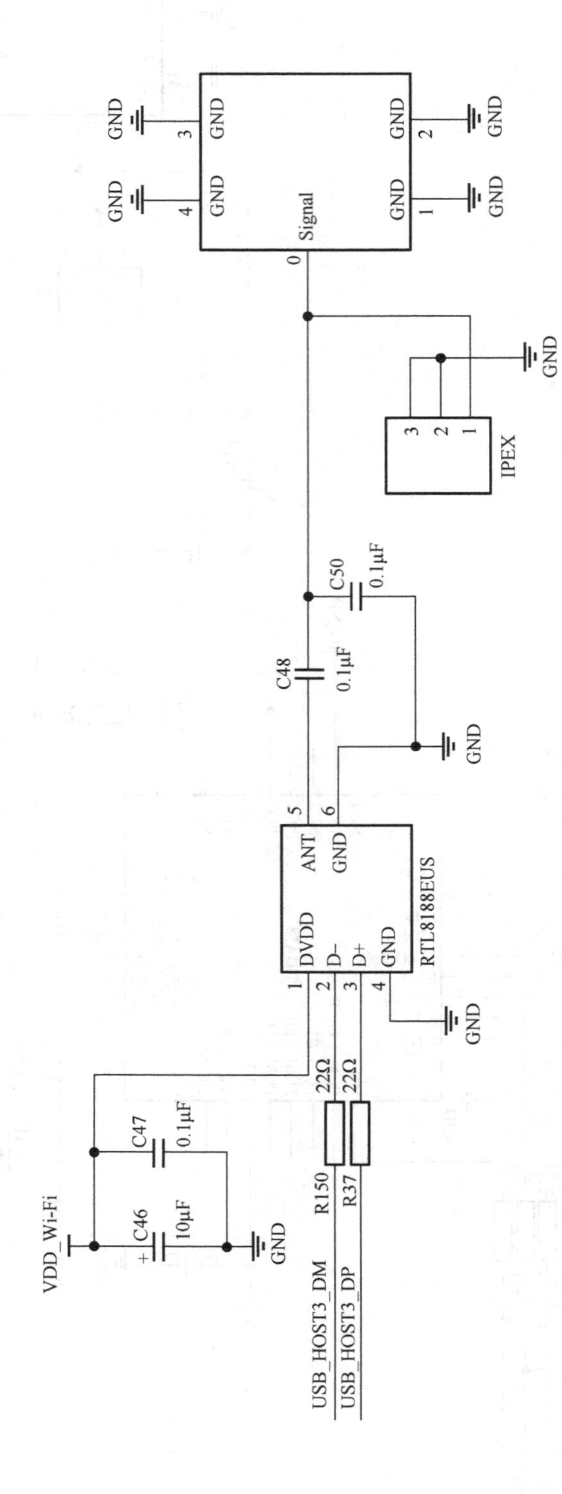

图 9-17　Wi-Fi 模块接口电路

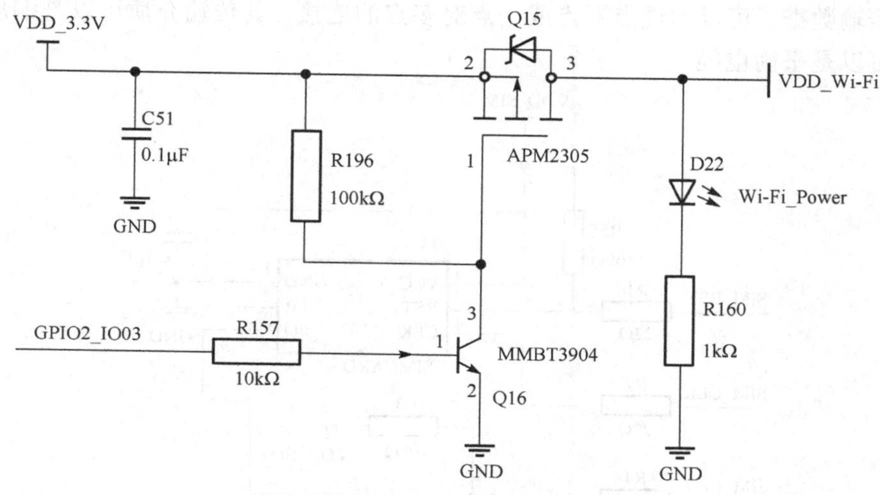

图 9-18　Wi-Fi 模块电源电路

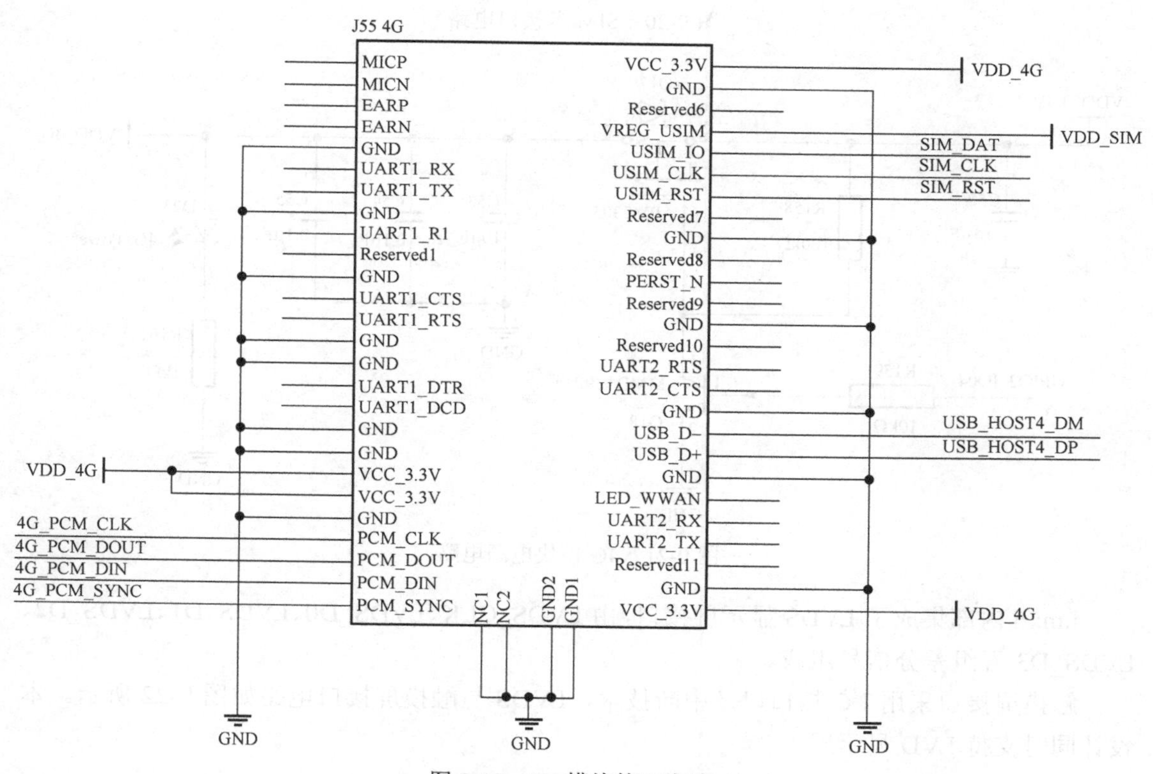

图 9-19　4G 模块接口电路

4G 模块电源采用 I/O 接口控制三极管，进而控制 MOS 管的方式。当 GPIO2_IO04 为高电平时，三极管 MMBT3904 导通，PMOS 管 APM2305 工作，VDD_4G 产生。

8) 显示屏接口以及触摸屏接口

LVDS 是低电压差分信号。LVDS 技术是一种低功耗、低误码率、低串扰和低辐射的差分信号技术，这种技术可以达到 155Mbit/s 以上，LVDS 技术的核心是采用极低的电压摆幅高速差动传输数据，可以实现点对点或一点对多点的连接，其传输介质可以是铜质的 PCB 连线，也可以是平衡电缆。

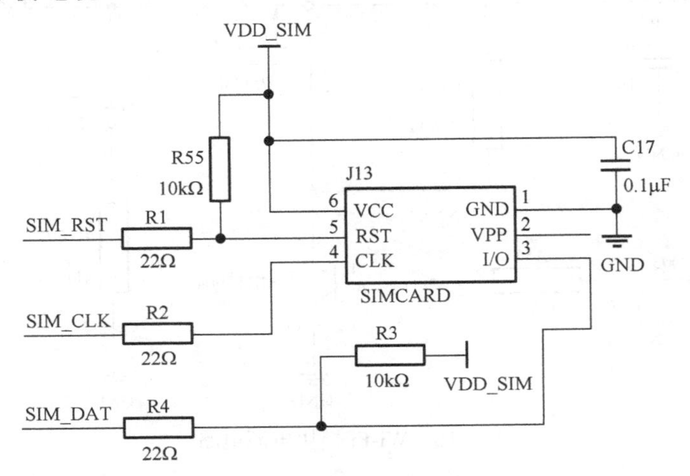

图 9-20　SIM 卡接口电路

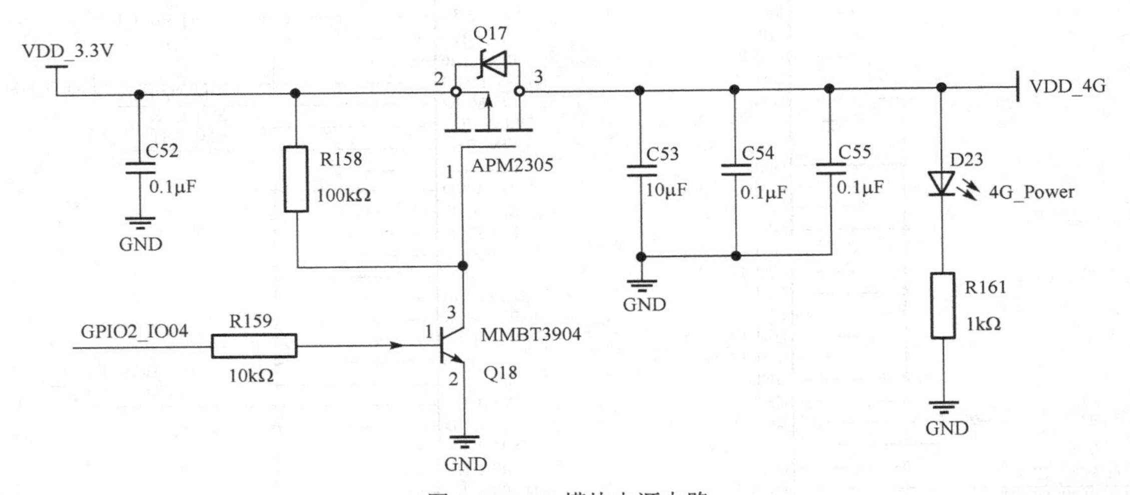

图 9-21　4G 模块电源电路

i.mx6 内部集成了 LVDS 显示屏接口，由 LVDS_CLK、LVDS_D0、LVDS_D1、LVDS_D2、LVDS_D3 五组差分信号组成。

触摸屏接口采用 I^2C 接口以及中断技术，LVDS 与触摸屏接口电路如图 9-22 所示。本设计同时支持 LVD 显示屏。

9) ZIGBEE 模块接口

底板上的 ZIGBEE 模块用于主协调器与外部的 ZIGBEE 模块进行数据通信。该模块通过 UART4 与处理器进行通信，ZIGBEE 模块接口电路如图 9-23 所示。

10) 重力加速度计

底板上的重力加速度计采用三轴数字输出的 I^2C 接口 MMA7660FC，是一款超低功率、紧凑型电容式微电机的加速度计，小型容性 MEMS 的传感器，模拟工作电压为 2.4～3.6V，

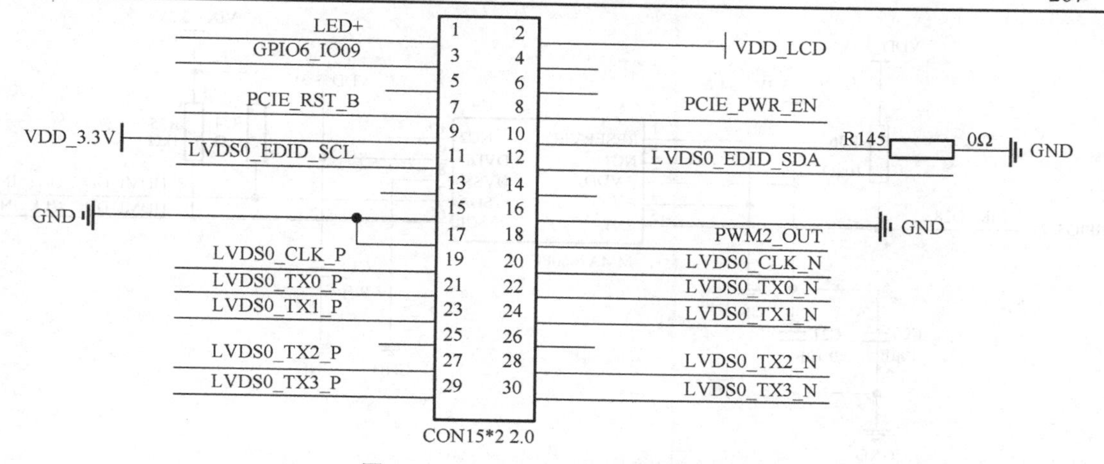

图 9-22　LVDS 与触摸屏接口电路

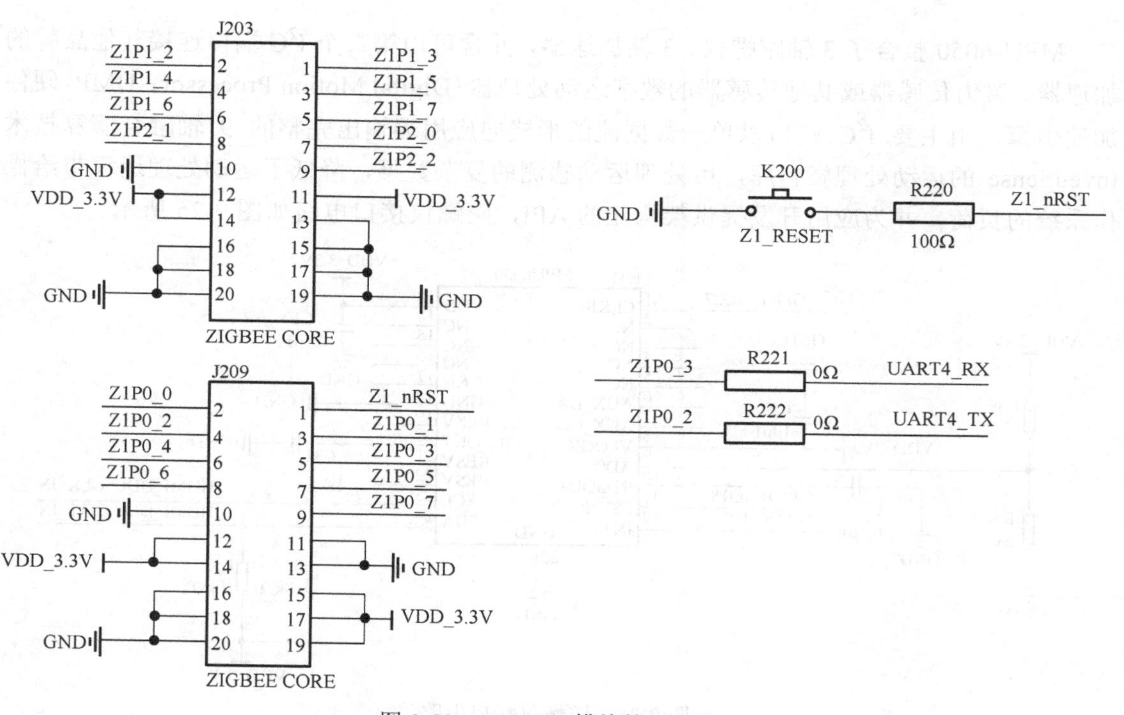

图 9-23　ZIGBEE 模块接口电路

数字工作电压为 1.71～3.6V，可进行三轴取向/运动的检测，在手机、掌上电脑及数码相机等设备中广泛应用，还可用于便携式电脑的防盗、游戏中的运动检测。重力加速度计接口电路如图 9-24 所示。

11）陀螺仪

底板上的陀螺仪采用 MPU6050 芯片，这是一种常用的空间运动传感器芯片，可以获取器件当前的三个加速度分量和三个旋转角速度。减少了大量的封装空间，处理器通过 I^2C 接口与其相连。

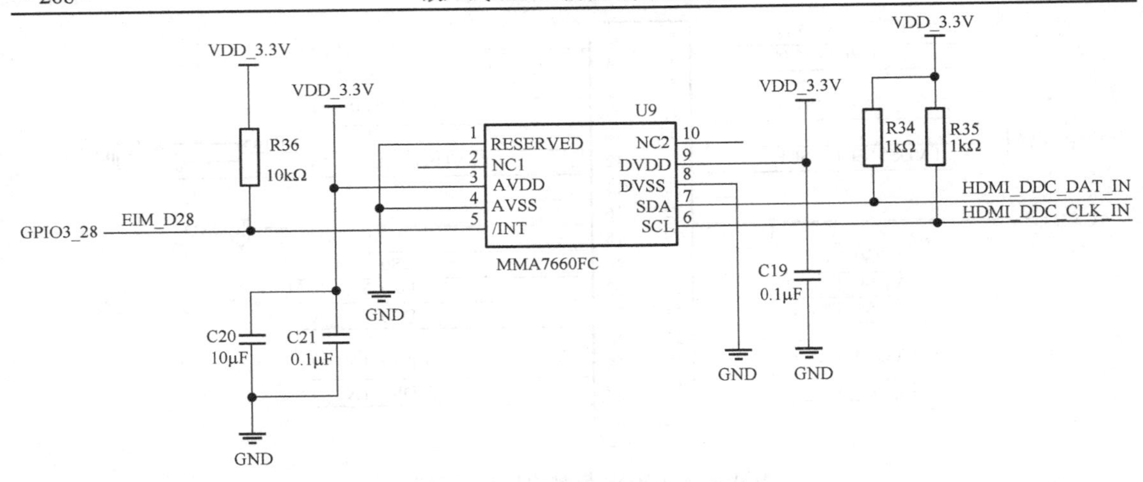

图 9-24　重力加速度计接口电路

MPU-6050 整合了 3 轴陀螺仪、3 轴加速器，并含可由第二个 I²C 端口连接其他品牌的加速器、磁力传感器或其他传感器的数字运动处理器(Digital Motion Processor，DMP)硬件加速引擎，由主要 I²C 端口以单一数据流的形式向应用端输出完整的 9 轴融合演算技术 InvenSense 的运动处理资料库，可处理运动感测的复杂数据，降低了运动处理运算带给操作系统的负荷，并为应用开发提供架构化的 API，陀螺仪接口电路如图 9-25 所示。

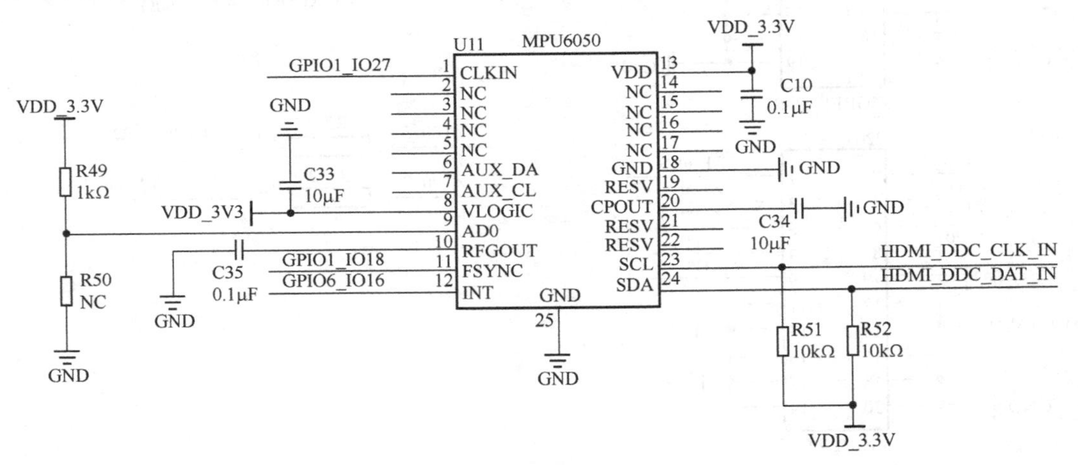

图 9-25　陀螺仪接口电路

12) SD 卡接口

SD 卡用于存储信息，处理器通过 SDIO3 接口连接 SD 卡，SD 卡的接口信号包括数据、时钟、命令及写保护等，SD 卡接口电路图如图 9-26 所示。

13) UART 设计

处理器有 5 路 UART 输出。其中，UART1 连接调试端口；UART2 通过拨码开关选择输出到 MAX3232 后连接 DB9 接口或者通过 MAX3430CSA 芯片转换成 485 电平；UART3 输出到 MAX3232 后连接到 DB9 上；UART4 连接 ZIGBEE 的输入/输出。UART5 连接蓝牙模块 RDA5876A。

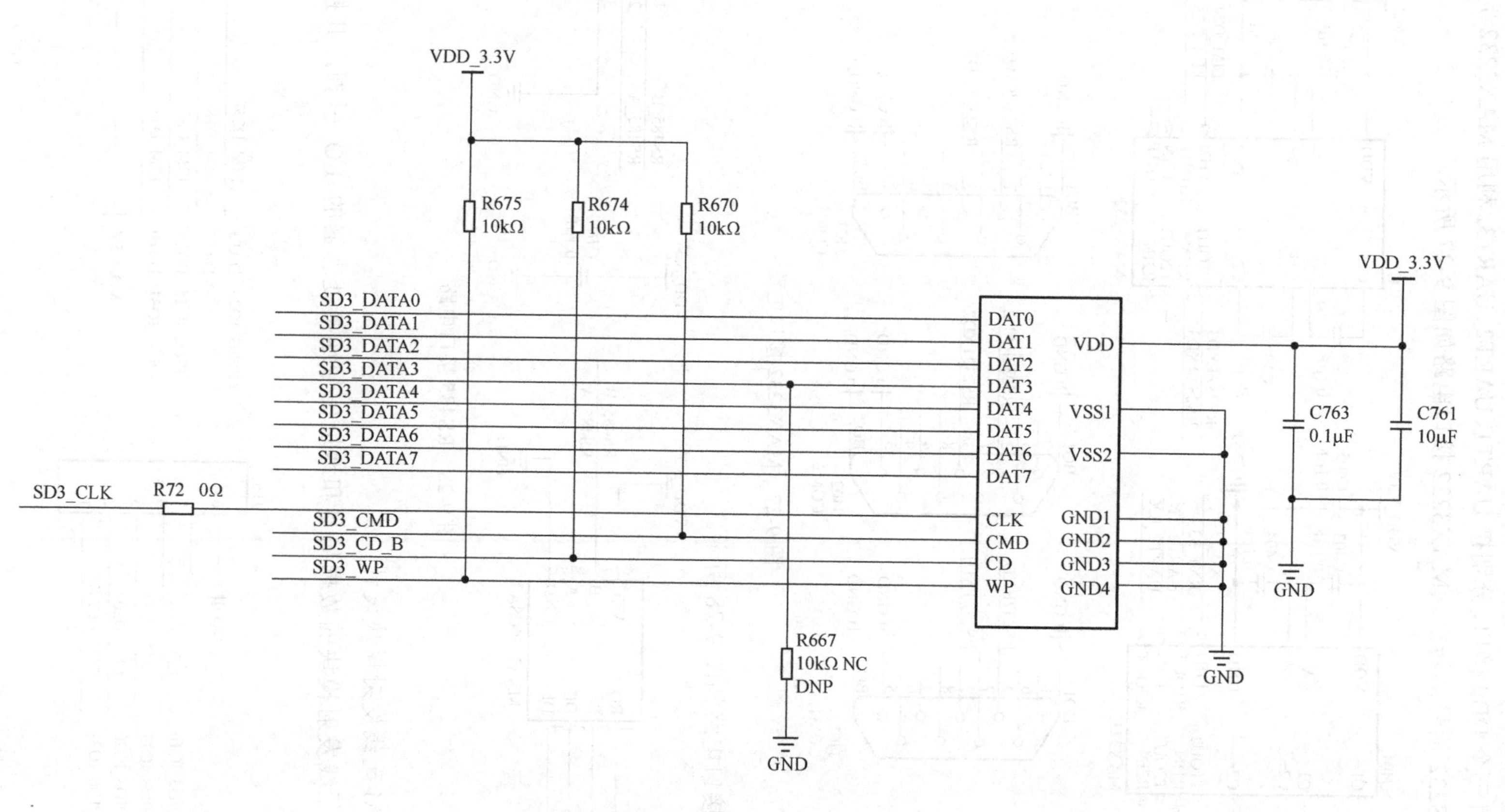

图 9-26　SD 卡接口电路

本平台有三个 DB9 接口，分别接 UART1、UART2、UART3。利用 MAX3232 完成 UART 的 TTL 到 RS232 信号的转换。MAX3232 接口电路如图 9-27 所示。

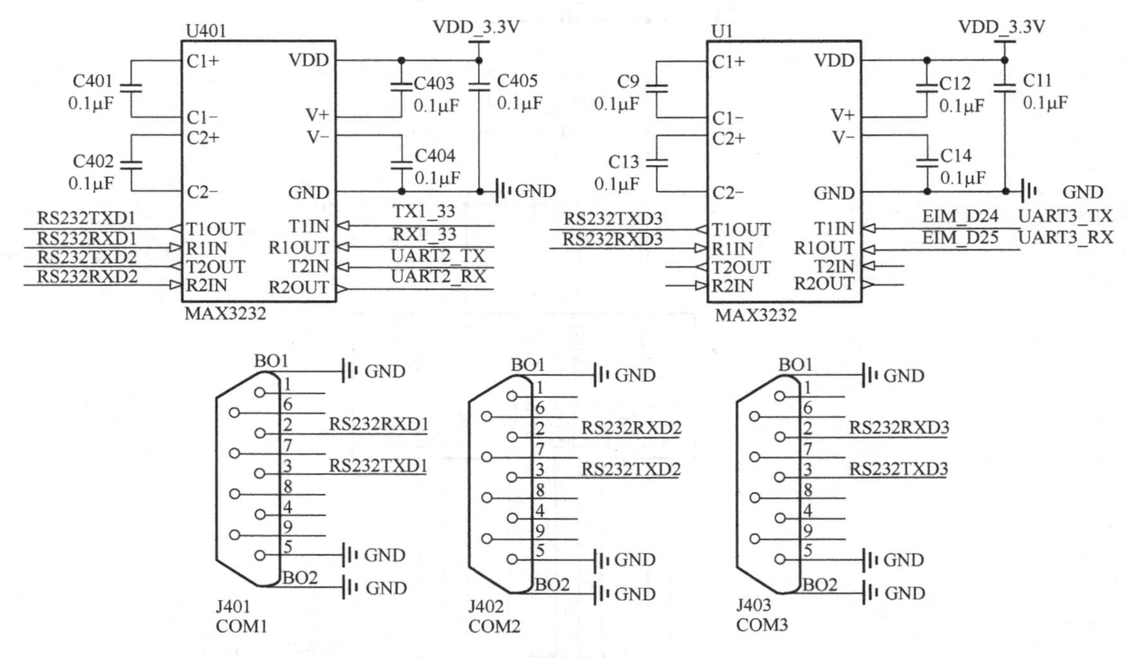

图 9-27　MAX3232 接口电路

RS485 接口电路如图 9-28 所示。

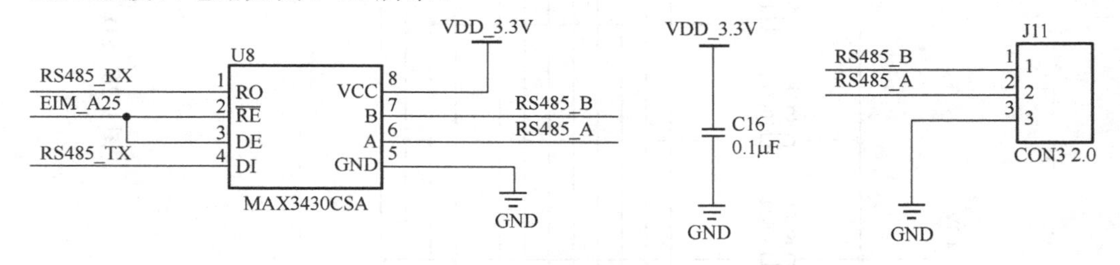

图 9-28　RS485 接口电路

14) 315M 无线发射模块设计

315M 无线发射模块的数据信号和地址信号连接处理器的 I/O 引脚，其接口电路如图 9-29 所示。

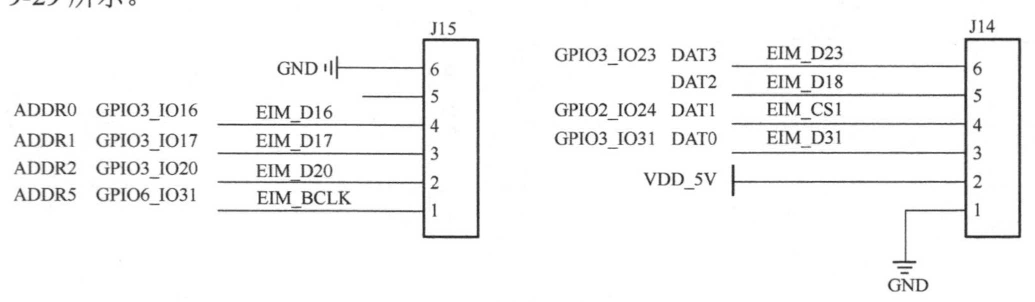

图 9-29　315M 无线发射模块接口电路

9.2.3　系统启动运行

系统运行所需的工具软件有超级终端、XSHELL 或 MINICOM 等。开发平台可以通过核心板端 OM 跳线选择系统启动方式，系统默认模式是使用 EMMC 启动方式，启动前请确认拨码是否正确。

1. 建立超级终端

IMX6 开发平台主要使用串口 0 来进行信息输出与反馈，通常可以在 PC 端使用一些串口工具连接开发平台的串口，以便观察开发板串口输出信息，乃至在串口超级终端中控制开发板上程序的运行。下面介绍超级终端的配置过程。

选择“开始”→“所有程序”→“附件”→“通信”→“超级终端”菜单项，如图 9-30 所示。

图 9-30　打开超级终端

填入区号 010，如图 9-31 所示。

单击“确定”按钮进行确认，如图 9-32 所示。

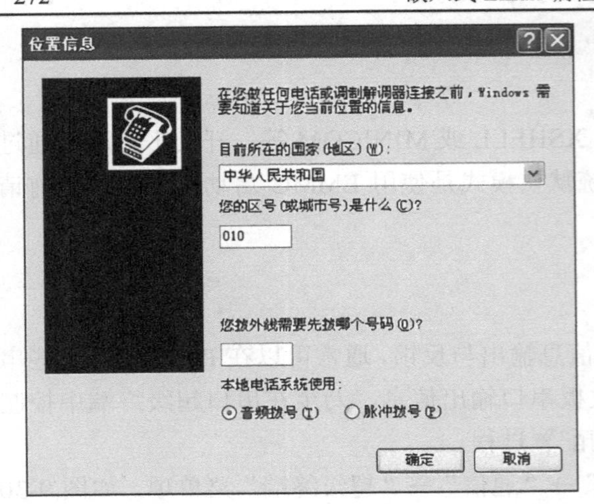

图 9-31　填入区号

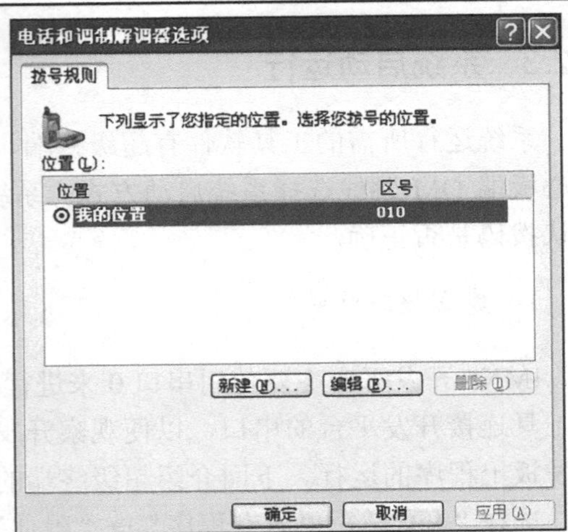

图 9-32　确认区号

填入名称 COM210，如图 9-33 所示。

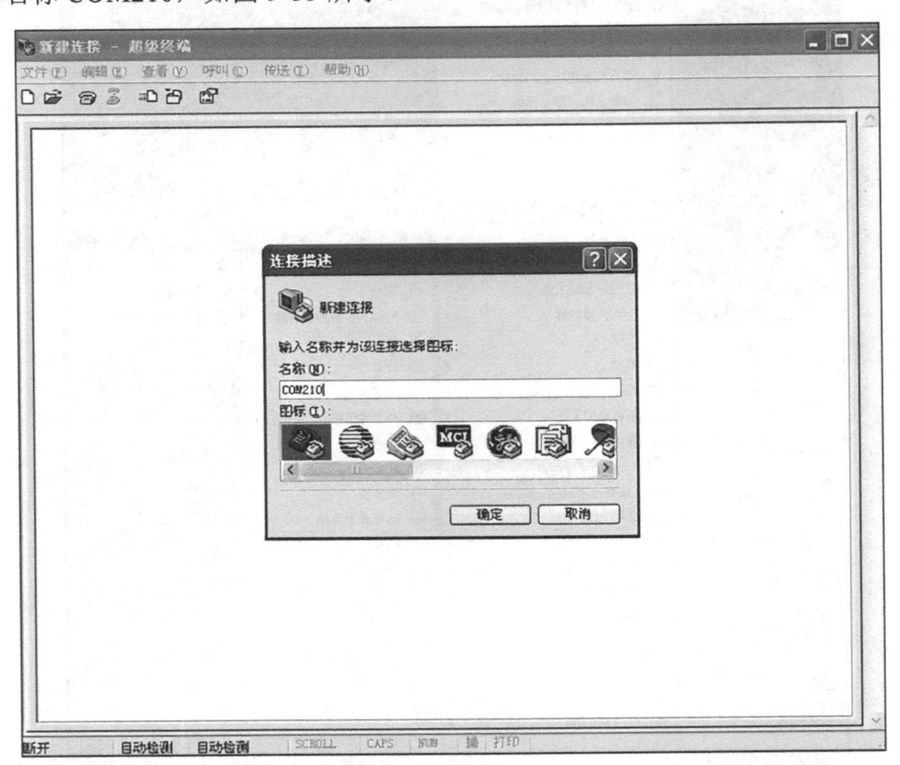

图 9-33　创建连接名称

选择串口设备 COM1(根据实际硬件连接选择)，如图 9-34 所示。

设置串口参数：“每秒位数”为 115200；“数据位”为 8；“奇偶校验”为“无”；“停止位”为 1；“数据流控制”为“无”，如图 9-35 所示。

进入超级终端，如图 9-36 所示，此时如果开发板没有上电，则终端无信息输出。

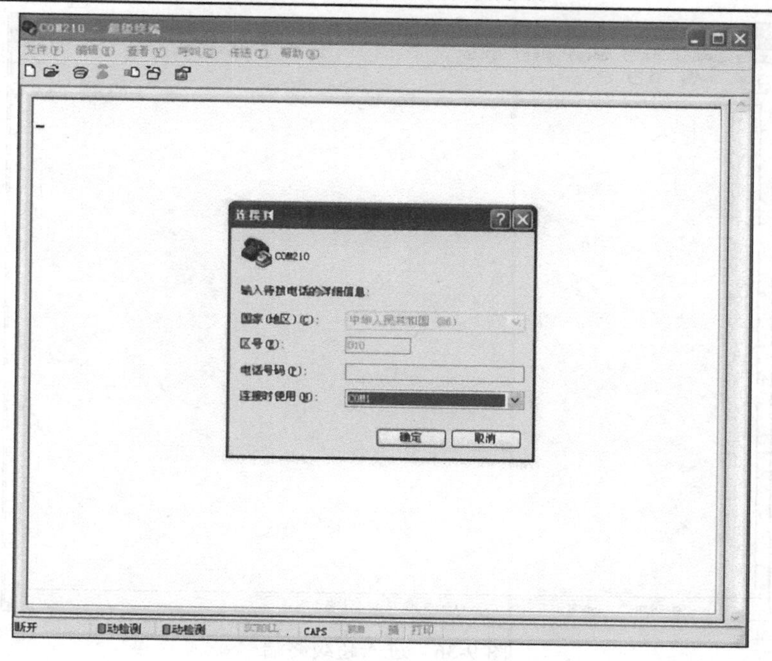

图 9-34　选择串口设备

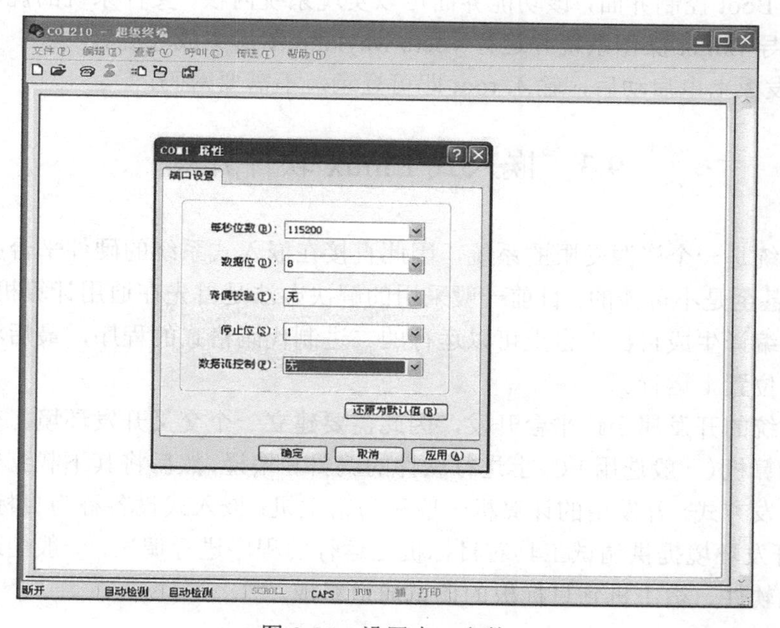

图 9-35　设置串口参数

2. *启动 IMX6 开发板*

建立好超级终端后，连接好串口设备、Mini USB 线及 5V 电源，打开电源总开关，即可启动 IMX6 开发板。

系统上电的同时，进入 Bootloader 引导 Linux 内核，如果在上电后的 3 秒内按下回车

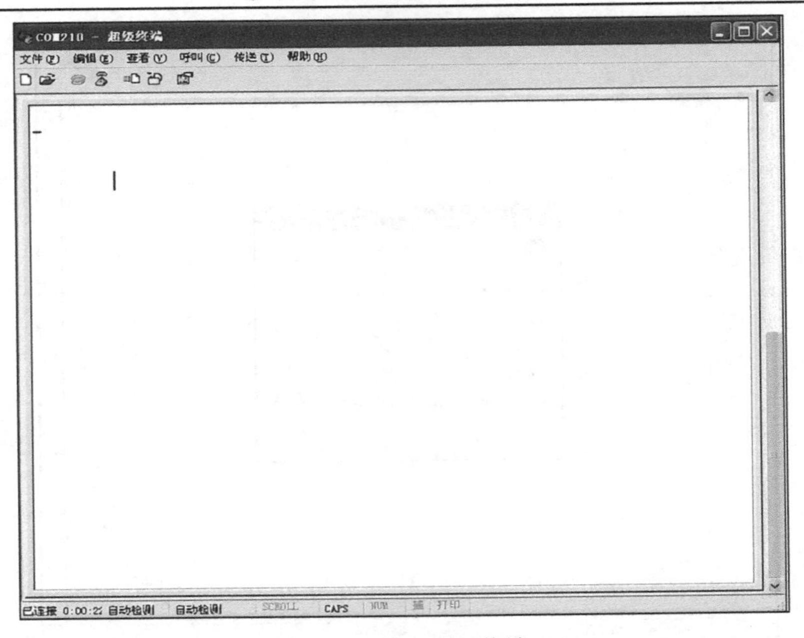

图 9-36　进入超级终端

键即可进入 U-Boot 控制界面，该功能界面可以实现系统内核、文件系统的烧写，否则系统启动后默认引导 Linux 操作系统并运行 yocto wayland 图形集成环境。

IMX6 开发板上电启动后，输入 root 即可登录，不需要密码。

9.3　嵌入式 Linux 软件开发

嵌入式系统是一个资源受限的系统，因此直接在嵌入式系统的硬件平台上编写软件比较困难，有时甚至是不可能的。目前一般采用的解决办法是首先在通用计算机上编写程序，然后通过交叉编译生成目标平台上可以运行的二进制代码格式的程序，最后将其下载到目标平台的特定位置上运行。

嵌入式系统的开发属于跨平台开发，因此需要建立一个交叉开发环境。交叉开发是指在一台通用计算机(一般选用 PC)上进行软件的编辑和编译，然后将其下载到嵌入式设备中运行调试的开发方式。开发用的计算机一般称为宿主机；嵌入式设备称为目标板(也称为开发板)，交叉开发环境提供调试工具对目标机上运行的程序进行调试，一般由运行于宿主机上的交叉开发软件、宿主机到目标板的调试通道组成。

9.3.1　嵌入式 Linux 软件开发过程

嵌入式 Linux 软件开发根据应用需求的不同有不同的配置开发方法，但是一般都要经过以下过程。

(1) 安装开发环境。在 PC 上安装 VMware Workstation 虚拟机和 Linux 操作系统。

(2) 配置开发主机。配置串口超级终端；配置网络，主要配置 NFS 网络文件系统，需要关闭防火墙，简化嵌入式网络调试环境设置过程；配置 SMB 服务来实现 Windows 系统与 Linux 系统文件共享；建立引导装载程序 Bootloader，从网络上下载一些公开源代码的 Bootloader，如 U-Boot、BLOB、VIVI、LILO、ARM-Boot、RED-Boot 等，根据具体芯片进行移植修改。

(3)下载已经移植好的 Linux 操作系统，如 UCLinux、ARM-Linux、PPC-Linux 等，然后再添加自己的特定硬件的驱动程序，进行调试修改。

(4)建立根文件系统，下载根文件系统并裁减功能，产生一个最基本的根文件系统，再根据自己的应用需要添加其他的程序。默认的启动脚本一般都不会符合应用的需要，所以就要修改根文件系统中的启动脚本，它存放于/etc 目录下，包括/etc/init.d/rc.S、/etc/profile、/etc/.profile 等，自动挂装文件系统的配置文件/etc/fstab，具体情况会随系统的不同而不同。根文件系统在嵌入式系统中一般设为只读，需要使用 mkcramfs 、genromfs 等工具产生烧写镜像文件。

(5)建立应用程序的 Flash 磁盘分区，一般使用 JFFS2 或 YAFFS 文件系统，这需要在内核中提供这些文件系统的驱动，有的系统使用一个线性 Flash(NOR 型)512KB～32MB；有的系统使用非线性 Flash(NAND 型)8～512MB；有的两个同时使用，需要根据应用规划 Flash 的分区方案。

(6)开发应用程序，可以下载应用程序到根文件系统中，也可以将其放入 YAFFS、JFFS2 文件系统中，有的应用程序不使用根文件系统，而直接将应用程序和内核设计在一起，这有点类似于 UCOS-II 的方式。

(7)烧写内核、根文件系统、应用程序。

最终发布产品。

9.3.2 基础软件移植

1. Bootloader 移植

PC 上的系统引导是由 BIOS 来完成的，它是系统上电后运行的第一段程序，而在嵌入式系统中虽然不存在 BIOS，但是同样需要一段程序来完成一些启动前的准备工作，如关闭 Watchdog、设置系统时钟、初始化硬件设备、建立内存空间的映射、并将操作系统的内核复制到内存中运行等，完成这一系列任务的程序称为 Bootloader。通过 Bootloader 的引导，系统的软硬件环境将被带到一个合适的状态，以便为最终调用操作系统内核做好准备。Bootloader 的主要功能有以下几点。

(1)设置中断及异常向量。

(2)设置 CPU 时钟及频率。

(3)设置 ARM 微处理器寄存器及部分外设。

(4)初始化 RAM 及设置启动参数。

(5)调用 Linux 内核镜像。

Bootloader 是严格依赖于底层硬件而实现的，在嵌入式系统中的硬件配置各不相同，即便使用相同型号的微处理器，其外设配置也往往不同，因此，试图建立一个通用的 Bootloader 以支持所有的嵌入式系统是不可能的，即使支持 CPU 架构众多的 U-Boot，在实际使用时，也需要进行一些移植。

1) 嵌入式 Linux 系统的软件结构

嵌入式 Linux 系统在软件方面通常分为以下四层。

(1) 引导加载程序：Bootloader，这是嵌入式 Linux 系统上电后执行的第一段程序。

(2) 嵌入式 Linux 内核：针对特定嵌入式系统硬件专门定制的嵌入式 Linux 内核。内核的启动参数一般是由 Bootloader 传递给它的。

(3) 文件系统：包括根文件系统和建立在 Flash 内存中的文件系统，其中包含 Linux 系统能够运行所必需的应用程序和库等，如提供给用户控制界面的 Shell 程序、动态链接库 glibc 或 uClibc 等。

(4) 用户应用程序：用户专用的程序。有时在用户应用程序和内核层之间还会有一个嵌入式图形用户界面，常用的嵌入式 GUI 有 Qtopia 和 MiniGUI 等。

在嵌入式系统的固态存储设备上，软件各层的典型空间分配结构如图 9-37 所示。

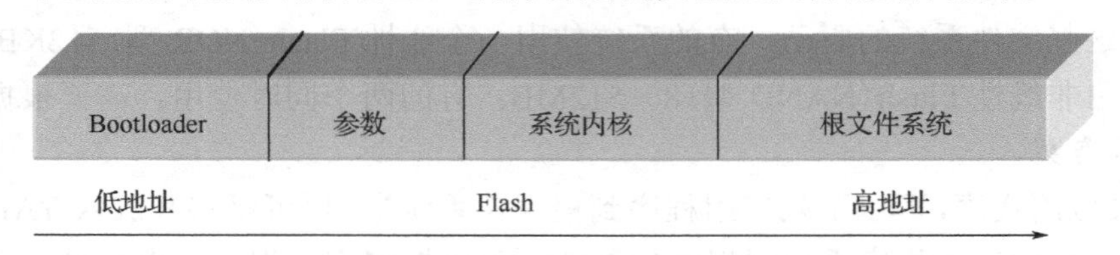

图 9-37　固态存储设备的典型空间分配结构

其中，在参数分区中存放着一些可以设置的参数，如 IP 地址、串口波特率、将要传递给内核的命令行参数等。

2) Bootloader 启动流程分析

常用的 Bootloader 有 U-Boot、vivi、grub 等，由于 U-Boot 功能强大，下面主要介绍 U-Boot。U-Boot 全称为 Universal Boot Loader，是遵循 GPL 条款的开放源码项目。它是在 PPCBoot 及 ARMBoot 的基础上发展而来的，较为成熟和稳定，已经在许多嵌入式系统开发过程中被采用，且支持的开发板众多。

U-Boot 的工作模式有启动加载模式和下载模式。启动加载模式是 Bootloader 的正常工作模式，嵌入式产品发布时，Bootloader 必须工作在这种模式下，Bootloader 将嵌入式操作系统从 Flash 中加载到 SDRAM 中运行，整个过程是自动的。下载模式就是 Bootloader 通过某些通信手段将内核镜像或根文件系统镜像等从 PC 中下载到目标板的 Flash 或 RAM 中。同时可以利用 Bootloader 提供的一些命令接口来完成自己想要的操作。

U-Boot 启动过程分为两个阶段：第一阶段用汇编语言来实现，完成一些依赖于 CPU 体系结构的硬件设备初始化任务，同时调用第二阶段的程序；第二阶段则通常用 C 语言实现，以便实现更加复杂的功能，且代码具有更好的可读性和移植性。第一阶段启动流程如图 9-38 所示。

在图 9-38 中，硬件设备初始化一般包括关闭 Watchdog、关中断、设置 CPU 的速度和时钟频率、RAM 初始化等，具体操作与 CPU 的型号相关，清空 BSS 段指清空用户堆栈区。

在第一阶段结束时执行语句_start_armboot: .word 跳转至 start_armboot() 函数，而这是 U-Boot 第二阶段代码的入口。为了方便开发嵌入式系统，至少要初始化一个串口，以便程序员与 U-Boot 进行交互。

U-Boot 第二阶段启动流程如图 9-39 所示。

main_loop()函数主要用于设置时间等待，从而确定目标板进入下载模式还是装载镜像文件模式启动内核。在设定的延时范围内，目标板将在串口等待输入指令(一般为任意按键指令)，系统进入下载模式。在延时到后，如果没有收到相关指令，系统将自动进入装载镜像文件模式，调用内核启动函数来启动内核。

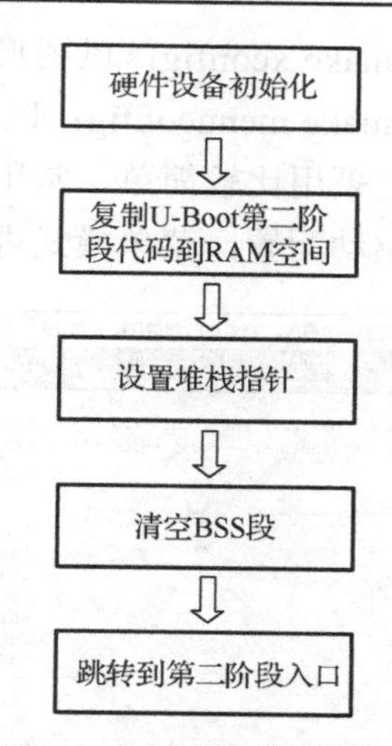

图 9-38　U-Boot 第一阶段启动流程

3) U-Boot 移植

移植 U-Boot 需要详细了解硬件资源，仔细阅读处理器芯片数据手册。具体移植步骤如下。

(1) 从网上下载 U-Boot 源码压缩包并解压。

(2) 根据开发板硬件资源情况修改相应的配置文件及头文件。

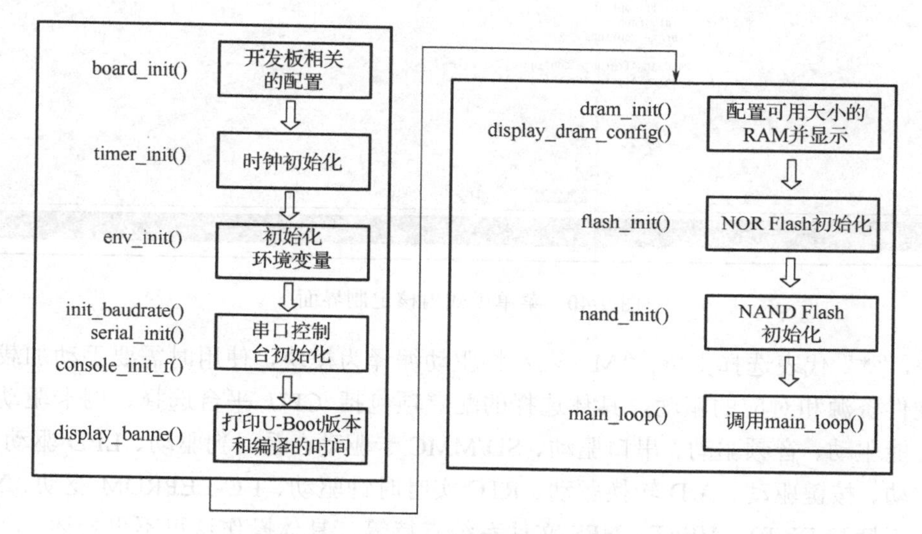

图 9-39　U-Boot 第二阶段启动流程

(3) 修改 makefile 文件，加入开发板对应编译命令。

(4) 设置编译器为 arm-linux-gcc 后执行 make。

(5) 下载编译生成镜像文件 Uboot.bin 到开发板运行。

当然，为了使编译出来的 U-Boot 能真正适用于我们的目标板，还有很多工作要做，包括处理器工作状态、存储器映射设置、网卡驱动的移植等，这里不再赘述。

2. 嵌入式 Linux 内核定制与编译

嵌入式系统软硬件可以灵活裁剪，所以定制适合特定功能的内核显得很有必要。嵌入式 Linux 内核定制有以下三种模式。

(1) make config：以字符方式进入内核定制界面。

(2) make xconfig：以图形界面方式进入内核定制界面。

(3) make menuconfig：以菜单界面方式进入内核定制界面。

这里采用比较简单、常用且易操作的第三种模式，以菜单界面方式进行内核参数及相关外设驱动配置，菜单模式内核定制界面如图 9-40 所示。

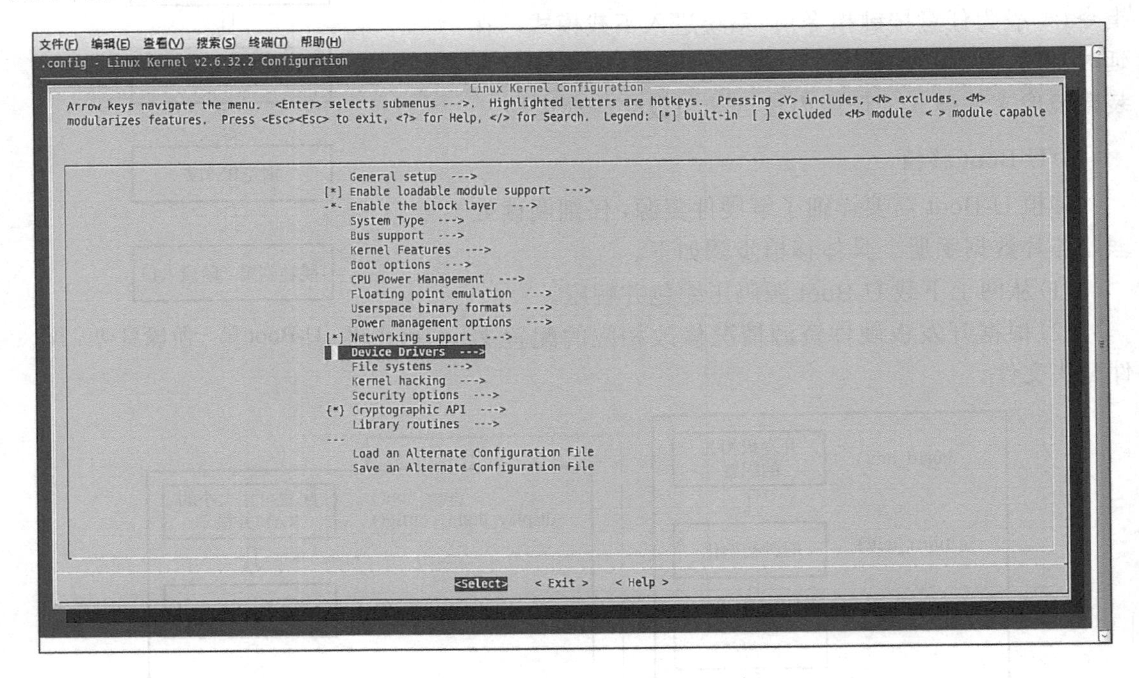

图 9-40　菜单模式内核定制界面

其中，“*”代表选择支持；“M”表示将驱动编译为模块，使用时需要手动加载。根据目标板硬件资源和对应的驱动，具体选择的配置项包括 CPU 平台选择、网卡驱动、USB 摄像头万能驱动、音频驱动、串口驱动、SD/MMC 卡驱动、看门狗驱动、LED 驱动、PWM 蜂鸣器驱动、按键驱动、A/D 转换驱动、RTC 实时时钟驱动、I^2C-EEPROM 驱动、YAFF2S 文件系统支持和 EXT2、VFAT、NFS 文件系统支持等，具体操作这里不再赘述。

配置完成后退出界面，设置交叉编译工具为 arm-linux-gcc，在终端中执行 make 编译内核。在 arch/arm/boot 目录下可看到生成的内核镜像文件 zImage。

到此为止，我们就可以在 U-Boot 下载模式下通过 TFTP 等方式将 zImage 内核镜像文件下载到开发板内存运行或烧入 Flash 中，或将该镜像文件放在 NFS 共享目录下，在 U-Boot 中通过 NFS 方式将内核加载到开发板内存启动系统。

3. 嵌入式 Linux 应用程序的开发与运行

在嵌入式系统开发中，通常使用下面的两种方式来运行应用程序。

(1) NFS 挂载方式。利用宿主机端 NFS 服务，在宿主机端创建一定权限的 NFS 共享目录，在目标板使用 NFS 文件系统挂载该目录，从而达到网络共享服务的目的。

这样做的优点是不占用目标机存储资源，可以对大容量文件进行访问；缺点是由于实际并没有将宿主机文件存储到目标机存储设备上，因此掉电时不能保存共享文件的内容。通常在嵌入式开发调试阶段，采用NFS挂载方式。

(2)下载方式。使用FTP、TFTP等软件，利用宿主机与目标机的网络硬件进行下载，此种方法通常是将宿主机编译好的目标机可执行二进制文件通过网线或串口线下载到目标机的存储器(如Flash)中。

在目标机嵌入式设备存储资源有限的情况下，受到存储容量的限制，在调试阶段通常的嵌入式开发经常使用NFS挂载方式，而在发布产品阶段才使用下载方式。

下面举例说明使用NFS挂载方式开发应用程序的过程。

(1)在宿主机端任意目录下建立工作目录hello，并进入该目录。

(2)编写程序源代码。

在Linux下的文本编辑器有许多，常用的是vim和Xwindow界面下的Gedit等，在本例中推荐使用vim。

hello.c源代码如下：

```
#include <stdio.h>
main()
{
    printf("Hello world! \n");
}
```

(3)编写makefile文件。

makefile文件是在Linux系统下进行程序编译的规则文件，通过makefile文件来指定和规范程序编译和组织的规则。

(4)编译应用程序。

在上面的步骤完成后，在/hello目录下运行make来编译hello.c程序，生成可执行文件hello。如果源程序被修改，需要重新编译。

注意：编译、修改程序都是在宿主机(PC)上进行的，不能在ARM串口终端下进行。

(5)使用NFS进行挂载。

启动IMX6实验系统，连好网线、串口线。通过串口终端挂载宿主机实验目录。

在宿主机上启动NFS服务，并设置好共享的目录，之后就可以进入ARM串口终端建立开发板与宿主机之间的通信了。

例如，输入下面的命令，挂载宿主机的/imx6目录：

```
root@imx6dlsabresd:~# mount -t nfs 192.168.12.157:/imx6  /mnt/
```

注意：IP地址需要根据宿主机的实际情况修改。

(6)运行可执行文件。

成功挂载宿主机的/imx6目录后，在开发板上进入/mnt目录，便相应进入宿主机的/imx6目录，已经给出了编辑好的hello.c和makefile文件，它们在/imx6/SRC/exp/basic/01_hello目录下。用户可以直接在宿主机上编译生成可执行文件hello，并通过上面的命令将其挂载到开发板上，运行程序并查看结果。

进入 ARM 串口终端的 NFS 共享实验目录。进入/mnt 目录下的实验目录，运行刚刚编译好的 hello 程序，查看运行结果。

```
root@imx6dlsabresd:/mnt/SRC/exp/basic/01_hello# cd /mnt/SRC/exp/basic/hello/
root@imx6dlsabresd:/mnt/SRC/exp/basic/01_hello# ls
Makefile  hello    hello.c   hello.o
```

输入下面的命令，运行程序 hello，用./表示运行当前目录下的 hello 程序：

```
root@imx6dlsabresd:/mnt/SRC/exp/basic/01_hello# ./hello
```

程序运行结果：

```
Hello world!
```

本 章 小 结

嵌入式系统的应用越来越广泛。本章首先介绍了嵌入式系统的开发流程；之后以飞思卡尔 IMX6 开发平台为例，详细介绍了嵌入式 Linux 的开发过程，包括系统硬件资源、系统硬件原理及系统启动运行；在此基础上介绍了嵌入式 Linux 软件开发方法，包括嵌入式 Linux 软件开发过程、基础软件移植及环境配置，便于读者学习嵌入式系统的开发方法。

习题与实践

1. 简述嵌入式系统的开发流程。
2. 举例说明什么是交叉编译？
3. 一个嵌入式系统的硬件结构通常包含哪些部件？
4. 简述嵌入式 Linux 软件开发过程。
5. 嵌入式 Linux 系统的软件结构通常分为哪几层？
6. 在嵌入式系统开发中，通常使用哪两种方式来运行应用程序？分别在什么场合使用？
7. 请设计一个嵌入式 Linux 应用系统，并且其能够在飞思卡尔 IMX6 开发平台上运行。

第 10 章　Qt 图形界面程序开发基础

Qt 由于其具有良好的封装机制和跨平台特性的优点，从而成为用户开发图形界面的常用软件。并且 Qt 本身不是一种编程语言，而是用 C++编写的框架，在 Linux 操作系统中也提供了 Qt 需要的开发环境。这使得 Qt 在 Linux 系统中的使用也非常方便。本章主要介绍 Qt 的特点和安装方法、Qt Creator 的特性以及 Qt 独有的信号和槽机制，最后演示了 Qt 操作的两个例子。

10.1　Qt 概述

Qt 作为一个界面库，可以为用户提供图形服务，并且支持多平台运行，由 TrollTech 公司开发，同时该软件还提供了多种快速开发方式，并且可以满足国际化的需求，当前的主流计算机操作系统都可以运行该软件，适用性非常强。

Qt 主要是作为一个框架使用的，用户可以在它提供的界面上进行操作，完成各种功能的开发。而且该软件的扩展性非常出色，在编程方面可以并行化操作，可以先将其分为几个小组件进行开发，再结合到一起。

Qt 的优点主要有：①可以在多个平台之间切换使用，当前所能见到的主流系统都可以使用该软件；②该软件是面向对象进行开发的，利用模块化的方式进行编程，用户使用起来非常便利；③具有非常丰富的第三方库，可以完成各种任务。

总的来说，Qt 的接口简单，容易上手，学习 Qt 框架对于学习其他框架有参考意义；并且一定程度上简化了内存回收机制；开发效率高，能够快速地构建应用程序。

10.2　Qt5 开发环境搭建

10.2.1　Qt5 简介

在 Qt5 版本中，Qt Quick 成为 Qt 的核心，并且前几代产品的优点也被保留了下来，丰富的功能为用户带来的体验更出色，同时在处理图形的过程中加入了加速机制。

Qt5 的改动相比于前几代产品是非常明显的，之所以要做出这么大的改变也是为了应对将来可能出现的需求挑战。

Qt5.0 版本发布了完整的 SDK，覆盖了 Windows、Mac OS X 以及 Linux。Qt5.0 版本发布的内容包括 Qt5 框架、IDE(Qt Creator)、示例以及文档。

Qt5 在架构上清除了内部的一些设计，并且使得 Qt5 更加模块化、更容易学习、更加快速。Qt4.x 系列的应用程序只需要做很少的改变以及简单地用 Qt5 重新编译一下即可支持 Qt5。

与前几代相比，Qt5 的以下几个能力得到了增强。

(1) 其处理图形的速度和效率得到很明显的提升，尤其是在小设备上，这种提升更加明显。这都得益于 Qt Quick 2 的发展，Qt Multimedia 和 Qt GraphicalEffects 进一步提升了这些性能。

(2) 用户在使用的过程中更加灵活，效率也有了显著的提升，可以用 JavaScript 进行编程，适用性进一步得到解放。

(3) 其在不同平台之间的移植也更可靠，因为此次更新改变了模块的结构，并对 QPA 的结合性进行了优化，让开发人员使用起来更加简便。之所以这么做，就是为了让其在所有环境下都能工作，之后就是针对移动设备进行开发，让移动设备也能使用 Qt。

(4) 开放式的开发以及管理让更多的用户参与到其开发工作中，能够获得更加全面的建议。

Qt5 的新特性如图 10-1 所示。

- Amazing Graphics Capability and Performance
- Qt Quick in Qt 5
- WebKit and HTML5
- Multimedia
- Modularized Qt Libraries
- Widgets in Qt 5
- Qt Platform Abstraction
- New Connection Syntax
- Connectivity and Networking
- JSON Support
- User Input

图 10-1　Qt5 的新特性

10.2.2　Linux 系统下 Qt5 开发环境的安装与配置

1. 下载 Qt5 离线安装包

下载地址：download.qt.io/archive/qt/，进入该网页之后，可以看到如图 10-2 所示的界面，选择需要的 Qt 版本 5.9/，选择对应的安装包。

Name	Last modified	Size	Metadata
Parent Directory		-	
5.15/	25-May-2020 06:57	-	
5.14/	31-Mar-2020 09:14	-	
5.13/	31-Oct-2019 07:17	-	
5.12/	16-Jun-2020 06:58	-	
5.9/	16-Dec-2019 15:00	-	
5.1/	06-May-2014 12:44	-	
5.0/	03-Jul-2013 11:57	-	
4.8/	04-Jun-2018 17:26	-	
4.7/	19-Feb-2013 16:14	-	
4.6/	19-Feb-2013 16:14	-	
4.5/	19-Feb-2013 16:13	-	
4.4/	19-Feb-2013 16:13	-	
4.3/	19-Feb-2013 16:13	-	
4.2/	19-Feb-2013 16:13	-	
4.1/	02-Mar-2020 11:44	-	
4.0/	02-Mar-2020 11:44	-	
3/	17-Dec-2019 14:55	-	
2/	17-Dec-2019 14:53	-	
1/	17-Dec-2019 14:53	-	
md5sums.txt	13-Dec-2012 14:58	50K	Details
copyrightnotice.txt	13-Dec-2012 14:58	384	Details
LICENSE.QPL	13-Dec-2012 14:58	4.6K	Details
LICENSE.PREVIEW	13-Dec-2012 14:58	22K	Details
LICENSE.LGPL	17-Dec-2012 09:25	26K	Details
LICENSE.GPL	13-Dec-2012 14:58	18K	Details
INSTALL	13-Dec-2012 14:58	2.9K	Details

For Qt Downloads, please visit qt.io/download

图 10-2　Qt 的下载界面

2. 添加执行权限

完成上述操作后，Qt 的安装包就下载到了本地，然后从终端进行操作，先进入安装包的存放目录，再输入下面的指令：sudo chmod +x qt-opensource-linus-x64-5.9.0.run。

3. 开始安装

完成了前两步之后，就能进行安装了，在第二步的指令后面继续输入下面的指令：sudo ./qt-opensource-linux-x64-5.9.0.run，可见如图 10-3 所示界面，这里单击 Skip 按钮。

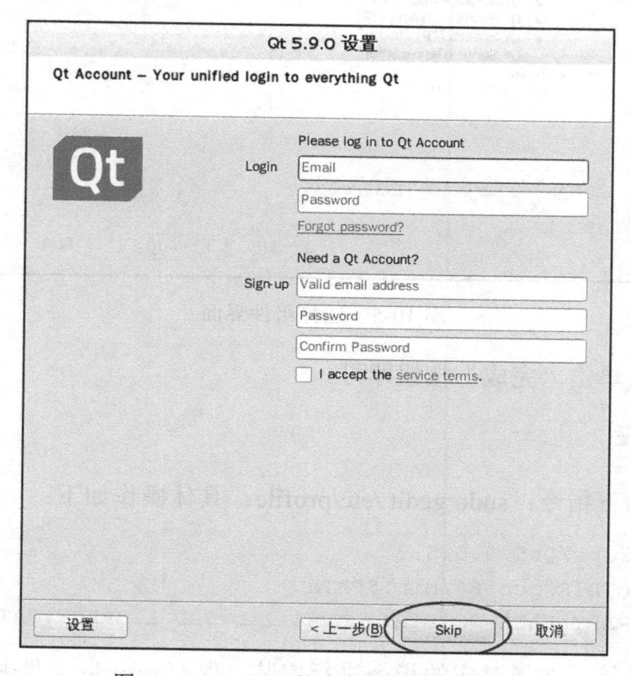

图 10-3　Qt5.9.0 的安装登录账号界面

之后只需要一直单击“下一步”按钮，按照图 10-4 和图 10-5 所示设置即可。

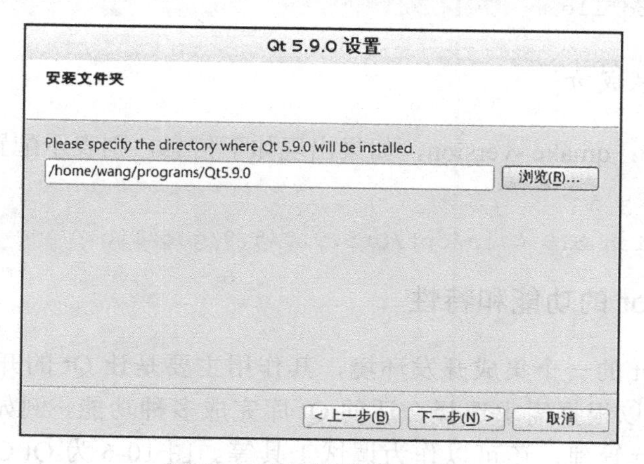

图 10-4　选择安装路径界面

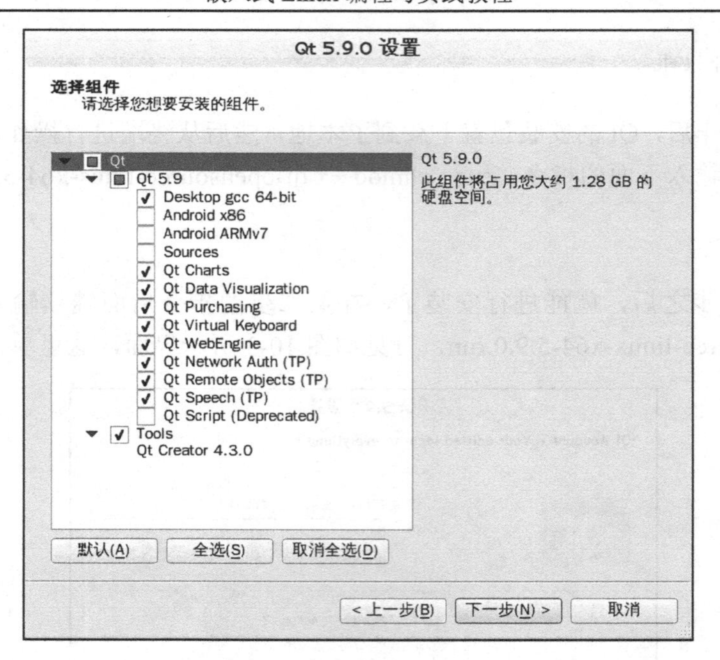

图 10-5　选择组件界面

最后等待完成，单击“完成”按钮即可。

4. 配置环境变量

在终端中执行如下指令：sudo gedit /etc/profile。具体操作如下：

```
export QTDIR=/opt/Qt5.9.0/5.9
export PATH=$QTDIR/gcc_64/bin:$PATH
export LD_LIBRARY_PATH=$QTDIR/gcc_64/lib:$LD_LIBRARY_PATH
```

根据所配置的环境，选择对应的指令进行安装。保存 profile 文件并退出编辑，之后执行下面的指令让环境变量生效。

```
source /etc/profile
```

5. 验证是否安装成功

终端下执行指令：qmake -version，如果出现如下信息，则表示配置安装成功：

```
QMake version 3.0
Using Qt version 5.9.0 in/opt/Qt5.9.0/5.9/gcc/lib
```

10.2.3　Qt Creator 的功能和特性

Qt Creator 是 Qt 的一个集成开发环境，其作用主要是让 Qt 的开发更加便利、速度更快。Qt Creator 可以根据需求选择合适的 Qt 库完成多种功能，例如，作为程序的编辑器，或者对项目进行管理，还可以作为调试工具等。图 10-6 为 Qt Creator 主界面。

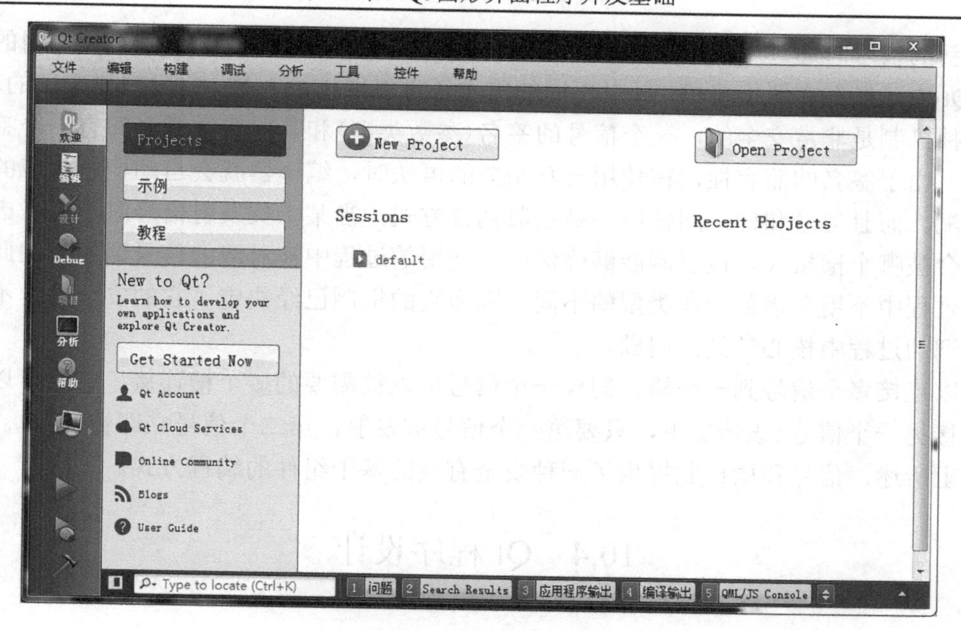

图 10-6 Qt Creator 主界面

Qt Creator 具有以下几种工作模式。

(1) 欢迎模式(Welcome)：主要在首次使用时进行简单的指导和演示，后续使用过程中都是自动打开上一次关闭的项目。

(2) 编辑模式(Edit)：用来编写代码进行程序设计。

(3) 设计模式(Design)：主要用于界面的设计，并对要使用的模块进行设置。

(4) Debug 模式(Debug)：主要用来对程序进行调试，对程序运行过程中出现的问题进行处理。

(5) 工程设置模式(Projects)：主要用来进行开发环境的相关数值设定。

(6) 帮助模式(Help)：主要用来进行搜索、查询需要的信息。

10.3 信号和槽机制

信号和槽机制主要是为不同对象之间建立联系的。该机制是 Qt 的主要特征之一，并且还是 Qt 与其他框架提供的特性中最不相同的部分。

在 GUI 编程中，如果我们需要更改一个部件，也希望其他的部件能同样接收到通知。更一般化地说，就是想让每一个类对象都能和其他的对象之间建立联系，就像我们关闭软件时，想让执行关闭操作的函数执行。在一些工具中，为了实现上述功能，使用了回调机制。回调的本质就是一个函数的指针，在一个函数工作时，如果想让它执行时通知用户，可以把另一个函数(回调)的指针传递给处理函数。这样就能在合适的时间进行回调。然而这种机制有很明显的缺陷，即不透明性，无法保证回调正确。

而在 Qt 中，有一种比回调机制更合适的机制，那就是信号和槽机制。每次执行一个操作都会有一段信号发射出去。在 Qt 中已经预先定义了很多信号，分别储存在不同的部件中，在加入新的信号时通过继承机制来完成。通俗来说，槽就是在接收到信号时被调用的一个函数。Qt 中已经存在了很多槽，针对不同的需求还可以继续加入槽，完成想要实现的功能。

这种机制是非常安全的，一个信号的签名(参数类型)和其对应的槽之间有一个签名匹配机制。由于签名的兼容性，在使用与其相关的语法时，编译器就会自动检查相应的类型是否匹配。而且信号和槽之间使用的是松散耦合方式，当某个类发射信号时不用考虑该信号到底会被哪个槽接收。该机制能够确保槽在使用的过程中被对应的信号调用。因此在槽的使用过程中不用考虑数量和类型的不同，因为它的机制已经决定了它的安全性，不会出现在回调的过程中核心转储的问题。

可以连接多个信号到一个槽，同样一个信号可以被需要的多个槽连接，甚至可以一个信号连接另一个信号(该情况下，只要第一个信号被发射，第二个信号立即被发射)。

综上所述，信号和槽机制提供了一种安全有效的基于组件的编程方式。

10.4　Qt 程序设计

10.4.1　hello world 程序设计

1. 新建项目

先选择“文件”→“新建文件或项目”选项，之后会进入下面的界面，如图 10-7 所示。选择 Application → Qt Widgets Application 选项，会看到最右侧对于创建项目的简述，单击 Choose 按钮。

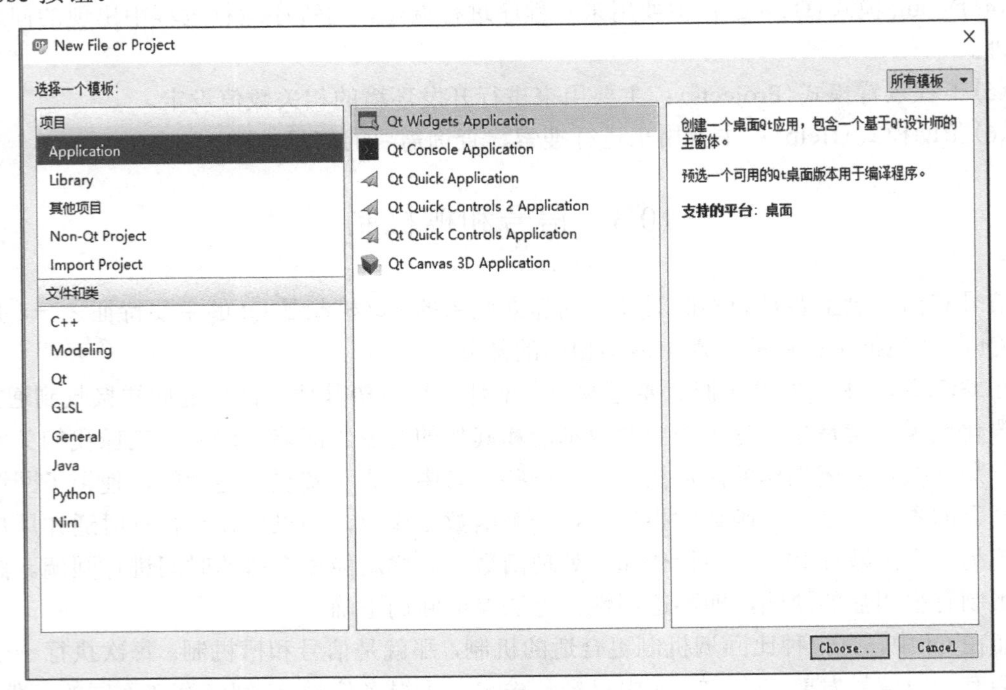

图 10-7　新建项目操作

再输入项目名称和路径，并选择 Kits 选项，依次如图 10-8 和图 10-9 所示。

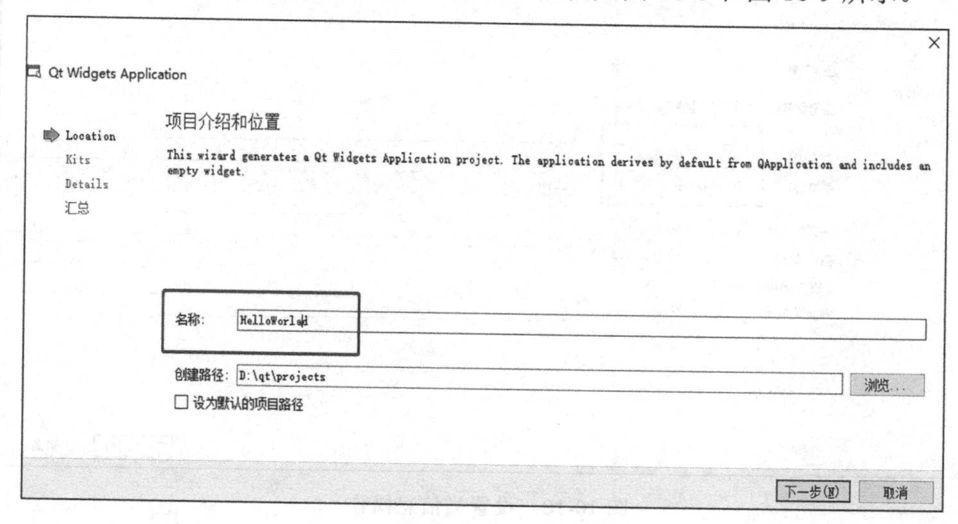

图 10-8　设置名称和路径操作

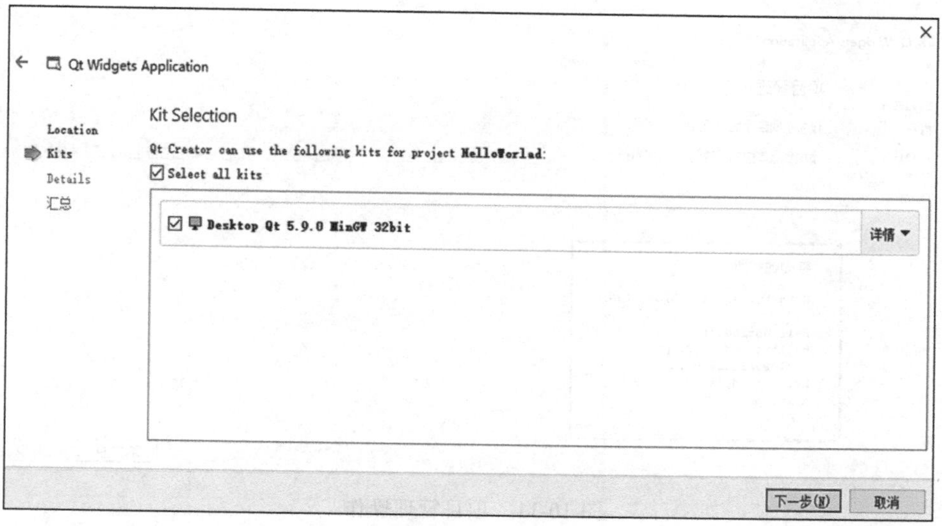

图 10-9　选择 Kits 选项

然后输入类信息。在“类信息”中创建一个自定义的类，由于 QDialog 是对话框，多用于短时间与用户的交互，这里选择“基类”为 QDialog 对话框形式，表明该类继承自 QDialog。之后，头文件、源文件、界面文件都会被自动创建，如图 10-10 所示。

Qt 中 QMainWindow、QWidget、QDialog 的区别是：QWidget 是所有图形界面的基类，也就是说 QMainWindow 和 QDialog 都是 QWidget 的子类；QMainWindow 是一个提供了菜单栏、工具栏的程序主窗口；QDialog 是对话框，多用于短时间与用户的交互。

最后查看创建项目的汇总信息。可以查看到创建文件的保存路径和将要生成的各个文件名称，如图 10-11 所示。

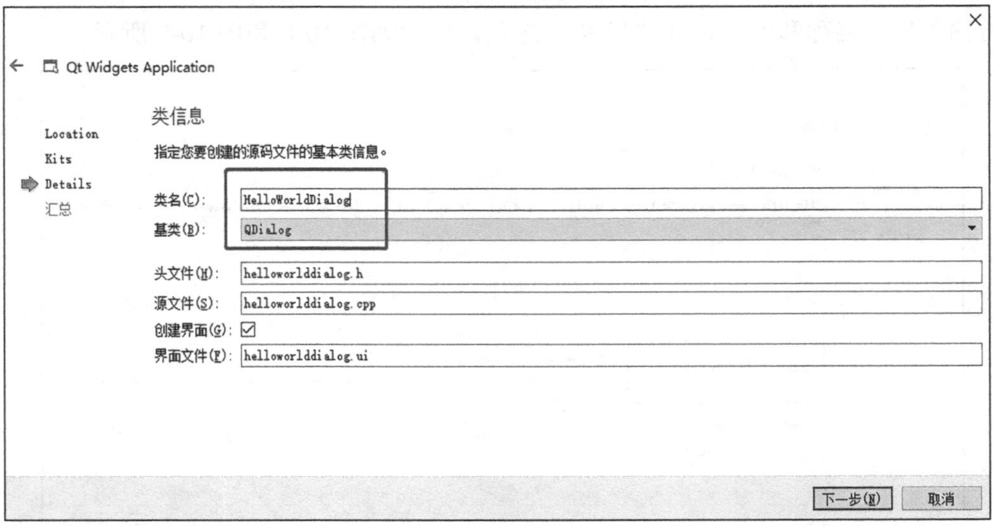

Qt Widgets Application

Location
Kits
Details
汇总

类信息

指定您要创建的源码文件的基本类信息。

类名(C): HelloWorldDialog
基类(B): QDialog
头文件(H): helloworlddialog.h
源文件(S): helloworlddialog.cpp
创建界面(G): ☑
界面文件(F): helloworlddialog.ui

下一步(N)　取消

图 10-10　设置类信息操作

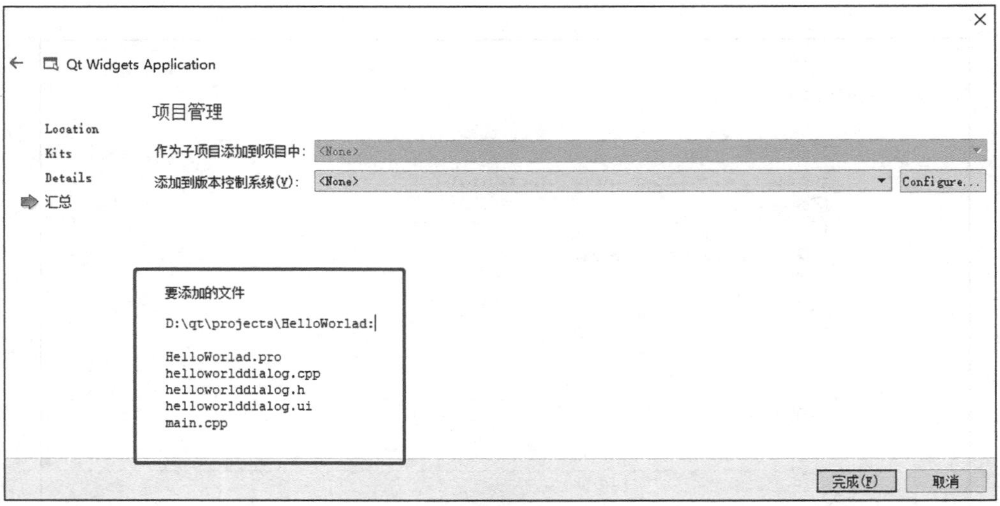

Qt Widgets Application

Location
Kits
Details
汇总

项目管理

作为子项目添加到项目中: <None>
添加到版本控制系统(V): <None>　Configure...

要添加的文件

D:\qt\projects\HelloWorlad:

HelloWorlad.pro
helloworlddialog.cpp
helloworlddialog.h
helloworlddialog.ui
main.cpp

完成(F)　取消

图 10-11　项目管理操作

单击“完成”按钮，此时系统创建项目文件，由欢迎模式转换到编辑模式，如图 10-12 所示。

图 10-12 上面的框 1 部分列出创建的各个文件目录，其右侧为相应的文件内容；左侧上边的框 2 部分表示模式选择器，可以进行各个模式的转换；左侧下边的框 3 部分表示构建套件选择器，包括目标选择器，可以选择 debug 版本和 release 版本，从上往下分别是“运行”按钮、“开始调试”按钮和“构建”按钮，分别表示启动运行、启动调试和编译项目。

2. 项目文件

此时查看上面创建项目的文件路径，查看都有哪些文件，如图 10-13 所示。

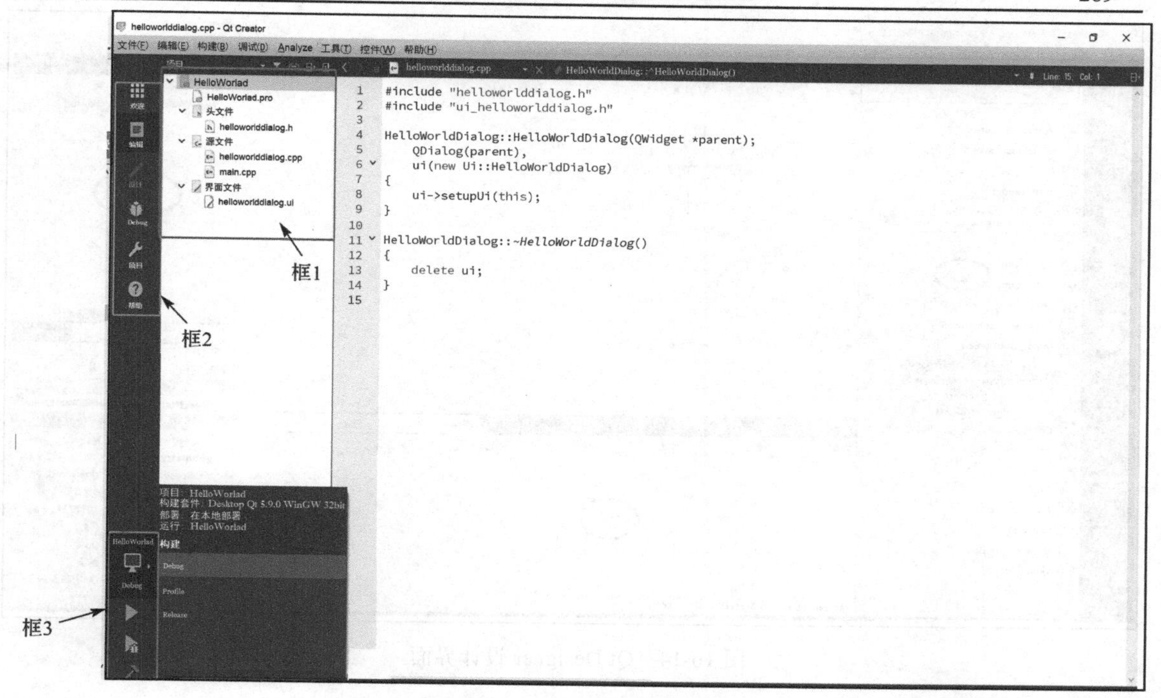

图 10-12　编程界面

磁盘 (D:) › qt › projects › HelloWorlad

名称	修改日期	类型	大小
HelloWorlad.pro	2019/4/24 9:56	Qt Project file	2 KB
HelloWorlad.pro.user	2019/4/24 9:56	Visual Studio Pr...	24 KB
helloworlddialog.cpp	2019/4/24 9:56	C++ Source file	1 KB
helloworlddialog.h	2019/4/24 9:56	C++ Header file	1 KB
helloworlddialog.ui	2019/4/24 9:56	UltraISO 文件	1 KB
main.cpp	2019/4/24 9:56	C++ Source file	1 KB

图 10-13　项目文件

双击 helloworlddialog.ui 文件，进入 Qt Designer 的设计界面，如图 10-14 所示。

Qt Designer 设计界面包含以下内容。

(1) 主设计区，主要用于设计界面及编辑各个部件的属性、布局和连接方式等。

(2) 部件列表区域(Widget Box)，拖动部件可以直接将其添加到主设计区。

(3) 对象查看器(Object Inspector)，罗列了主设计区所有部件的对象名和相应所属的类，可以选择进行修改。

(4) 属性编辑器(Property Editor)，在主设计区单击组件，可以在属性编辑区进行显示，并更改部件的一些属性，包括大小、位置、名称或者模型背景图片等信息。这里属性是按照从祖先、父类和自己的属性进行排序和分类的。

(5) 动作编辑器(Action Editor)与信号/槽编辑器(Signal/Slots Editor)在信号槽中可以为部件添加信号和槽函数。

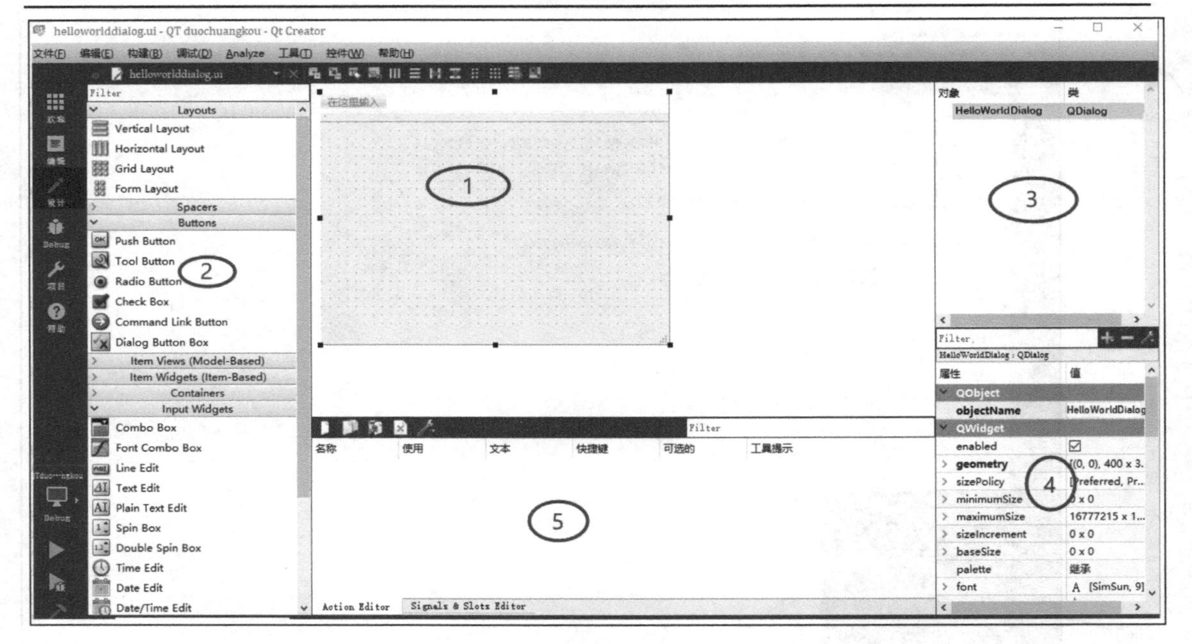

图 10-14　Qt Designer 设计界面

3. 项目编辑

部件列表区域(Widget Box)又根据自身的特性分为 Containers 容器、Input Widgets 输入组件、Display Widgets 显示组件。很显然，这个项目只是打印一串字符，采用显示组件即可。这里采用 label 组件，直接拖动 label 到主设计区，添加文字，选择“文件”→“保存所有文件”菜单项，然后单击左下角的绿色三角符号或者按 Ctrl+R 键运行程序并显示结果，如图 10-15 所示。

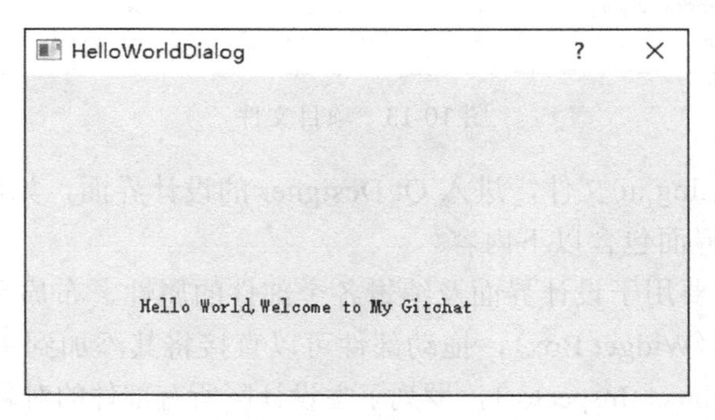

图 10-15　程序运行结果

10.4.2　多窗体程序设计

1. 主窗体设计

本节通过一个实例介绍多窗体应用程序的设计方法，主窗体界面如图 10-16 所示。

图 10-16　主窗体界面

程序的主窗体类是 QWMainWindow，从 QMainWindow 继承。主窗体有一个工具栏，四个创建窗体的按钮以不同方式创建和使用窗体。在主窗体工作区绘制一个背景图片，创建一个 tabWidget 组件，将其作为创建窗体的父窗体。没有子窗体时，tabWidget 不显示。

下面是 QWMainWindow 的构造函数和绘制背景图片的代码：

```
QWMainWindow::QWMainWindow(QWidget *parent) :
    QMainWindow(parent),
    ui(new Ui:: QMainWindow)
{
    ui ->setupUi(this);
    ui->tabWidget->setVisible(false);
    ui->tabWidget->clear(); //清除界面
    ui->tabWidget->tabsClosable(); //Page 有关闭的键,能够选择关闭

    this->setCentralWidget(ui->tabWidget);
    this->setWindowState(Qt:: WindowMaximized); //设置窗口,将其最大化显示
    this->setAutoFillBackground(true);
}
viod QWMainWindow::paintEvent(QPaintEvent *event)
{//设置背景
    Q_UNUSED(event);
    QPainter painter(this);
    painter.drawPixmap(0,ui->mainToolBar->height(),this->width(),this->
```

```
    height()-ui->mainToolBar->height()-ui->statusBar->height(),
    QPixmap(" :/images/Beijing.jpg"));
}
```

在构造函数中，将 tabWidget 组件设置为不可见，并且页面可关闭，这样每个页面标题部分都会出现一个“关闭”按钮，单击它可以关闭页面。背景图片绘制使用窗体的 paintEvent() 事件，获取主窗口的画笔之后，将资源文件里的一个图片绘制在主窗口的工作区。

该实例除了主窗体之外，还有两个窗口和两个对话框，下面进行介绍。

QFormDoc：继承于 QWidget 可视化设计的窗口，主窗口工具栏上的“嵌入式 Widget”按钮和“独立 Widget 窗口”按钮将以两种方式使用 QFormDoc 类。

QFormTable：继承于 QMainWindow 可视化设计的窗体，其界面功能与主窗体类似，主窗口工具栏上的“嵌入式 MainWindow”按钮和“独立 MainWindow 窗口”按钮将以两种方式使用 QFormTable 类。

QWDialogSize 和 QWDialogHeaders 就是该实例中设计的对话框类，由 QFormTable 调用进行表格组件设置。

2. QFormDoc 类的设计

在 Qt Creator 先选择 File→New File or Project 菜单项，在弹出的界面里选择“创建 Qt Designer Form Class”选项，并且在向导中选择“基类”为 QWidget，将创建的新类命名为 QFormDoc。

在 QFormDoc 的窗口上只放置一个 QPlainTextEdit 组件。由于 QFormDoc 是从 QWidget 继承而来的，在 UI 设计器里不能直接为 QFormDoc 设计工具栏，但是可以创建 Action Editor，然后在窗体创建时用代码创建工具栏。

图 10-17 是设计的 Action，除了 actOpen 和 actFont 之外，其他编辑操作的 Action 都和 QPlainTextEdit 相关槽函数关联，actClose 与窗口的 close() 槽函数关联。在 QFormDoc 的构造函数里用代码创建工具栏和布局，也可以在析构函数里增加一个消息显示的对话框，以便观察窗体是何时被删除的。代码如下：

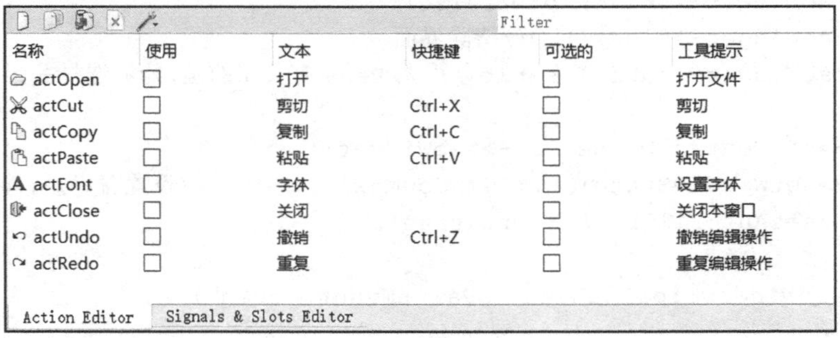

Filter

名称	使用	文本	快捷键	可选的	工具提示
actOpen	☐	打开		☐	打开文件
actCut	☐	剪切	Ctrl+X	☐	剪切
actCopy	☐	复制	Ctrl+C	☐	复制
actPaste	☐	粘贴	Ctrl+V	☐	粘贴
actFont	☐	字体		☐	设置字体
actClose	☐	关闭		☐	关闭本窗口
actUndo	☐	撤销	Ctrl+Z	☐	撤销编辑操作
actRedo	☐	重复		☐	重复编辑操作

Action Editor　Signals & Slots Editor

图 10-17　QFormDoc 窗口设计 Action

```
QFormDoc::QFormDoc(QWidget *parent) :
    QWidget(parent),
```

```
    ui(new Ui::QFormDoc)
{
    ui->setupUi(this);
    //使用 UI 设计的 Action 设计工具栏
    QToolBar* locToolBar = new QToolBar(tr("文档"),this); //创建工具栏
    locToolBar->addAction(ui->actOpen);
    locToolBar->addAction(ui->actFont);
    locToolBar->addSeparator();
    locToolBar->addAction(ui->actCut);
    locToolBar->addAction(ui->actCopy);
    locToolBar->addAction(ui->actPaste);
    locToolBar->addAction(ui->actUndo);
    locToolBar->addAction(ui->actRedo);
    locToolBar->addSeparator();
    locToolBar->addAction(ui->actClose);
    locToolBar->setToolButtonStyle(Qt::ToolButtonTextBesideIcon);
    QVBoxLayout *Layout = new QVBoxLayout();
    Layout->addWidget(locToolBar);      //设置工具栏和编辑器上下布局
    Layout->addWidget(ui->plainTextEdit);
    Layout->setContentsMargins(2,2,2,2);    //减小边框的宽度
    Layout->setSpacing(2);
    this->setLayout(Layout);                //设置布局
}

QFormDoc::~QFormDoc()
{
    QMessageBox::information(this, "消息", "QFormDoc 对象被删除和释放");
    delete ui;
}
```

3. QFormDoc 类的使用

主窗口工具栏上的“嵌入式 Widget”按钮的响应代码如下：

```
void QWMainWindow::on_actWidgetInsite_triggered()
{
    //创建 QFormDoc 窗体,并在 tabWidget 中显示
    QFormDoc *formDoc = new QFormDoc(this);
    formDoc->setAttribute (Qt: : WA_DeleteOnClose) ; //关闭时自动删除
    int cur=ui->tabWidget->addTab(formDoc,QString::asprintf("Doc %d", ui->
    tabWidget->count()));
    ui->tabWidget->setCurrentIndex(cur);
    ui->tabWidget->setVisible(true);
}
```

上面这段代码动态创建一个 QFormDoc 类对象 formDoc，并设置其为关闭时删除。然后使用 QTabWidget 的 addTab() 函数，为主窗口上的 tabWidget 新建一个页面，作为 formDoc 的父窗体组件，formDoc 就在新建的页面里显示，称这种窗体显示方式为嵌入式。

主窗口工具栏上的“独立 Widget 窗口”按钮响应代码如下：

```
void QWMainWindow::on_actWidget_triggered()
{
    QFormDoc *formDoc = new QFormDoc(); //不指定父窗口,用 show()显示
    formDoc->setAttribute(Qt::WA_DeleteOnClose); //关闭时自动删除
    formDoc->setWindowTitle("基于 QWidget 的窗体,无父窗口，关闭时删除");

    formDoc->setWindowFlag(Qt::Window,true);

    //formDoc->setWindowFlag(Qt::CustomizeWindowHint,true);
    //formDoc->setWindowFlag(Qt::WindowMinMaxButtonsHint,true);
    //formDoc->setWindowFlag(Qt::WindowCloseButtonHint,true);
    //formDoc->setWindowFlag(Qt::WindowStaysOnTopHint,true);

    //formDoc->setWindowState(Qt::WindowMaximized);
    formDoc->setWindowOpacity(0.9);
    //formDoc->setWindowModality(Qt::WindowModal);
    formDoc->show(); //在单独的窗口中显示
}
```

这里在创建 formDoc 对象时，并没有指定父窗口，创建窗口的代码：QFormDoc *formDoc = new QFormDoc()，使用 setWindowFlag() 函数，设置其为 Qt::Window 类型，并用 show() 函数显示窗口。这样创建的是一个单独显示的窗口，并且在 windows 的任务栏上会有显示。若有文档窗口打开，则关闭主窗口，而文档窗口依然存在，实际上这时的主窗口隐藏了。若关闭所有文档窗口，则主窗口自动删除并释放，之后才会完全关闭应用程序。

如果创建 formDoc 时指定主窗口为父窗口，即 QFormDoc *formDoc = new QFormDoc (this)，则 formDoc 不会在 windows 的任务栏上显示，关闭主窗口时，所有文档窗口自动删除。图 10-18 是嵌入式和独立的 QFormDoc 窗体的显示效果，在创建独立的显示窗口时，还可以尝试使用 setWindowFlag() 函数来设置不同的属性，并观察这些属性的控制效果。

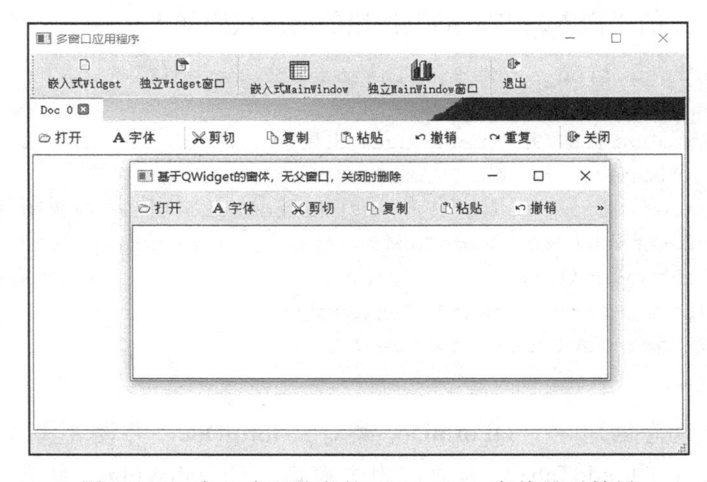

图 10-18　嵌入式和独立的 QFormDoc 窗体显示效果

4. QFormTable 类的设计

表格窗口类 QFormTable 是基于 QMainWindow 的可视窗口类，其功能与该实例主窗口类似，使用 QStandardltemModel 模型和 QTableView 组件构成 Model/View 结构的表格数据编辑器，并且可以使用 QWDialogSize 和 QWDialogHeaders 对话框进行表格大小和表头文字的设置。

该窗口的具体设计此处不进行详细介绍，它只是为了观察窗口删除的时机，在析构函数里增加一个信息显示对话框：

```
QFormTable::~QFormTable()
{
    QMessageBox::information (this, "消息","FormTable 窗口被删除和释放");
    delete ui;
}
```

QFormTable 类的使用：

主窗口工具栏上的“嵌入式 MainWindow”按钮的响应代码如下：

```
void QWMainWindow::on_actWindowInsite_triggered()
{
    QFormTable *formTable = new QFormTable(this);
    formTable->setAttribute(Qt::WA_DeleteOnClose); //关闭时自动删除
    int cur=ui->tabWidget->addTab(formTable,QString::asprintf("Table %d",
    ui->tabWidget->count()));
    ui->tabWidget->setCurrentIndex(cur);
    ui->tabWidget->setVisible(true);
}
```

该代码的功能是创建一个 QFormTable 对象 formTable，并在主窗口的 tabWidget 组件里新增一个页面，将 formTable 显示在新增页面里。所以，即使是从 QMainWindow 继承的窗口类，也是可以嵌入在其他界面组件里显示的。

主窗口工具栏上的“独立 MainWindow 窗口”按钮响应代码如下：

```
void QWMainWindow::on_actWindow_triggered()
{
    QFormTable* formTable = new QFormTable(this);
    formTable->setAttribute(Qt::WA_DeleteOnClose);
    formTable->setWindowTitle ("基于 QMainWindow 的窗口,指定父窗口,关闭时删除");
    formTable->show();
}
```

这样创建的 formTable 以独立窗口显示，关闭时自动删除。它指定了主窗口为父窗口，主窗口关闭时，所有 QFormTable 类窗口自动删除。无论嵌入式的还是独立的 QFormTable 窗口，都可以使用 QWDialogSize 和 QWDialogHeaders 对话框进行表格大小和表头文字的设置。创建 QFormTable 嵌入式窗体和独立窗口的运行效果如图 10-19 所示。

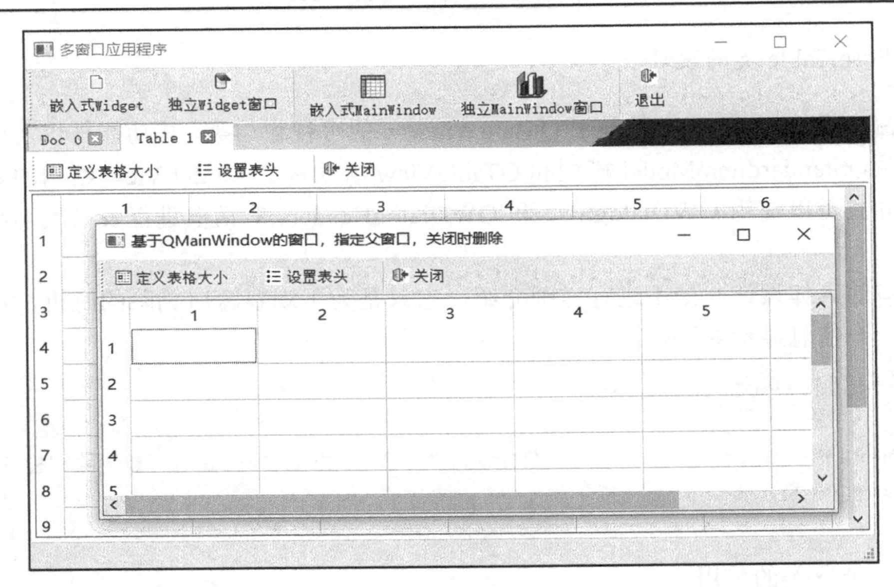

图 10-19　创建 QFormTable 嵌入式窗体和独立窗口的运行效果

5. QTabWidget 类的控制

现在，单击 tabWidget 中嵌入的 QFormDoc 或 QFormTable 窗体工具栏上的“关闭”按钮，就可以关闭窗体并且删除分页。但是单击分页上的“关闭”图标，并不能关闭窗体。而且，关闭所有分页后，tabWidget 并没有隐藏，无法显示背景图片。

为此，需要对 tabWidget 的两个信号编写槽函数，tabCloseRequested() 和 currentChanged() 信号的槽函数代码如下：

```
void QWMainWindow::on_tabWidget_tabCloseRequested(int index)
{//关闭 Tab
    if (index<0)
        return;
    QWidget* aForm=ui->tabWidget->widget(index);
    aForm->close();
}
void QWMainWindow::on_tabWidget_currentChanged(int index)
{
    bool  en=ui->tabWidget->count()>0; //再无页面时,actions 禁用
    ui->tabWidget->setVisible(en);
}
```

tabCloseRequested() 信号在单击分页的“关闭”图标时发射，传递来的参数 index 表示页面的编号。QTabWidget::widget() 返回 TabWidget 组件中某个页面的窗体组件。获取页面的 QWidget 组件后，调用 close() 函数关闭窗体。删除一个分页或切换页面时，会发射 currentChanged() 信号，在此信号的槽函数里判断分页个数是否为零，以控制 tabWidget 是否可见。

本 章 小 结

本章主要介绍了 Qt 软件的基本应用以及它的特点和功能，以最新版本 Qt5 为例，详细介绍了 QT Creator 的安装与配置及其特有的信号和槽机制，最后通过两个典型例子：Hello world 程序和多窗口应用程序，详细阐述了 Qt 程序设计的详细步骤，有助于读者进一步学习 QFormDoc 类、QFormTable 类及 QTabWidget 类的设计与应用方法，加深对信号和槽机制原理的理解。

习题与实践

1．简述 Qt 的特点和 Qt5 的优势。
2．在 Linux 环境下，进行 Qt5 环境的安装与配置。
3．简述 Qt 的信号和槽机制。
4．在 Linux 系统下，采用 Qt5 编程实现简单的四则运算窗口。
5．在 Linux 系统下，采用 Qt5 编程实现注册和登录对话框。
6．在 Linux 系统下，采用 Qt5 编程实现一个多窗体应用系统。

第 11 章　嵌入式 Linux 系统下的聊天软件开发

本章将在第 8 章嵌入式 Linux 网络编程的基础上，基于 Cortex-A9 嵌入式实验系统开发一个局域网聊天软件。该系统由 Linux 环境下的 Qt 软件开发完成，采用 C++语言编程。该软件系统使用 C/S 模式，其中客户端是用户使用端口，可以装载在 Cortex-A9 嵌入式系统板上，为用户提供服务，满足用户登录聊天室进行聊天等操作需求；服务器是信息处理端口，负责用户消息的接收和转发、用户数据的储存，同时具备执行管理员界面显示与操作的功能。

11.1　嵌入式 Linux 交叉编译环境搭建

根据应用需求的不同，嵌入式 Linux 系统有不同的开发方法。因为其开发是跨平台开发，所以需要在开发之初先搭建 Linux 下的交叉编译环境，具体任务叙述如下：

用户首先根据实际需要裁剪系统内核、编译内核，将编译好的嵌入式 Linux 操作系统内核文件移植到嵌入式设备，完成嵌入式设备的启动。其次需要配置交叉开发环境，可执行文件由交叉开发环境提供的编译工具对宿主机上编写的程序进行编译生成，宿主机提供调试工具对目标设备上运行的程序进行调试。用户应根据不同的设备架构选择相应版本的交叉编译器进行安装和配置，并设置环境变量。

11.1.1　移植嵌入式 Linux 操作系统

嵌入式 Linux 操作系统的移植包括 Bootloader 移植和嵌入式 Linux 内核的定制与编译。众所周知，PC 的系统由 BIOS 完成引导，BIOS 是系统上电后运行的第一段程序。嵌入式系统中同样需要引导程序来完成系统的启动引导。

对于嵌入式系统，Bootloader 是基于特定的硬件平台来实现的，所以不同的嵌入式系统硬件配置及不同的处理器体系结构均需要不同的 Bootloader。U-Boot 是常用的 Bootloader，它支持众多的 CPU 架构。

Bootloader 的主要功能是引导操作系统启动，主要有网络启动方式和磁盘启动方式两种。

U-Boot 的移植和启动流程在 9.3.2 节已详细介绍，此处不再赘述。

11.1.2　制作 SD 卡(iNAND)启动卡

当格式化 iNAND 后或者无法从 iNAND 启动系统时，可以通过已经制作好的 SD 卡启动进行引导烧写。制作 SD 卡启动卡步骤如下：

在 PC 上安装好 WinImage 软件，将 SD 卡插入计算机上的 SD 卡槽，打开 WinImage 软件，并单击 OK 按钮，选择 DISK 选项，并根据提示操作将 u-boot-sd_2g.bin.vhd 文件烧写进 SD 卡，即完成 SD 卡启动卡的制作。

11.1.3　烧写内核文件、设置启动参数

烧写内核文件、设置启动参数的操作步骤如下。

(1) 首先配置串口终端。将嵌入式设备通过 USB 或者计算机串口连接到 PC，然后设置参数，如图 11-1 所示。

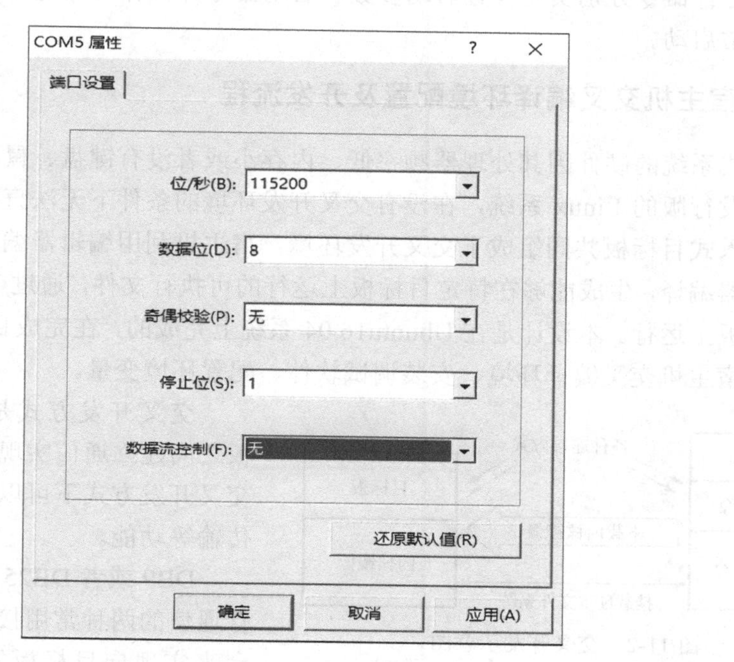

图 11-1　嵌入式设备端口参数设置

(2) 安装 USB 驱动。将 SD 卡插进嵌入式设备 SD 卡槽，上电启动设备之后进入 U-Boot，并在 3 秒内输入“fastboot”命令，安装好 USB 驱动之后，重新启动设备。

(3) 擦除 boot 区。再次输入“fastboot”命令，进入 U-Boot 界面，输入：

```
mmc erase boot 1 0 0;
```

即可擦除 boot 区。

(4) 擦除用户区。输入：

```
mmc erase user 1 0 0;
```

即可擦除用户区。

(5) 重新分配磁盘。输入：

```
fdisk -c 1 300 2000 300;
```

即可重新分配磁盘。

(6) 格式化 iNAND。

(7) 烧写系统。重启设备，再次输入“fastboot”命令，进入 U-boot 界面，运行 write_4412_file.sd.bat 批处理文件，进行系统烧写。

(8) 设置启动参数。重启设备，进入 U-boot 界面，依次输入以下命令，设置启动参数。

```
setenv bootargs noinitrd root=/dev/mmc blk0p2 rootfstype=ext4 init=/linuxrc
setenv bootcmd movi read kernel 0 40008000\;bootm 40008000
save
```

上述三行命令分别实现设置启动参数和启动命令并保存的功能。这样重启开机后，系统就能正常启动。

11.1.4　宿主机交叉编译环境配置及开发流程

嵌入式系统的硬件因其处理器频率低、内存小或者没有键盘、鼠标等设备，一般不能直接安装发行版的 Linux 系统，在没有交叉开发环境的条件下无法直接进行开发任务。宿主机与嵌入式目标板共同组成了交叉开发环境。宿主机利用编辑器编写 Linux 程序，使用交叉编译器编译，生成能够在特定目标板上运行的可执行文件，通过 NFS 将该文件共享加载到目标板上运行。本设计是在 Ubuntu16.04 系统上完成的，在完成目标板系统烧写之后，需要搭建宿主机交叉编译环境、安装调试软件、配置环境变量。

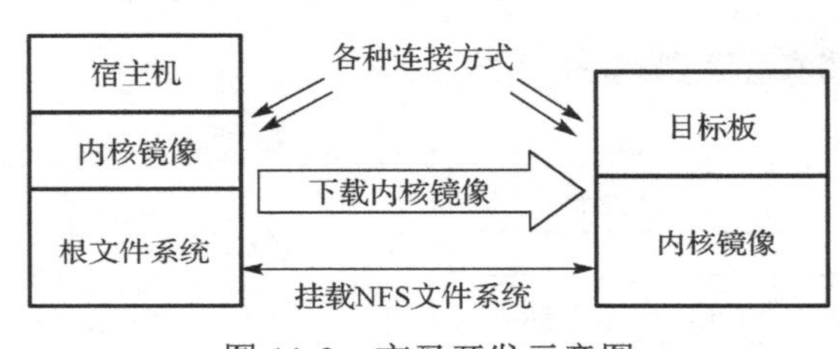

图 11-2　交叉开发示意图

交叉开发方式是通过宿主机和目标板之间建立通信实现的，如图 11-2 所示。交叉开发方式下可以实现远程通信、文件传输等功能。

DB9 或者 DB25 两种规格的接口是串行通信的两种常用接口，串口能作为控制台来实现向目标板发送指令以及显示信息的功能；还能用串口发送文件，也能使用串口来实现内核和程序的调试。串口有一个明显的缺点是通信速率慢，不适合大文件传输。

11.1.5　安装配置交叉编译器

Linux 使用 GNU 的工具，开发者可以直接从网上下载这些工具来搭建交叉开发环境。我们选择 arm-none-linux-gnueabi-gcc 编译器作为 Cortex-A9 嵌入式设备的交叉编译器，该编译器可以在 Ubuntu16.04 系统下编译生成目标板可执行代码。在 Ubuntu16.04 系统下，打开终端，执行如下命令：

```
#mkdir  /usr/local/arm
```

在宿主机/usr/local 下建立/arm 目录。

接下来执行如下命令：

```
#tar xzfv arm-2009q3-67.tar.gz -C /usr/local/arm
```

解压交叉编译器包到/usr/local/arm 目录下。

修改系统编译器默认搜索路径配置文件 PATH 及 LD_LIBRARY_PATH 环境变量，执行如下命令：

```
#vi ~/.bashrc
#path=/usr/local/arm/arm-2009q3/bin:$PATH:$HOME/bin
```

执行如下命令重启配置：

```
#source ~/.bashrc
```

配置生效后就能在终端找到交叉编译器，以此来验证是否安装成功。

11.1.6 NFS 共享文件挂载

没有足够的存储空间是嵌入式设备目标板的一大不足，NFS 能极大地简化文件共享的流程。通过 Linux 内核挂载网络根文件系统就能不使用本地存储介质，既简化应用程序的调试和运行，又能规避目标板存储空间小的缺点。

宿主机和目标板挂载 NFS 服务需要在同一个 IP 段地址，首先需要配置 PC 和目标板的 IP 地址。

在超级终端(目标板)执行如下命令配置目标板 IP 地址：

```
#ifconfig eth0 192.168.1.183
```

将目标板 IP 地址配置为 192.168.1.183。

在宿主机终端执行如下命令查询 PC 有线网卡的名称：

```
#ifconfig
```

在宿主机终端执行如下命令配置 PC 有线网卡的 IP 地址：

```
#ifconfig enp4s0 192.168.1.182
```

配置 PC 有线网卡 enp4s0 的 IP 地址为 192.168.1.182。

在宿主机终端执行如下命令，查看宿主机和目标板是否连通：

```
#ping 192.168.1.183
```

在超级终端(目标板)执行如下命令实现/mnt/nfs/目录和/UP-CUP4412 目录的挂载：

```
#mount -t -nfs -o nolock 192.168.1.182:/UP-CUP4412 /mnt/nfs/
```

挂载成功后在超级终端(目标板)的/mnt/nfs 文件夹下即可看到宿主机/UP-CUP4412 文件夹下的文件。

11.1.7 安装 Kermit 串口调试软件

Kermit 是一款具有强大功能的通信工具，具有如下功能。

(1) 支持 Kermit 文件传输协议。

(2) 拥有自己的脚本语言，命令丰富强大，可用于自动化工作。

(3) 支持多种硬件、软件平台。

(4) 有安全认证、加密功能。

(5) 内建 FTP、HTTP 客户端功能及 SSH 接口。

(6) 支持字符集转换。

Kermit 在启动时会在计算机根目录中查找～/.kermrc 文件，调用命令初始化 Kermit。将初始化串口的命令写到根目录下的～/.kermrc 文件里，即可实现串口的初始化过程，启动后不需要手动输入基本的命令进行串口配置。

由于 Kermit 不是图形化窗口工具，因此在使用 Kermit 之前要先进行配置。在 Linux 下打开终端，执行如下命令完成 Kermit 安装与配置：

```
#sudo apt-get install ckermit
```

安装 Kermit。

```
#cd /dev
```

进入/dev 目录。

```
#ls
```

查看所有设备是否含有 ttyusb0/1/目录。

在计算机的$home 根目录下，新建.kermrc 配置文件，文件内容如下：

```
set line /dev/ttyusb0
set speed 115200
set carrier-watch off
set handshake none
set flow-control none
robust
set file type bin
set file name lit
set rec pack 1000
set send pack 1000
set window 5
c
```

配置完成后，在 Linux 中输入“Kermit”即可运行该软件，在该软件下输入“c”即可连接到串口。

11.2　Qt 库的编译与移植

近年来，Linux 操作系统应用越来越广泛，尤其在嵌入式领域。Linux 系统离不开图形应用程序，Qt 是一整套跨平台的开发工具包，可以用它开发 Linux 下的图形用户界面程序，并且可以移植到嵌入式操作系统上，而且其开发的图形用户界面非常美观。使用 Qt 进行图形界面开发具有如下优点。

(1) 面向对象。Qt 良好的封装机制使得 Qt 库函数形成了很多高度模块化的库，这些库的重用性非常好，非常有利于用户的开发。使用信号和槽机制来替代回调函数是 Qt 的一大特点，这使得各个部件之间的协调工作变得十分简单。另外，Qt 还提供了信号和槽编译器，具有可视化的编辑功能。

(2) 丰富的 API。Qt 封装了多达 250 个以上的 C++类，还有基于模板的集合、序列化、文件、I/O 设备、目录管理和日期/时间等，甚至正则表达式的处理功能也被包括在其中。

(3) 大量的开发文档。Qt 提供了大量的开发文档，有利于方便地查找信息，Qt 在许多类中提供了相似的接口支持。

Qt Embedded 以开发包的形式提供服务，如图形设计器、makefile 制作工具 Qmake、字体国际化工具、Qt 的 C++类库等。Qt 良好地支持跨平台的开发，不仅支持 Windows 系统、Mac 系统，并广泛支持 Linux 系统。Qt 是模块化的库，可以根据开发需求任意裁剪，只需将 Qt 源代码编译成可执行机器代码并将其下载到嵌入式设备。

以原始 Qt 为基础的 Qt Embedded 为了适用于嵌入式开发环境而做出相应的调整。Qt Embedded 通过 Qt API 与 Linux I/O 设备直接交互，成为嵌入式 Linux 端口。Qt Embedded 的架构如图 11-3 所示。

同 Qt/X11 相比，Qt Embedded 不需要 X 服务器或者 Xlib 库，因此节省了大量内存。Qt Embedded 在底层抛弃了 Xlib，采用了帧缓冲作为底层图形接口；同时，外部输入设备被抽象为 keyboard 和 mouse 输入事件。许多支持嵌入式系统开发的工具被包含在 Qt 里，其中两个最实用的工具是 Qmake 和 Qt Creator。

应用源代码
Qt　API
Qt Embedded
帧缓冲
Linux内核

图 11-3　Qt Embedded 架构

Qmake 是一个 makefile 生成器，可以用来编译 Qt Embedded 库和应用程序。Qmake 根据工程文件(.pro)的不同生成不同平台下的 makefile 文件。Qmake 支持跨平台开发和影子生成。影子生成是指当工程的源代码共享给网络上的多台机器时，每台机器编译、链接这个工程将在不同的子路径下完成，这样就不会覆盖别人编译、链接生成的文件。Qmake 还易于在不同的配置之间切换。

Qt Creator 图形设计器可以使开发者可视化地设计对话框而不是编写代码，即“所见即所得”。使用 Qt 图形设计器的布局管理可以生成平滑改变尺寸的对话框。Qmake 和 Qt 图形设计器是完全集成在一起的。

Cortex-A9 嵌入式系统包含触摸显示屏，所以还需要编译 tslib1.4 触摸屏支持库。

11.2.1　宿主机编译 Qt 库

由于目标板硬件局限性，不能直接编译 Qt 源代码，因此必须将 Qt 源代码编译成可执行文件并将其下载到嵌入式设备。当图形界面程序在嵌入式设备上运行时，即可调用编译生成的可执行文件实现图形界面的功能。

在宿主机上编译 Qt 源代码库的步骤如下。

(1) 建立 Qt Embedded 实验目录。

在根目录下建立 Qt Embedded 实验目录，方便后续文件的存放。

```
#cd /
#mkdir uptech
#cd uptech
#mkdir Qt5
```

```
#cd Qt5
#mkdir for_arm
```

(2) 编译 tslib1.4 触摸屏库。

首先需要下载 tslib1.4 压缩包，再将其解压到上述创建的目录，修改部分源文件之后进行编译。

输入下面的命令：

```
#tar xjfv tslib-1.4.tar.bz2 -C /uptech/Qt5/for_arm
```

将压缩包解压至相应文件夹。

修改 input-raw.c 文件：

```
#vi plugins/input-raw.c
```

将设备检测代码去掉。

修改 build.sh 文件，指定 CC 编译器及-prefix 的安装路径。

在同级目录下执行以下命令：

```
#./build.sh
```

等待执行完成，则 tslib-1.4 库编译完成。

(3) 配置编译 Qt Embedded 环境。

首先将 qt-everywhere-opensource-src-5.9.0.tar.gz 解压到上述创建文件夹。在同级目录下执行如下命令配置编译环境：

```
#./configure -embedded arm -xplatform qws/linux-arm-g++ -nomake demos -nomake
examples -no-qt3support -no-stl -no-phonon -no -iconv -no-svg -no-webkit -no
-openssl -no -pch -no -nis -no -cups -no-dbus -no-separate-debug-info -depths
8,16,32 -fast-little-endian -qt-mouse-linuxtp -qt -mouse -tslib -I$PWD /../
tslib1.4-install/include -L$PWD/../tslib1.4-install/lib -prefix /mnt /nfs
/Trolltech /Qt-embedded-5.9.0-install -D__ARM_ARCH_5TEJ__
```

执行完上述命令后，执行如下命令编译 Qt 源代码：

```
#make
```

编译 Qt 源代码，此过程时间较长，且容易出错。

```
#make install
```

安装 Qt Embedded 库。

11.2.2　宿主机安装 Qt Creator

Qt Creator 是一款图形界面设计软件，具有良好的跨平台支持特性。在 Linux 下可以利用 Qt Creator 进行界面设计和代码编译。

因为 Qt 是基于 C++的，所以在安装 Qt Creator 之前要安装 g++和 Cmake。

在 Linux 终端执行如下命令：

```
#sudo apt-get install g++
```

安装 g++编译器。

```
#sudo apt-get install cmake
```

安装 Cmake。

执行完上述命令之后，在 Qt 官网下载相应的压缩包，执行如下命令：

```
#chmod u+x qt-opensource-linux-x64-5.9.0.run
```

增加文件可执行权限。

执行如下命令，安装文件：

```
#./qt-opensource-linux-x64-5.9.0.run
```

进入图形安装界面，按提示操作即可完成安装。安装完成之后更新依赖源，执行如下命令：

```
#sudo apt-get update
#sudo apt-get upgrade
```

完成依赖源的更新。

在 PC 上，Linux 系统下 GCC 编译器通过 GDB 进行程序调试。本地调试要调试的程序和 GDB 运行在同一台主机上。如果目标板没有 GDB 的调试程序，或者没有 GDB 前端调试界面，就不能实现本地调试。对于本地调试，交叉调试的 GDB 运行在宿主机上，而应用程序运行在目标板上。在目标板上，通过 gdbserver 控制要调试的程序的执行，同时与宿主机的 GDB 远程通信，可以实现交叉调试的功能。

11.2.3　配置嵌入式设备 Qt 库环境变量

ARM 端挂载 NFS 共享目录，启动 UP-CUP4412 系统，连接好网线、串口线，通过串口终端挂载宿主机实验目录。

```
#mount -t nfs -o nolock 192.168.1.182:/UP-CUP4412 /mnt/nfs
```

在 ARM 端配置环境变量如下：

```
cd /mnt/nfs/Trolltech/Qt-embedded-5.9.0-install
export QTDIR=$PWD
export LD_LIBRARY_PATH=$PWD/lib
export TSLIB_TSDEVICE=/dev/event2
export TSLIB_PLUGINDIR=$PWD/lib/ts
export QT_QWS_FONTDIR=$PWD/lib/fonts
export TSLIB_CONSOLEDEVICE=none
export TSLIB_CONFFILE=$PWD/etc/ts.conf
export POINTERCAL_FILE=$PWD/etc/ts-calib.conf
export QWS_MOUSE_PROTO=tslib:/dev/event2
export TSLIB_CALIBFILE=$PWD/etc/ts-calib.conf
export LANG=zh_CN
```

```
export QT_PLUGIN_PATH=$PWD/plugins/
```

环境变量说明如下。

QTDIR：Qt 路径。

LD_LIBRARY_PATH：系统库路径。

QT_QWS_FONTDIR：界面显示字体库目录。

TSLIB_TSDEVICE：触摸屏设备文件名，需要根据开发板实际的设备名定。

TSLIB_CALIBFILE：校准的数据文件，由 ts_calibrate 校准程序生成。

TSLIB_CONFFILE ：配置文件名。

POINTER CAL_FILE：触摸屏文件名。

TSLIB_PLUGINDIR ：插件目录。

QWS_MOUSE_PROTO：鼠标设备名。

TSLIB_CONSOLEDEVICE：控制台设备文件名。

LANG：指定的语言。

QT_PLUGIN_PATH：QT 插件路径。

每次执行 Qt 应用程序之前都需要执行上述命令，较为麻烦，所以可以将上述命令写入一个脚本文件并保存在 ARM 端，通过执行该脚本文件来配置环境变量，显著减少了工作量。

在/dev 文件夹下面执行如下命令，检测触摸屏是否有效：

```
#ls
```

查看所有设备，找到 event*(“*”代表数字)节点，该节点可能是触摸屏节点。

```
# hexdump /dev/event*
```

按压触摸屏，可在串口终端打印出按压触摸屏位置信息。

至此，有关 Qt 部分及前期工作准备完成。

11.3　聊天软件客户端和服务器设计

随着 Linux 操作系统本身不断完善，其在网络编程方面的优势越来越明显。

(1) Linux 操作系统支持传输控制协议。传输控制协议对建网提出了统一的规范和要求。

(2) Linux 系统拥有许多网络编程库函数，可以方便地实现客户端/服务器模型。

(3) Linux 的进程管理也符合服务器的工作原理。

(4) Linux 还具有设备无关性，通过文件描述符实现统一的设备接口。网络的套接字是一种特殊的接口，作为文件描述符。网络通信程序多由套接字提供的编程接口编写实现，基于套接字可以开发各种应用程序。

关于 Linux 网络编程的内容在第 8 章已经详细讲述，此处不再赘述。

11.3.1　聊天软件整体结构组成

在 Linux 系统下，根据 TCP 并基于 Qt 设计开发一个局域网聊天室，实现 PC 和嵌入式设备及嵌入式设备之间相互通信。该聊天室可以生成独立的聊天界面，实现多个用户的登录、上下线显示，并实现多个用户在局域网下的群聊和私聊功能。

用户可以向当前聊天室的所有用户发送群聊消息，同时可以只针对某一用户发送私聊消息。我们采用 Linux Terminal 下的分屏显示，可以同时显示当前在线用户、消息输入框、历史消息。服务器和客户端使用 TCP 进行通信。

服务器的主进程负责接收客户端的连接请求，线程负责接收客户端的消息并发送消息到各个客户端。客户端的主进程负责向服务器发送连接请求并发送消息，而线程则负责接收来自服务器的消息并在屏幕上打印出来。聊天软件的整体结构如图 11-4 所示。

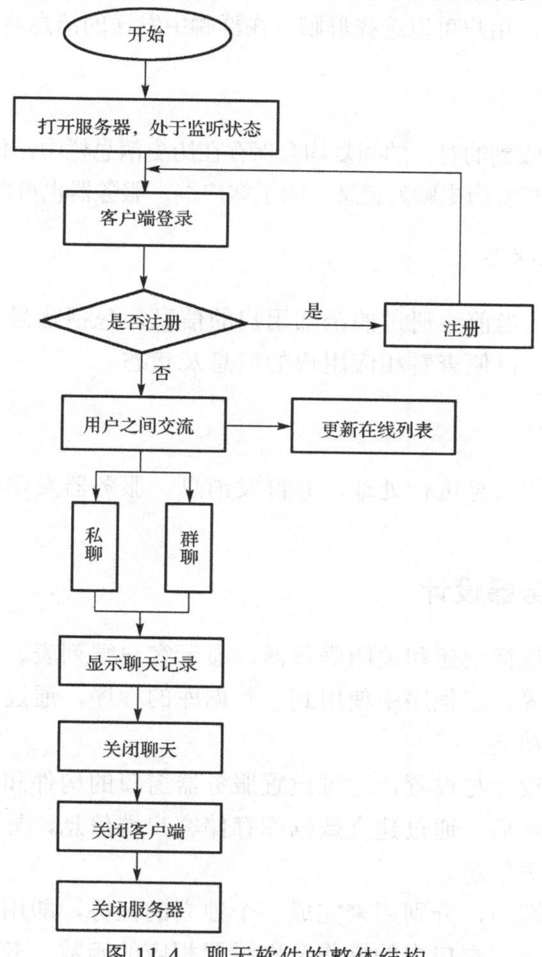

图 11-4　聊天软件的整体结构

11.3.2　系统需求分析

聊天软件的具体功能需求描述如下。

1. 客户端用户登录

客户端用户可以通过自己已有的账号和密码进行登录，当已登录时提示禁止重复登录；当账号与密码不匹配时，提示密码错误。除此以外，为了解决忘记密码的问题，可以通过输入自己的账号名称找回密码。

2. 用户注册

本系统提供用户的注册功能，用户可以通过客户端的“注册账号”按钮进行注册，输入相应的用户名、密码、个性签名等信息进行信息注册，注册完成后可以进行登录及其他操作。

3. 用户发送消息

用户成功登录后，可以选择消息发送的对象，在消息输入框中输入自己想要发送的内容，进行一对一的私聊。另外，用户可以选择群聊，在群聊中发送的消息将被所有在线用户看到。

4. 显示聊天记录

用户发送的消息与接收到的对方的回复均会保存在历史消息栏中，作为历史记录，并且随着聊天记录不断更新，可以查看历史聊天记录。除了客户端，服务器也可以查看历史聊天记录。

5. 显示用户信息及状态

在服务器，可以显示当前注册过的全部用户的信息，包括账号、密码等，并及时显示其在线状态，不断更新，以便查看相应用户的信息及状态。

6. 服务器群发消息

服务器可以对用户的信息进行处理，并群发消息。服务器发送的消息将被全部用户接收到，以便管理用户。

11.3.3 聊天软件服务器设计

服务器实现的功能包括创建和关闭服务器、显示客户端列表、监听和连接客户端，对客户端的信号进行处理等。在程序中使用到了数据库的程序，通过编写不同函数，进行相应的调用，实现不同的功能。

首先，进行界面的设计与设置，通过设置服务器窗口的构件和大小，实现对客户端相应操作的显示与控制；然后，通过建立数据库存储客户端信息，显示相应的在线列表以查看当前在线用户及其相关信息。

本系统设计了三个端口，分别用来完成三个独立的任务，即用户登录、消息发送与接收、界面初始化等。对不同端口中的操作分别设置相应的函数。开启服务器，进行三个端口的监听，并判断是否成功打开服务器。

用户登录时读取登录信息，用户的登录信息会被读取并与数据库中的账号和密码进行对比，判断是否登录成功；通过数据库标志位 query.value(5).toString()判断是否重复登录。如果登录成功，则将该用户信息存入在线列表并显示，同时将登录成功的信息返回给用户。用户发送消息时，通过 readMessage_news()函数读取用户需要发送的消息，并通过 sendMessage_news()函数将其发送给对应的用户。另外，客户端也可以通过此函数实现群发消息。

除了基本的用户登录和消息发送，本系统也考虑到了注册、修改密码、界面初始化等其他功能，并通过独立的端口进行操作。通过读取客户端的信息，运用 if-else-if 语句判断要实现的功能，包括初始化界面、退出登录、注册及找回密码的功能。在相应功能的程序中，通过对数据库进行插入、删除或修改实现相应的功能。

服务器功能结构如图 11-5 所示。

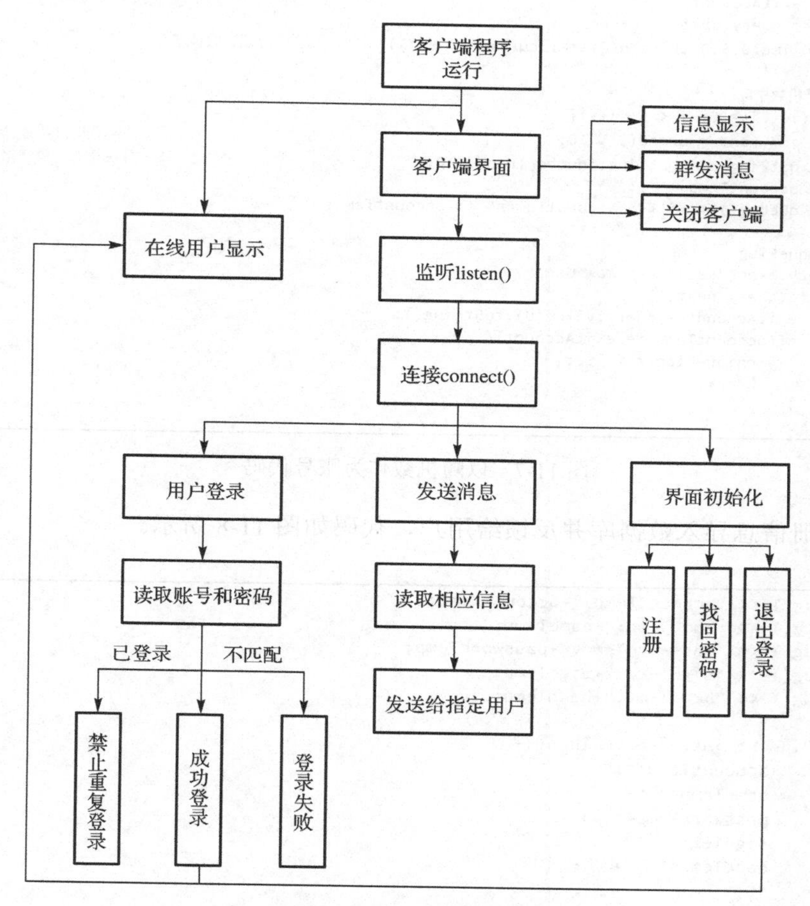

图 11-5　服务器功能结构

下面介绍注册和找回密码功能的具体实现过程。

(1)注册时，首先创建空间存储信息，代码如图 11-6 所示。

```
}else if(flag == "register"){
    //新用户注册，服务器生成'账号.db'的好友列表，登录时返回给用户
    display_screen->append("请求注册");
    display_screen->setAlignment(Qt::AlignCenter);
    QStringList msg = message.split("|");
    qDebug() << "总长度: " << msg.length();
    //临时信息
    QString accountTemp;
    QString nameTemp;
    QString passwordTemp;
    QString signTemp;
    QString headTemp;
    QString s;
    nameTemp = msg[1];
    passwordTemp = msg[2];
    signTemp = msg[3];
    headTemp = msg[4];
```

图 11-6　创建空间存储信息代码

(2) 生成五位随机数作为账号，代码如图 11-7 所示。

```
//随机生成数据库中没有的五位数并返回
bool uniqueFlag = true;
QString exitAccount;
QSqlQuery query(db);
qsrand(QTime(0,0,0).secsTo(QTime::currentTime()));          //随机数种子
while(true){
    //随机数生成
    for(int i = 0; i < 5; i++){
        int rand = qrand() % 10;                              //产生10以内的随机数
        QString s = QString::number(rand, 10);                //转化为10进制，再转化为字符
        accountTemp += s;
        qDebug() << i <<":accountTemp=" << accountTemp;
    }
    uniqueFlag = true;
    query.exec("select * from User");
    while(query.next()){
        exitAccount = query.value(0).toString();
        if(accountTemp == exitAccount){
            uniqueFlag = false;
            break;
        }
    }
```

图 11-7　以随机数作为账号代码

(3) 将注册信息导入数据库并反馈给用户，代码如图 11-8 所示。

```
qDebug() << "accountTemp:"+accountTemp;
qDebug() << "nameTemp:"+nameTemp;
qDebug() << "passwordTemp:"+passwordTemp;
qDebug() << "signTemp:"+signTemp;
qDebug() << "headTemp:"+headTemp;

s = "insert into User values("+
        accountTemp+"," +
        nameTemp+","+
        passwordTemp+","+
        signTemp+",'"+
        headTemp+"',"+
        "0)";
qDebug() << s;
//数据库插入
//注意英文字符要加''单引号，数字可以不加
model->setQuery("insert into User values('"+
                accountTemp+"','" +
                nameTemp+"','"+
                passwordTemp+"','"+
                signTemp+"','"+
                headTemp+"',"+
                "0)");
model->setQuery("select * from User");
qDebug() << "注册成功";
display_screen->append("账号:"+accountTemp+"注册成功");
sendMessage_surface("register|"+accountTemp);               //发送初始化消息
```

图 11-8　导入注册信息代码

(4) 附加功能，找回密码，在数据库中查找用户名，并将密码反馈给用户，代码如图 11-9 所示。

```
    }else if(flag == "findpassword"){
        qDebug() << "找回密码";
        display_screen->append("找回密码");
        display_screen->setAlignment(Qt::AlignCenter);
        QString initAccount;
        //数据库查找
        QSqlQuery query(db);
        query.exec("select * from User");
        while(query.next()){
            initAccount = query.value(0).toString();
            if(account == initAccount){
                QString accountTemp = query.value(0).toString();
                QString password = query.value(2).toString();

                initMsg = "findpassword|" + accountTemp + "|" + password + "|"
                        + "null" + "|" + "null";
                qDebug() << "账号:" << accountTemp;
                qDebug() << "找回密码:" << password;
                qDebug() << "找回成功";
                display_screen->append("账号:"+account);
                display_screen->append("找回密码:"+password);
                sendMessage_surface(initMsg);                    //发送初始化消息
                break;
            }
        }
```

图 11-9　找回密码代码

11.3.4　聊天软件客户端设计

客户端开始运行，主函数内设置初始化后自动创建 MMloading 类实例，MMloading 内完成对引导界面图片和进度条显示的加载设置。同时，在 MMloading 内设置程序计时器，根据计时时间显示程序加载状况，计时完成后关闭该计时器，并自动实例化 MMlogin 类完成对登录界面的创建跳转。实例化的 MMlogin 类内完成了对登录界面 UI、背景图像的设置，同时完成了对标题、账号、密码、选择、登录、提示等 GUI 的实例化和布局。在 MMlogin 内通过 Connect()函数建立各部件与相应的交互事件的关联，达到单击部件执行对应功能的目的，满足登录、注册、找回登录信息、记住登录信息等相应操作的需要。

用户需在注册界面输入注册信息，程序输入信息完整时执行 tcpServerConnect 类。tcpServerConnect 程序实例化 socket，同时连接到服务器端口 7777。然后在实例化的 Register 类中程序通过 Register::sendMessage 类向服务器发送账号信息，服务器经过比对后将结果返回，并被客户端由 Register::readMessage 类接收。在 tcpServerConnect 类中，程序通过实例化 socket 建立与服务器口 7777 的连接。

客户端使用 FindPassword::sendMessage 类向服务器发送账号信息，服务器经过比对后将结果返回，并被客户端由 FindPassword::readMessage 类接收。执行登录操作后，程序判断是否输入账号和密码，通过检查后判断是否连接网络，然后调用 connectServer 类，并通过文本显示相应的连接状态。若连接成功，后续将执行 commitMessage 类。在 connectServer 类中完成对客户端主页的实例化，将实例化的客户端连接至服务器的 5555 端口，并返回连接状态。若连接服务器成功，将执行 commitMessage 类，向服务器提交所输入的账号和密码信息，等服务器检测之后通过 readMeassage 类读取从服务器发送回的信息核对结果，并对用户给予相应反馈。如果登录成功，将自动实例化 InitSurface 类，并传递相应的信息。

客户端登录功能结构如图 11-10 所示。

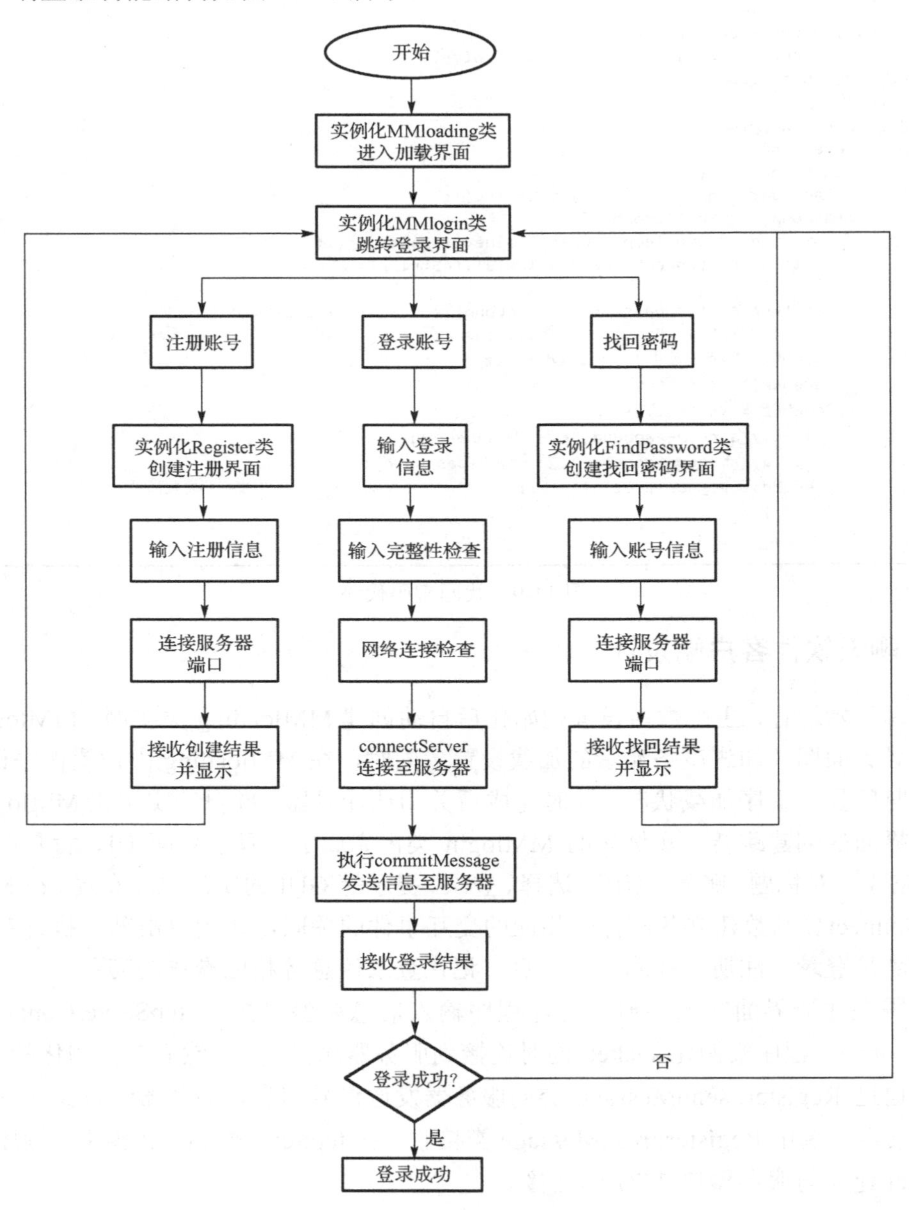

图 11-10　客户端登录功能结构

在用户登录成功的同时，程序会创建 Initsurface 类实例，用于从服务器接收账号、用户名、个性签名等信息，并将信息通过信号函数发送给 SelectUserInterface 类的实例。SelectUserInterface 类对用户界面的头像、个性签名、账号、用户名、搜索栏、常用用户等显示元素的位置、大小等进行设置。其中，搜索栏用于直接查找不在常用用户显示栏中的账号，并可直接打开。SelectUserInterface 类根据接收到的信息，对用于界面显示的用户名、头像、个性签名等信息进行个性化设置，例如，将头像的引用图片地址修改为该用户对应的地址，以显示用户的个性头像。通过此步骤，可实现不同用户使用不同界面的功能。

具体的事件过滤器处理函数主要包括三种事件：当双击常用用户中的账号时，会弹出与该用户的聊天界面；当单击该窗口的“关闭”按钮时，会出现确认界面，即询问用户是否要退出聊天程序，若单击“确认”按钮，则进行退出，否则取消退出该界面；在搜索栏中，输入想要聊天的用户的账号，并按回车键进行确认，可进入与该用户聊天的聊天界面。在常用用户选项中，有 Groop 选项，单击该选项，可产生群聊窗口，该聊天界面可进行所有用户的聊天活动。

在 SelectUserInterface 类中，单击常用用户或者通过搜索栏均可创建与想要聊天的用户的聊天界面。在创建该界面的同时，也进行了相应的聊天界面 User 类的实例化，并同时进行套接字设置，使用 TCP 将该类与服务器的 6666 端口进行连接。

在初始化 User 类时，首先对聊天界面的元素的位置、大小进行设置，具体包括对方头像、用户名、个性签名，以及消息输入框、消息“发送”按钮等进行设置。然后在消息输入框、消息“发送”按钮中设置事件过滤器处理函数。具体处理事件包括当在消息输入框编辑完消息并按 Enter 键时，将消息输入框中的内容发送到服务器，同时清空消息编辑框，或者当单击消息“发送”按钮时，起到同样作用。当关闭该聊天界面时，该窗口对应的 User 类实例会将该消息发送至 SelectUserInterface 实例中，从而 select 实例会将该 User 类型变量注销。

当使用发送消息功能时，User 类中会调用 sendmessage()函数，该函数将需要发送的消息以“接收者、发送者、消息内容”的顺序将信息合并为一个字符串，并通过 tcp->write(message)函数将该消息发送到服务器相应端口。其中，发送方为我方账号，而接收方若为个体，则接收方为该个体用户的账号，若此消息为群聊发送的，则接收方设置为 Groops，服务器会根据接收到的消息做出相应的反应。同时在我方的对话框面板上添加该条消息的信息，以实现该条消息已发送的视觉效果。

同时，当对方向我方发送消息时，我方也以类似方式进行接收。将字符串以相同格式进行拆分，分别给对应变量赋值，并进行显示，使得我方能够接收到相应的消息。

综上所述，通过 User、SelectUserInterface、Initsurface 三个类型变量的信号通信以及界面设置，实现了选择指定用户进行私聊或群聊的功能。

客户端功能结构如图 11-11 所示。

11.3.5　基于 Qt 的界面设计与实现

界面设计主要在 Qt Creator5.9 版本的软件中完成。Qt 提供了非常多的模块。Qt 常用模块及其功能如下所述。

(1) QtCore：提供非图像类模板。

(2) QtGui：提供图形界面组件。

(3) QtNetwork：提供网络类。

(4) QtOpenGL：提供工业 3DOpenGL 支持。

(5) QtSql：提供数据库的综合应用。

(6) QtScript：提供 Qt 脚本方法。

(7) QtXml：用于控制 XML 的类。

(8) QtDesigner：Qt 设计器的扩展类。

(9) QtTest：单元测试类。

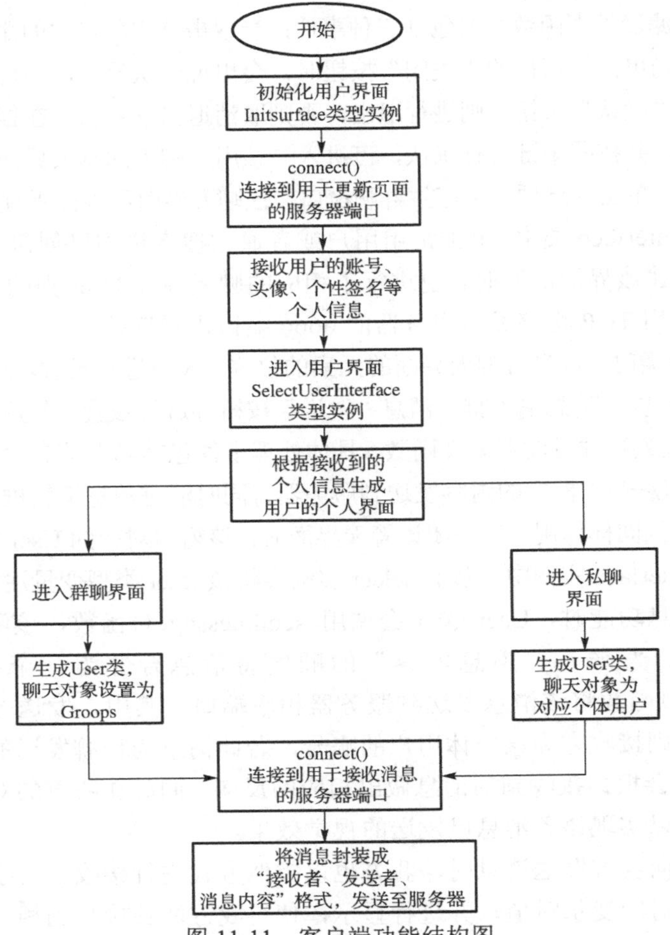

图 11-11　客户端功能结构图

在本次设计中主要用到 QtCore、QtGui、QtNetwork、QtDesigner 模块。

通过拖动控件完成界面的设计，主要用到以下控件。

(1) QAbstractButton：提供普通按钮的抽象类。

(2) QDialog：对话框的基类。

(3) QFrame：存放架构控件的基类。

(4) QCheckBox：复选框(CheckBox)控件(包含 Text Label)。

(5) QComboBox：下拉列表框控件，用来提供一个下拉列表供用户选择。

(6) QTimeEdit：编辑或显示时间的控件。

(7) QDateEdit：编辑或显示日期的控件。

(8) QDateTimeEdit：编辑或显示时间和日期的控件。

(9) QPushButton：普通按钮控件。

(10) QFontComboBox：可使用选择字体的下拉框控件。

(11) QLabel：显示文本或图片的控件。

(12) QMenu：菜单栏里面的菜单控件，可以显示文本和图标。

(13) QTabBar：TabBar 控件(在标签对话框中使用)。

(14) QTabWidget：表格控件。

(15) QToolBox：成列的 QToolButton 控件。

(16) QToolButton：简单的按钮控件。

(17) QListView：列表形态的视图控件。

(18) QTableView：基于模型/视图的表格视图控件。

(19) QTabWidget：表格控件。

Qt 的窗口非常高效、易于使用，主要窗口有以下几种。

(1) QMainWindow：图形程序建立的中心类，界面变得简单，许多功能被预先定义，符合大众化的需求。

(2) QDockWidget：提供了可分离式的工具模式和帮助窗口。

(3) QToolBar：通常位于菜单栏下方，作为工具栏使用，提供了文本按钮、图标或者其他小控件按钮。

当使用各种控件在窗口进行设计时，需要有足够的空间和合适的位置安排这些控件。Qt 中提供了简单而强大的类来管理窗口布局。用户可以使用 Qt 来做以下操作。

(1) 定位控件。

(2) 自动地默认窗口大小。

(3) 最小尺寸管理。

(4) 实时更新控件中的内容。

Qt 设计器采用可视化编程，用户可以根据需要定制串口布局。在编译时，Qt 设计器会在头文件中自动生成 C++代码。

下面展示系统运行后的效果。

1. 服务器

代码开始运行，会出现两个窗口，分别如图 11-12 (a) 和 (b) 所示。

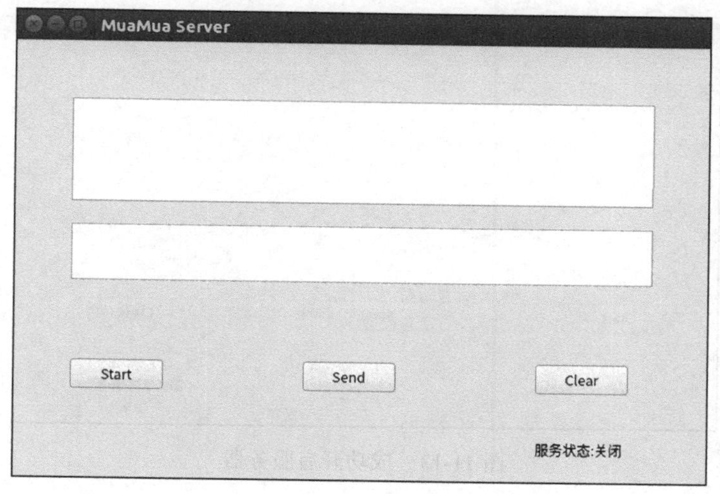

(a)

UserList

	账号	用户名	密码	个性签名	头像	在线状态
1	12345	first	123	I am first	head1.png	0
2	23456	second	123	I am second	head2.png	0
3	34567	third	123	I am third	head3.png	0
4	45678	fourth	123	I am fourth	head3.png	0
5	26492	shield	123456789	shield333	head.png	0
6	90042	shield	123456789	shield333	head.png	0
7	46598	shield222	999999999	33333	head.png	0
8	09977	shield222	999999999	33333	head.png	0

(b)

图 11-12　代码开始运行后的界面

图 11-12(a)的窗口用于实现开启服务器、发送通知消息、监听消息发送等功能，图 11-12(b)的窗口用于显示当前用户的状态，包括账号、用户名、密码、个性签名、头像以及在线状态等，从而对各个账号的状态进行监控。

单击图 11-12(a)窗口的 Start 按钮，开启服务器。若开启成功，在监听框中会出现“成功开启服务器”字样，如图 11-13 所示。

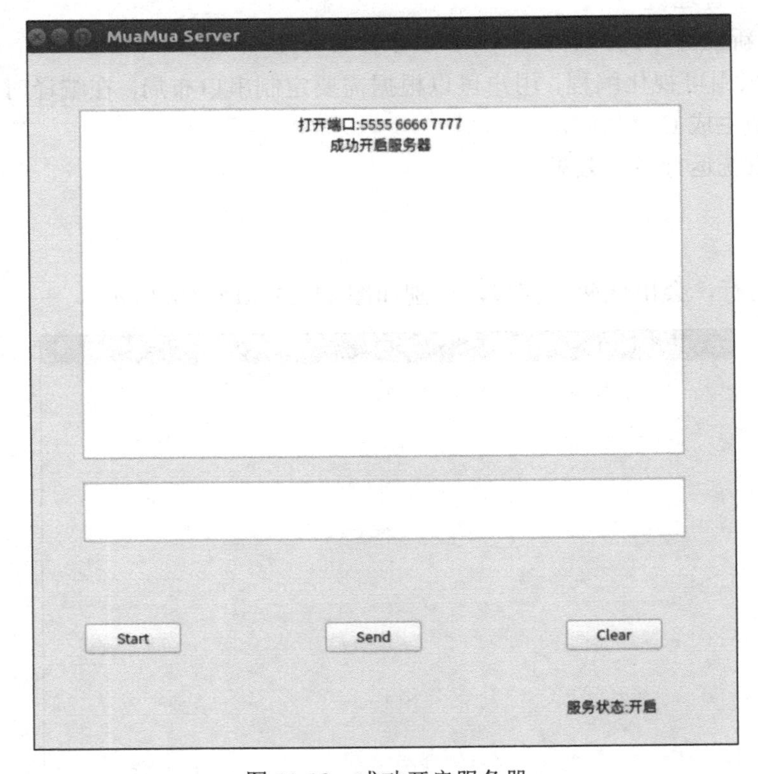

图 11-13　成功开启服务器

当出现用户登录、退出、注册等动态时，监听框中会显示相应信息，如图 11-14 所示，其中显示了登录、退出、找回密码、注册等动态。

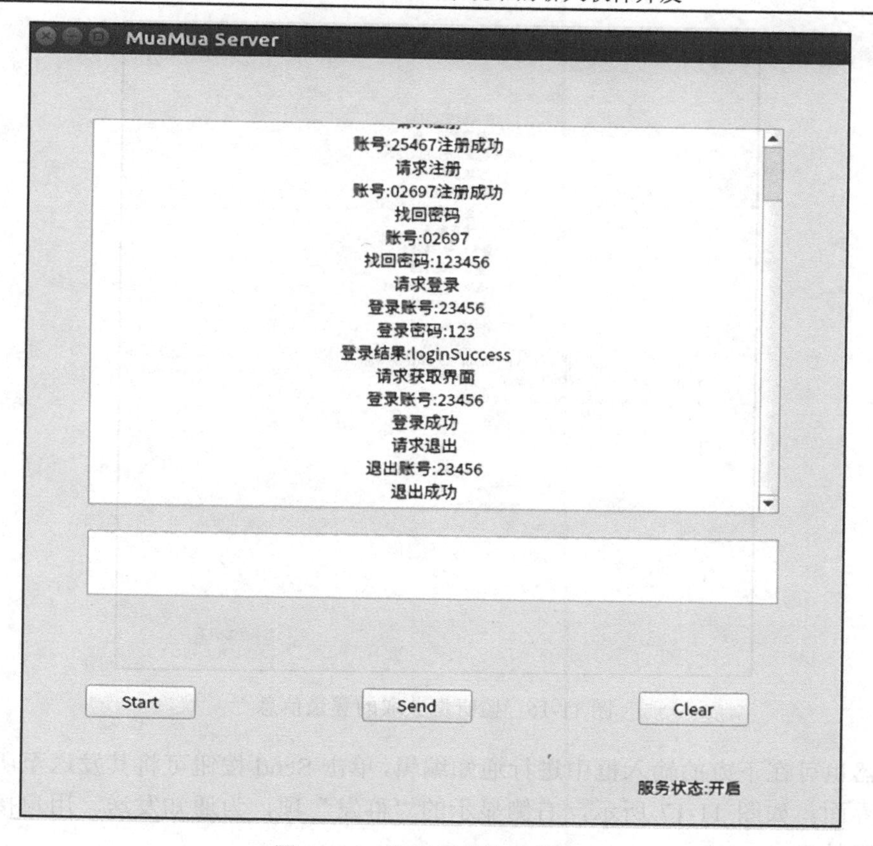

图 11-14　监听框获取的信息

若有用户登录，则在“在线状态”栏中该用户的在线状态由 0 变为 1，即由离线状态变为在线状态，如图 11-15 所示，账号 23456 登录后其在线状态变为 1。若用户下线，则在线状态会重新变为 0。

UserList

	账号	用户名	密码	个性签名	头像	在线状态
1	12345	first	123	I am first	head1.png	0
2	23456	second	123	I am second	head2.png	1
3	34567	third	123	I am third	head3.png	0
4	45678	fourth	123	I am fourth	head3.png	0
5	26492	shield	123456789	shield333	head.png	0
6	90042	shield	123456789	shield333	head.png	0
7	46598	shield222	999999999	33333	head.png	0
8	09977	shield222	999999999	33333	head.png	0
9	25467	exp	123456	I am an experi…	head.png	0

图 11-15　用户信息列表

当用户之间发送消息时，监听框会有相应显示，包括该信息的发送者、接收者以及消息内容均有显示，如图 11-16 所示。

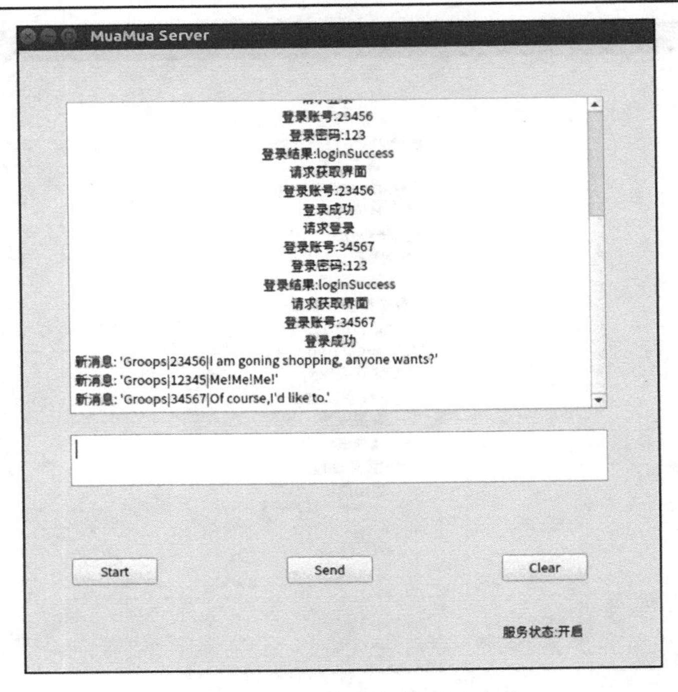

图 11-16　监听框获取的登录信息

服务器也可在下方的输入框中进行通知编辑，单击 Send 按钮可将其发送至所有正在运行的聊天界面。如图 11-17 所示，右侧显示的“群发”项，为通知发送。用户接收效果见客户端使用效果。

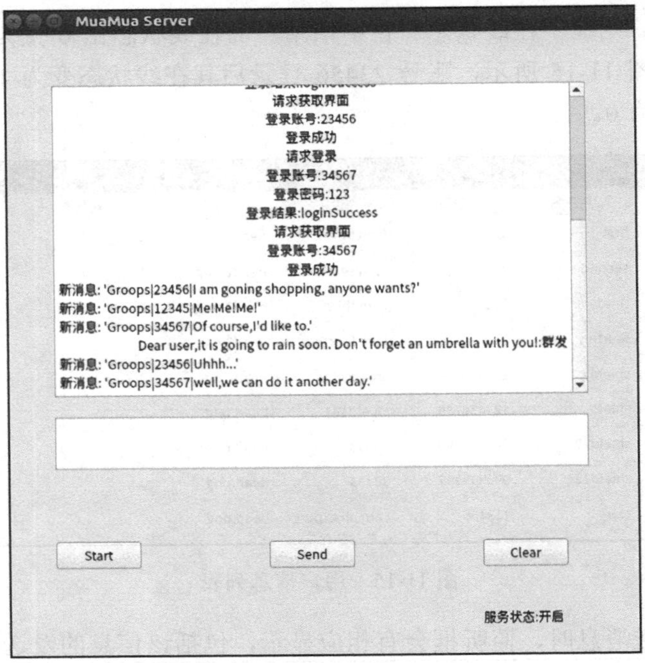

图 11-17　从服务器群发消息

2．客户端

单击“运行”按钮，首先出现加载界面。该界面可显示一些扩展功能的加载进度，此处仅为美观功能，如图 11-18 所示。

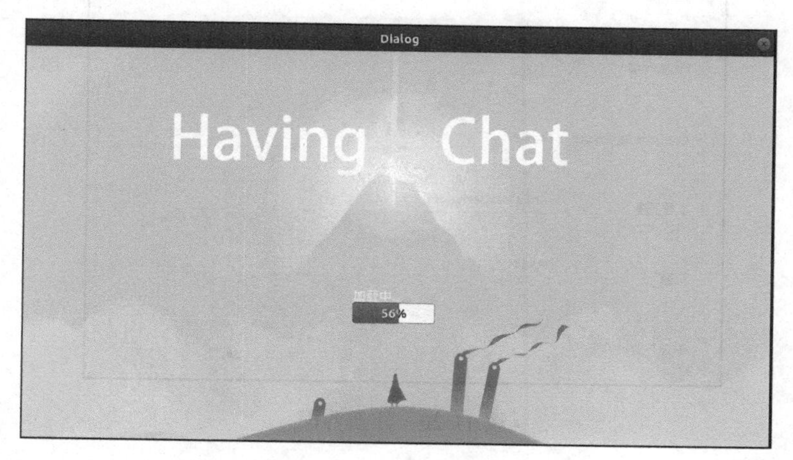

图 11-18　加载进度界面

加载结束后，出现登录界面，如图 11-19 所示，正确输入账号和密码，即可实现登录。

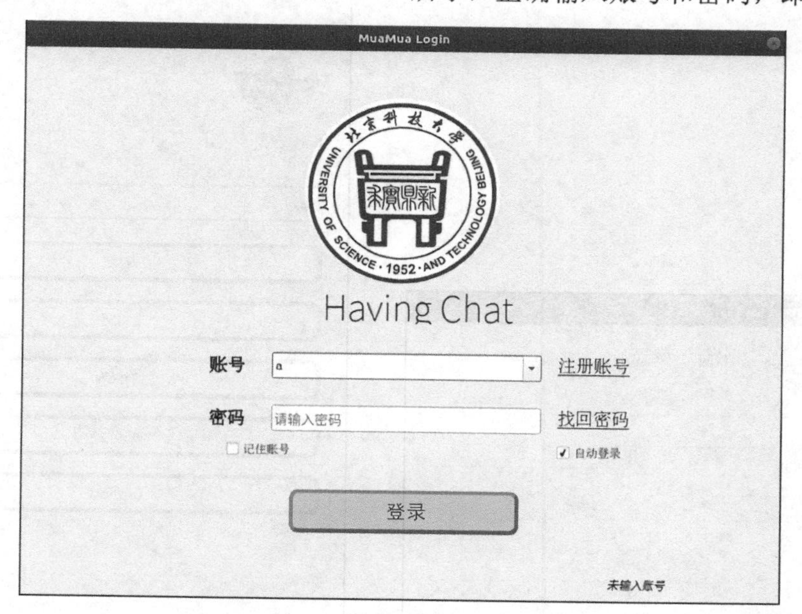

图 11-19　登录界面

若单击“注册账号”按钮，则出现如图 11-20 所示的界面。输入对应信息，单击“提交”按钮，左下角会得到服务器分配的账号。此时关闭该对话框，可用新账号进行登录。

若单击“找回密码”按钮，则出现如图 11-21 所示的界面。输入账号，则会在“密码”输入框出现该账号的密码，该功能后续可增加绑定邮箱、绑定手机等扩展设置。

图 11-20　注册界面

登录后显示用户界面如图 11-22 所示。

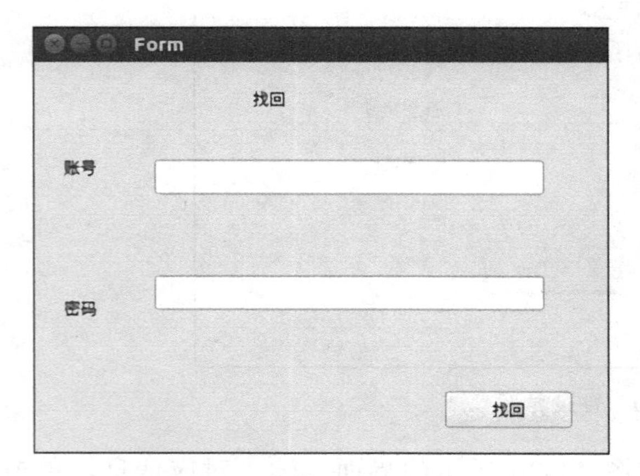

图 11-21　找回密码界面

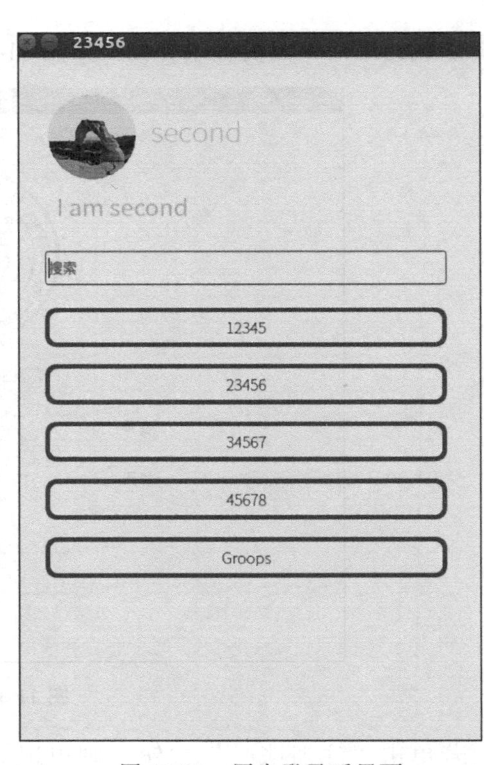

图 11-22　用户登录后界面

在图 11-22 所示的界面中，头像、用户名以及个性签名随用户不同而不同，在搜索栏中输入账号，或者单击下面的账号选项，可以产生如图 11-23 所示的聊天界面。其中 Groops 为群聊选项。

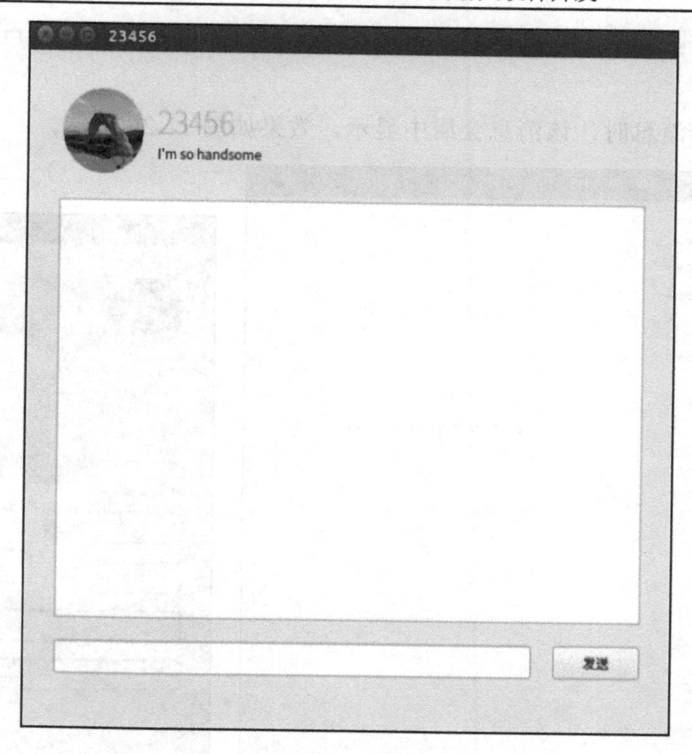

图 11-23　聊天界面

当进行私聊时，在聊天框下方的输入框进行消息编辑，单击“发送”按钮或者按 Enter 键，消息就会发送成功，同时在上方的历史消息栏中显示，其中我方消息会在右侧显示，对方消息会在左侧显示，如图 11-24 所示。

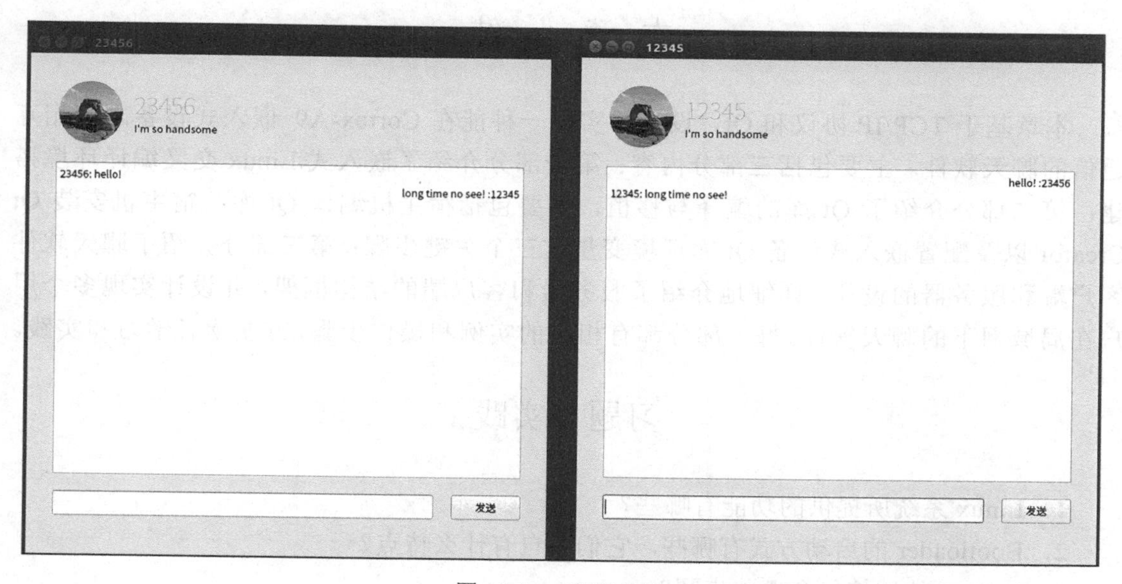

图 11-24　私聊效果

当进行群聊时，效果与私聊类似，右侧为我方消息，左侧为其他用户消息。群聊效果如图 11-25 所示。

当收到服务器消息时，该消息会居中显示，效果如图 11-26 所示。

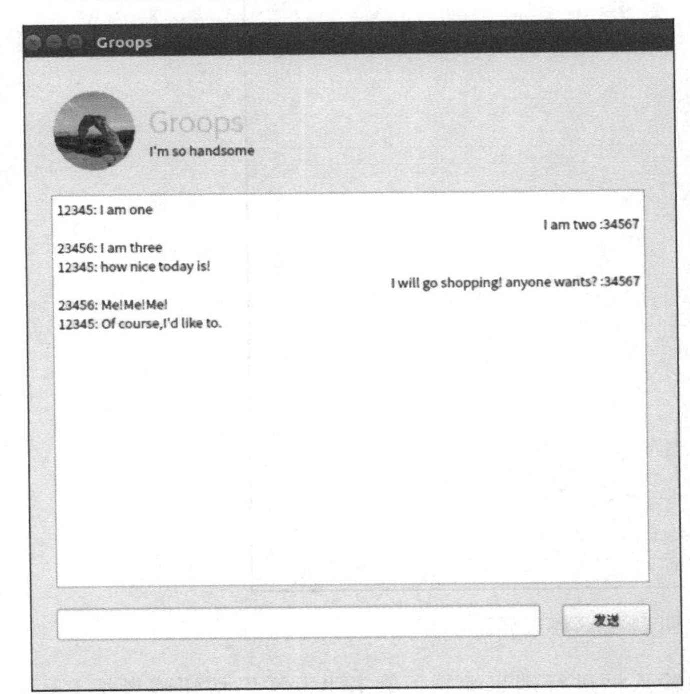

图 11-25　群聊效果

图 11-26　收到服务器消息的界面

本 章 小 结

本章基于 TCP/IP 协议和 Qt，设计并实现一种能在 Cortex-A9 嵌入式设备之间相互通信的聊天软件。主要包括三部分内容：第一部分介绍了嵌入式 Linux 交叉编译环境搭建；第二部分介绍了 Qt 库的编译与移植，主要包括宿主机编译 Qt 库、宿主机安装 Qt Creator 以及配置嵌入式设备 Qt 库环境变量这三个关键步骤；第三部分介绍了聊天软件客户端和服务器的设计，详细地介绍了服务器和客户端的结构框架，并设计实现多个用户在局域网下的聊天软件。每一部分都有相应的实例和操作步骤，方便读者学习和实践。

习题与实践

1．Linux 系统所提供的功能有哪些？
2．Bootloader 的启动方式有哪些，它们各自有什么特点？
3．U-Boot 的移植包含哪些步骤？
4．NFS 指的是什么？它有哪些优点？

5. 简述 Kermit 串口调试软件的功能。

6. 简述 Qt 开发工具包的特点。

7. 简述宿主机编译 Qt 库的步骤。

8. Qt 窗口主要有哪几种？分别具有什么功能？

9. 在具体实现聊天软件服务器和客户端时用到哪几类函数？它们的作用是什么？

10. 根据本章所讲述的内容，自行设计一个聊天室，可尝试添加一些新功能，如升降级权限操作、禁言操作、踢出群聊操作等。

参考文献

曹忠明, 程姚根, 2012. 从实践中学嵌入式 Linux 操作系统[M]. 北京: 电子工业出版社.

陈晴, 2011. 基于 ARM 处理器与嵌入式 Linux 的信号采集系统设计与开发[J]. 长春理工大学学报, 6(1): 95-96.

范永开, 杨爱林, 2006. Linux 应用开发技术详解[M]. 北京: 人民邮电出版社.

高九岗, 庄阿龙, 2010. 基于嵌入式 Web 数据库远程气象监测系统[J]. 核电子学与探测技术, 30(12): 1672-1676.

何立民, 2004. 嵌入式系统的定义与发展历史[J]. 单片机与嵌入式系统应用, (1): 6-8.

焦文涛, 2013. 一种基于 QT 平台的即时通信软件的设计与实现[D]. 西安: 西安电子科技大学.

金伟正, 2011. 嵌入式 Linux 系统开发与应用[M]. 北京: 电子工业出版社.

李凤岐, 朱明, 刘文杰, 等, 2017. 基于 Cortex-A9 平台的 ZigBee 物联网综合实验平台设计[J]. 实验室研究与探索, 36(9): 107-110.

马忠梅, 李善平, 康慨, 2004. ARM &Linux 嵌入式系统教程[M] . 北京: 北京航空航天大学出版社.

茅胜荣, 肖家文, 乔东海, 2017. 嵌入式 C 语言中的面向对象与多线程编程[J]. 单片机与嵌入式系统应用, 17(5): 22-26.

钱华明, 刘英明, 张振旅, 2009. 基于 S3C2410 嵌入无线视频监控系统的设计[J]. 计算机测量与控制, 17(6): 1132-1134.

沈传强, 2013. 基于 linux 的嵌入式虚拟驱动的研究与实现[D]. 长春: 吉林大学.

王田苗, 2002. 嵌入式系统设计与实例开发[M]. 北京: 清华大学出版社.

温尚书, 陈刚, 冯利美, 2012. 从实践中学嵌入式 Linux 应用程序开发[M]. 北京: 电子工业出版社.

徐士强, 2012. 基于 ARM9 的嵌入式 Linux 系统的研究与应用[D]. 南京: 南京邮电大学.

曾宏安, 2012. 从实践中学嵌入式 Linux C 编程[M]. 北京: 电子工业出版社.

朱小远, 谢龙汉, 2012. Linux 嵌入式系统开发[M]. 北京: 电子工业出版社.

邹思轶, 2002. 嵌入式 Linux 设计与应用[M]. 北京: 清华大学出版社.

YANG J, HUANG J, WU F H, 2015. Design and realization of smart home management software based on Qt[J]. Video engineering, 39(4): 107-110.